통계의 논리와
SPSS / Win

김병선·김청송 공저

Statistical Package for the Social Science

교육과학사

머•리•말

본 저서는 통계의 기본개념을 충실하게 전달하고자 하는 목적으로 시작되었다. 이미 오래 전에 『SPSS/PC⁺를 이용한 자료처리방법(성원사, 1992)』이라는 제목으로 책이 출간되었고, 이 책이 출간된 지 10년이 넘었을 때 개정하기로 마음먹고, 원고 집필에 들어간 지도 벌써 6년이 되었다. 그리고 이제야 이 책을 세상에 내놓게 되었다.

저자들은 복잡한 통계적인 수식보다는 어떤 경우에 어떤 통계방법을 사용해야 하고, 어떤 점에 주의해서 해석해야 하는가가 독자들에게 더욱 중요한 포인트라는 생각이 들었다. 또 이렇게 하면 된다는 내용보다는 왜 그러해야 하는지에 중점을 두면서 기본적인 논리를 중심으로 이 책을 써보자는 욕심에서 집필을 시작하게 되었다. 계산을 위한 수식이나 계산방법은 이제 컴퓨터 소프트웨어가 대신 해주는 매우 편리한 세상이 되었기 때문에 이러한 생각은 더욱 힘을 얻을 수 있을 것이다. 그러한 소프트웨어로 대표적인 것이 SPSS이다. 결론적으로 이 책은 통계의 기본논리와 통계패키지 SPSS의 결합이며, 이 둘 중에서 기본논리에 더욱 힘을 실어주는 책이라고 할 수 있다.

SPSS는 "사회과학을 위한 통계패키지(Statistical Package for Social Science)"의 약자이다. 1968년 미국시카고대학교의 국민여론연구소에 근무하던 연구자들이 SPSS의 기본 시스템을 개발한 이후 SPSS는 여러 대학들과 연구기관을 중심으로 빠르게 보급되었으며, 1975년에는 상업용 SPSS가 출시되었다. 또한 개인용 PC의 보급과 성능 향상에 맞추어 1985년에는 SPSS/PC⁺가 출시되었고, 1992년에는 SPSS/Win이 개발되었다. 그리고 마침내 2009년 3월에는 SPSS/Win의 가장 최근 버전인 17.0.2가 출시되기에 이르렀다.

이처럼 세상의 변화와 더불어 계속적으로 SPSS 또한 변화되고 있다는 점은 저자들에게 또 다른 고민거리를 안겨주었다. 그것은 바로 어느 버전의 SPSS/Win을 기반으로 이 책의 분석사례를 제시해야 하는가였다. 저자들이 처음 이 책을 집필하면서 사용한 SPSS/Win은 Ver. 10.0 한글판이었는데, 지금은 Ver. 17.0.2가 출시되어 사용되고 있다. 또한 영문판을 사용할 것인가 한글판을 사용할 것인가를 결정해야만 했다. 저자들이 보기에, 이 책에서 주로 설명하고 있는 기초 및 중급통계방법에 관해서는 SPSS/Win에 있어서의 중대한 변화가 거의 없다고 판단하였다. 따라서 기본적으로는 Ver. 10.0 한글판을 기본으로 하여 분석사례를 제시하였으며, Ver. 15.0 영문판으로 대조하여 이상이 없는지를 확인하였다. 기본적인 설명에는 한글용어를 사용하였으나, 분석사례에서는 영문용어 또한 같이 표기하여 한글판이든 영문판이든 실습을 하는 데 어려움이 없도록 노력하였다.

그러나 나머지 못 다한 부분은 지속적인 개정판을 통해서 수정 보완해 나갈 것을 약속하면서, 단지 이 책이 독자들에게 많은 도움이 되기 바랄 뿐이다. 끝으로 무더운 여름에 수고를 아끼지 않고, 한 권의 좋은 책을 만들기 위해 기꺼이 노력해준 교육과학사 여러분들에게 깊은 감사를 드린다.

2009년 9월
저 자

차 · 례

제 1 장

SPSS for Windows에 관한 개요

1 SPSS의 구동

1) SPSS 구동시 처음

SPSS 구동시 처음 나타나는 대화상자

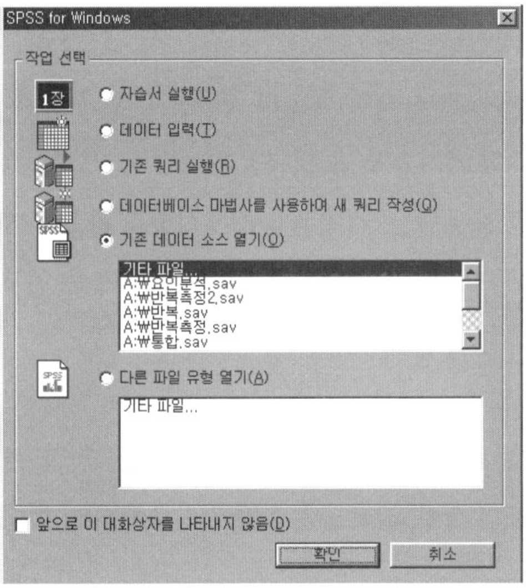

이 대화상자를 이용하여 이전에 사용한 데이터 파일을 불러오거나 데이터를 새로 입력할 수 있다.

옵션들 중의 하나를 선택하여 필요한 작업을 한다.

'기존 데이터 소스 열기'에서 이전에 작업하였던 파일을 선택하고 확인 단추를 클릭한다.

이 대화상자가 이후에 필요하지 않으면 아래의 네모 칸에 체크를 하면 된다.

❖ 대화상자 : 대부분의 메뉴선택에는 대화상자(dialog box)가 나타난다. 대화상자를 통해 변수를 선택하거나 분석을 위한 옵션을 선택할 수 있다.

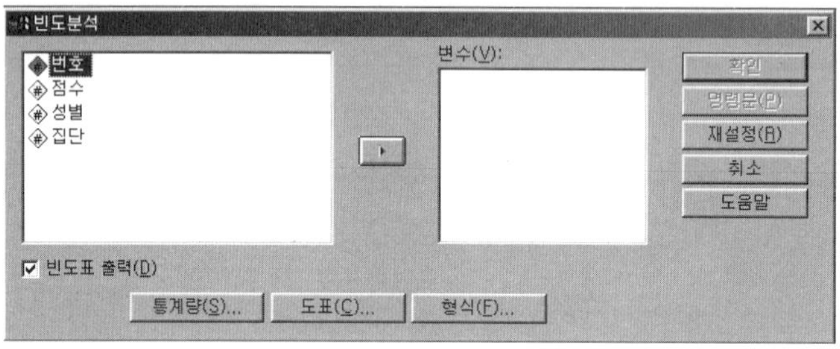

통계분석과 도표에서의 주 대화상자는 소스 변수목록, 대상변수목록, 명령 단추로 구성된다. 필요시 부 대화상자 단추가 나타난다. 대화상자의 크기 등을 조절하려면 마우스의 오른쪽 단추를 누른다.

2 SPSS 창의 종류

① 데이터 편집기 : SPSS 구동시 자동으로 시작됨. 데이터 파일의 작성, 수정, 삭제, 추가, 데이터 파일은 한 번에 한 가지만 열 수 있다.

② 뷰어 : 모든 통계결과, 표, 도표를 보여주는 창. 결과물을 생성하는 최초의 명령을 실행시키면 자동으로 열어주며 창에 나타난 결과물을 전부 또는 일부를 선택하여 저장하거나 편집할 수 있다.

③ 피벗(pivot) 표 편집기 : 피벗 표로 출력된 결과물을 편집할 때 사용한다. 결과물에서 특정 피벗 표를 더블 클릭하면 이 편집기가 열린다. 문자 편집, 행과 열의 교체, 색 추가, 다차원 표의 생성, 결과물을 숨기거나 보이도록 할 수 있다.

– 피벗 표를 선택하고(마우스 왼쪽 버튼 한번 클릭) 오른쪽 버튼 클릭, '개체 복사' 선택 후 다른 프로그램(한글, 워드)에서 오른쪽 버튼으로 붙이기를 실행한다.

④ 도표 편집기 : 이를 이용하여 그래프의 종류를 바꾸거나 가로축과 세로축을

바꾸거나 폰트의 크기와 종류 변경, 색 변경 등을 할 수 있다.

⑤ 명령문 편집기 : 대화상자로 선택한 내용들을 명령문 편집창으로 볼 수 있는데, 이 편집기를 이용해 대화상자로 지정할 수 없는 특별한 명령들을 지정하거나 명령을 나중에 다시 사용하기 위해 저장할 수 있다.

⑥ 기타 : 간편 뷰어(Draft viewer), 문장출력물 편집기(Text output editor) 등

3 SPSS에서 생성되는 파일의 형식

① 데이터 파일 : *.sav

② 도표 파일 : *.cht

③ 명령문 파일 : sps

④ 항해사 파일 : spo

4 SPSS 도구들

① 제목표시줄 : 작업중인 데이터 파일을 대상으로 표시되며, 좌측 맨 위에 위치한다. 현재는 cross1이라는 파일이 작업대상임을 보여주고 있다. SPSS/win ver 14.0 이후부터는 다수의 데이터 파일을 대상으로 작업할 수 있게 개선되었다.

② 메뉴

③ 도구상자 : 끌기로 이동가능.

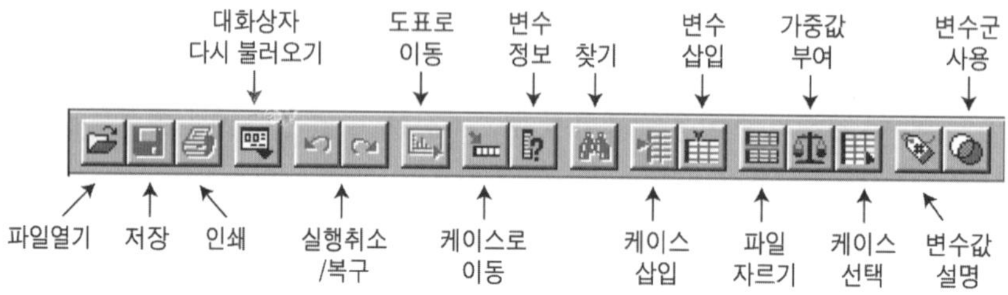

④ 데이터 입력창 : 현재 입력되는 셀의 정보(시스템 SN과 변수명)와 입력내용표시

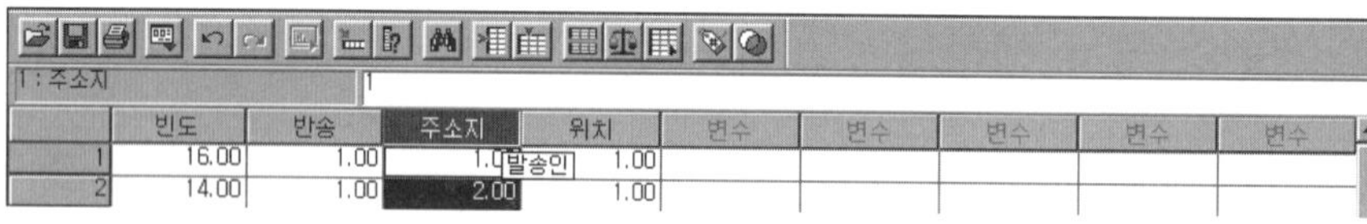

⑤ 상태표시줄 : 데이터보기와 변수보기, 좌우 이동막대, 작업중 표시창

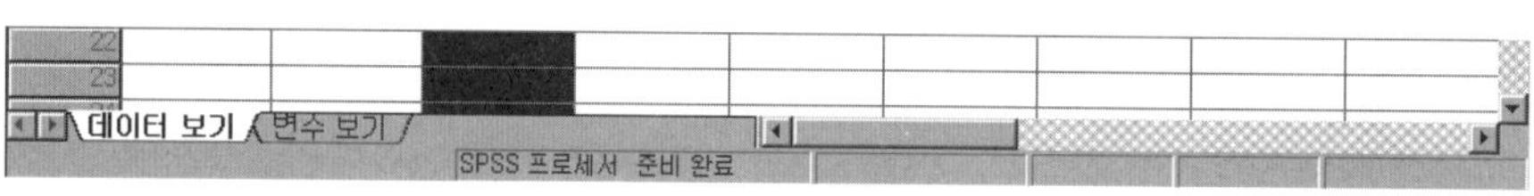

5 파일 불러오기

SPSS 메뉴에서 '파일' 메뉴는 파일을 대상으로 하는 작업을 할 때 지정한다. 새로 데이터 파일을 만들거나 기존의 데이터를 열 때, 저장할 때 등에 사용한다.

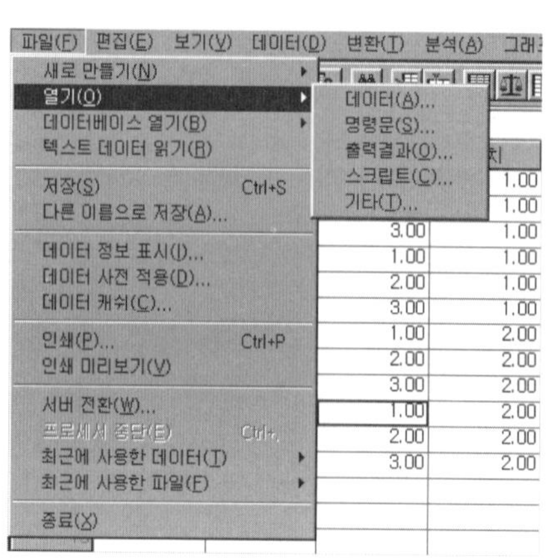

파일 → 열기 → 데이터를 선택한 후 원하는 파일을 지정한다.

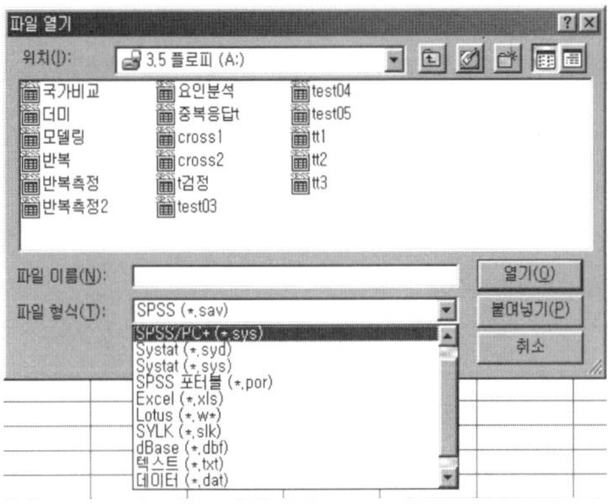

*.sav 파일 : SPSS의 데이터 파일

*.syd 파일 : Systat 파일

*.xls 파일 : MS 엑셀 파일

*.txt 파일 : 워드에서 저장한 텍스트 (ASCII) 파일

*.dat 파일 : 워드에서 저장한 텍스트 (ASCII) 파일

6 데이터 편집기의 내용

상태표시줄의 "데이터 보기" 확인

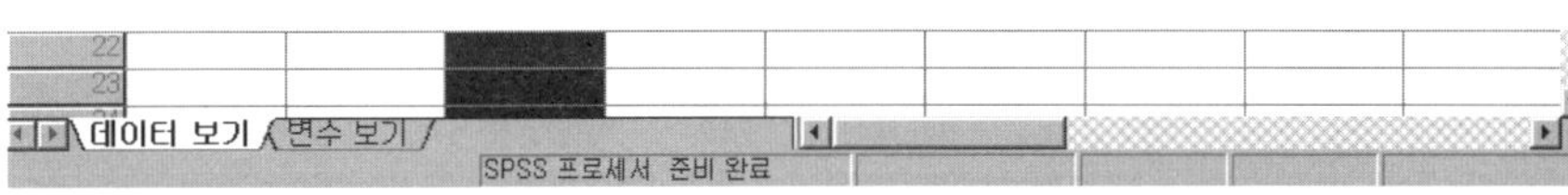

① 행(row)은 사례(case)가 된다.

② 열(column)은 변수(variable)가 된다.

③ 셀에는 입력된 변수의 값이 들어 있다.

④ 데이터는 어느 셀에서든 입력 및 수정이 가능하다.

⑤ 숫자변수로 지정된 빈 셀은 시스템 결측값(missing value)으로서 마침표(.)로 표시된다.

⑥ 문자변수로 지정된 빈 셀은 유효한 값으로 인식된다.

⑦ 변수명을 클릭하면 해당 변수가 반전되어 변수를 대상으로 하는 조작(삭제, 복사, 삽입 등)이 가능해지며, 연속된 둘 이상의 변수를 선택하려면 마우스 왼쪽 버튼을 누른 채 좌측 또는 우측으로 필요한 만큼 이동한다.

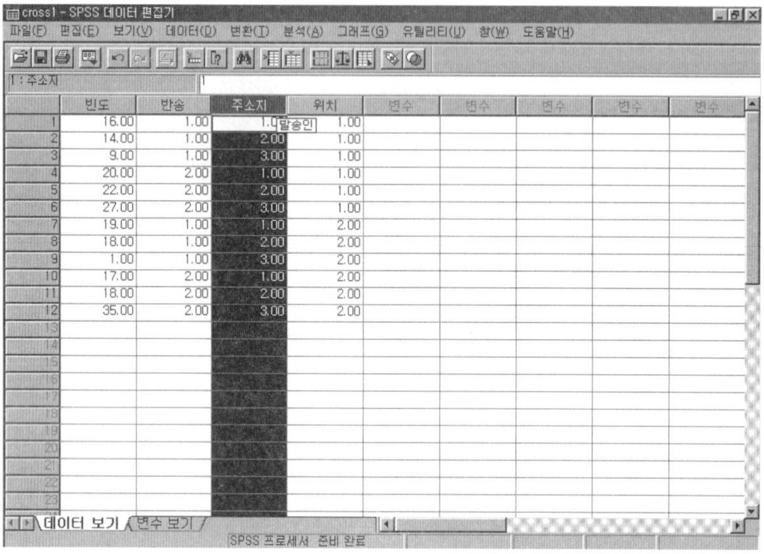

❖ 변수를 선택한 상태에서 마우스 오른쪽 버튼을 눌러 작업내용을 지시할 수 있다.

❖ 변수의 이동 및 셀 길이 변경은 변수명에서 마우스 포인터가 변경되면 가능 여부를 알 수 있다.

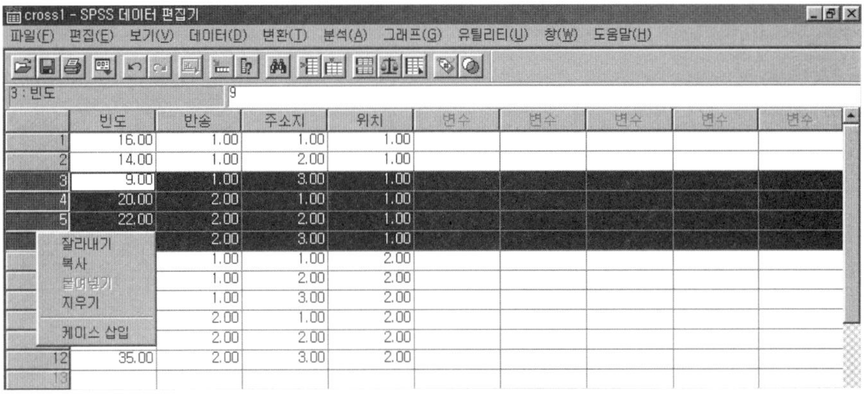

① 사례를 선택하기 위해서는 데이터 편집기의 왼쪽에 있는 번호(SPSS가 자동으로 붙인 번호)를 클릭하면 선택된 줄이 반전되어 표시되며, 연속된 사례들을 선택하기 위해서는 마우스 왼쪽 버튼을 누른 채 위나 아래 방향으로 필요한 만큼 이동한다.

② 선택된 사례를 대상으로 작업을 하려면 마우스 오른쪽 버튼을 눌러 필요한 작업(잘라내기, 복사, 지우기, 삽입 등)을 선택한다.

7 변수보기

❖ 상태표시줄의 '변수보기' 선택 또는 보기(V) => 변수(Ctrl+T)를 선택

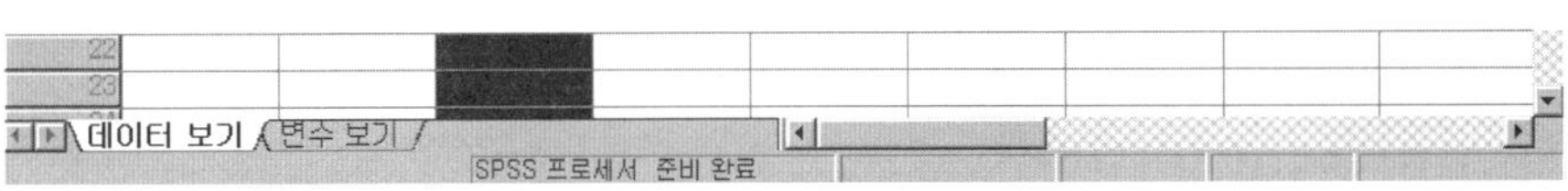

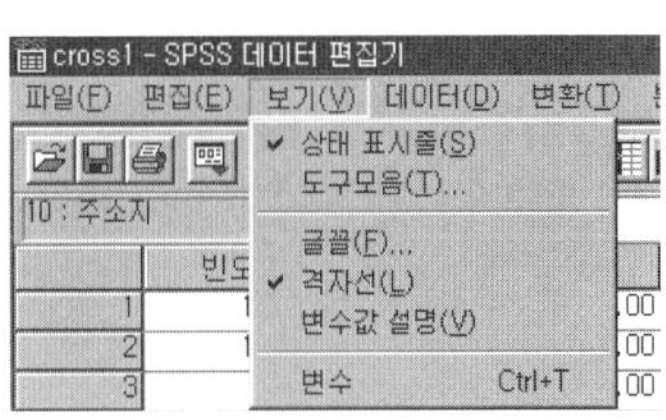

❖ 변수의 이름, 유형, 자리수, 소수점 이하자리, 변수의 설명, 변수값, 결측값, 열,

맞춤, 측도[1]를 정의하거나 그 내용을 변경할 수 있는 데이터 시트 창이 열린다.

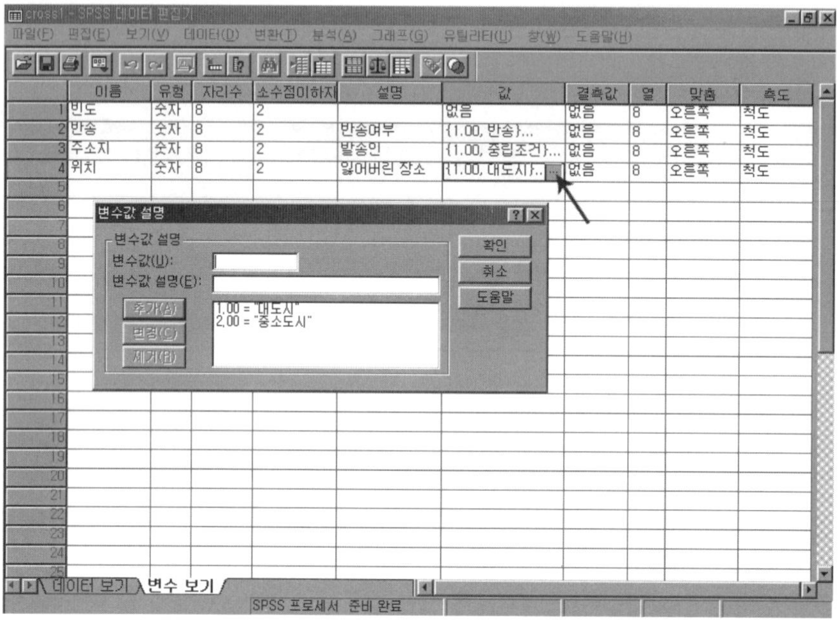

① 이름 : 변수의 이름. 영문 8자, 한글 4자 이내로 지정하며(spss ver.14부터는 이 제약이 풀려서 영문 255자, 한글 122자까지 사용이 가능함), 예약어(t-test, frequency 등의 통계 프로시져명, LT, GT 등)는 사용할 수 없다. 영문 대소문자는 구분하지 않으며 대문자로 인식한다. 해당 셀을 클릭 또는 더블 클릭하여 입력 및 수정이 가능하다.

② 유형 : 해당 셀을 클릭하면 유형을 선택하기 위한 대화상자가 나타난다. 내정된 유형은 숫자이다.

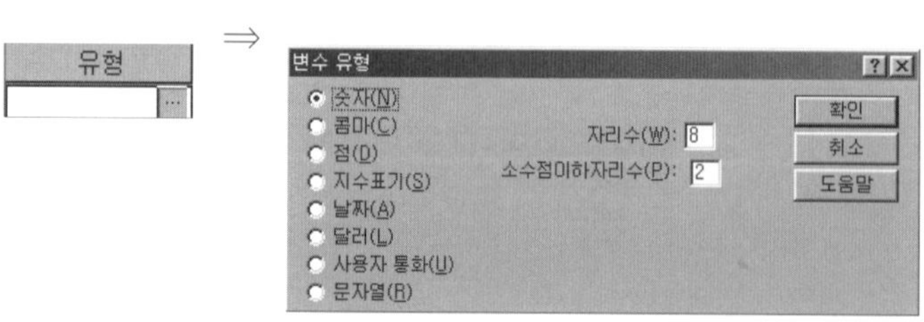

–숫자를 선택한 경우 자리수와 소수점 이하 자리수를 입력할 수 있으며, 내

---

1) 측정의 수준을 나타내는 말로 척도(scale)가 일반적이지만, SPSS에서는 측도를 사용한다.

정된 값은 각각 8과 2이다. 이 내용은 다음의 '자리수'와 '소수점이하자리'에서 변경이 가능하다.

③ 설명 : 변수의 이름이 영문 8자 이내(한글 4자)이므로 필요한 내용을 모두 표시할 수 없다. 이런 경우 변수에 대한 설명문을 입력할 수 있다. 영문 최대 255자, 한글 122자까지 입력이 가능하다.

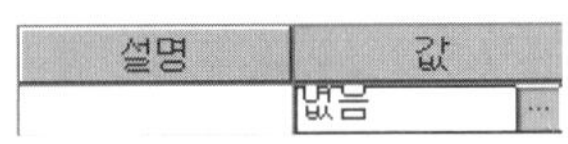

④ 값 : 변수의 값에 대한 설명으로 최대 60자까지 사용할 수 있다.

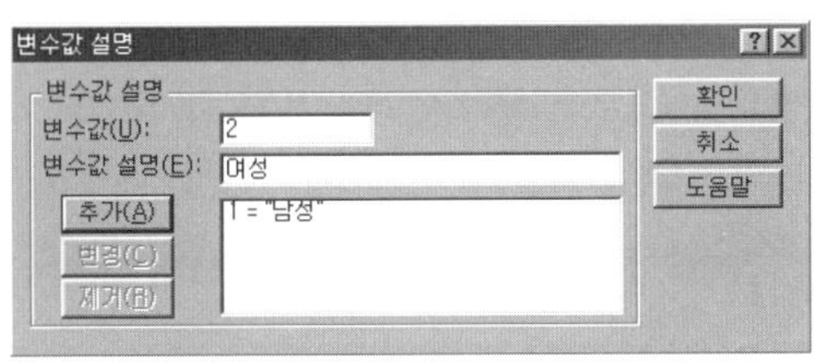

❖ 데이터 보기 창에서 해당 변수를 더블 클릭하여도 입력 및 수정이 가능하다.

: 편집 → 옵션 ⇒ 대화상자의 '일반'에서 우측에 있는 변수목록의 '설명표시' 또는 '이름표시'중에서 하나를 선택.

 또는 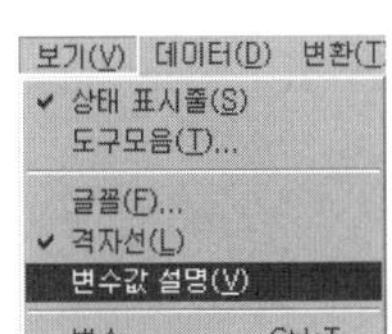

⇒ 데이터 편집기의 값들이 변수값 설명문으로 바뀌어 표시된다. 변수의 값을 선택하여 입력하는 것이 가능해진다.

⑤ 결측값(missing value) : 자료분석에서 제외되는 값을 지정.

• 시스템 결측값은 숫자변수의 경우 마침표(.)로 표시된다.

⑥ 열 형식 :데이터 편집기에서 셀의 크기를 결정한다. 내정된 자리수는 8이며

데이터 편집기에서 끌기로도 변경된다. 맞춤은 정렬방식으로 왼쪽, 오른쪽, 가운데 세 가지 방식중의 하나를 선택한다.

⑦ 측도 : 변수의 측정에 사용한 척도의 수준을 지정하는 것으로 명목, 순서, 척도(spss에서 척도는 등간척도와 비율척도를 의미함) 중에서 선택한다.

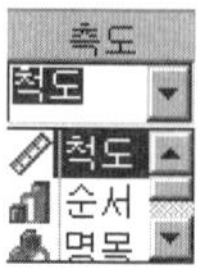

측도를 어떻게 선택하는가에 따라 선택할 수 있는 통계방법이 달라진다. 예를 들어, 명목척도로 측정된 자료일 경우 사칙연산의 계산이 불가능하다.

8 데이터 편집기의 메뉴

'편집' 메뉴는 작업중인 데이터를 대상으로 하는 복사, 찾기 등 편집작업에 사용한다.

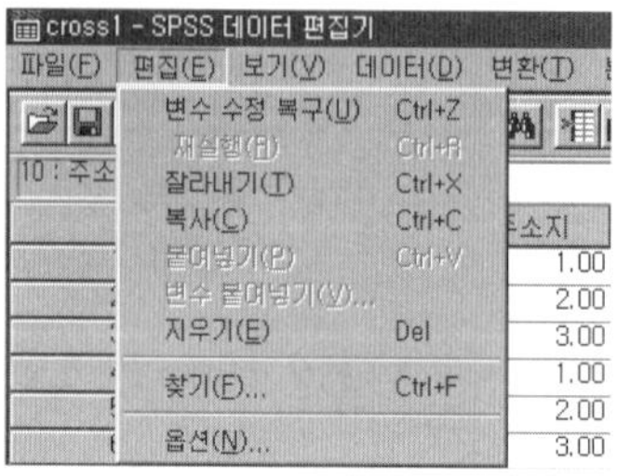

'보기' 메뉴는 데이터 편집기 화면의 구성을 변경할 때 사용할 수 있다.

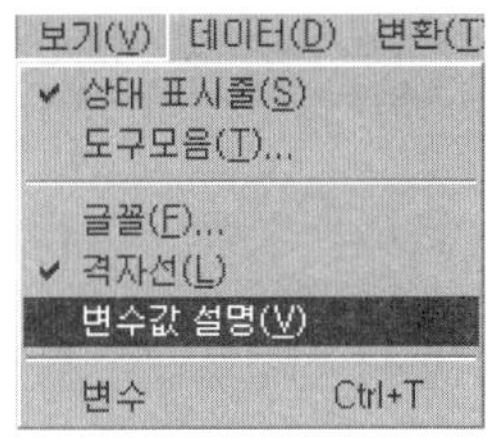

'변환' 메뉴는 변수를 대상으로 값을 바꾸고자 할 때 사용한다. 예를 들어, 평균을 계산하여 새로운 변수를 만들고자 할 때 '변환' 메뉴에서 변수계산을 선택하여 진행할 수 있다.

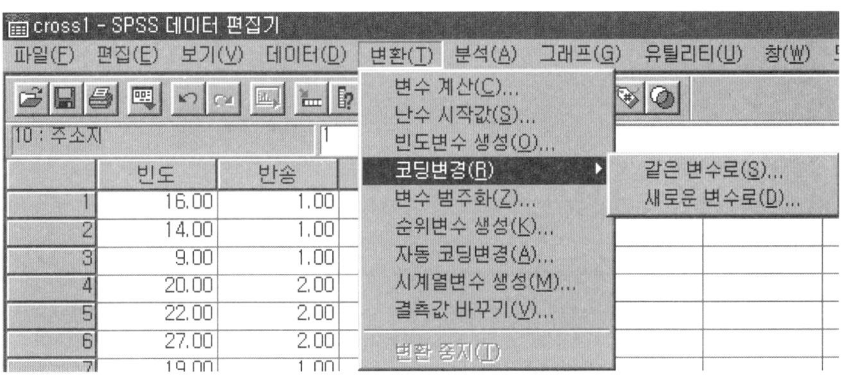

'데이터' 메뉴는 작업중인 파일의 데이터를 대상으로 하는 작업을 원할 때 사용한다.

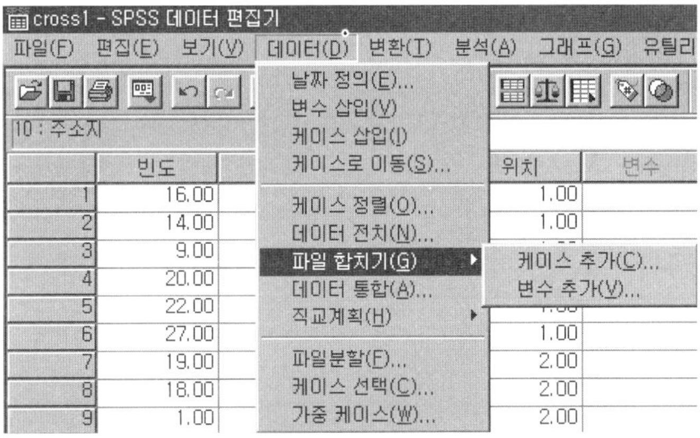

'분석' 메뉴는 정리된 데이터를 대상으로 실제의 통계분석을 진행하는 명령들로 구성되어 있다.

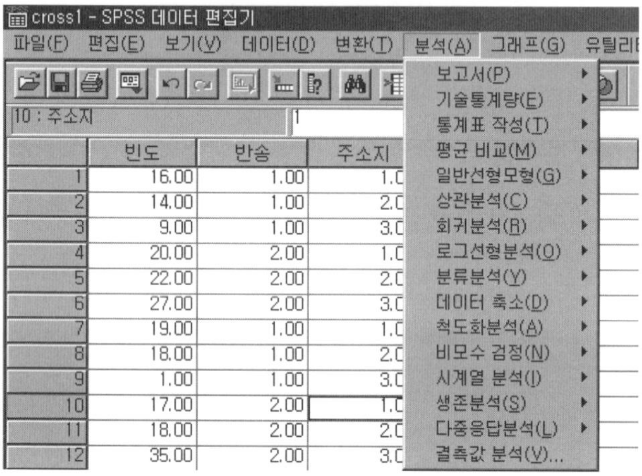

'그래프' 메뉴는 도표를 그리고자 할 때 사용할 수 있다.

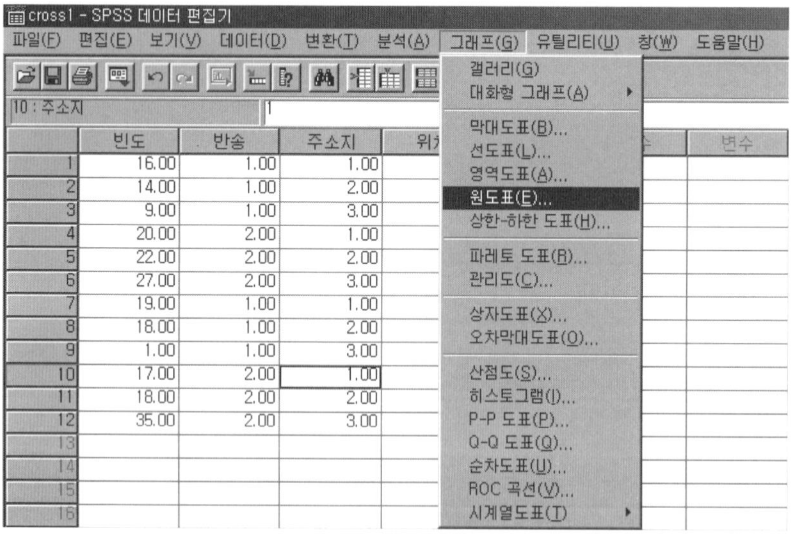

제2장

데이터 입력 및 편집

1 데이터 편집기 창에서 직접 입력하기

SPSS에 익숙해지기 위해서는 직접 SPSS를 많이 활용해보는 것이 최선이다. 일단 SPSS의 데이터 편집기 화면에서 아래 그림 오른쪽의 입력해보기 데이터를 직접 입력해 보기 바란다.

파일 메뉴
→ 새로만들기
→ 데이터 선택

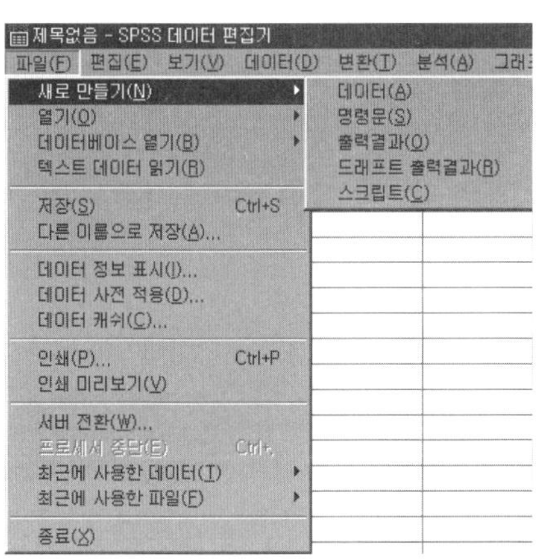

입력해보기 :

번호	성별	연령	국어	영어	수학
1	남	25	85	90	70
2	남	24	80	80	76
3	여	22	90	95	80
4	여	24	86	80	90
5	남	23	60	75	80

❖ 주의 : 일련번호, 문자변수 –〉 성별.. 등을 대신함.

위의 데이터에서 번호, 성별, 연령, 국어 등은 변수명이라고 한다. 그 아래의 1, 남, 25 등은 데이터로서 1번 사례, 성별은 남성, 연령은 25세를 등을 의미한다. SPSS 데이터 편집기에 데이터를 입력할 때 각 사례는 행(row)으로 배치하며, 변수는 열(column)로 배치한다. 따라서 한 사례의 각각의 값들이 한 줄로 배치되며, 하나의 변수 값은 하나의 칸(cell)에 입력한다. MS 엑셀을 사용해 본 적이 있는 독자라면 SPSS의 데이터 편집기 화면이 익숙할 것이다. 실제로 엑셀의 데이터를 긁어서 복사한 후 SPSS에 붙여넣기를 하면 그대로 복사가 가능하다. 단, 엑셀에서는 행과 열에 무엇을 배열하든 관계가 없지만 SPSS에서는 행에는 사례, 열에는 변수가 입력되어야만 한다는 점이 다르므로 주의해야 한다. 물론 다른 프로그램을 이용하여 입력한 데이터를 불러와 분석을 할 때에도 이 형식을 반드시 지켜야 한다.

위의 데이터를 입력할 때 변수명은 편집기 아래의 탭에서 '변수보기'를 선택한 후 별도로 입력하며 '데이터보기' 탭이 선택되어 있는 경우에는 데이터만을 입력하거나 수정할 수 있다.

위의 데이터를 입력하면서 주의해야 할 몇 가지 사항이 있다. 먼저, 데이터 편집기 좌측에는 SPSS가 자동으로 생성해 놓은 일련번호가 있다. 그러나 이 번호는 SPSS 프로그램이 사용하기 위해 작성된 것으로 연구자는 반드시 자신이 부여한 일련번호를 입력하는 것이 좋다. 다음으로 '성별'이라는 변수는 위의 데이터에는 문자로 남 또는 여로 표시되어 있지만 남성은 1, 여성은 2로 입력하여야 한다. 이를 위해서는 편집기 아래쪽의 탭에서 '변수보기'를 선택한 후 '값' 칼럼과 성별변수가 만나는 칸의 오른쪽을 마우스로 클릭하여 변수값 상자에 1, 아래의 변수값 설명 상자에 남성을 입력한 후 아래에 있는 추가 단추를 누르고 다시 변수값에 2, 변수값 설명에 여성을 입력한 후 추가를 누른 후 확인 단추를 눌러 남성은 1, 여성은 2로 지정해 주어야 한다(13쪽 참조).

직접 입력하면서 이것 저것을 테스트해 보기 바란다. 참고로 개별적인 값을 복사하거나 이동할 때 해당 칸을 선택한 후 마우스 오른쪽 단추를 활용하면 여러모로 편리하다. 입력된 중간에 새로운 변수를 삽입하거나 케이스를 삽입하는 경우에는 추가하고자 하는 열(변수)로 이동하여 선택한 후 마우스 오른쪽 단추를 눌러 원하는 작업을 하면 된다.

❖ **변수나 케이스의 삭제** : 삭제하고자 하는 변수 및 케이스 선택/편집메뉴/지우기 선택

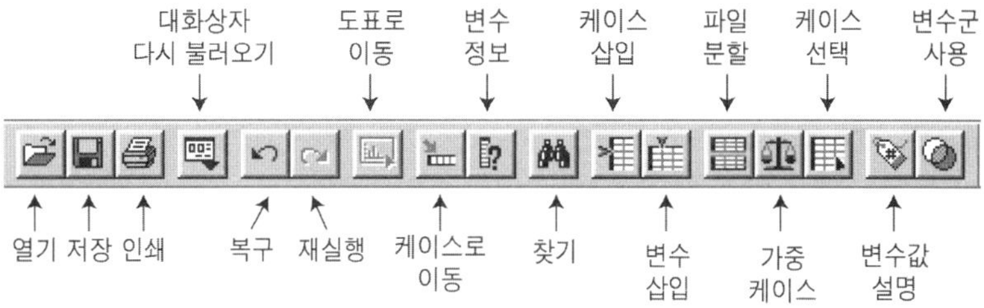

2 데이터 저장

입력한 파일을 저장할 때는 파일 메뉴의 저장 또는 다른 이름으로 저장을 선택한다. 기본적으로 데이터 편집기에서 작업한 데이터는 확장자가 sav로 저장되며 저장형식을 바꾸고자 할 때는 대화창의 파일형식에서 원하는 형식을 선택한 후 저장하면 된다.

파일메뉴

→ 다른 이름으로 저장 선택

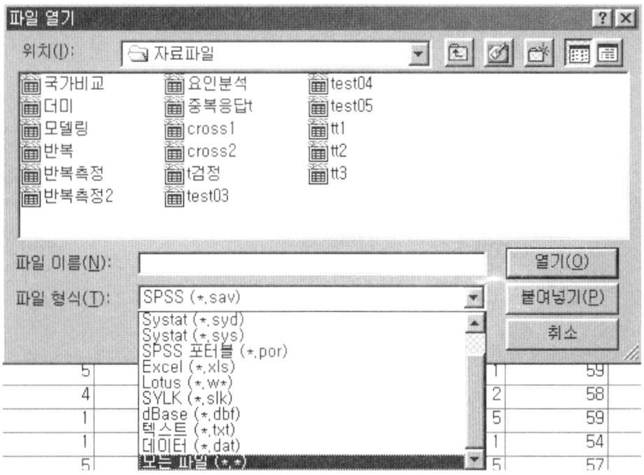

SPSS(*.sav) : 윈도우용 SPSS의 파일

SPSS/PC(*.sys) : DOS용 SPSS/PC+의 파일

SPSS 포터블(*.por) : 메인 프레임, 유닉스용 및 메킨토시용 SPSS, EXPORT 명령으로 저장한 파일

탭 구분 데이터(*.dat) : ASCII 형식으로 저장한 파일(탭으로 점수 구분)

고정 ASCII(*.dat) : 고정형식(fixed format)으로 저장된 ASCII 파일

Excel(*.xls) : 4.0 이하 – **파일메뉴/열기**

5.0 이상 – **파일메뉴/데이터베이스 캡쳐**

3 엑셀 파일 불러오기

SPSS는 자체 데이터 편집기에서 입력한 파일 이외에도 여러 형식의 데이터를 불러 올 수 있다. 그 중의 하나가 MS 엑셀파일이다. 엑셀에 입력한 파일은 변환없이도 SPSS에서 불러와 분석을 할 수 있기 때문에 이 방법을 익혀두는 것이 여러모로 편리하다. 단, 주의할 점은 엑셀 파일에서 사례는 행에, 변수는 열에 배치되어 있어야 하며 각 셀에는 데이터만 들어 있어야 한다는 점이다. 첫 번째 행[엑셀 화면에서 1행]에 변수명을 입력해 두면 SPSS에서 불러올 때 SPSS 변수명으로 자동 처리가 가능하다. 아래의 순서에 따라 실습을 해보기 바란다. 이 실습은 다음 절의 파일합치기를 위한 사전작업이므로 지시대로 진행을 해야 한다.

파일 메뉴

→ 열기

→ 데이터 선택

① 파일 열기 대화상자에서 *.xls 또는 모든 파일을 선택

선택할 파일 : test01.xls

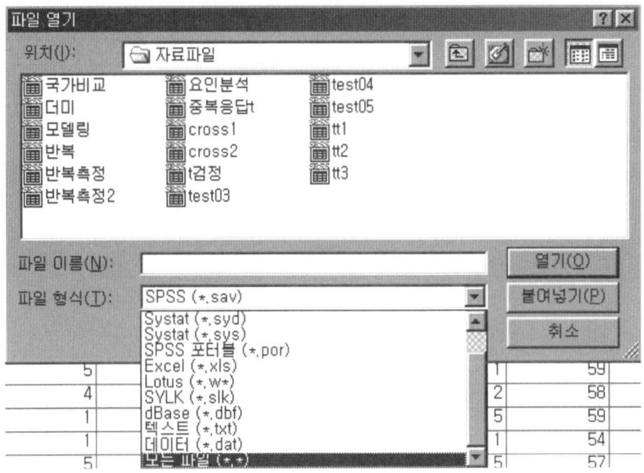

② 대화상자에서 '데이터 첫 행에서 변수이름 읽어오기'에 표시 → 확인 단추

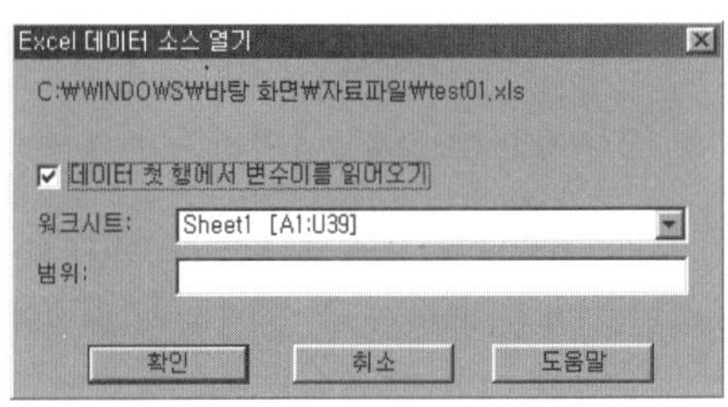

③ 내용 확인 후 SPSS 파일(*.sav)로 저장

– 파일메뉴 → 다른 이름으로 저장 선택

④ test02.xls 파일과 test03.xls 파일을 불러 동일한 작업을 수행한다.

주의사항 :

① test01 파일과 test02 파일에 번호가 없으므로 일련번호를 입력해 두어야 한다. test01 파일에서 변수명 '번호'를 만든 후 구승광부터 1을 부여하여 임영진 38까지 일련번호를 차례로 입력하고, test02 파일에서는 변수명 '번호'를 만든 후 손에은부터 39를 입력하여 마지막 김용경에 78까지 일련번호를 입력해야 한다.

② 이미 데이터는 정렬이 되어 있지만 파일 합치기-> 변수추가를 할 때 합쳐질 두 개의 파일이 기준변수를 중심으로 정렬이 되어 있어야 하므로, 아래의 데이터 정렬을 참조하여 케이스 정렬을 실습해보기 바란다.

⑤ 데이터 메뉴/케이스 정렬(sorting)

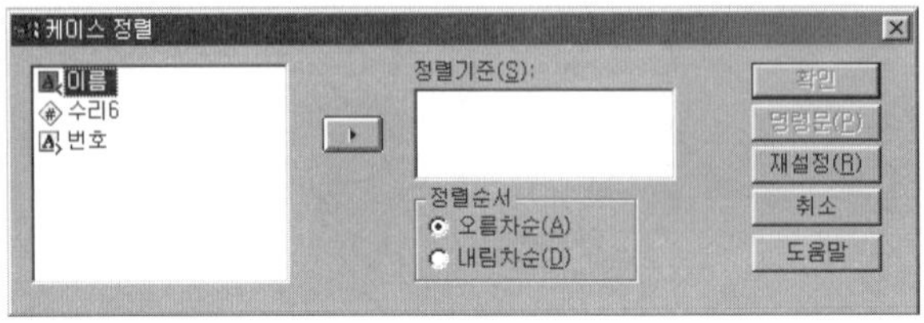

⑥ 대화상자에서 번호를 정렬기준 창으로 이동

⑦ 정렬순서의 오름차순 확인

4 파일 합치기

데이터의 양이 적을 경우에는 SPSS의 데이터 편집기를 이용해서 입력해도 좋지만, 데이터 양이 많을 경우 여럿이서 나누어 입력한 후 이들 파일을 합치는 경우가 발생한다. 이 절에서는 이런 경우를 위한 실습을 진행한다.

앞에서 엑셀 파일을 다루어 보았다. 이럴 경우 엑셀에서 파일을 복사하여 붙여넣기 등을 진행하여 파일을 합쳐도 되지만, 데이터가 크거나 양이 많을 경우 SPSS에서 진행하는 것이 편리하다. 앞에서 실습한 3개의 파일들은 아래와 같은 구성으로 되어 있다. 이 세 개의 파일을 합치기 위해 먼저 test01과 test02파일을 결합시킬 것이다. 이렇게 결합된 파일은 다시 test03 파일과 결합하여 완성된 파일이 된다. 아래의 순서에 따라 실습을 진행하라.

예제 파일의 구성

❖ 파일의 결합

① 케이스 추가 : **데이터(D)/파일합치기(G)/케이스 추가(C)**

- Data/aGgregate/add Case

주의사항 : 케이스를 추가하는 것이므로 두 파일의 변수명이 동일해야 한다.

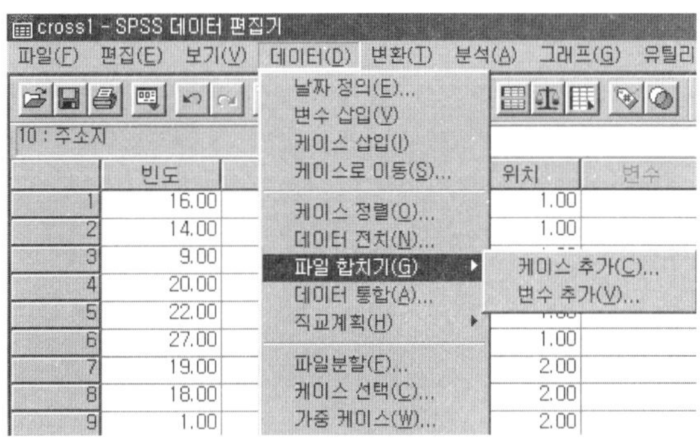

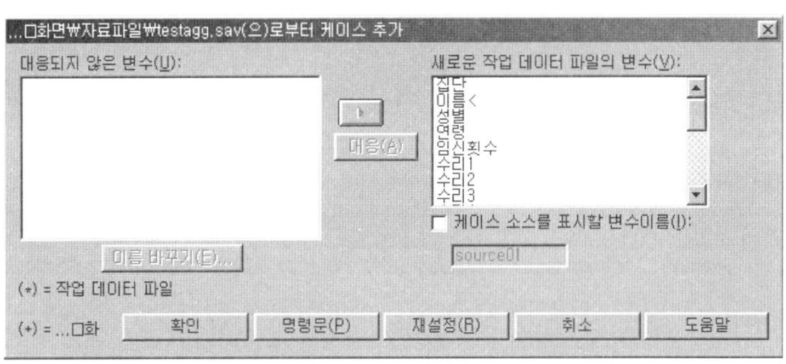

② 변수 추가 : **데이터(D)/파일합치기(G)/변수 추가(V)**

- Data/aGgregate/add Variable

- 기준변수 : '번호' (주의 : 기준변수는 두 파일에서 형식이 동일해야 한다)

주의사항 : 반드시 두 파일이 기준변수의 오름차순으로 정렬되어 있어야 한다.

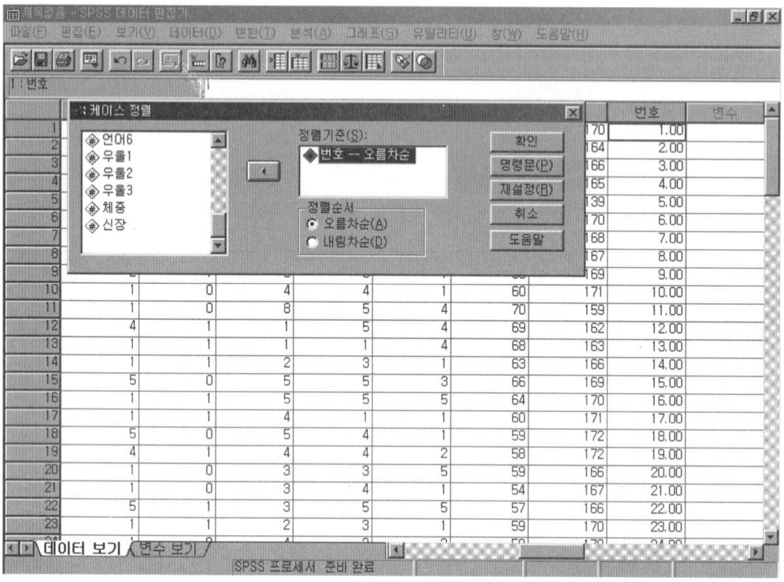

❖ 내용 확인 후 test.sav로 저장

'정렬된 파일에서 기준변수에 맞추어 케이스를 연결'에 표시하고 기준변수로 '번호'를 지정한다.

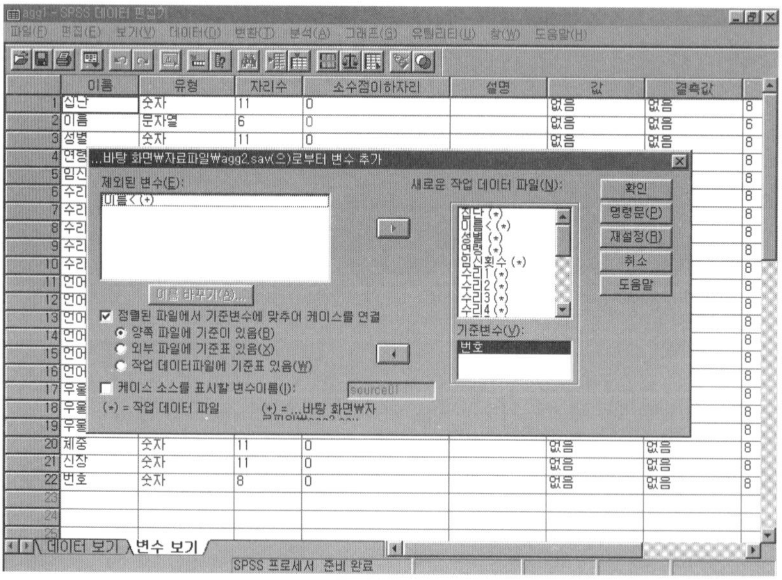

* 표시가 있는 파일은 현재 작업중인 파일로 액티브 파일이라고 하며, + 표시는

새로 추가되는 파일을 의미한다. SPSS는 한 번에 한 가지의 파일만을 다룬다. 즉, 액티브 파일만을 대상으로 작업한다.

5 데이터 screening

데이터가 입력되고 나면, 그 데이터의 입력오류가 있는지를 점검해 보아야 한다. 데이터의 양이 많지 않다면 하나씩 대조해보면 되지만 그 양이 많은 경우 눈으로 확인하는 것이 쉽지 않을 것이다. 이럴 경우 진행하는 것이 데이터 screening이다. 이 방법은 개략적인 방식이므로 정확성은 떨어진다는 점을 기억하고 가장 확실한 방법은 힘들지만 설문지와 직접 대조해 보는 것이다.

이제 아래의 지시에 따라 실습을 해 보기 바란다.

❖ 파일의 내용 : 집단(1, 2차), 이름, 성별(1=남, 2=여), 연령, 수리1~수리6(0 또는 1로 입력; 정답=1), 언어1, 언어3, 언어4, 언어6(0 또는 1로 입력; 정답=1), 언어2(1 또는 2로 입력; 정답=2), 언어5(1~5로 입력; 정답=5), 우울1~우울3(1~5로 입력, 우울2는 recode), 체중, 신장

문제 : 값의 범위를 초과하는 사례를 찾아 수정하라.

① 각 변수를 대상으로 빈도분석 실시

분석 메뉴/기술통계량/빈도분석(Frequencies)

② 값의 범위를 초과하는 변수 검토

－성별에 4와 5인 값이 있다.

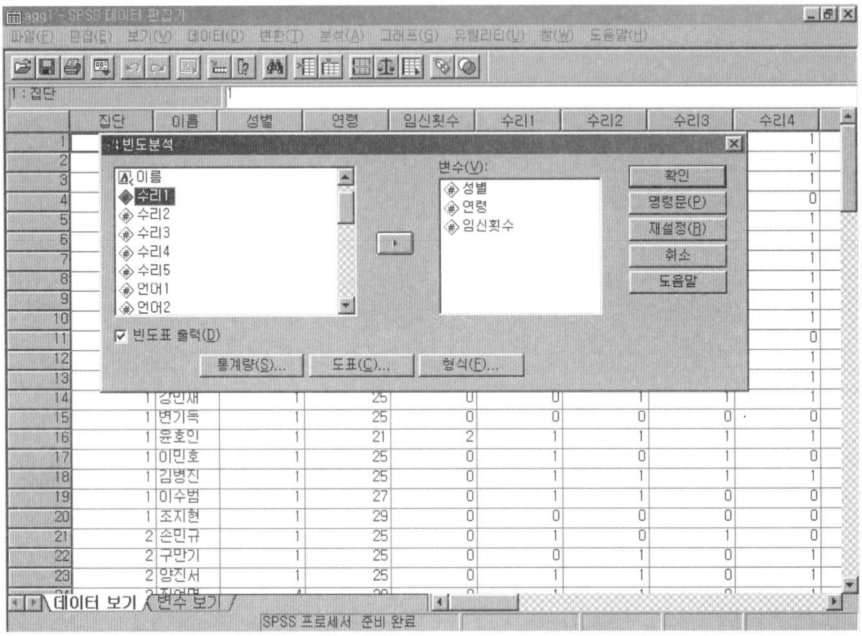

❖ 빈도분석 결과물

성별에 4와 5인 비정상적인 값이 하나씩 있음을 확인하였으므로 그러한 값을 가진 사례가 어느 사례인지를 확인해서 수정해야 한다.

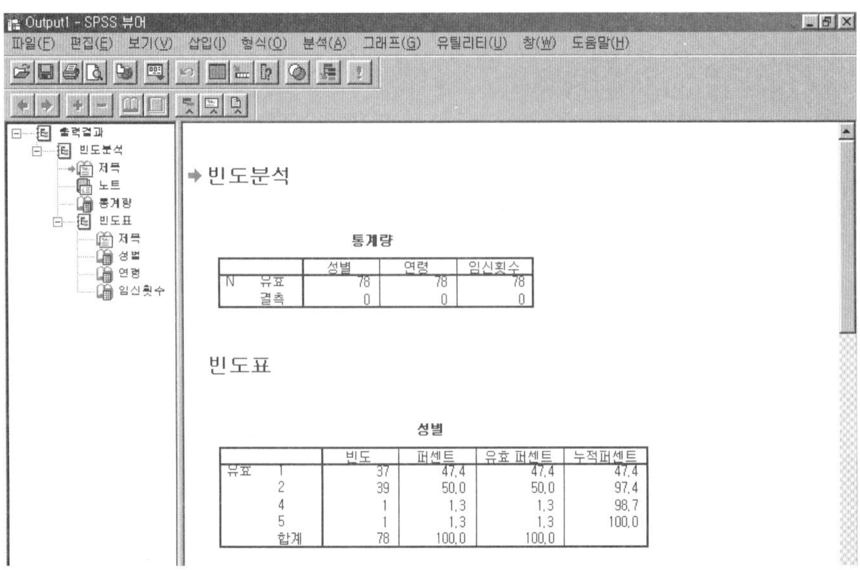

③ 데이터 메뉴/케이스 선택/조건만족(IF) 사용

• 성별의 값이 3보다 큰 사례만 남긴다.

④ '조건을 만족하는 케이스' 라디오 단추를 선택한다.

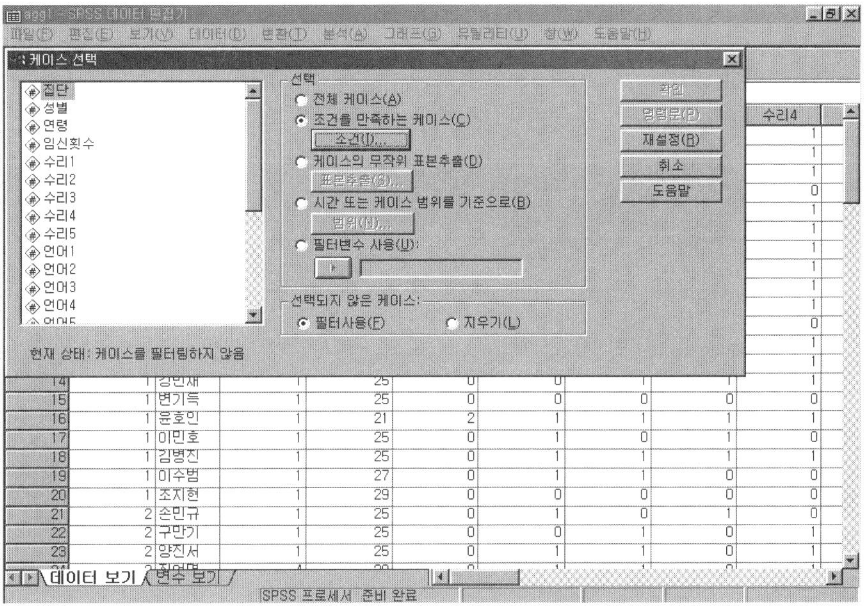

⑤ 아래의 '조건' 단추를 눌러 대화상자를 부른다.

⑥ 대화상자를 이용하여 성별의 값이 3보다 큰 사례를 선택하라는 수식명령을 구성한다. 이때 변수는 좌측에서 선택하여 우측으로 이동시킬 수 있으며 필요한 사칙연산이나 관계연산자, 논리연산자, 그리고 함수를 이용하여 수식을 작성할 수 있다.

〈수식의 표현〉

사칙연산 : 더하기(+), 빼기(−), 곱하기(*), 나누기(/), 제곱(**)

관계연산자 : 보다 작은(〈), 보다 큰(〉), 작거나 같은(≦), 크거나 같은(≧), 같은(=), 같지 않은(≃)

논리연산자 : and (&), or (|), not (~), 괄호 ( )

함수 : ABS(숫자표현식) ; 절대값 ARTAN(숫자표현식) ; 아크 탄젠트

COS(숫자표현식) ; 코싸인 EXP(숫자표현식) ; 지수 e^2

LAG(변수) ; 직전 케이스의 값 LG10(숫자표현식) ; 상용로그

LN(숫자표현식) ; 자연로그 MISSING(변수) ; 결측값이면 1

MOD(숫자표현식, modulus) ; 식의 결과를 modulus로 나눈 값

RND(숫자표현식) ; 반올림 SIN(숫자표현식) ; 싸인값

SQRT(숫자표현식) ; 제곱근 SYSMIS(숫자변수) ; 시스템 결측값=1

TRUNC(숫자표현식) ; 소수이하 버림

케이스 선택의 결과화면

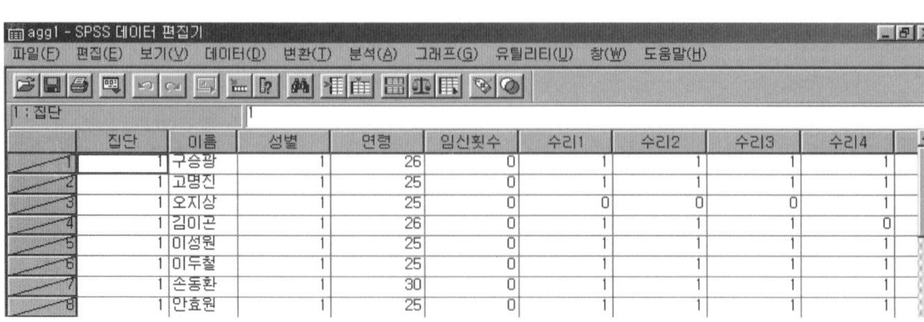

	집단	이름	성별	연령	임신횟수	수리1	수리2	수리3	수리4
1	1	구승광	1	26	0	1	1	1	1
2	1	고명진	1	25	0	1	1	1	1
3	1	오지상	1	25	0	0	0	0	1
4	1	김이곤	1	26	0	1	1	1	0
5	1	이성원	1	25	0	1	1	1	1
6	1	이두철	1	25	0	1	1	1	1
7	1	손동환	1	30	0	1	1	1	1
8	1	안효원	1	25	0	1	1	1	1

❖ 좌측의 케이스 번호에 사선이 그어진 것을 확인할 수 있다. 이 상태에서 선택된 사례를 확인할 수 있다. 그러나 데이터가 많을 경우 비효율적이다.

⑦ 분석 메뉴/기술통계량/빈도분석 : 변수 → 번호

⑧ 확인 후 데이터 수정

〈수행해야 할 수정작업〉

성별 → 4, 5 (1, 2로 변경)

우울1 → 8 (5로 변경)

우울2 → 6 (3으로 변경)

* 데이터 저장

6 데이터 값의 변환

이 절에서는 정리된 데이터를 이용하여 값을 변환시키는 방법을 실습한다. 자주 이용되는 변환방식에 대해 실습할 것인데, 이에 대해 숙달되면 매우 편리하므로 반드시 실습을 해보기를 권한다. 아래의 실습내용을 읽어 보고 이어지는 지시에 따라 실습을 해보기 바란다.

실습내용 :

① 수리1~수리6 변수들에서 정답(값이 1)의 개수를 세어 점수를 구하고 새로운 변수로 만듬. → count 명령

② 언어1~언어6 변수들에서 정답의 개수를 세어 점수를 구하고 새로운 변수로 만듬. –언어2의 정답은 2이며 언어5의 정답은 5임. 따라서 recode 명령을 먼저 사용해야 함. → recode 명령 및 count 명령

③ 우울1에서 우울3까지의 변수들의 합을 구하여 그 결과를 새로운 변수로 만듬. → compute 명령

④ 체중에서 신장을 빼고 그 결과에 0.9를 곱하여 비만지수를 계산하여 새로운 변수를 만듬. → compute 명령

1) 데이터 값의 계수(Count) ; 수를 세어 새로운 변수를 만듬.

변환 메뉴/빈도변수 생성(transform/count)

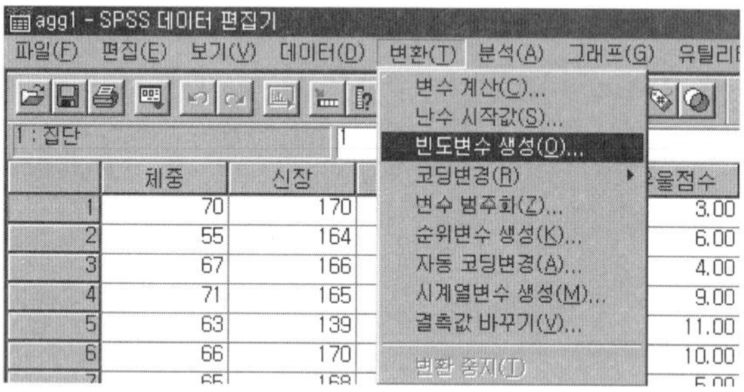

① 대화상자에서 대상변수로 새로운 변수명을 입력한 다음 계수의 대상이 되는 변수들을 선택한다 : 수리1～수리6

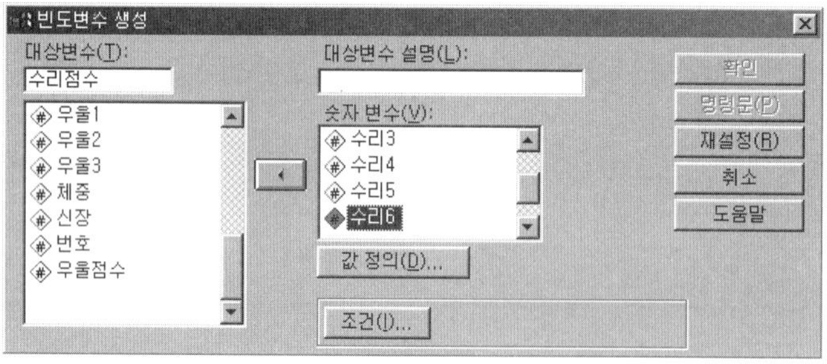

② '값 정의' 단추를 눌러 값을 정의한다.

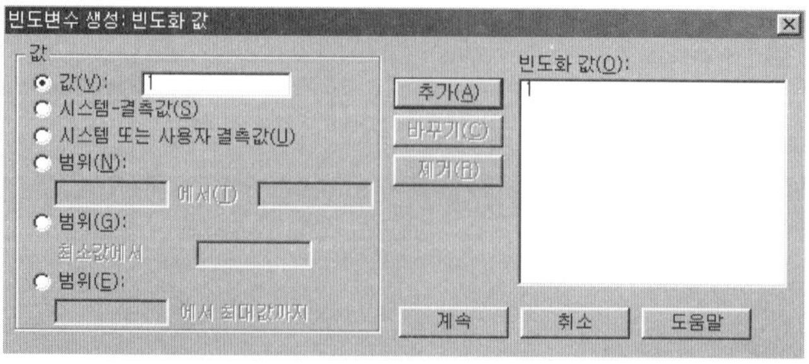

③ 변수를 만들기 위해 세어야 할 값을 정의한다.

좌측의 값에서 정의한 다음 '추가' 단추를 눌러 우측의 창에 추가시킨다.

값 : 특정한 값을 입력할 수 있다.

시스템-결측값(S) : 숫자변수에서 값이 입력되지 않은 셀을 지정한다.

시스템 또는 사용자 결측값(U) : 시스템 결측값이나 사용자가 정의한 결측값을 지정한다.

범위(N) : 값의 범위를 지정한다. 지정된 값을 포함한다.

범위(G) : 최솟값에서 입력한 값까지를 지정한다.

범위(E) : 입력한 값에서 최댓값까지를 지정한다.

2) 데이터 값의 변경(Recode) ; 조건에 따라 새로운 값으로...

① 1 또는 2로 입력된 언어2의 값을 1은 0으로, 2는 1로 변환시킨다.

변환 메뉴/ 코딩변경 → 같은 변수로. . .

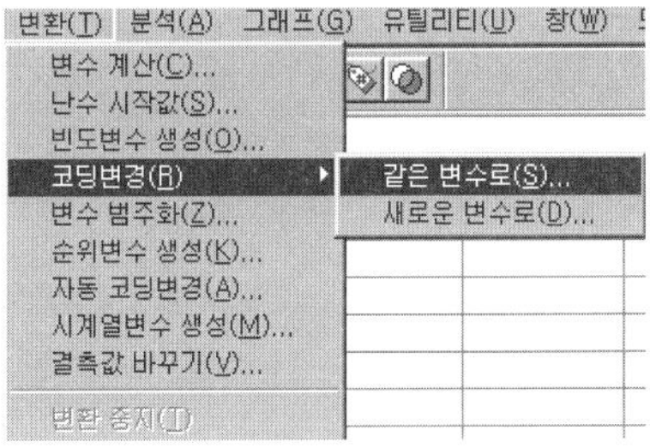

② 대화상자에서 값을 변경할 대상변수를 선택한다 : 언어2

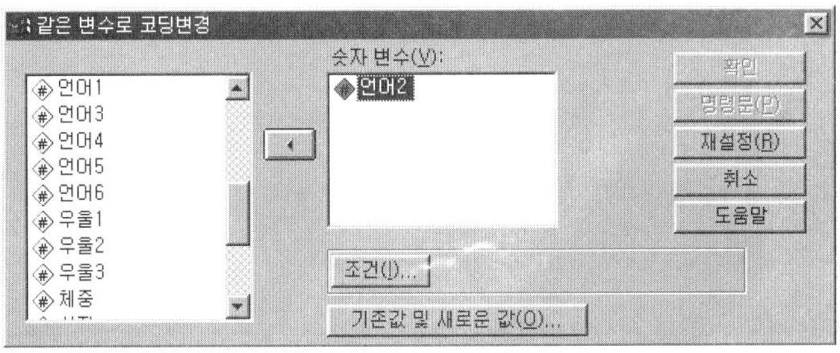

③ 아래쪽의 '기존값 및 새로운 값' 단추를 눌러 구체적인 변경사항을 입력한다.

기존값 1 → 새로운 값 0 → '추가' 단추 → 기존값 2 → 새로운 값 1 → '추가' 단추

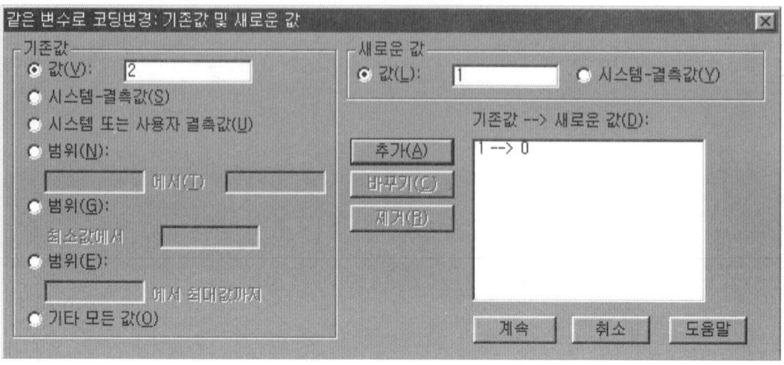

3) 데이터 값의 변경(Recode) ; 새로운 변수를 만든 후에...

① 1에서 5로 입력된 언어5의 값을 0 또는 1의 체계로 변경한다. 이때 새로운 변수를 만든 다음 그 변수를 대상으로 변경한다.

변환 메뉴/ 코딩변경 → 새로운 변수로...

② 대화상자에서 새로운 변수로 만들 대상 변수를 선택한다(compute로 *1을 하는 것과 동일한 결과임).

③ 새로 만들어지는 변수의 이름을 출력변수에서 입력하여 '바꾸기' 단추를 누른다.

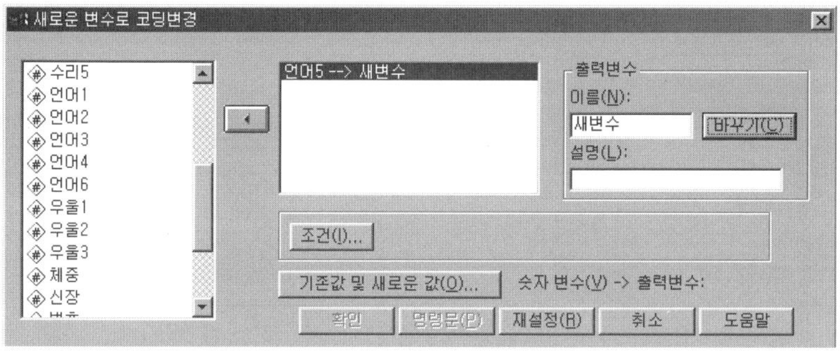

④ '기존값 및 새로운 값' 단추를 눌러 값들을 정의한다.

⑤ 앞의 빈도변수 생성 명령을 이용(변환 메뉴/빈도변수 생성)하여 언어1에서 언어6까지의 변수에서 값이 1인 개수를 세어 그 결과를 새로운 변수로 만든다.

4) 값의 계산(Compute) ; 산술계산을 하여 결과를 새로운 변수로 ...

① 우울1에서 우울3까지를 더하여 합계점수를 계산한다.

변환 메뉴/ 변수계산

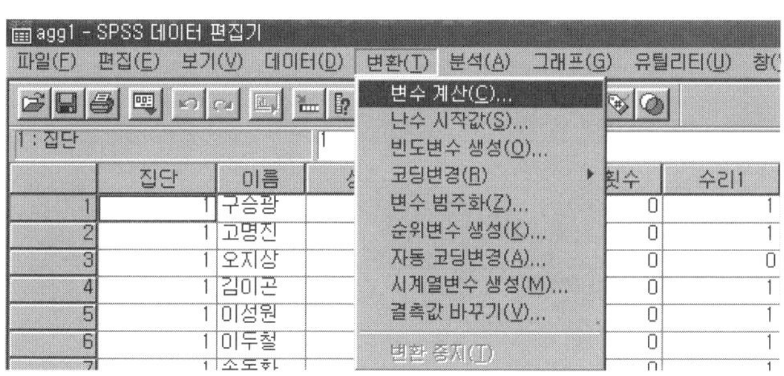

② 대화상자에서 새로운 변수명을 대상변수에 입력한다.

③ 좌측에서 변수를 선택하고 필요한 사칙연산, 논리연산자, 관계연산자, 그리고 함수를 이용하여 계산하려고 하는 수식을 지정한다.

④ 필요한 경우 '조건' 단추를 이용하여 조건을 지정한다.

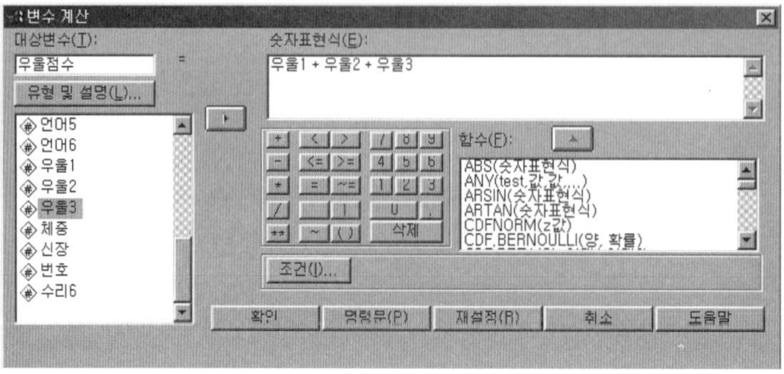

⑤ 변환된 결과를 데이터 보기에서 확인한다.

	수리6	우울점수	수리점수	새변수	변수
1	1	3.00	6.00	.00	
2	1	6.00	6.00	.00	
3	1	4.00	3.00	1.00	
4	0	9.00	4.00	.00	
5	0	11.00	5.00	.00	
6	1	10.00	6.00	.00	
7	0	5.00	5.00	.00	
8	0	10.00	4.00	1.00	
9	0	9.00	5.00	.00	
10	0	9.00	3.00	.00	
11	1	17.00	3.00	.00	
12	1	10.00	6.00	.00	

⑥ 변수계산을 이용하여 다음을 계산한다.

비만지수 = (신장-체중) * 0.9

7 고정형식으로 저장된 아스키파일 불러오기

파일 → 텍스트 데이터 읽기

텍스트 데이터는 훈글 등 워드프로세서에서 데이터를 입력한 후 최종적으로 저장할 때 '다른 이름으로 저장'을 선택한 다음 파일 형식을 텍스트 파일(*.txt)로 지정하여 저장된 파일을 말한다. 데이터는 칼럼을 기준으로 정리(고정형식; Fixed Format)되어 있는 것이 좋으며 가능한 한 숫자로만 구성되어 있는 것이 좋다.

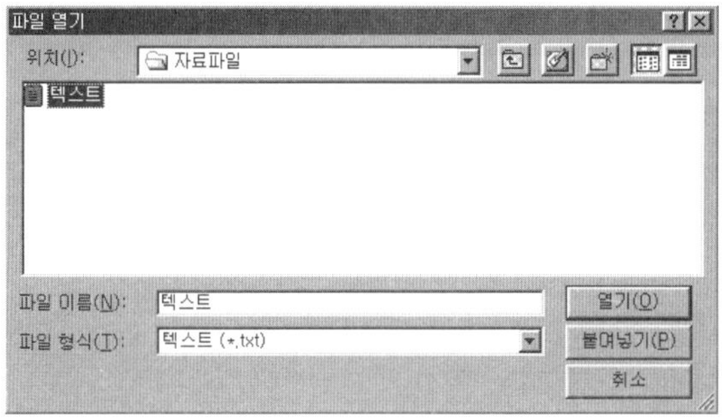

SPSS는 이를 선택하면 텍스트 가져오기 마법사를 실행시킨다.

텍스트 가져오기 마법사 실행

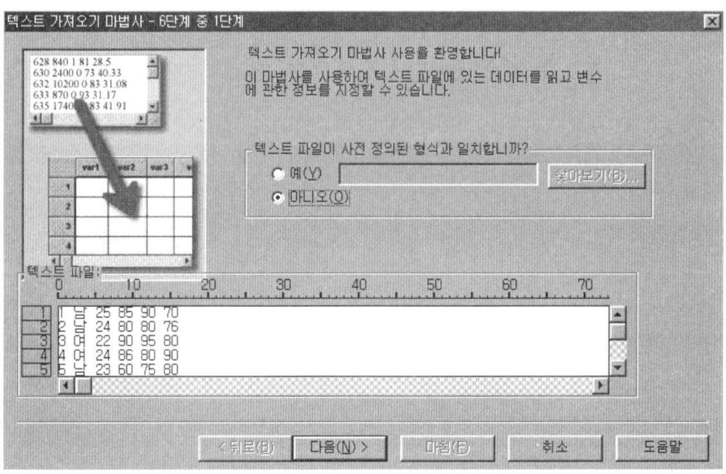

예를 들어, 동일한 질문지를 매월 정기적으로 사용하는 경우처럼 동일한 형식의 데이터 입력방식을 반복하여 처리하는 경우에는 이 마법사의 마지막 단계에서 파일형식을 저장하면 편리하다. 이 처럼 사전에 정의된 형식이 있을 경우 '예' 라디오 버튼을 선택한다.

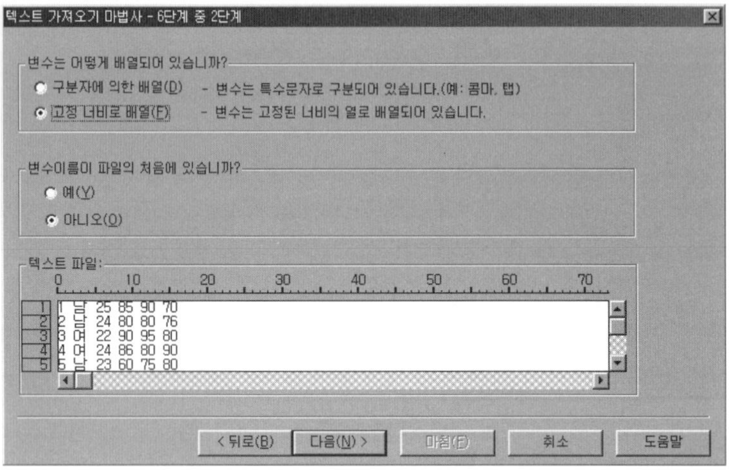

값들의 배열이 고정형식인지 자유형식인지를 SPSS에게 알려준다. 즉, 값들이 어떤 기준으로 구분되는지를 알려준다.

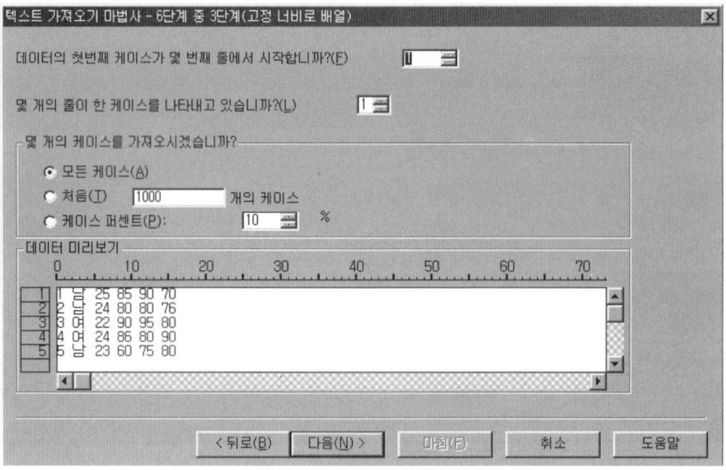

첫 번째 케이스가 시작되는 줄과 한 케이스가 차지하는 줄을 입력하고 몇 개의 사례를 가져올지를 지정한다.

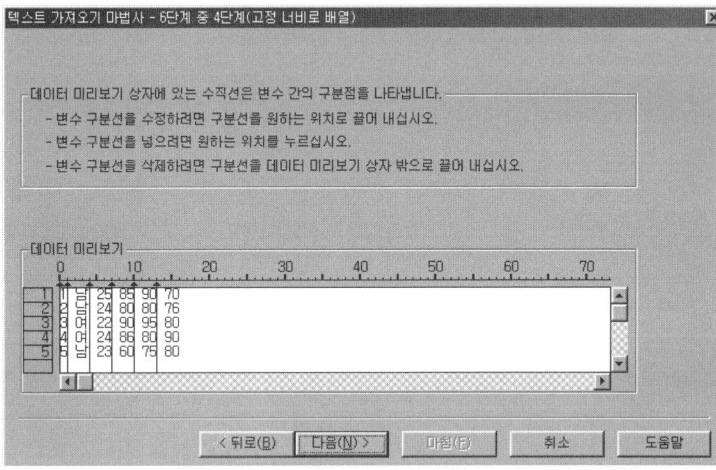

고정너비의 경우 미리보기 창에서 변수 구분선을 확인하고 필요하다면 새로운 구분선을 넣거나 제거한다.

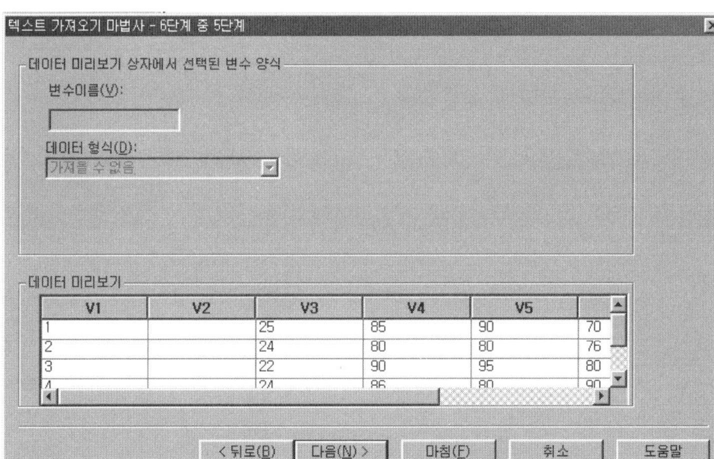

데이터 미리보기에서 변수(V1, V2,...)를 선택하면 변수명을 지정하거나 데이터의 형식을 지정할 수 있다. 특히, 문자로 입력된 변수의 경우 반드시 확인하는 것이 좋다.

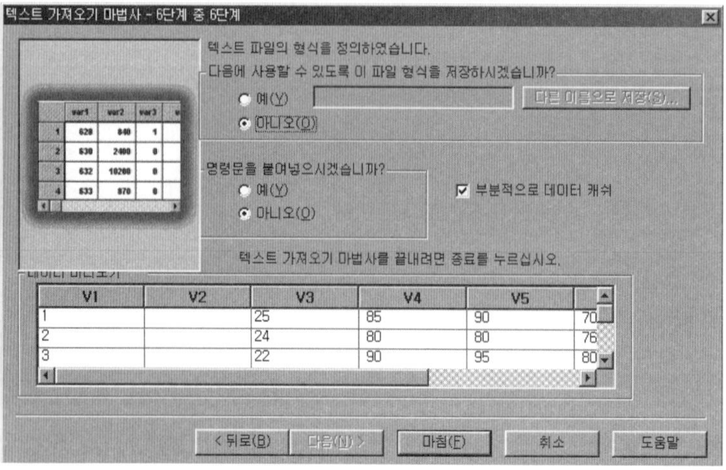

이 단계에서 파일형식을 저장하면 나중에 동일한 형식의 파일을 불러올 때 사용할 수 있다.

제3장

통계학의 기본개념

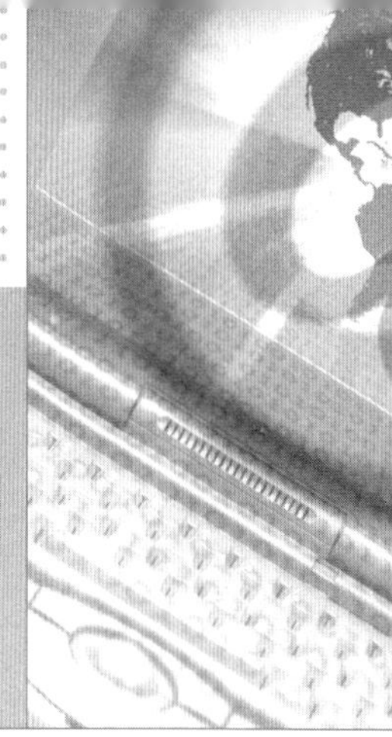

1 통계학의 정의와 목적

통계학(Statistics)은 불확실한 상황 하에서 합리적인 의사결정을 하기 위한 이론과 방법의 체계이며 자료의 수집, 분류, 분석과 해석의 체계를 갖는다. 이 세상을 살아가면서 우리는 끊임없이 측정의 대상이 되거나 측정을 한다. 이렇게 측정된 자료(data)들을 요약하고 처리하여 의미있는 정보로 만들기 위해 필요한 것이 바로 통계학이다. 관찰이나 조사 등의 측정을 통해 자료가 수량화되고 통계분석절차를 거쳐 요약되면, 보다 합리적인 의사결정이 가능해진다. 통계학의 또 다른 목적은 모집단의 속성에 대한 파악을 하는 데 있기도 하다. 모집단의 속성을 파악한다는 말은 다른 관점에서 보면 특이한 대상, 즉 변이(variation)를 파악한다는 의미도 된다.

자료(data) ········→ 통계(statistic)

- 자료의 수집과 조사, 수량화
- 수집 조사된 자료의 올바른 해석
- 합리적인 결론 도출

※ 통계(statistic) : 분석의 대상이 되는 집단에 대하여 실시한 조사나 실험의 결과로 얻어진 결과치(수치) 또는 그 결과들의 요약된 형태.

❖ 통계학의 목적

- 모집단의 속성에 대한 연구
- 정보의 요약과 축약
- 변이(variation)에 대한 연구
- 의사결정을 위한 도구

2 통계학의 분류

통계학은 연구자의 관심대상이 어디에 있는가에 따라 다른 방법을 적용해야 하며, 그에 따라 통계학을 분류할 수 있다. 연구자의 관심이 되는 모든 개체의 집합을 모집단(population)이라고 한다. 이 모집단에서 추출한 일부를 표본(sample)이라고 한다. 모집단이든 표본이든 관심대상의 속성을 요약하여 기술하고자 하는 데 목적을 두고 있다면 이는 기술통계에 해당한다. 그러나 관심대상의 집합이 너무 크거나 비용이 많이 들거나, 또는 파괴적인 검사를 시행해야 하는 등의 여러 이유에 의해서 관심대상의 일부만을 대상으로 측정을 하였지만, 그 결과를 관심대상 전체로 일반화하고자 원하는 경우도 있을 것이다. 이런 경우에는 표본을 대상으로 연구를 진행하여 그 결과를 모집단으로 확장하기를 원하는 것이므로 추리통계라고 한다. 이처럼 관심대상이 어디에 있는가에 따라 통계학의 분류가 달라지므로 연구자는 자신의 관심대상이 어디에 있는지를 명확히 해야 한다.

- 모집단(population) : 연구자의 관심이 되는 모든 개체의 집합
- 표본(sample) : 모집단에서 조사대상으로 채택된 일부 집합
- 모수(parameter) : 모집단의 속성을 수치로 나타낸 것
- 통계량(statistic) : 표본의 속성을 수치로 나타낸 것

한편, 가능한 한 정확하게, 주어진 자료를 가장 효과적으로 정리, 요약하여 기술해 줄 수 있는 요약치를 찾으려는 목적에 사용되는 통계적 방법을 기술통계(descriptive statistics)라고 한다. 기술통계의 두 번째 목적은 연구자가 관심을 갖고

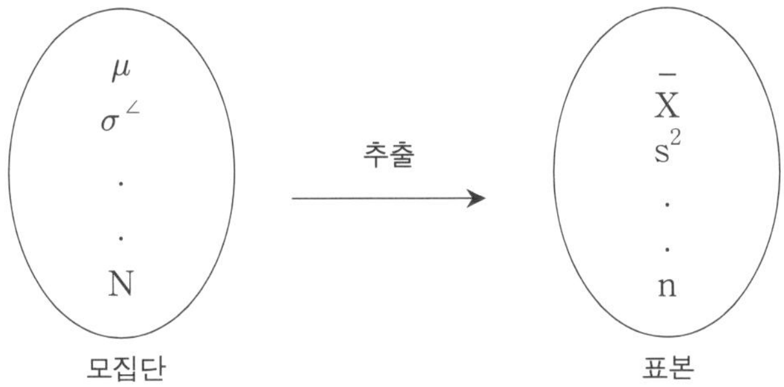

있는 집단(즉, 모집단)의 속성을 추론하는 토대를 제공하는 데 있다. 그리고 모집단에서 추출한 표본을 이용하여 표본이 지니고 있는 정보를 분석하고 이를 기초로 확률개념을 이용하여 모집단의 속성을 과학적으로 추론하기 위해 사용하는 통계방법을 추리통계(inference statistics)라고 한다. 추리통계는 모수통계와 비모수통계로 나누어진다.

모수통계(parametric statistics)는 모집단이 정상분포를 이루고 있다는 등 모집단의 속성 및 측정의 수준 등에 대한 가정을 전제로 개발된 통계방법이다. 주로, 데이터가 등간 이상의 척도로 측정된 경우에 적용한다. 그리고 비모수통계(nonparametric statistics)는 모집단의 속성에 대한 가정을 하지 않는 통계방법이다. 따라서 모집단의 분포가 정상분포일 필요가 없고, 주로 명목이나 서열척도로 측정된 경우에 적용한다. 통계분석은 카이제곱검정(χ^2-test), 순위상관계수(rank-order correlation), 그리고 순위를 이용한 변량분석(Friedman's ANOVA) 등이 사용될 수 있다.

한편, 모수통계의 가정을 살펴보면 모수통계는 독립변수가 종속변수를 어느 정도 설명 또는 예측해 주는가에 초점을 둔 분석방법이므로 모집단의 분포가 정상분포를 이루어야 한다. 즉 모집단의 정상성(normality), 동변량성(homogeneity of variance), 등간격성(interval measurement) 등의 가정이 충족되어야 한다. 모수통계 분석은 t-검정, 상관관계분석, 분산분석, 회귀분석, 판별분석, 요인분석, 군집분석 등이 사용될 수 있다. 다음 <표3-1>은 자료의 특징과 분석방법에 따라서 종속변수와 독립변수의 자료형태가 일치되어야 함을 보여주고 있다.

<표3-1> 독립변수와 종속변수의 자료에 따른 분석방법

	독립변수	종속변수	참고사항
t-검정	명목	등간(비율)	두 변수 중 하나는 명목자료, 다른 하나는 등간자료 이상인 경우에 사용된다.
상관분석	등간(비율)	등간(비율)	단, 순위자료와 같은 자료는 스피어만 순위상관분석(Spearman's correlation analysis)으로 그 관계를 검증할 수 있다.
분산분석	명목	등간(비율)	
회귀분석	등간(비율)	등간(비율)	그러나 독립변수에 범주형 자료를 사용할 수도 있는데, 이 경우 명목자료나 서열자료로 측정된 변수를 포함시킬 때는 측정한 변수 값을 적절한 형태로 변환시키야 하며, 이때 변환된 변수를 가변수(dummy variable)라고 한다.
정준상관분석	등간(비율)	등간(비율)	여러 개의 독립변수를 가지고 두 개 이상의 종속변수들의 값을 동시에 예측하고자 할 때 사용된다.
판별분석	등간(비율)	명목	
요인분석	등간(비율)		독립변수와 종속변수가 없고 변수들간의 상호관계를 분석하는 방법으로 변수와 대상의 집단화에 초점을 둔다.
군집분석	등간(비율)		
구조방정식모형	등간(비율)		

3 분석목적에 따른 통계분석

1) 각 변수의 분포 파악

데이터가 수집되고 수정이 완료되면 가장 먼저 수행하는 통계분석은 각 변수에 대한 빈도분석(frequency analysis)이나 기술통계(descriptive statistics)이다. 이러한 분석을 통해 각 변수들의 분포가 어떠한지를 파악한다.

범주형 변수 → 빈도분석
등간, 비율척도 변수 → 기술통계분석

2) 데이터의 타당성 및 신뢰도 검토

설문이나 검사지를 이용한 경우, 한 개념을 측정하기 위해 사용한 다수의 문항들이 올바르게 사용되었는가를 알아보기 위해 요인분석(또는 인자분석; Factor analysis)과 응답자들이 신뢰할만하게 응답했는지를 알아보는 신뢰도분석(Reliability analysis)을 실시한다.

설문지 문항들의 구성타당도 → 요인분석
하위요인들의 내적 일관성 → 신뢰도분석

3) 두 변수간의 관계성 분석

둘 이상 되는 변수들 간에 관련성이 있는지를 알아보기 위해 교차분석(Cross tabulation analysis)이나 상관분석(Correlation)을 실시한다. 독립변수(들)가 종속변수를 얼마나 설명해주는지를 또는 영향을 미치는지를 알아보고자 하는 경우 회귀분석(Regression analysis)을 실시한다.

〈두 변수간의 단순 관계성〉
두 변수가 범주형 변수 → 교차분석(Crosstabs) 에서 파이(phi), 유관계수 등
두 변수가 등간이상 변수 → 상관분석(Correlation)
독립변수가 종속변수에 미치는 영향의 정도 파악 → 회귀분석(Regression analysis)

❖ 독립변수가 특히 시간과 관련된 변수이고 종속변수가 등간이상일 경우 → 시계열 분석(time series analysis)

4) 집단간 차이분석

집단평균점수(종속변수)간에 차이가 있는지를 알아봄으로써 독립변수가 종속변수에 영향을 미친다는 인과적 진술이 가능해진다. 집단의 수가 둘인 경우와 둘 이상인 경우, 독립변수의 수가 하나인 경우와 하나 이상인 경우로 나누어진다.

범주형 독립변수가 하나(1 요인) 이면서,
독립변수의 범주가 둘인 경우 → 독립표집의 t-test, 종속표집의 t-test
독립변수의 범주가 둘 이상인 경우 → 일원분산분석(oneway ANOVA)
범주형 독립변수가 둘 이상인 경우 → 다원분산분석(ANOVA)
여러 개의 독립변수와 한 개의 종속변수 → 다중회귀분석(Multiple Regression analysis)

4 측정의 수준

측정(measurement)이란 규칙에 따라 현상이나 대상에 숫자를 할당하는 절차이다. 즉, 일정한 자료(scale)에 의해서 재어진 값을 의미한다. 자료는 대상을 측정하는 방법에 따라 명목자료, 서열자료, 등간 또는 간격자료, 비율자료의 네 가지 유형으로 구분된다.

1) 명목자료

명목자료(nominal scale)는 측정대상의 특성을 분류하거나 범주화할 목적으로 해당 대상에 숫자를 할당하는 척도이다. 분류대상에 숫자나 기호로 표시하는 것은 어떤 양적인 차이를 나타내는 것이 아니라, 변수가 지닌 속성을 구별하기 위한 상징적인 의미만을 가지고 있다.

예 계절: 봄=1, 여름=2, 가을=3, 겨울=4
성별: 남성=1, 여성=2
직업: 교수=1, 의사=2, 판검사=3
■ 통계처리가능
- 기술분석: 퍼센트(%), 최빈값(mode)
- 통계분석: 카이제곱검정(χ^2-test), 이항검정(binomial test)

2) 서열자료

서열자료(ordinal scale)는 속성의 많고 적음, 또는 크고 작음에 따라 숫자가 할당되는 척도이다. 서열자료는 변수의 범주화 및 분류뿐만 아니라, 속성들에 대하여 서열을 매길 수 있다. 그러므로 상대적인 위치파악이 가능하다. 그러나 학업석차(1등, 2등, 3등)와 같이 서열(순위)을 의미하지만, 그 등간이 동일하지는 않다.

예를 들어, 어떤 선호하는 상품에 대하여 가장 선호하는 순서대로 1, 2, 3의 숫자를 부여했다고 하면, 1은 2보다 더 선호되는 것을 의미하고, 2가 3보다 더 선호됨을 의미한다. 또한 1이 3보다 더 선호되는 것을 의미하지만, 선호의 정도는 알 수 없고 단지 순위만을 나타낼 뿐이다. 또 10명의 키의 순서를 가지고 가장 큰 쪽을 1, 그 다음을 2, 그 다음을 3, 이런 식으로 10까지 주면 서열자료가 된다. 가장 큰 사람들부터 A, B, C, D의 수치를 붙여나가도 된다. 그러면 수치를 보고 키에서 1 〉2, 2 〉3, 또는 A 〉B, B 〉C 등의 결론을 내릴 수 있다. 이와 같이 서열자료는 더 크다, 같다, 또는 더 작다는 결론을 내릴 수 있는 수치들이지만, 그 등간이 동일하지는 않다. 서열자료는 주로 정확하게 정량화하기 어려운 소비자의 태도, 선호도, 또는 상품품질 등의 순위 측정에 주로 이용된다.

예 학점: A, B, C, D, F
만족도: ① 매우 만족한다, ② 만족한다, ③ 보통이다, ④ 만족하지 않는다,
⑤ 매우 만족하지 않는다.

■ 통계처리가능
- 기술분석: 퍼센트(%), 백분위수(percentile), 사분위수(quartiles), 최빈값(mode), 중앙값(median)
- 통계분석: 카이제곱검정(χ^2-test)
  순위상관계수(rank-order correlation)
  순위를 이용한 변량분석(Friedman's ANOVA)

3) 등간자료

등간 또는 간격자료(interval scale)는 이웃하는 단위사이의 간격이 동일한 척도이다. 그리고 각 서열간의 등간이 일정하기 때문에 속성 수치들 간에 더하고 빼는 것(+/ −)이 가능하다. 왜냐하면 등간자료는 서열도 가지고 있고, 각 수치간의 거리는 일정한 양적 차이를 나타내기 때문이다. 그러나 절대영점(true absolute zero point)이 존재하지 않고, 상대영점(relative zero point)만 존재하기 때문에 수치들간의 곱하고 나누는 것은 성립되지 않는다.

예를 들어, 만약 어떤 사람이 하루중 온도를 아침 6시, 7시, 그리고 8시 3번에 걸쳐 측정했더니 각기 10℃, 13℃, 16℃가 나왔다고 하자. 이 세 개의 수치는 먼저 각 온도를 측정한 시점이 서로 다르다는 명목자료의 정보를 말해주는 동시에, 16℃가 13℃나 10℃에 비해서 날씨가 더 따뜻하다는 서열정보도 알려준다. 또 16과 13간의 차이인 3은 13과 10간의 차이인 3과 같은 의미를 지닌다. 즉, 온도가 높거나 낮을 경우에 상관없이 3도 차이가 나면 그 차이는 동일한 의미를 갖게 된다. 그러나 이 수치

간의 비율적 정보는 가능하지 않다. 즉, 16℃가 10℃의 1.6배라고 말할 수 없다. 마찬가지로 20℃는 10℃의 두 배라고 말할 수 없다. 어떤 수가 다른 수의 몇 배라는 비율적 정보를 말하기 위해서는 그 단위에서 절대영점의 존재가 필요하다. 그러므로 0℃라고 하면 온도가 없는 상태를 의미하는 것이 아니라 단지 물이 어는 온도를 의미할 뿐이다. 즉, 0은 절대영점이 아니라 임의로 정한 영점을 나타낸다.

예 온도, 시각

- ■ 통계처리가능
  - • 기술분석: 퍼센트(%), 백분위수(percentile), 사분위수(quartiles), 최빈값(mode), 중앙값(median), 평균(mean), 표준편차(standard deviation)
  - • 통계분석: 카이제곱검정(χ^2-test)
    피어슨상관계수(Pearson's product-moment correlation)
    변량분석(ANOVA)
    회귀분석(regression analysis)

4) 비율자료

비율자료(ratio scale)는 등간성 이외에 절대영점이 존재하여 비율계산이 가능한 척도이다. 즉 비율자료는 변수의 범주화, 분류 서열의 순위, 각 서열간의 동일한 등간, 그리고 측정상 절대영점을 모두 갖추고 있기 때문에 사칙연산(+/－/×/÷)이 가능하다.

예를 들어, 위의 등간자료에서 0℃라고 하면 온도가 전혀 없다는 뜻은 아니지만, cm로 잰 거리에서 0은 길이가 전혀 없다는 뜻이다(절대영점). 따라서 비율자료는 자료가 등간이면서 절대영점이 있는 경우이다. 길이(cm), 무게(g) 및 초(시간)에서 볼 수 있듯이 두 개의 비율 중 어느 한 쪽이 더 크다, 작다는 결론을 내릴 수 있다. 비율자료로 측정되는 변수는 매출액, 구매확률, 무게, 소득, 연령, 나이 등의 절대적 크기를 비교하는 데 많이 사용된다. 다음 <표3-2>는 각 자료에 내포되어 있는 가정들을 정리한 것이다.

예 소득, 키, 무게

- ■ 모든 통계처리 가능
  - • 기하평균, 조화평균, 변동계수 등을 포함한 모든 통계처리 가능

<표3-2> 자료에 내포되어 있는 가정(○ : 존재함, X : 존재하지 않음)

	명명자료	서열자료	등간자료	비율자료
분류가능	○	○	○	○
서열/순서를 나타냄	X	○	○	○
동등간/더하고 빼기 가능	X	X	○	○
절대영점/수학적 연산 모두 가능	X	X	X	○

그러나 측정자료가 가지고 있는 중요성은 "측정대상이 가지고 있는 속성이 아니라 측정하는 방법에 의존한다"는 것이다. 예를 들어, 지능은 서열자료로 분류되지만 이를 상 · 중 · 하로 측정했다면 분류의 의미로서 명목자료에 해당될 수 있다. 머리카락의 색은 검은색, 흰색 등으로 분류가 되므로 명목자료에 해당되지만 색은 빛의 파장으로 측정이 가능하므로 빛의 파장으로 측정한 경우에는 비율자료가 된다. 영어점수의 경우 서열자료이지만, 영어시험에서 맞은 문항의 개수에 초점을 맞춘다면 이 또한 비율자료가 된다. 이러한 점에서 연구자는 가능한 한 보다 많은 정보가 담긴 비율자료로 측정하고자 노력해야 한다. 왜냐하면 비율자료로 측정한 자료는 이후에 다른 형태의 자료로서 이용이 가능하지만, 그 반대는 불가능하기 때문이다.

예를 들어, 반사되는 빛의 주파수로 측정한 색깔의 경우 비율자료로, 서열자료로, 아니면 명목자료로도 사용할 수 있지만 반대는 불가능하다. 따라서 측정의 자료는 측정하고자 하는 대상의 속성(예; 연령, 지능)이 어떠한가가 중요한 것이 아니라 '어떻게 측정하였는가'가 중요한 문제이며, 그에 따라 분석방법이 결정된다. 다음 <표3-3>은 각 자료에 따른 통계적용기법을 정리해 놓은 것이다.

<표3-3> 각 자료에 따른 통계적용기법

자료		비교방법 (숫자부여방법)	평균의 측정	적용가능 분석기법	적용 예
명목 자료	• 비연속형 • 범주형 • 비메트릭 • 비계량화된 • 질적인	확인분류	최빈값	비모수통계 빈도분석 교차분석	성별분류, 상품유형별 분류, 시장세분 구역분류, 존재유무 등
서열 자료		순위분류	중앙값	비모수통계 서열상관관계	상표선호순위, 상품품질등위, 사회계층, 학교성적 석차 등
등간 자료	• 연속형 • 메트릭 • 계량화된 • 양적인	등간비교	산술평균	모수통계	온도, 시각, 연도 등
비율 자료		절대적 크기비교	기하평균 조화평균	모수통계	매출액, 구매확률, 무게, 소득, 나이 등

5) 연속형과 비연속형자료

실제로 사회과학 및 행동과학에서는 등간자료와 비율자료를 구분하는 것은 큰 의미를 갖지 않는다. 왜냐하면 자연과학과는 달리 등간자료의 구분이 명확하지 않을 뿐만 아니라, 이 두 측정자료는 모두 이론적으로 정상분포를 따른다고 가정되기 때문에 동일한 측정자료의 범주로 묶을 수 있다. 유사하게 명목자료와 서열자료도 같은 의미에서 이항자료나 χ^2분포를 따르고 있기 때문에 같은 측정자료의 범주로 묶을 수 있다. 그래서 등간자료와 비율자료는 연속형(metric) 자료라 하고, 명목자료와 서열자료는 비연속형(nonmetric) 또는 범주형(discrete) 자료라고 한다. 그러므로 자신이 수집한 자료의 측정자료를 '연속형'이냐 '범주형'이냐로만 구분해도 충분하다. 왜냐하면 어떤 자료분석을 선택할 것인가 하는 문제는 측정된 자료가 연속형이냐 범주형이냐에 따라 결정되기 때문이다. 그러므로 자신이 수집한 자료가 명목인지, 서열인지, 또는 등간인지, 비율인지를 따질 필요가 없으며, 다만 범주형과 연속형을 구분만 할 수 있다면 어떤 분석방법을 적용할 것인지를 결정할 수 있다.

예를 들어, 한 연구자가 지능과 학업성취간의 관계성을 알아보기 위한 연구를 수행한다고 하자. 먼저 IQ검사를 실시하여 지능점수를 얻고 각 개인의 학업성적을 측정하였다면, 이들 점수는 연속형 자료로 모수통계 기법인 피어슨의 적률상관계수(Pearson's product-moment correlation coefficient: PMR)를 구하여 두 변수의 관계성의 정도와 방향을 파악하게 된다. 반면, IQ검사를 실시한 결과 얻어지는 순위와 학급의 석차를 측정하였다면, 이들 점수는 범주형 자료로 비모수통계 기법인 스피어만의 순위상관계수(Spearman's rank order correlation coefficient)를 통해 두 변수의 순위상관을 검증하면 된다. 그러므로 동일한 대상일지라도 다른 측정수준으로 측정되었다면, 적용되는 통계방법은 달라지게 된다.

6) 변수의 종류

- 이산형 변수(discrete variable) : 변수의 값이 정수의 형태를 취할 수밖에 없는 변수. 예) 자녀수, 연간 교통사고발생건수, 찬성과 반대 등
- 연속형 변수(continuous variable) : 변수의 값이 실수의 형태를 취하는 변수. 예) 신장, 체중, 사용시간 등

5 확률과 분포

추리통계의 기본은 확률이론으로, 연구자는 확률이론을 이용하여 표본의 자료를 근거로 모집단에 대한 합당한 추론을 하였다고 주장한다. 다시 말해, 모집단의 특성을 추론하는데 있어서 그 추론이 정확할 가능성의 정도를 확률적 추론을 통해 확신하는 것이다. 확률이론은 확실한 상황을 바탕으로 하여 불확실한 상황에서도 의사결정을 하도록 할 수 있는 유익한 방법을 제공해 준다.

확률이란 특정사상의 발생가능성에 관한 것으로 수집된 자료의 종류에 따라, 즉 수집된 자료가 불연속적인가 아니면 연속적인가의 여부에 따라 두 가지의 의미를 지니게 된다.

불연속 변수일 때 한 사상이 일어날 확률이란 주어진 전체의 사상에서 그 사상이 발생하는 상대적인 비율이다. 여기에서 주어진 전체의 사상이란 동일한 조건에서 동일한 시행을 무한히 반복하였을 때 발생할 수 있는 모든 종류의 가능한 사상을 의미한다(무한히 반복한다는 것은 사실상 불가능한 것이며, 이러한 의미에서 전체 사상에 대한 특정 사상의 발생확률을 이론적 확률 또는 수학적 확률이라고도 한다).

예를 들어, 동전을 던졌을 때 가능한 전체 사상은 두 가지이며 앞면이 나올 확률은 1/2가 된다. 주사위를 던졌을 때의 가능한 전체 사상은 모두 여섯 가지 즉 1, 2, 3, 4, 5, 6이다. 따라서 주사위하나를 던져 특정사상인 1이 나올 확률은 모두 여섯 개의 사상 즉, 1, 2, 3, 4, 5, 6 중에서 하나이므로 1/6이 된다.

수집된 자료가 연속변수일 때의 확률이란 이론적 상대빈도분포곡선과 기준 축(주로 X축 또는 가로축을 사용한다) 사이의 전체 면적과 특정부위에 해당하는 면적간의 비율을 의미한다. 연속변수인 때의 확률을 말할 때 가장 대표적인 것이 정상분포에서의 확률이다.

1) 이항분포

가능한 전체 사건이 둘 밖에 없는 시행을 베르누이 시행(Bernoulli's trials)이라

하며, 이 베르누이 시행에 따르는 분포 중 하나다. 두 사건의 발생확률이 각각 1/2 즉 0.5인 사건을 독립적으로 n번을 반복하였을 경우의 분포를 이항분포라고 한다. 가장 손쉬운 예가 동전 던지기이다.

<표3-4>는 동전을 세 번 던졌을 경우에 앞면이 나오는 경우와 뒷면이 나오는 경우를 모두 표시한 것이다. 실험결과의 H는 앞면을, T는 뒷면을 의미하며 첫 번째 줄의 H H H는 세 번 던져 세 번 모두 앞면이 나오는 경우이다. 그 발생확률은 전체 사상의 수 8개 중에서 빈도가 1이므로 1/8이다. 이 표를 다시 앞면이 나오는 경우에 초점을 맞추어 정리한 것이 <표3-5>이다.

<표3-4> 동전을 세 번 던졌을 때 앞면이 나올 확률

실험결과	앞면이 나오는 횟수	확률	빈도
H H H	3	1/8	1
H H T	2	1/8	1
H T H	2	1/8	1
T H H	2	1/8	1
H T T	1	1/8	1
T H T	1	1/8	1
T T H	1	1/8	1
T T T	0	1/8	1

앞면의 개수를 중심으로 보았을 때 앞면이 1개가 나올 확률은 그 빈도가 3이고, 전체가 8이므로 3/8이 된다. 이렇게 동전을 던지는 시행이 얼마 되지 않는 경우에는 이처럼 전체 경우의 수를 하나하나 따져볼 수 있지만, 그 시행의 수가 많은 경우에는 공식을 이용하여 계산하여야 할 것이다. 예를 들어, 동전을 10번 던지는 경우라면 <표3-6>의 파스칼의 삼각형을 이용하여 확률을 계산할 수 있다. 표에서 n은 시행의 수를 의미하며, 이항계수는 n번 시행할 때 각각 앞면과 뒷면이 나오는 개수를 의미한다. n=10을 보면 동전을 10번 던지는 경우로서 열 번 모두 앞면이 나오는 경우는 n=10인 줄의 제일 첫 번째 이항계수가 1이므로 1개에 불과하다. 앞면이 9번, 뒷면이 1번인 경우는 두 번째 계수에 해당하며 그 계수는 10이다. 따라서 동전을 10번 던져서 앞면이 9번, 뒷면이 1번 나올 확률은 전체 사상의 수가 1024이므로 10/1024가 된다. 이를 앞면의 수를 중심으로 정리한 것이 <표3-7>이고, [그림3-1]은 n=10일 때의 앞면이 나오는 빈도의 발생확률에 대한 그래프를 보여주고 있다.

<표3-5> 동전을 세 번 던지는 경우, 나올 수 있는 앞면의 개수와 그 빈도 및 확률

앞면의 개수	빈도	확률
0	1	1/8
1	3	3/8
2	3	3/8
3	1	1/8

<표3-6> n=1에서 10($P=\frac{1}{2}$)까지의 파스칼의 삼각형

n	이 항 계 수	전체 사상의 수
0	1	1
1	1 1	2
2	1 2 1	4
3	1 3 3 1	8
4	1 4 6 4 1	16
5	1 5 10 10 5 1	32
6	1 6 15 20 15 6 1	64
7	1 7 21 35 35 21 7 1	128
8	1 8 28 56 70 56 28 8 1	256
9	1 9 36 84 126 126 84 36 9 1	512
10	1 10 45 120 210 252 210 120 45 10 1	1024

<표3-7> N=10일 때 앞면이 나올 빈도의 발생확률

앞면의 수	빈도		확률
0개	1 /1024	=	.001
1개	10 /1024	=	.010
2개	45 /1024	=	.044
3개	120 /1024	=	.117
4개	210 /1024	=	.205
5개	252 /1024	=	.246
6개	210 /1024	=	.205
7개	120 /1024	=	.117
8개	45 /1024	=	.044
9개	10 /1024	=	.010
10개	1 /1024	=	.001
	계	=	1.000

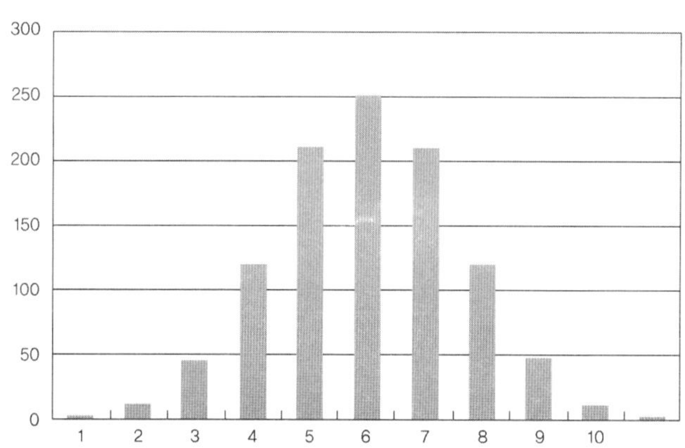

[그림3-1] n=10일 때의 앞면이 나오는 빈도의 발생확률에 대한 그래프

2) 정상분포

정상분포(또는 정규분포; normal distribution)는 18세기 초에 독일의 유명한 수학자 가우스(Johann Carl Friedrich Gauss, 1777~1855)가 발견한 분포로 일명 가우스 분포라고도 한다. 정상분포는 연속적 확률분포 가운데 가장 중요한 분포에 속한다. 정상분포가 통계학에서 중요한 위치를 차지하고 있는 이유는 대략 다음과 같다. 첫째, 우리의 일상생활에서 흔히 볼 수 있는 확률변수들은 정상분포와 유사한 분포를 이루는 것이 많으며, 둘째, 이항분포, 표집분포 등 다른 확률분포들의 근사치를 구하는데 이용될 수 있으며, 셋째, 표본의 크기가 비교적 큰 대표본의 경우 모집단의 분포와 관계없이 그 표본의 평균을 비롯한 대부분의 통계치의 분포가 대략 정상분포를 이루고 있기 때문이다.

연구자가 사용할 대부분의 통계적 검증방법들은 자료가 정상분포에 접근할 것을 요구하기 때문에(즉, 분포의 정상성; normality를 가정하기 때문에) 연구자는 자료들이 정상분포와 유사한가를 아는 것이 중요하게 된다.

정상분포는 무한한 크기의 모집단 측정치를 근거로 한 이론적인 수학적 모델로서 다음과 같은 특성을 지니고 있다.

① 전체적인 곡선의 모양은 종모양이며 좌우대칭이다.

② 곡선의 양끝은 결코 기저선(X축)에 무한히 접근하지만 닿지는 않는다.

③ ±1 표준편차 지점의 수직선과 정상분포곡선이 만나는 지점에 변곡점이 있다.

④ 곡선 아래의 모든 영역은 100%가 된다.

⑤ 곡선의 형태는 평균과 표준편차에 따라 달라질 수가 있다.

⑥ 어떤 형태의 곡선이든지 모집단의 평균으로부터 1 표준편차까지의 영역의 비율은 동일하다. 즉, 전체 면적의 34.13%를 갖는다.

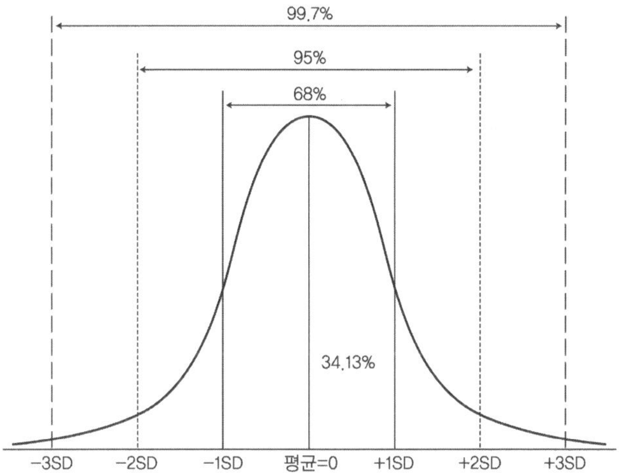

[그림3-2] 표준정상분포 그래프와 면적

표준정상분포 함수는 다음과 같다.

$$f(x)= \frac{1}{\sqrt{2\Pi}} e^{-\frac{1}{2}x^2}$$

한 분포에서 원점수와 평균과의 차이를 그 분포의 표준편차로 나누면 그 계산된 점수들의 분포는 평균이 0이고 표준편차가 1인 단위정상분포를 이루게 되는데, 그 계산된 점수를 Z점수 또는 표준점수라고 하며 표준정상분포를 Z분포라고도 한다.

$$Z = \frac{(X - \overline{X})}{SD}$$

표준점수는 다른 두 분포를 평균이 0이고 표준편차가 1인 동일한 수준의 척도로 전환시켜주므로 두 분포상의 점수간에 비교를 가능하도록 만들어 준다. 바로 이러한 이유 때문에 표준점수가 자주 사용된다.

6 통계적 가설검증의 단계

① 귀무가설(null hypothesis: H_0)과 대립가설(alternative hypothesis: H_1)을 진술하고, 자료수집방법을 정한다.

② H_0을 검증하기 위한 적절한 통계적 검증방법(통계적 모델)을 선정한다.

③ 유의수준(significance level: α)과 표본의 크기(N)를 정한다.

④ 위의 2)와 3)에 기초하여, 통계적 검증을 위한 기각역을 설정한다.

⑤ 자료를 분석하여 의사결정(decision)을 한다. 즉, 표본으로부터 얻어진 자료를 이용하여 검증 통계치를 계산하고, 검증 통계치가 기각역 내에 있는 경우 H_0을 기각하며 H_1을 받아들인다. 만약, 검증 통계치가 기각역 밖에 있다면 선택된 유의수준에서 H_0을 기각할 수 없다.

7 가설

가설(Hypothesis)이란 아직 경험적으로 검증되지 않은 일종의 예비이론 또는 진술로서 둘 혹은 그 이상의 변수들 간의 관계에 대한 추측적 진술문이다. 즉, 가설이란 변수들 간의 관계에 대하여 잠정적으로 내리는 결론이다. 그러므로 가설은 두 개 혹은 그 이상의 변수들 간의 관계로 진술되어야 한다. 그러나 어떤 가설을 긍정하느냐 또는 부정하느냐 하는 판단은 주어진 현상에 대한 관찰을 기초한 확률적 판단이지 절대적 판단이 아니다. 가설이 성립되기 위해서는 다음과 같은 요건, 즉 (1) 두 개 이상의 변수들 간의 관계(relationship, association)에 대한 명확한 서술이 있어야 하고, 서술된 관계성에서 크기의 차이나 방향이 제시되어야 한다. (2) 관련된 변수들은 측정이 가능해야 하므로 조작적 정의가 이루어져야 한다. (3) 가치중립적(value-fee)이어야 한다. 그리고 (4) 확률적 속성을 지녀야 한다.

연구자는 가설을 진술함으로써 연구의 초점을 명확한 목표에 맞추게 되며, 어떠한 관찰이나 실험이 이루어져야 하는지를 결정하게 된다. 가설은 비록 사태 또는 현상에 대한 추측이지만 아무런 근거도 없이 허무맹랑하게 설정해서는 안 된다. 가설은 반드시 과학적 지식과 사실적 재료에 기초하여 제기되어야 하며, 윤리적인 또는 실제적인 문제점들을 피할 수 있는 형태를 취해야 한다. 예를 들어, 이미 오래 전에 흡연이 관상성 심장질환의 발생에 정적으로 관련되어 있을 것이라는 가설이 제기되었었다. 이 가설은 잠정적 설명을 제공하여 흡연자와 비흡연자의 관상성 심장질환의 발생을 비교하는 많은 연구를 이끌었다. 이들 확장된 연구결과를 통해 이제 의학 전문가들은 일반적으로 흡연과 관상성 심장질환 간의 관계성을 확실한 것으로 받아들이게 되었으며, 담배포장에 그와 관련된 경고문을 인쇄하게 되었다.

행동과학에서 다루는 대부분의 변수들은 직접적으로 관찰할 수 없는 추상적 개념들이다. 따라서 이들 변수들은 조작적으로 정의되어야 한다. 조작적 정의란 연구자가 관심을 가지고 있는 변수를 직접적으로 관찰할 수 있을 정도로 구체적인 어떤 사건이나 실제 행동의 표본을 통하여 기술하는 것을 말한다. 예를 들어, '지능'이라는 변수는 '타당한 지능검사의 점수'로 정의될 수 있다. '체중'이란 변수는 '체중계의 바늘이 가리키는 숫자'로 정의될 수 있다. 이처럼 직접적, 경험적으로 검증할 수 있게 가설을 진술하고 나면 비로소 본격적으로 연구를 실행하게 된다. 이들 관찰 가능한 사건들 간의 관계성은 가설로 예측한 결과와 일관되거나 일관되지 않게 나타날 것이다. 다시 말해서, 가설은 아마도 '참' 또는 '거짓'으로 판단될 것이다. 이 말의 의미는 연구자가 가설을 증명하려고 노력해야 한다는 것이 아니라 가설을 검증하려고 노력해야 한다는 것이다.

한편, 연구문제와 연구가설이라는 용어의 사용에 대하여 알아보도록 하자. 결론부터 말하자면, 연구가설은 연구문제의 의미를 포함하고 있다. 예를 들어, "무엇이 청소년을 공격적으로 만드는가?" 에 관심이 있는 연구자는 개략적인 연구문제를 설정한 것이 된다. 즉, 연구자는 여러 가지 가능한 요인들 중에서 'TV 폭력물의 시청'에 관심이 있었고, "TV 폭력물의 시청이 청소년의 공격성을 증가시킬 것이다"로 표현하게 되었다면, "TV 폭력물의 시청이 청소년의 공격성을 증가시킬 것인가?"라는 협의의 연구문제는 곧 연구가설을 일의적인 질문형태로 제기한 것이다. 따라서 서술된 내용 면에서 협의의 연구문제와 연구가설은 동일하지만 질문형식과 서술형식이라는 외형상의 차이를 갖게 된다. 그러나 일반적으로 가설은 협의의 연구문제보다는 구체화(specify)되는 특성이 있다. 또한 인과관계를 강조하는 학문영역에서는 '연구문제'라는 용어보다는'연구가설 또는 가설'을 더 선호하는 경향이 있다. 따라서 어떤 용어를 사용할 것인가는 연구자의 판단에 따르지만, 연구의 목적이 인과관계의 파악에 있다면 연구가설을 사용하는 것이 바람직할 것이다.

1) 귀무가설과 대립가설

귀무가설(null hypothesis; H_0 ; 또는 영가설이라고도 함)은 두 변수 간에 '관계가 없다' 또는 '차이가 없다'와 같이 진술하는 것으로, 연구자가 기각될 것을 기대하고 수립하는 가설이다. 따라서 귀무가설은 의사결정의 첫 단계로 기각할 목적으로 설정하며, 기각될 경우 대립가설을 받아들이게 된다. 대립가설(alternate hypothesis; H_1; 또는 연구가설이라고도 함)은 연구결과에 대한 예측으로 일련의 조작적인 진술(operational statement)이다. 즉, 대립가설은 연구자가 '변수들 간의 관계가 있다'고 진술하는 가설을 의미하는데 여기에는 변수들 간에 나타나는 상관관계의 유무와 방향을 진술하게 된다.

예를 들어, 어떤 사회심리학자가 남녀에 따라 신문을 읽는데 보내는 시간이 다를 것으로 예측하였고, 이를 통계적으로 검증하고자 한다고 생각해 보자. 이때의 귀무가설(H_0)은 '남성과 여성은 신문을 읽는데 소비하는 시간에 차이가 없다'가 된다. 즉, 남성이 신문을 읽는데 보내는 평균시간 μ_1은 여성이 신문을 읽는데 보내는 시간 μ_2와 같을 것이며 $\mu_1 = \mu_2$로 표시한다. 여기서 μ은 '뮤'라고 읽으며, 모집단의 값을 표시할 때에는 그리스문자를 이용하는 것이 관례이다.

대립가설은 '남성과 여성은 신문을 읽는데 보내는 시간에 차이가 있다'가 된다. 즉, $\mu_1 \neq \mu_2$가 된다. 대립가설은 연구목적에 따라 방향을 가질 수도 있다. 다시 말해 '남성의 신문 읽는 시간은 여성보다 많을 것이다'라는 가설을 설정할 수도 있다. 이처럼 대립가설이 집단간 차이의 방향을 예측하는 경우에 $\mu_1 < \mu_2$ 또는 $\mu_1 > \mu_2$인 귀무가설이 된다. 즉, 한 특정집단이 다른 집단보다 더 큰 평균을 가질 것이다라고 진술되며, 귀무가설이 $\mu_1 < \mu_2$인 경우 대립가설은 $\mu_1 \geq \mu_2$가 되며, 귀무가설이 $\mu_1 > \mu_2$인 경우에는 $\mu_1 \leq \mu_2$가 된다. 이처럼 귀무가설과 대립가설을 진술하고 나면 통계적 절차에 따라 귀무가설을 지지할 것인지 혹은 기각할 것인지를 결정하게 된다.

위의 귀무가설과 대립가설은 모집단이 둘인 경우에 해당되며, 모집단이 하나인 경우에도 동일한 논리가 적용된다. 예를 들어, 우리나라에서 청소년학을 전공하는 학생들의 평균 지능지수가 120정도라는 가설을 검증한다고 생각해 보자. 이때의 귀무가설(H_0)은 $\mu = 120$이며, 연구가설(H_1)은 $\mu \neq 120$이 된다. 즉, 귀무가설은 '우리나라에서 청소년학을 전공하는 학생들의 평균지능은 120정도이다'라는 것이며, 대립가설은 그들의 평균지능은 120이 아닐 것이라는 진술이다. 앞의 예에서 두개의 가설 중 귀무가설이 기각되고 대립가설이 지지되는 경우 청소년학 전공자들의 평균지능이 120은 아니지만, 정확하게 얼마라고 진술할 수는 없다는 점에 주의를 해야만 한다. 다시 말해, 귀무가설이 기각된다고 하여 대립가설이 진이라는 것은 아니다. 다만, 통계적 가설로서의 귀무가설을 기각할 수 있다는 의미가 된다. 이러한 진술은 단일 모집단의 경우뿐만 아니라 두 모집단의 비교에서도 마찬가지이다. 일반적으로 가설검정에는 현재까지 주장되어 온 사실을 귀무가설(H_0)로 정하며, 기존상태로부터 새로운 변화 또는 새로운 효과가 존재한다는 주장을 대립가설(H_1)로 정하는 것이 보통이다. 예를 들어, 청소년심리학 교수법연구에서 두 교수법에 의한 학습효과의 차이가 없는데도 차이가 있다고 하는 판단의 오류와 두 교수법의 학습효과의 차이가 있음에도 불구하고 차이가 없다고 결론을 내리는 오판이 있을 수 있다고 가정해보자. 각 연구에서 연구자가 내리는 오판의 결과는 전자의 오판이 후자의 오판보다 더 심각한 것이다. 보다 심각한 오판을 제 I 종 오류라고 한다. 즉 기술적으로 말하면, 제 I 종 오류(type I error)는 귀무가설이 진인데, 귀무가설을 기각하고 대립가설을 채택하는 판단의 오류를 말한다. 그리고 제 II 종 오류(type II error)는 귀무가설이 진이 아닌데, 즉 대립가설이 진인데 귀무가설을 기각하지 않고 잘못된 귀무가설을 채택하는 판단의 오류를 말한다.

2) 기각역

기각역(region of rejection)은 H_0이 사실일 때, H_0하에서 발생할 확률이 거의 드문 사건이 포함되는 영역, 즉 α가 0.05일 때, 정상분포 하에서 0.05에 해당하는 통계치(예를 들어, Z값) 밖의 면적비율로 정의된다. 기각역은 대립가설의 형태에 따라 영향을 받는다. 대립가설(H_1)이 차의 방향을 예측하는 경우($H_1 > 100$)에는 일방검증(one-tailed test)을 사용하며, 차의 방향을 예측하지 않는 경우에는 양방검증(two-tailed test)을 사용한다.

3) 의사결정

통계적 검증에서 어떠한 값이 기각역 내에 있다면, H_0은 기각된다. 통계적 절차에 의한 어떠한 수치의 확률이 이미 설정된 α보다 작거나 같은 경우 H_0은 거짓이라고 결정을 내린다. 이렇게 H_0이 기각될 때, 연구자는 이러한 결과는 "통계적으로" 유의미한 결과라고 결론짓는다.

제4장

빈도분석 및 기술통계

통계를 사용하는 목적 중의 하나는 관심을 갖는 대상집단의 속성에 대한 요약에 있다. 여기에서 요약이란 연구자가 관심을 갖고 있는 대상집단의 속성을 한 두 개의 수치로 대표하여 설명하는 것을 말한다.

이 같은 목적으로 사용되는 수치를 대푯값이라고 하며, 가능한 한 정확하게 주어진 자료를 가장 효과적으로 요약할 수 있는 대푯값을 찾는 것이 기술통계의 목적이 된다.

주어진 자료를 요약하는 일차적인 작업은 동일한 점수를 받은 사례가 몇 개인지를 세어보고(혹은 범위를 정해서 그 범위에 해당하는 점수들을 세어보고), 그 결과를 보기 좋게 크기 순으로 정리하는 것이다. 이러한 작업을 빈도분석(frequencies)이라고 한다. 빈도분석은 잡다한 점수들의 묶음을 일목요연하게 파악하고 의미 있는 자료를 이끌어 내는 데 도움이 된다. 이러한 작업은 특히 자료가 올바르게 수집되었는지를 알아보는 데에도 도움이 된다.

1 빈도분석

자료의 특성을 파악하기 위해 실시하는 일차적인 작업은 일정한 규칙에 따라 자료들을 묶거나 크기순으로 정리하여 그에 해당하는 사례를 계수하는 것이다. 이러한 목적으로 수행하는 작업이 빈도분석이다. 빈도분석은 범주형 자료를 대상으로 한다.

- 2장에서 파일결합을 하여 저장한 파일을 불러와 사용한다.

분석 메뉴/기술통계량/빈도분석

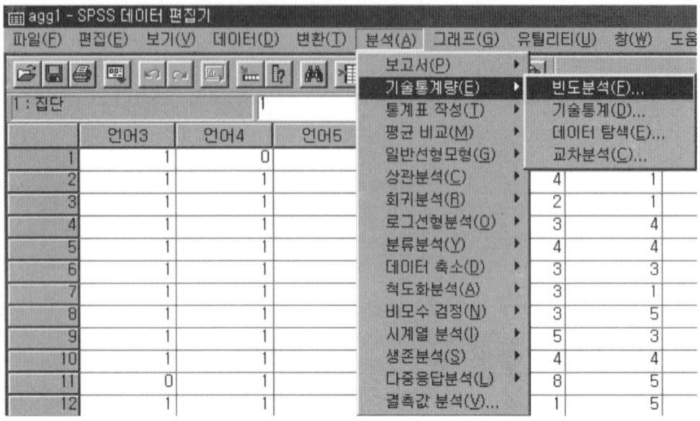

① 대화상자가 나타나면 빈도분석을 실시할 대상변수를 왼쪽 변수군에서 선택하여 오른쪽으로 이동시킨다. 이때 변수를 하나씩 지정할 수도 있으며 마우스 왼쪽 버튼을 누른 채 아래로 이동하여 다수를 선택할 수도 있다. 윈도우에서 shift 키 또는 Ctrl 키를 이용할 때와 동일한 방식으로 변수들을 선택할 수도 있다.

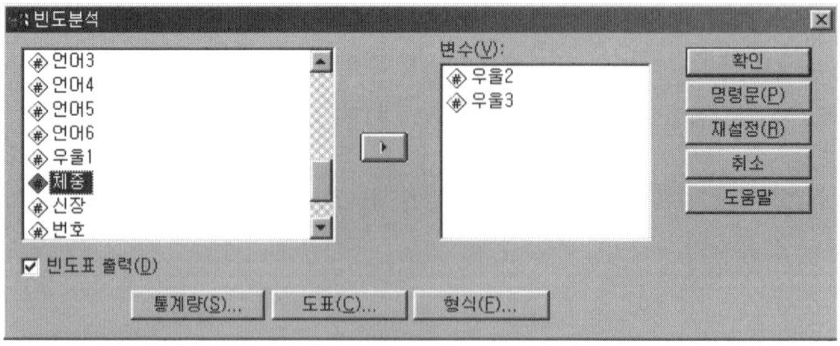

② 단지 빈도분석만 실행시킬 경우 확인 버튼을 누른다.

③ 통계량 단추를 눌러 필요한 통계량 옆의 체크 상자에 표시를 한다.

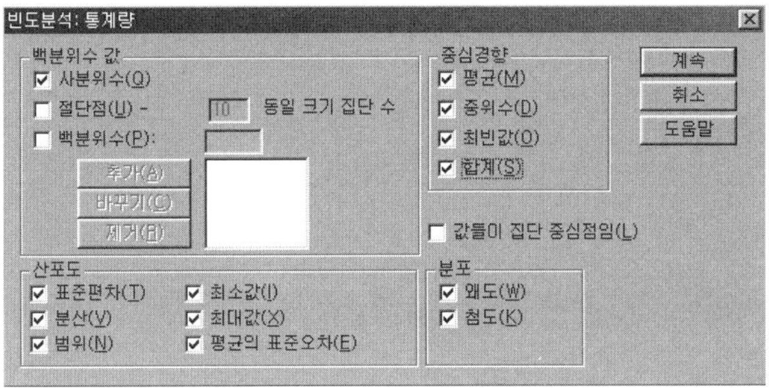

1) 중심경향치

어떤 집단의 특성을 측정하여 점수화 하였을 때, 점수들의 분포를 하나의 값으로 요약, 기술하여 그 집단의 특성을 대표하는 지수로 사용되는 대푯값을 중심경향치(central tendency)라고 한다. 가장 일반적으로 사용되는 중심경향치로는 산술평균(arithmetic mean), 중앙치(median), 최빈치(mode)가 있다. 여러 대푯값 중에 어떤 것을 사용하는가는 그 사용목적, 분포의 특징, 측정의 수준 등의 조건에 의해서 결정해야 한다.

산술평균은 등간척도나 비율척도로 측정한 변수들에 적절하며 중앙치나 최빈치는 명목척도나 서열척도로 측정한 변수들에 적절한 대푯값이다.

① **평균** : 여기에서의 평균은 산술평균(mean)을 의미하며 이는 점수의 합을 전체 사례수로 나눈 값을 말한다.

$$\overline{X} = \frac{X_1 + X_2 + X_3 + X_4 + \cdots + X_n}{N} = \frac{\Sigma X_n}{N}$$

추리통계에서 표본의 평균과 모집단의 평균(즉, 통계치와 모수치)을 구별하는 것이 중요하므로 표집의 평균을 $\overline{X}$ 또는 M(mean)으로 표시하고 모집단의평균은 μ(mu)로 표시하여 구별하고 있다.

산술평균은 선형성을 가지고 있고 수학적으로 다루기 쉬우며 계산이 쉽다는 장점 때문에 많은 통계분석의 기본적 통계치로서 사용이 되고 있지만, 몇 개의 극단적인 값들만 있어도 대푯값으로서의 기능을 상실하는 단점이 있다. 산술평균의 특징으로는

- 산술평균은 점수분포의 균형을 이루는 점이다. 다시 말해서, 점수들의 무게중심이 되는 점이 바로 산술평균이다.
- 산술평균으로부터 구한 모든 점수들의 편차의 합은 0이 된다. 평균으로부터의 편차점수의 합이 0이 된다는 사실은 1)에서 무게중심이 된다는 말을 달리 표현한 것이다.
- 평균으로부터의 편차점수의 제곱의 합은 어떤 다른 기준으로 구한 편차점수의 제곱의 합보다 항상 적다. 이를 최소자승의 원리라고 한다.

② 최빈치 : 묶지 않은 자료에서 가장 빈도가 많은 값을 최빈치(mode)라고 한다. 최빈치는 가장 빈도가 많은 값을 대푯값으로 사용하는 것이므로 둘 이상의 값의 빈도가 동일하다면 최빈치를 구할 수 없게 된다는 단점이 있다. 또한 동일한 최대빈도가 두 개가 있다면, 두 점수의 평균을 구하거나 또는 두 개의 최빈치를 사용해야만 하는 단점도 갖고 있다.
하지만 최빈치는 집단의 대푯값을 급히 계산해야 할 때 빈도분포상에서 즉각 계산될 수 있으며 극단적인 값에 영향을 적게 받는다는 장점을 지닌다. 또한 점수들의 분포가 정상분포를 이룬다면 대략적인 산술평균의 추정치로도 사용이 가능하다. 일반적인 경우에, 최빈치가 단독으로 대푯값으로 사용되는 경우는 드물며 산술평균이나 중앙치의 보조적 지수로서 주로 사용된다.

③ 중앙치 : 중앙치(median)란 한 집단의 크기 순으로 나열된 점수분포 상에서 전체사례들을 상위의 반과 하위의 반으로 나누는 점, 즉 백분점수에서 0.5에 해당하는 값을 말한다. 다시 말해서, 수집된 점수들을 크기 순으로 나열하였을 때 중앙에 위치하는 값을 말한다. 예를 들어, 13, 16, 18, 23, 27과 같이 5개의 점수가 크기 순으로 나열되어 있는 경우, 가운데 있는 18이 중앙치가 된다. 이때 만일 29라는 점수가 하나 더 있다면 사례수가 짝수이므로 중앙치를

결정하지 못하게 되는데 이러한 경우에는 가운데 있는 두 값의 평균 즉 (18+23)/2=20.5가 중앙치가 된다. 중앙치는 최빈치와 마찬가지로 극단적인 값에 영향을 받지 않기 때문에 좌우가 대칭이 되지 않는 점수들의 분포가 극단적인 편포일 경우 적절한 대푯값이 된다. 또한 표본으로 모집단의 대표적 경향을 추정할 때 표본에 극단적인 자료가 포함될 가능성이 적은 경우에 중앙치는 타당한 추정치로서의 역할을 할 수 있다.

2) 산포도

두 집단의 비교에 있어서, 그 두 집단의 분포의 정도는 중요한 의미를 갖는다. 다시 말해서, 분포의 정도가 다른 두 집단을 비교하기 위해서는 대푯값만으로는 부족하게 된다. 예를 들어, 영어성적이 100점, 80점, 50점, 50점인 집단 그리고 4명 모두 70점인 집단은 평균 70점으로 동일하지만 이 두 집단이 동일하다고 말할 수는 없다. 더 나아가 한 집단의 점수들의 분포를 포괄적으로 이해하기 위해서도 점수가 흩어져 있는 정도에 대한 정보가 필요하게 된다. 다시 말해서, 점수들의 집합을 대표해주는 중심경향치는 거의 언제나 오차가 있게 된다. 예를 들어, 수영을 전혀 못하는 사람이 평균 수심이 1M인 강을 걸어서 건널 수 있을지를 생각해 보라.

점수들이 흩어져 있는 정도는 대푯값 못지않게 중요한 정보를 제공해 주며 이를 나타내주는 값을 변산도의 지수 또는 산포도라고 한다. 하지만 산포도가 나타내는 바는 개별적인 성원이 전체집단의 점수에서 얼마나 이탈되었는가를 의미하는 것은 아님에 주의해야 한다. 산포도는 단지 그 값이 계산된 전체 집단성원들의 이탈정도를 요약해 주는 지수인 것이다. 산포도 역시 중심 경향치와 마찬가지로 여러 가지가 사용되고 있다. 산포도는 측정도구들이 갖는 측정의 일관성의 정도를 나타내기 위해 사용되기도 하며, 두 집단간의 특성에 있어서의 개인차의 정도를 비교하는 수단이 되기도 한다. 표집에 따라서는 산포도를 추정하는 것은 모수치(parameters)를 추정할 수 있게 하므로 추리통계의 기초가 된다.

① 범위 : 범위(range)란 어떤 점수분포 상에서 가장 높은 점수와 가장 낮은 점수의 차이를 말한다. 따라서 범위(R)=최고점수−최저점수로 나타낼 수 있다.

범위는 계산하기 쉽다는 장점이 있는 반면, 극단적인 값의 영향을 많이 받기 때문에 그다지 안정성이 없다는 단점이 있다. 또한 단지 상하의 두 점수만을 이용하여 계산이 되므로 모든 점수를 반영하지 못하고 있다. 따라서 범위는 다른 산포도 지수의 보조적인 역할을 하는 데 사용이 된다.

② 사분위수 : 사분위수(inter-quartile range, IQR)는 중앙치를 기준으로 하는 변산도로써 Q%.75 - Q%.25로 정의된다. 여기에서 Q%.75는 점수들을 크기순으로 나열했을 때 전체의 75%보다 큰 값들 중에서 가장 작은 값을 말하며 삼사분위(third-quartile)라고 하며, Q%.25는 전체의 25%보다 큰 값 중 제일 작은 값으로 일사분위(first quartile)라고 한다. 사분위간 범위는 상위 25%에 해당하는 값과 하위25%에 해당하는 값의 차이를 의미하므로 범위가 갖고 있는 극단적인 값에 민감하다는 단점을 상당히 보완해 준다. 이 사분위간 범위는 보통 상자그래프(boxplot)로 제시한다.

③ 분산 : 편차치의 합이 0이 되는 것을 막기 위해서 평균으로부터 편차의 제곱을 구한 뒤 그 값들의 평균을 구한 것이 분산(variance)이다.

$$s^2 = \frac{\Sigma(X - \overline{X})^2}{N}$$

공식에서 알 수 있듯이 모든 값들을 반영하므로 보다 합당한 산포도로써 사용이 가능하지만 편차의 제곱을 사용하므로 값이 원래의 단위보다 크다는 단점이 있다.

④ 표준편차 : 변량의 단위를 원래의 단위로 환원시키기 위해 변량의 제곱근을 구한 값을 표준편차(standard deviation)라고 한다.

$$s = \sqrt{\Sigma(X - \overline{X})^2} / N$$

표준편차 역시 분포상의 모든 점수의 영향을 받으므로 평균과 마찬가지로 극단적인 값에 민감한 변산도의 지수이다. 그러나 한 모집단에서 여러 개의 표집을 하였을 때 평균과는 달리 표집에 따른 차이가 그다지 크지 않고 안정적이기 때문에 모집단의 변산도를 추정하는 데 많이 이용되고 있다.

3) 분포

① **편포도** : 편포도(skewness)란 비대칭도 또는 왜도라고도 하며, 값들의 분포가 중심으로부터의 좌우대칭에서 얼마나 벗어나 있는지를 말해주는 지수이다. 값들의 분포가 평균을 중심으로 좌우대칭이면 이 값이 0이 되며, 분포의 꼬리부분이 우측으로 치우치면, 즉 정적으로 편포되면(positive skewed) 0보다 큰 값이 되고, 분포의 꼬리부분이 좌측으로 치우치면, 즉 부적으로 편포되면(negative skewed) 0보다 작은 값이 된다.

② **첨도** : 첨도(kutosis)는 말 그대로 분포가 얼마나 뾰족한가를 나타내주는 지수로써 비교대상은 정상분포이다. 편포도와 유사하게 값들의 분포가 정상분포이면 첨도값이 0이 되며, 정상분포보다 뾰족하면 0보다 큰 값이 되고, 그리고 정상분포보다 납작한 분포이면 0보다 작은 값이 된다.

4) 기타 지정사항

① 결과물의 구성 : 형식(Format)

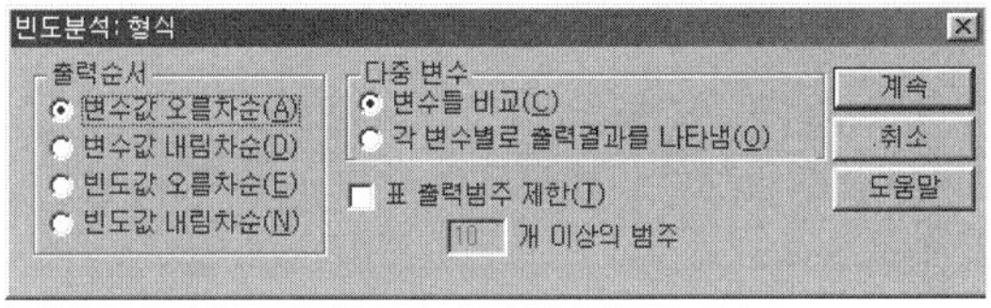

② 도표

❖ 빈도분석의 결과물

결과물에는 점수(Value), 빈도(Frequency), 백분율(Percent), 유효백분율(Valid Percent), 누가백분율(Cum Percent)이 표시되어 있다.

통계량

		우울2	우울3
N	유효	78	78
	결측	0	0
평균		3.29	2.74
평균의 표준오차		.15	.16
중위수		3.00	3.00
최빈값		3[a]	1
표준편차		1.35	1.40
분산		1.82	1.96
왜도		-.429	.152
왜도의 표준오차		.272	.272
첨도		-.688	-1.203
첨도의 표준오차		.538	.538
범위		5	4
최솟값		1	1
최댓값		6	5
합계		257	214
백분위수	25	3.00	1.00
	50	3.00	3.00
	75	4.00	4.00

a. 여러 최빈값이 있습니다. 가장 작은 값이 나타납니다.

빈도표

우울2

		빈도	퍼센트	유효 퍼센트	누적 퍼센트
유효	1	14	17.9	17.9	17.9
	2	3	3.8	3.8	21.8
	3	23	29.5	29.5	51.3
	4	23	29.5	29.5	80.8
	5	14	17.9	17.9	98.7
	6	1	1.3	1.3	100.0
	합계	78	100.0	100.0	

우울3

		빈도	퍼센트	유효 퍼센트	누적 퍼센트
유효	1	22	28.2	28.2	28.2
	2	11	14.1	14.1	42.3
	3	21	26.9	26.9	69.2
	4	13	16.7	16.7	85.9
	5	11	14.1	14.1	100.0
	합계	78	100.0	100.0	

2 기술통계

빈도분석은 주로 이산적 자료의 분석에 사용되며 연속적 자료인 경우에는 기술통계(descriptives)를 사용한다. 그러나 그 내용은 빈도표가 없을 것을 제외하면 빈도분석에서의 통계량과 거의 동일하다.

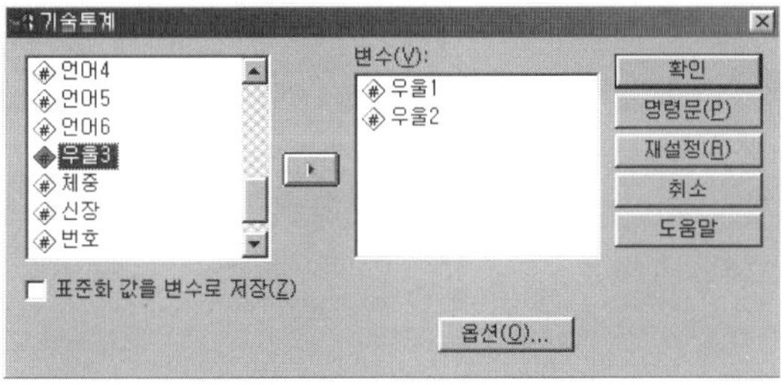

표준점수(Z score)의 기록 : '표준화 값을 변수로 저장'

Z점수는 단위가 다른 변수들을 동일한 단위로 변환시켜(표준화시켜) 변수들을 비교하는데 사용한다. 이 Z점수는 여타의 다른 통계방법에 응용되므로 이 방법을 기억해 두는 것이 좋다. 예를 들어, CLUSTER(군집분석)에서 점수단위가 다른 변수의 거리를 계산할 때 사용된다. 이 명령을 수행시키면 평균이 0이고 표준편차가 1인 새로운 변수를 만들어준다. 이 새로운 변수는 액티브 파일에 추가된다. 물론, 나중에 사용하기 위해서는 파일을 저장해 주어야 한다.

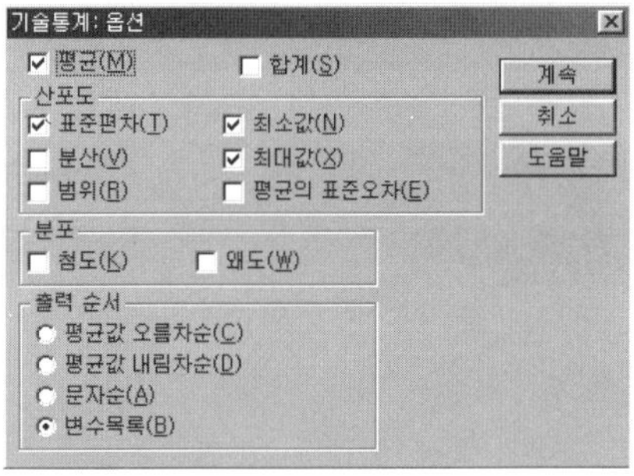

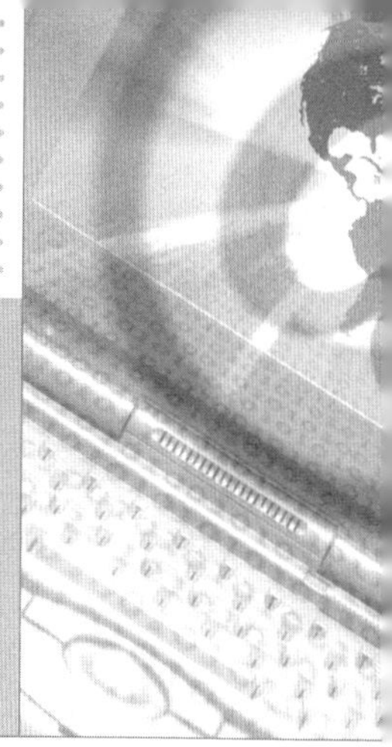

제5장

교차분석과 결합도의 검증

각 변수의 개별적인 분포를 조사한 후에는 둘 이상 되는 변수사이의 관계를 조사하는 것이 보통이다. 이럴 때 연구자는 여러 가지 통계분석방법 중에서 어느 것을 사용하여 자신의 자료를 분석할 것인지를 결정해야 한다. 어느 분석방법이 적절한지의 여부는 변수의 속성 또는 자료가 양적인가 질적인가의 여부, 그리고 연구설계 등을 고려해서 결정하게 된다.

두 변수가 명목이나 서열척도로 측정된 비연속형 자료, 즉 범주형 자료의 경우에 적용할 수 있는 통계방법 중의 하나로 대표적인 것이 교차(cross-tabulation)분석이다.

1 교차분석

교차분석이란 교차분할표 및 이와 관련된 통계치들을 이용한 분석을 말한다. 교차분할표는 각 변수의 범주들의 조합을 고려해 그에 해당하는 사례의 수를 세어 하나의 표로 작성한 것을 말하는데 사회과학에서 빈도분석과 함께 공통적으로 많이 사용하는 분석기법이다. 교차분할표를 달리 설명한다면, 둘 이상의 범주형 변수에 대한 결합빈도분포(joint distribution)라고 할 수 있다.

교차분할표의 가장 단순한 형태는 2×2로 두 변수에 각각 두개의 수준이 있는 경우이다. 예를 들면, 대학진학률에 있어서 남녀학생간에 차이가 있는지를 알아보기 위해 그 지역 해당학생을 대상으로 대학진학 여부와 성별을 조사할 수 있을 것이다. 여기에서 조사되는 변수는 남학생과 여학생의 두 범주를 가지는 성별과 진학과 실패의 범주를 가지는 대학진학 여부가 된다. 그 결과 아래와 같은 표를 구성할 수 있다. 여기에서 각 변수에서의 범주의 수를 이용하여 2×2 교차분할표라고 표현한다. 따라서 아래의 표는 범주들의 조합에 의해 2×2 = 4개의 셀(cell)을 가진다. 이 때 통상적으로 합계를 같이 기록하게 되는데, 그것을 난외값(marginal values)들이라고 한다.

구분		성 별		
		남학생	여학생	합계
대학진학여부	진학	①	②	
	실패	③	④	
	합계			

위의 표에서 각 칸에는 해당 사례수가 들어간다. 즉 ①칸에는 대학에 진학한 남학생, ②칸에는 대학에 진학한 여학생, ③칸에는 진학에 실패한 남학생, ④칸에는 진학에 실패한 여학생의 수를 기록하게 된다. 그리고 합계에는 각 해당 숫자들의 합을 기록한다. 따라서 난외에 있는 합계들은 각 변수들의 개별적인 빈도분석과 동일하다.

교차분석에서 각 칸에 있는 숫자들을 대상으로 분석할 수 있으며 특정한 유의도 검증을 통하여 통계적인 분석을 할 수도 있다. 변수들이 통계적 독립성을 이루는지의 여부를 결정하기 위해서는 보통 카이제곱(Chi-square:χ^2) 검증을 사용한다. 또한 변수들의 관계성을 알아보기 위해 여러 가지의 결합도(measure of association)를 계산할 수도 있다. 결합도의 종류로는 유관계수(contingency coefficient), 파이(phi), 타우(tau), 감마(gamma) 등이 있으며, 이들은 모두 한 변수의 값이 다른 변수의 값을 예측하는 정도나 또는 같이 변화되는 정도를 기술해 주는 통계치들이다.

1) 예제 연구의 가설과 연구방법

일간 신문의 사회면은 지하철에서의 폭행사건, 시내 중심가에서의 강도, 아파

트계단에서 동사한 어린아이 사건 등과 같은 많은 사건들을 다루고 있다. 이러한 것들은 모두 대도시인의 특징이라 할 수 있는 사회적 냉담과 무관심을 나타내는 지수로 볼 수도 있다. 과밀인구, 일체감의 저하 및 그 밖의 도시문제들 때문에 대도시 거주자들이 중소도시의 거주자들보다 타인에게 관심이 더 적거나 아니면 냉담한지의 여부에 관심을 가질 수도 있다.

Hansson과 Slade(1977)는 고의로 "편지를 잃어버리는 방법(lost letter technique)"을 이용하여 '도움을 필요로 하는 사람이 일탈자가 아니라면, 대도시 사람보다 중소도시 사람이 더욱 이타적일 것'이라는 가설을 세웠다. 이들이 그 가설을 검증하기 위해 사용한 방법은 우체국 소인이 찍히고 발송지가 기재된 편지를 일부러 "잃어버리고" 나서, 발송지로 반송되는 편지의 비율을 조사하는 것이다. 이 두 사람이 실험을 위해 고의로 잃어버린 편지는 총 216통이었다. 그 중의 절반은 대도시를 돌아다니며 길바닥에 떨어뜨렸으며, 나머지 절반은 대도시 주변의 중소도시들(51개 도시)에서 떨어뜨렸다.

편지의 발송인은 세 명의 가상적인 인물로서 발송지는 우체국의 사서함이었다. 첫 번째 인물은 정상적인 사람으로 보이도록 발송인의 이름과 주소를 기재하였으며 이를 '중립조건'으로 사용하였다. 두 번째 인물은 직업을 알 수 없도록 기재하여 '미지의 인물' 조건으로 하였다. 세 번째 인물은 파괴적이거나 정치적 일탈자로 간주되도록 하기 위해 주소지에 공산당원이라고 표시하였다.

2) 교차분할표의 작성

세 군데의 주소지에 있어서 회수율이 비슷한지를 알아보기 위해서는 반송된 편지와 그렇지 않은 편지를 세 사람의 이름별로 헤아려야 한다. 아래의 표는 편지를 '주소지'와 '반송여부'를 고려하여 정리한 교차분할표이다. 두 변수 값의 각 조합에 해당하는 사례(편지)의 수가 몇 가지 백분율과 함께 표의 각 해당 칸 안에 제시되었다. 각 칸의 내용은 변수들 사이의 관계에 관한 정보를 제공해 준다. 표에서, 주소지는 교차표의 행에 제시되었으므로 행(row)변수라 하며 편지의 반송여부는 열(column)변수라고 한다. 행 변수는 세 개의 범주로 구성되며, 열 변수는 두 개의 범주로 구성되므로 전체적인 교차분할표는 모두 여섯 개(3×2=6)의 셀로 이루어진다.

<표5-1> 교차표의 예

반송여부 * 발송인 교차표

			발송인			전체
			중립조건	미지의 인물	공산주의자	
반송여부	반송	빈도	35	32	10	77
		반송여부의 %	45.5%	41.6%	13.0%	100.0%
		발송인의 %	48.6%	44.4%	13.9%	
		전체 %	16.2%	14.8%	4.6%	35.6%
	반송되지 않음	빈도	37	40	62	139
		반송여부의 %	26.6%	28.8%	44.6%	100.0%
		발송인의 %	51.4%	55.6%	86.1%	
		전체 %	17.1%	18.5%	28.7%	64.4%
전체		빈도	72	72	72	216
		전체 %	33.3%	33.3%	33.3%	100.0%

3) 칸의 내용과 난외값

각 칸에는 네 종류의 숫자가 있으며 그 각각은 다른 정보를 주고 있다. 제일 처음의 것은 해당 사례수, 즉 빈도이다. 예를 들어, 중립조건의 인물에게 반송된 편지는 35통이었고 공산주의자에게 반송되지 않은 편지는 62통이었다. 두 번째의 내용은 행 백분율(반송여부의 %)이다. 이 백분율은 해당 행을 100으로 놓았을 때 각 칸의 백분율을 나타낸다. 반송된 편지 77통은 중립조건의 인물에게 45.5%, 미지의 인물에게 41.6%, 그리고 공산주의자에게 13.0%로 나누어진다.

열 백분율(발송인의 %)은 각 칸에서 세 번째로 제시되었으며, 각 열의 전체사례에 대한 해당 칸의 백분율을 나타낸다. 예를 들어, 중립조건의 편지(72통) 중에서 35/72×100=48.6%가 반송되었고 37/72×100=51.4%가 반송되지 않았다. 미지의 인물에 대한 반송률(44.4%)은 비슷한 수준인 반면에 공산주의자에 대해서는 유난히 낮았다(13.6%).

교차표의 마지막 내용은 전체 백분율(전체 %)이다. 각 칸의 사례는 교차표의 전체사례수에 대한 백분율로 표시될 수 있다. 예를 들어, 중립조건으로 반송된 35통의 편지는 실험에 사용한 전체 216통의 16.2%에 해당된다(35/216×100=16.2%).

교차분석표에서 오른쪽과 아래에 있는 숫자들은 난외값(marginal values)이라고 한다. 이 숫자들은 열 변수와 행 변수에 대한 사례수와 백분율로 빈도분석과 동일하다. 표에서 열의 난외값을 보면, 전체편지 중에서 77통(35.6%)이 반송되었고 139통(64.4%)이 반송되지 않았다.

4) 백분율의 선택

행 백분율, 열 백분율, 그리고 전체 백분율은 각기 다른 유형의 정보를 전달해주며 이들을 주의 깊게 선택하여 해석해야 한다. 위의 예에서, 열 백분율은 반송된 편지와 반송되지 않은 편지에 대한 주소지별 분포를 나타낸다. 이 열 백분율로는 반송률에 관한 직접적인 정보를 얻을 수 없다.

왜냐하면, 실험자는 각 인물의 주소지별로 동일한 수의 편지를 고의로 "잃어"버렸기 때문이다. 예를 들어, 통제인물의 편지를 다른 사람보다 두 배나 많이 기재하였다면, 모든 편지에 대한 반송률은 50%, 25%, 그리고 25%의 행 백분율이 되어야 할 것이다. 그러나 이러한 사실이 통제인물에 대한 반송률이 두 배나 높다는 것을 의미하지는 않는다. 더 나아가, 각 범주에 반송된 편지의 수가 동일하다면, 모든 편지가 반송되거나 아니면 극단적인 경우로, 한 통씩만 반송되거나에 관계없이 행 백분율은 33.3%, 33.3%, 그리고 33.3%가 될 것이다.

교차표를 계산할 때 행과 열이 바뀔 수 있으므로, 언제 열 백분율을 사용하고 언제 행 백분율을 사용하는지에 관한 일반적인 규칙을 제시할 수는 없다. 어느 백분율을 사용해야 하는지는 두 변수의 속성에 따라 좌우된다. 두 변수 중에서 실험적 조작이 가해지는 변수를 독립변수(independent variable)라고 한다. 그 실험적 조작에 영향을 받는 것으로 여겨지는 변수는 종속변수(dependent variable)라고 한다. 만일 이처럼 변수를 독립변수와 종속변수로 구분할 수 있다면 다음의 지침이 도움이 될 것이다.

독립변수가 행 변수라면 행 변수의 백분율을 해석하라. 독립변수가 열 변수라면 열 변수의 백분율을 해석하라. 위의 예에서, 종속변수는 편지의 반송여부이며 독립변수는 발송인이 된다. 따라서 표에서의 열 변수의 백분율인 '발송인의 %'를 이용해야 한다.

5) 통제변수의 추가

앞의 <표5-1>은 대도시와 중소도시에 대한 결과를 통합하여 작성한 것이므로 지역간 반송률의 차이에 대해서는 아무런 정보도 얻을 수 없다. 지역간 차이를 알아보기 위해서는, 대도시에 관한 교차표와 중소도시에 관한 교차표로 분리시킨 두 개의 교차표가 필요하다. 아래의 <표5-2>는 두 지역에서의 반송여부와 주소지에 대한 교차표를 보여 준다(이 표는 '잃어버린 장소' 변수를 통제변수(레이어)로 지정한 결과이다).

<표5-2> 통제변수를 사용한 교차표의 예

반송여부 * 발송인 * 잃어버린 장소 교차표

잃어버린 장소				발송인: 중립조건	발송인: 미지의 인물	발송인: 공산주의자	전체
대도시	반송여부	반송	빈도	16	14	9	39
			반송여부의 %	41.0%	35.9%	23.1%	100.0%
			발송인의 %	44.4%	38.9%	25.0%	36.1%
			전체 %	14.8%	13.0%	8.3%	36.1%
		반송되지 않음	빈도	20	22	27	69
			반송여부의 %	29.0%	31.9%	39.1%	100.0%
			발송인의 %	55.6%	61.1%	75.0%	63.9%
			전체 %	18.5%	20.4%	25.0%	63.9%
	전체		빈도	36	36	36	108
			반송여부의 %	33.3%	33.3%	33.3%	100.0%
			발송인의 %	100.0%	100.0%	100.0%	100.0%
			전체 %	33.3%	33.3%	33.3%	100.0%
중소도시	반송여부	반송	빈도	19	18	1	38
			반송여부의 %	50.0%	47.4%	2.6%	100.0%
			발송인의 %	52.8%	50.0%	2.8%	35.2%
			전체 %	17.6%	16.7%	.9%	35.2%
		반송되지 않음	빈도	17	18	35	70
			반송여부의 %	24.3%	25.7%	50.0%	100.0%
			발송인의 %	47.2%	50.0%	97.2%	64.8%
			전체 %	15.7%	16.7%	32.4%	64.8%
	전체		빈도	36	36	36	108
			반송여부의 %	33.3%	33.3%	33.3%	100.0%
			발송인의 %	100.0%	100.0%	100.0%	100.0%
			전체 %	33.3%	33.3%	33.3%	100.0%

통제변수가 추가된 교차표, 즉 <표5-2>는 대도시와 중소도시 사이의 흥미로운 차이를 나타내 준다. 비록 대도시의 반송률이 36.1%이고 중소도시의 반송률이 35.2%로 전체적인 반송률에 있어서는 비슷하지만, 주소지 사이에는 큰 차이가 있다.

중소도시에서 공산주의자에게 반송된 비율은 단지 2.8%에 불과하지만, 대도시에서는 25.0%나 된다. 중소도시의 중립조건(52.8%)과 미지의 인물조건(50.0%)에 대한 반송률은 대도시보다 높았다. 이러한 결과는, 중소도시에서 사회적 일탈자로 의심되는 것이 대도시에서보다 도와주는 행동에 더 많은 영향을 미칠 것이라는 연구자들의 생각을 지지해 준다. 비록 중립조건과 미지의 인물이 비슷하게 도움을 받을만한 가치가 있는 것으로 판단된 사실이 놀랍기는 하지만 만일 공산주의자의 편지를 제외시킨다면, 중소도시의 거주자((19+18)/72×100=51.4%)가 대도시 거주자((16+14)/72×100=41.7%)보다는 어느 정도 더 많은 도움을 주고 있다는 사실을 알 수 있다.

6) 자료 입력의 검색을 위한 교차분석의 사용

빈도분석으로는 알아낼 수 없는 자료 입력상의 에러나 예외적인 값을 찾아내는데 교차분석표를 이용할 수 있다. 예를 들어, 세 번의 임신경험을 한 남성으로 잘못 코딩된 사례는 성별의 빈도분석이나 임신경험 횟수의 빈도분석으로는 찾아낼 수가 없다. 성별변수의 남성과 임신회수 3을 분리해서 고려해 보면, 아무런 의심도 가지 않는다. 그러나 이 두 가지를 같이 고려해 보면, 그 조합(남성과 3회의 임신)은 의심이 갈 수밖에 없다. 따라서 가능하다면 잘못된 값을 찾아낼 수 있도록 관련변수들의 교차분석을 실시해 보는 것이 필요하다.

성별 * 임신횟수 교차표

빈도

		임신횟수						전체
		0	1	2	3	4	5	
성별	1	36		1				37
	2	21	7	5	3	1	2	39
	4	1						1
	5	1						1
전체		59	7	6	3	1	2	78

SPSS를 이용한 교차표의 작성

	빈도	반송	주소지	위치
1	16.00	1.00	1.00	1.00
2	14.00	1.00	2.00	1.00
3	9.00	1.00	3.00	1.00
4	20.00	2.00	1.00	1.00
5	22.00	2.00	2.00	1.00
6	27.00	2.00	3.00	1.00
7	19.00	1.00	1.00	2.00
8	18.00	1.00	2.00	2.00
9	1.00	1.00	3.00	2.00
10	17.00	2.00	1.00	2.00
11	18.00	2.00	2.00	2.00
12	35.00	2.00	3.00	2.00

① 파일 메뉴/열기/데이터 : cross1.sav 파일을 불러온다. 이 데이터는 교차표의 형태로 발표된 내용을 입력시킨 것이므로 먼저 가중치를 주어야 한다.

② 데이터 메뉴/가중 케이스

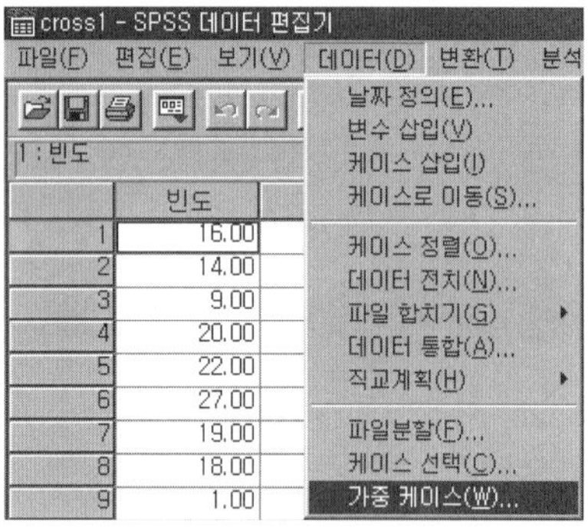

③ '가중 케이스 지정'의 라디오 버튼에 표시를 한 다음 왼쪽의 변수 중에서 '빈도'를 빈도변수 창으로 이동시킨다.

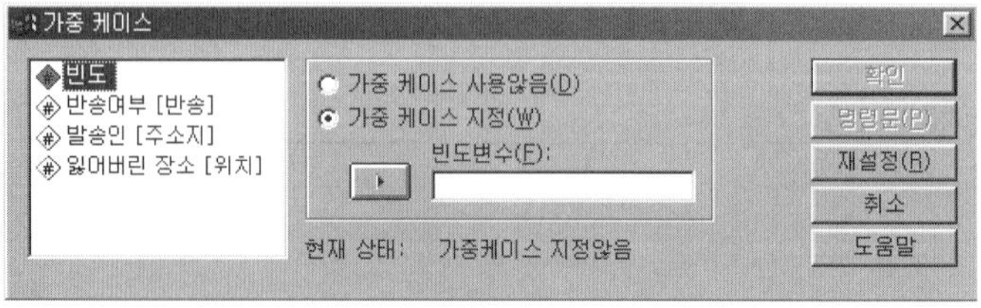

④ 분석 메뉴/기술통계량/교차분석

⑤ 대화상자 왼쪽의 변수목록 창에서 '반송여부'를 행 변수로, '발송인'을 열 변수로 이동시킨다.

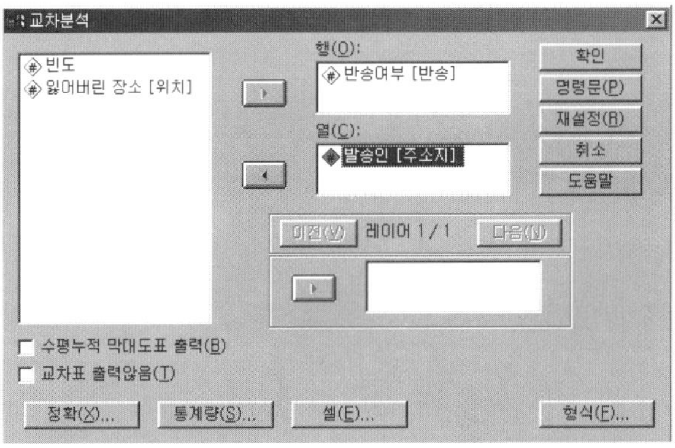

⑥ '셀(E)...' 단추를 눌러 필요한 값들을 지정한다.

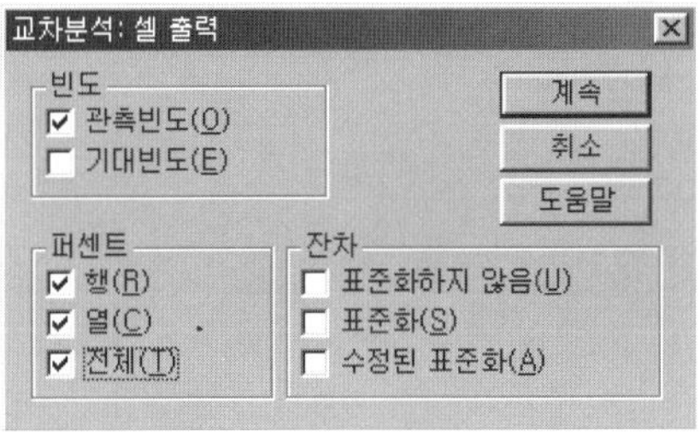

⑦ '계속' 단추를 누르고 '확인' 단추를 누르면 교차분석이 진행된다.

⑧ 앞에서의 통제변수를 이용한 교차분할표를 작성하려면 '잃어버린 장소[위

치]' 변수를 레이어로 지정해 주면 된다.

반송여부 * 발송인 교차표

			발송인			전체
			중립조건	미지의 인물	공산주의자	
반송여부	반송	빈도	35	32	10	77
		반송여부의 %	45.5%	41.6%	13.0%	100.0%
		발송인의 %	48.6%	44.4%	13.9%	35.6%
		전체 %	16.2%	14.8%	4.6%	35.6%
	반송되지 않음	빈도	37	40	62	139
		반송여부의 %	26.6%	28.8%	44.6%	100.0%
		발송인의 %	51.4%	55.6%	86.1%	64.4%
		전체 %	17.1%	18.5%	28.7%	64.4%
전체		빈도	72	72	72	216
		반송여부의 %	33.3%	33.3%	33.3%	100.0%
		발송인의 %	100.0%	100.0%	100.0%	100.0%
		전체 %	33.3%	33.3%	33.3%	100.0%

2 교차분석의 통계량

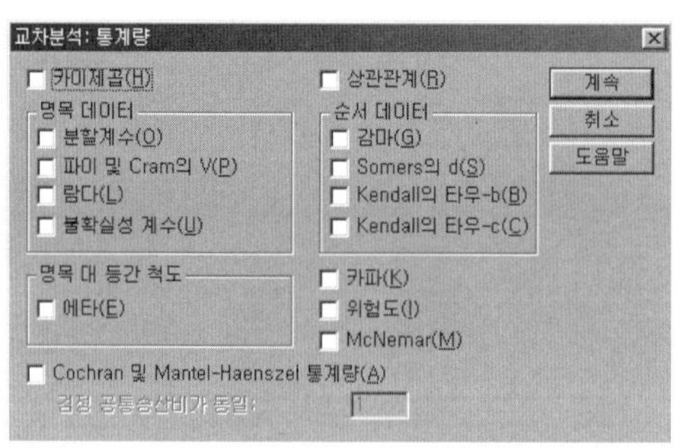

1) 카이제곱(χ^2)의 독립성 검증

교차분할표는 그 자체로 분석되기도 하지만 연구자가 두 변수(즉, 행 변수와 열 변수)의 관계성에 관심이 있는 경우에는 추가적인 통계량을 계산하여 분석해야 한다. 사실상 교차분할표를 작성하는 경우 연구자는 두 변수 간에 관계성이 있음을 상정하고 있는 것이다. 그렇지 않다면 교차분할표의 작성이 무의미하다. 예를 들어, 남녀 고등학생의 대학진학률에 관한 교차분할표를 작성하였다고 해보자. 이때 연구자의 관심은 성별에 따라 대학진학률이 다른지의 여부에 있을 것이다. 다시 말해, 성별이라는 변수가 대학진학 여부라는 변수와 관계가 있을 것이라는 가정하에 교차분할표를 작성하게 된다. 이처럼 두 변수간에 관계가 있는지의 여부를 알아보기 위한 절차는 크게 두 가지로 나뉘어진다. 그 중의 하나는 두 변수가 독립적이지 않음을 보여주는 간접적인 방식을 이용하는 것이며, 다른 하나는 보다 직접적으로 두 변수간의 관계성의 정도와 방향을 추정하는 것이다.

χ^2은 교차분할표의 두 변수가 독립적인지의 여부를 판정하는데 사용하는 통계량이다. 교차분할표의 두 변수가 독립적(따라서 두 변수가 서로 관련이 없다)이라는 가정(이를 귀무가설이라고 한다)하에 χ^2 통계량을 계산하고, 그러한 크기의 χ^2 값의 발생확률이 얼마나 되는지를 확인하여 독립적인지를 결정하게 된다. 이처럼 변수간의 관계성을 알아보기 위해 독립성 여부를 알아본다는 의미에서 독립성 검증이라는 용어가 사용된다. 교차분할표에서 두 변수가 통계적으로 독립적임을 알아보기 위해 이용하는 법칙은 다음과 같다.

> 교차표의 특정 칸에 한 사례가 속하게 될 확률이 그 칸을 정의해주는 두 변수의 해당 유목에 대한 난외 확률의 곱이 된다면 두 변수는 통계적으로 독립적이다.

이를 좀 더 자세히 알아보기로 하자. 하나의 동전을 던진다고 가정해 보자. 동전을 던진다고 가정하는 것은 이항분포를 사용함을 의미한다. 이항분포는 비록 현재의 경우에는 적절한 예가 되지 못하지만, 통계적 독립성을 이해하는 데 있어서는 무리가 없으므로 여기에 사용하여 설명할 것이다. 또한 동전이 굴러 떨어져서 찾을 수 없거나 세워져서 앞뒤를 판단할 수 없는 경우는 제외하기로 하자. 던진 동전이 앞면이 나올지 뒷면이 나올지는 누구도 확실하게 알 수 없을 것이다. 그러나 확률을 알고 있다면 다음과 같이 말할 것이다. "정상적인 동전이라면" 앞면이 나올 확률은 1/2로써 뒷면이 나올 확률과 같다.

그러면 다른 또 하나의 동전을 던졌다고 가정해 보자. 먼저 던진 동전이 앞면이 나왔다면(혹은 뒷면이 나왔다면), 그 사실이 두 번째로 던진 동전이 앞면이 나오도록 하는데(혹은 뒷면이 나오도록 하는데) 영향을 미치는가? 대답은 "아니오"일 것이다. 당신이 첫 번째 동전을 던져 앞면이 나오든 뒷면이 나오든 두 번째의 동전은 전혀 영향을 받지 않고 나름대로의 확률인 1/2을 유지한다. 말을 바꾸면 첫 번째 동전을 던져 나오는 결과는 두 번째 동전을 던져 나오는 결과와 서로 독립적인 것이다. 그러면 첫 번째 동전과 두 번째 동전이 모두 앞면이 나올 확률은 얼마나 되는가? 이처럼 두 사건의 발생확률이 상호간에 독립적일 때 사건들의 결합발생확률은 각 사건의 발생확률의 곱이 된다. 즉, 두 개의 동전 모두가 앞면이 나올 확률은 첫 번째 동전이 앞면이 나올 확률 1/2과 두 번째 동전이 앞면이 나올 확률 1/2의 곱이 된다. 이 같은 생각을 가능한 모든 경우의 발생확률로 확대하여 정리해 보면 아래의 <표5-3>과 같다.

<표5-3> 두 개의 동전을 던져 구할 수 있는 모든 경우의 확률

		두 번째 동전		
		앞면	뒷면	합계
첫 번째 동전	앞면	1/4	1/4	1/2
	뒷면	1/4	1/4	1/2
	합계	1/2	1/2	1

<표5-3>을 보면, 첫 번째 동전과 두 번째 동전을 동시에 고려하여(즉, 결합하여) 나타날 수 있는 가능한 모든 경우(교차표의 각 칸)의 발생확률(즉, 결합확률)이 난외의 해당 발생확률의 곱(1/2×1/2=1/4)이 됨을 알 수 있다. 이를 정리하면, 결합확률을 각 변수의 해당 난외 빈도의 발생확률의 곱으로 표시할 수 있다면 두 변수는 통계적으로 독립되어 있는 것이다.

이제 편지 "잃어버리기" 방법을 이용한 연구를 고려해 보자. 편지의 반송여부와 주소지가 독립적이라면(귀무가설을 의미한다), 공산주의자의 편지가 반송될 확률은 편지가 반송될 확률과 편지에 공산주의자의 주소가 기재될 확률의 곱이 된다.

<표5-1>에서 보면, 편지의 35.6%가 반송되었고 공산당원으로 기재된 편지는 전체의 33.3%이었다. 따라서 주소지별과 편지의 반송여부가 독립적이라면, 공산주

의자에게 편지가 반송될 확률은 아래와 같이 추정된다.

$$P_{(\text{반송})}P_{(\text{공산주의자})} = 0.356 \times 0.333 = 0.119$$

따라서 주소지와 반송여부가 독립적일 때, 공산주의자에게 반송되리라 예상되는 편지는 216×0.119 = 25.7통이 되며 이는 전체 216장의 11.9%에 해당된다.

<표5-4> 예상빈도와 잔차

반송여부 * 발송인 교차표

			발송인			전체
			중립조건	미지의 인물	공산주의자	
반송여부	반송	빈도	35	32	10	77
		기대빈도	25.7	25.7	25.7	77.0
		잔차	9.3	6.3	-15.7	
	반송되지 않음	빈도	37	40	62	139
		기대빈도	46.3	46.3	46.3	139.0
		잔차	-9.3	-6.3	15.7	
전체		빈도	72	72	72	216
		기대빈도	72.0	72.0	72.0	216.0

위의 <표5-4>는 관찰빈도와 통계적 독립성을 가정했을 때 기대되는 빈도, 그리고 관찰빈도와 기대빈도의 차이, 즉 잔차(residual)를 보여준다. 이 표에서 공산주의자에게 반송된 편지의 관찰빈도는 10으로써 두 변수가 독립적일 때 예상되는 빈도 25.7 보다 약 16이 적다(10－25.7=15.7 통). 거의 대부분의 경우에 있어서, 기대빈도와 관찰빈도가 일치하지 않는 것이 사실이다. 왜냐하면 표집오차가 발생하기 때문이다. 그러나 그렇다고 하더라도, 그 차이는 그다지 심하지 않을 것으로 예상된다. 따라서 기대빈도와 관찰빈도의 차이(즉, 잔차)가 크다는 것은 어디에선가 잘못되었음을 보여주는 것이다. 현재의 자료에서 공산주의자에게 반송된 편지를 나타내주는 칸(3열 1행)만을 고려해 보면 기대빈도와 관찰빈도의 차이가 너무 크다는 사실을 알 수 있다.

이러한 결정에는 나머지 다른 칸들에서의 잔차도 고려해 보아야 한다. 그리고 잔차만을 고려하는 것은 어느 정도의 개별적인 정보만을 얻어낼 수 있으므로 제한적이다. 따라서 모든 칸에서의 잔차가 포함되는 통합적인 지수가 필요하다.

이러한 목적을 위해 모든 칸에서의 잔차들을 더하는 절차를 생각해 볼 수 있다. 그러나 이 경우 잔차들의 부호에 의해 그 합이 0이 되어 버리므로 원래의 목적을 상실하게 된다. 차이값들의 합이 0이 되는 것을 막기 위한 방법 중의 하나가 차이값을 제곱하여 더하는 것임을 잘 알고 있을 것이다. 그러나 이것 역시 문제가 있다. 칸의 수가 많다면 잔차의 크기와 관계없이 그 값이 커지는 문제점이 발생한다. 그래서 Pearson은 잔차를 제곱한 다음 기대빈도로 나누어주는 통계치를 제안하였으며, 이를 카이제곱(χ2)이라고 한다. 그 계산공식을 표현하면 다음과 같다.

$$\chi^2 = \Sigma \frac{(O_{ij} - E_{ij})^2}{E_{ij}}$$

여기에서 O_{ij}는 i행 j열의 관찰빈도이며, E_{ij}는 i행 j열의 기대빈도이다. 이 계산된 χ^2는 교차표에서의 두 변수가 독립적일 때 예상되는 기대빈도와 실제 관찰빈도간의 차이를 보여주는 통계치이다. 계산된 χ^2의 크기를 이론적인 χ^2분포에서의 임계치와 비교하여 두 변수가 사실상 독립적일 때 계산된 값이 나올 확률이 얼마인가를 검사한다. 이때 χ^2의 값은 교차표를 구성하는 행과 열의 수에 좌우되므로 그 교차표의 자유도(DF; Degree of Freedom)를 알아야만 한다.

자유도란 교차표에서 행의 합과 열의 합(난외값)이 고정될 때, 임의적으로 채워 넣을 수 있는 칸의 수로 볼 수 있다. R×C표에서, (R-1)행과 (C-1)열이 채워지고 나면 나머지 행과 열의 칸은 난외 값이 유지되도록 선택될 수밖에 없으므로, 그 자유도는 (R-1)(C-1)이 된다.

위의 예에서의 자유도(DF)는 (2−1)×(3−1)=1×2=2가 되며 계산된 χ^2는 22.56이다.

카이제곱 검정

	값	자유도	점근 유의확률 (양쪽검정)
➡ Pearson 카이제곱	22.563[a]	2	.000
우도비	24.687	2	.000
선형 대 선형결합	18.832	1	.000
유효 케이스 수	216		

a. 0셀(.0%)은(는) 5보다 작은 기대 빈도를 가지는 셀입니다. 최소 기대빈도는 25.67입니다.

위의 결과물에 의하면, 주소지와 반송여부가 독립적일 때의 무선표본에서 최소한 22.56정도의 χ^2값이 나올 확률은 0.00005보다 적다. 이 확률을 독립성 검증의 관찰된 유의 수준(observed significant level)이라고도 한다. 만일 이 확률이 충분히 적다면(보통의 경우에는 0.05나 0.01보다 적다면), 두 변수가 독립적이라는 주장은 설득력을 잃게 된다. 따라서 두 변수가 독립적이라는 귀무가설을 기각하게 된다.

기대빈도를 계산할 때 두 변수가 독립적이라고 가정한 다음에 계산이 진행되었음을 기억하라. 계산한 χ^2값의 발생확률이 낮다면 그렇게 발생확률이 낮을 수밖에 없는 이유는 무엇인가를 생각해 보아야 한다. 계산공식을 잘못 적용해서 일수도 있고 수집된 데이터가 나빠서 일 수도 있다. 그러나 이러한 결론보다는 χ^2값을 계산할 때 상정한 가정 즉, 두 변수가 독립적이라는 가정이 잘못되었다는 결론을 내리는 것이 타당하다는 논리다.

표에서, 관찰된 유의미 수준이 매우 낮으므로(대도시와 중소도시의 자료를 통합한 경우), 주소지와 반송여부가 독립적이라는 귀무가설은 기각된다. 따라서 이러한 결과를 토대로 도시의 크기와 이타심의 정도가 관련이 있을 것이라는 결론을 내릴 수가 있을 것이다.

대도시의 자료와 중소도시의 자료를 따로 구별하여 χ^2을 계산하면 다른 결과가 나온다. 대도시에서의 유의미 수준은 0.209가 되므로 독립성 가설은 기각될 수 없다. 그러나 중소도시의 경우에는 유의미 수준이 0.00005보다 작으므로 주소지와 반송률이 독립적이라는 가설은 기각된다. 이러한 결과는 대도시 거주자와 중소도시 거주자가 달리 반응할 것이라는 가설을 지지해 준다.

χ^2검증은 독립성 검증이다. 이 검증은 따라서 두 변수사이의 결합의 강도나 결합의 형태에 대해서는 거의 아무런 정보도 주지 못한다. 또한 관찰된 χ^2의 크기는 독립성 모델의 적합도(goodness of fit)뿐 아니라 표본의 크기에도 좌우된다. 만일 주어진 특정한 크기의 교차표(예를 들면, 2×2 교차표)에서 사례수가 N배로 증가한다면, χ^2값도 그만큼 증가하게 된다. 따라서 잔차가 크기 때문이라기보다는 표본의 크기가 크기 때문에 χ^2값이 크게 나올 수도 있다. 이 점은 χ^2가 가지고 있는 단점 중의 하나이다.

위에서 언급한 χ^2의 공식을 적용하기 위해서는 몇 가지의 조건이 만족되어야 한다. 첫째, 자료가 다항분포(multinomial distribution)로부터의 무선표본이어야 하며, 둘째, 예상빈도가 너무 작지 않아야 한다. 모든 칸의 예상빈도가 최소한 5보다 커야 하지만 연구에 의하면(Everitt, 1977), 이 같은 제한점은 너무 엄격하므로 완화해야 한다는 주장도 있다. SPSS에서는 예상빈도가 5보다 작을 경우, 그러한 칸의 수와 최소 예상빈도를 결과물에 표시해준다.

χ^2의 수정공식

계산된 χ^2 값의 가설검증에 χ^2의 이론적 분포를 이용하는 것은 한 가지의 문제점을 야기시킨다. χ^2 분포의 이론적 분포는 자유도에 의해 그 모양이 결정되며, 연속적 자료의 분포이다. 다시 말해서, 이론적 카이-자승 분포는 정수가 아닌 분수로 표시할 수 있는 값들로 구성된다. 반면에 계산된 카이-자승 값은 불연속적 형태의 자료로부터 계산된다. 왜냐하면, 계산된 카이-자승 값은 분수값을 취할 수 없는 자연수인 빈도(따라서 불연속 변수)로부터 계산되기 때문이다.

이러한 사실이 χ^2를 해석하는 데 있어서, 특히 자유도와 예상빈도가 작을 경우에 문제점을 야기시키는 것이다. 그러나 이 문제는 일련의 자료에 대한 χ^2값을 계산하는 단계에 Yates의 연속성의 수정(correction for continuity)절차를 도입하면 최소한 부분적으로나마 해소될 수 있다. 연속성의 수정은 그 절차가 매우 간단하다. 잔차가 양수라면 0.5를 빼주고 음수라면 0.5를 더해주어 제곱을 한 다음에 일반적인 χ^2의 계산방법을 적용하면 된다.

Fisher의 정확확률 검증(exact probability test)

연속성의 수정절차를 이용하면 χ^2의 문제점을 어느 정도 줄일 수 있지만 전체 사례수가 너무 작은 경우는 어쩔 수가 없게 된다. 그러나 2×2 교차표의 독립성 검증에 있어서 그 대안적 검증방법이 있는데, 그것은 초-기하학적(hyper-geometric) 분포에 기초를 두고 있는 Fisher의 정확확률 검증이다. 두 변수가 독립적이고 난외(marginal)가 고정된다면, 관찰된 결과가 얻어질 정확한 확률을 계산할 수 있다. 이

검증법은 표본 전체의 크기와 예상빈도가 작을 경우에 매우 유용한 방법이다. SPSS는 2×2 교차표에서 표본의 크기가 20이하라면 자동적으로 Fisher의 정확확률 검증을 계산해 준다.

우도비 카이제곱

지금까지 설명한 Pearson의 카이제곱 대신 자주 사용되는 것으로 우도비 카이제곱(likelihood ratio chi-square)이 있다. 이 검증은 최대우도이론(maximum likelihood theory)에 기초하고 있으며 Pearson의 카이제곱과 유사한 값을 낸다.

2) 결합도(관계성)

지금까지 살펴 본 χ^2 검증은 독립성 검증이다. 다시 말해서, 두 변수가 통계적으로 독립적인지의 여부에 관련된 결론만을 유도할 수 있다. 두 변수가 독립적이지 않다는 것이 무엇을 의미하는가? 독립적이지 않으므로 관련이 있다는 결론은 가능하다. 그렇다면 다음의 문제가 제기된다. 두 변수가 얼마나 관련이 있는가?

많은 연구 상황에서 변수들의 관계성의 강도나 방향이 보다 중심적인 관심이다. 따라서 χ^2이 아닌 다른 지수가 필요하게 된다. 교차표에서 변수간의 관계를 요약하고 수량화 시켜주는 지수(index)를 결합도(measure of association)라 한다.

교차표에서 계산이 가능한 결합도의 지수는 여러 가지가 있지만 모든 가능한 결합유형을 적절하게 요약해 주는 단일한 결합도는 없다. 이들 여러 가지의 결합도는 완전결합과 중간정도의 결합을 정의하는 방법과 그 해석에 있어서 차이가 난다. 또한 난외값 같은 여러 요인에 의해 영향을 받는 방식에 있어서도 차이가 난다.

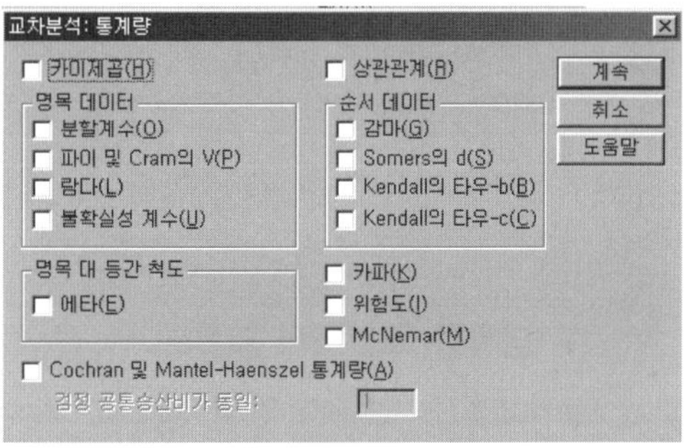

결합도의 지수를 계산하는 대부분의 방법이 열과 행의 난외분포(marginal distribution)에 의해 영향을 받으므로 난외값에 의해 민감하게 변화된다. 그리고 경우에 따라서는 결합도에 관한 정보 외에 난외에 대한 정보를

반영하고 있으므로 적절치 못한 경우도 발생한다. 주어진 교차표의 두 변수가 관련되어 있지 않아서가 아니라, 그 계산방법에 민감한 형태로 관련되어 있지 않기 때문에 낮거나 높은 값을 내는 결합도도 있다. 모든 상황에 최선인 결합도는 없으므로 자료의 유형, 관심 있는 가설, 결합도의 특성 등의 모든 가능한 정보를 주어진 표에 적합한 결합도를 선택하는 데 고려해야 한다.

SPSS에서 구할 수 있는 결합도는 단지 2원교차표에 관한 것뿐이다. 예를 들어, 교차표에서 세 개의 2분적 변수들이 지정되었다면 통제변수의 값에 의해서 만들어진 두개의 하부 교차표에 대한 각각의 결합도가 계산된다.

일반적으로 셋 이상의 변수간의 관계성을 연구한다면, 2원교차표에 대한 검사가 우선적인 첫 단계가 된다. 만일 셋 이상의 변수로 구성된 교차표에 대해서 예를 들어, 감마를 요구하면 SPSS는 독립변수와 종속변수 사이의 전반적인 관계성을 기술해 주는 무차(無次; zero-order) 감마와 n-次 감마를 마지막 하부교차표 아래에 제시해 준다. 유의도 검증이나 결합도의 선택은 부분적으로는 교차표내의 두 변수가 측정된 수준에 따라 결정된다.

두 변수 또는 어느 한 변수가 명목자료일 경우 파이(Phi), Cramer의 V, 분할계수(혹은 유관계수; Contingency Coefficient), 람다(lambda), 그리고 불확실 계수(Uncertainty Coefficient) 등의 결합도를 이용할 수 있다. 두 변수가 서열(순서)척도라면 Somers의 d, Kendall의 tau-b, tau-c, 감마(gamma) 등의 결합도를 계산할 수 있다. 이들 통계치는 하나 혹은 두 변수가 등간이나 비율척도일 경우에도 적용이 가능하지만 범주간의 거리라는 정보는 무시된다. 또한 하나 이상의 변수가 명목수준에서 측정되었을 때 이들 결합도를 적용하면 그 통계치는 아무런 의미가 없는 것이 되므로 사용해서는 안 된다.

한 변수(주로 독립변수)가 명목수준이고 다른 변수(주로 종속변수)가 등간 이상일 때에는 에타(eta)가 이용된다. 두 변수의 범주의 수가 많은 순위형 변수라면 Spearman의 순위상관을 이용할 수 있다.

(1) 명목형 데이터의 결합도

교차표의 두 변수가 명목척도로만 측정되었다고 해 보자. 그런 경우의 결합측정치는 두 변수간의 결합강도에 대한 약간의 암시만을 제공해 준다. 이들 결합도들은 관계의 본질이나 방향에 대해서는 알려주지 않는다. 명목적 결합도에는 두 가지의 유형으로 구분된다. 그 하나는 카이제곱 값에 기초를 둔 것이며, 다른 하나는 오차의 비율적 감소(proportional reduction of error)라는 논리에 의한 것이다.

① 카이제곱에 기초한 결합도

카이제곱 값 자체는 두 변수간의 결합정도의 측정치로는 그다지 좋지 않다. 그러나 독립성 검증에서 광범위하게 사용된다는 이유로 인하여 카이제곱에 기초한 결합도의 사용이 권장되었다. 카이제곱에 기초한 이들 각각의 결합도는 표본의 크기와 자유도의 영향을 최소화시키기 위해서 뿐만 아니라 결합도의 범위가 0과 1 사이에 놓이도록 카이제곱 값을 변화시킨 것들이다.

왜냐하면, 차원(dimension)과 사례수에 따라 그 크기가 바뀌는 χ^2 값을 이러한 조정절차 없이 비교에 사용하는 것은 의미가 없기 때문이다. 2×2 교차표에서 결합도를 측정하는 데 가장 적절한 통계치가 파이(phi)계수이다. 파이계수는 카이제곱 값을 그 사례수로 나누어 제곱근을 구하면 된다.

$$\text{phi} = \sqrt{\frac{\chi^2}{N}}$$

관계성이 존재하지 않을 때 파이는 0이 되며, 변수가 완전히 관련되어 있으면 1이 된다. 그러나 변수의 범주의 수가 하나라도 셋 이상인 교차표에서 파이를 구하면 0과 1 사이의 값이 아닐 수도 있다. 왜냐하면 카이제곱 값이 표본의 크기보다 클 수도 있기 때문에 분자가 분모보다 커지게 되고 따라서 1을 넘어서게 된다. Pearson은 언제나 0과 1 사이에 놓이는 결합도를 구할 수 있는 다음의 공식을 제안하였다.

$$C = \sqrt{\frac{\chi^2}{\chi^2 + N}}$$

위의 C를 분할계수(contingency coefficient)라 한다. 이 분할계수 C는 교차표의 크기에 상관없이 값이 항상 0과 1 사이에 놓이긴 하지만 상한가인 1에 도달할 수 없는 것이 일반적이다. 가능한 최댓값은 열과 행의 수에 달려있다. 예를 들어, 4×4 교차표에서 C의 최댓값은 0.87이 되며 2×2 교차표에서는 0.707이다. 따라서 이 결합도는 열의 수와 행의 수가 동일한 교차표에서의 비교에 적용하는 것이 좋다.

Cramer는 2×2보다 큰 교차표에 적용할 수 있도록 파이를 약간 변경하여 다음과 같은 공식을 제안하였다.

$$V = \sqrt{\frac{\chi^2}{N(k-1)}}$$

여기에서 k는 열의 수와 행의 수 중에서 작은 수를 말한다. 이 값은 Cramer의 V라고 하며, 어느 차원의 교차표에서든지 최솟값 0과 최댓값 1을 얻을 수 있다. 마찬가지로, V값이 크다는 것은 단지 결합도가 높다는 것이지 변수가 어떤 양식으로 결합되는지를 나타내지는 못한다. 교차표의 차원중의 하나가 2라면 V와 phi의 값은 동일하다.

위에서 언급한 카이제곱에 기초한 결합도는 그 해석상의 난점이 있다. 적절하게 표준화시키면, 여러 가지의 교차표에서의 결합도의 강도를 비교하는데 사용할 수 있긴 하지만, 비교하고자 하는 "결합강도"는 직관적인 결합의 개념과 쉽사리 관련되지 않는다. 따라서 보다 직관적인 해석이 가능한 통계치들이 제안되었다.

② 오차의 비율적 감소에 기초한 결합도

카이제곱에 기초한 결합도에 대한 대안으로, Goodman과 Kruskal(1954)은 오류의 비율적 감소(Proportional Reduction in Error ; PRE)라는 개념을 제안하였다. PRE에 기초한 결합도는 결합의 의미가 직관적이며 확실하다. 이들 결합도는 본질적으로는, 한 변수에 대한 지식(그 변수의 각 범주의 해당 비율)만을 이용하여 어떤 한 특정한 사례가 다른 변수에서의 어느 범주에 해당될지를 예측하는 데 있어서 발생하는 오류와 다른 하나의 변수에 대한 지식을 추가하여 그 사례가 속할 범주를 예측하는데 발생하는 오류의 비율이다. 예를 통해서 보다 자세하게 알아보기로 하자.

최면의 깊이 * 개선된 정도 교차표(cross2.sav 파일, '가중케이스' 필요함)

			개선된 정도			전체
			치료됨	개선됨	변화없음	
최면의 깊이	깊음	빈도 전체 %	13 13.0%	5 5.0%		18 18.0%
	중간	빈도 전체 %	10 10.0%	26 26.0%	17 17.0%	53 53.0%
	약함	빈도 전체 %		1 1.0%	28 28.0%	29 29.0%
전체		빈도 전체 %	23 23.0%	32 32.0%	45 45.0%	100 100.0%

위의 표는 최면을 이용해 편두통을 치료한 결과와 최면의 암시 정도에 관한 교차분할표이다(Cedercreutz, 1978). 이 표에서 행 변수는 치료에 사용한 최면의 깊이이며, 열 변수는 치료의 결과이다.

위의 결과를 이용하여 치료결과를 예측한다고 해 보자. 편두통의 치료결과를 예측하는 데 있어서, 다른 정보가 없다면 관찰에서 가장 많은 부분을 차지하고 있는 범주를 치료결과로써 예측하는 것이 최선의 예측이 될 것이다. 왜냐 하면, 사례수가 많다는 것은 그 범주에 속할 확률이 가장 크며, 그 외의 다른 것을 선택하는 것보다는 오류가 가장 적을 것이기 때문이다. 표에서 "변화 없음"이 가장 많은 사례가 속한 범주로서 전 피험자의 45%를 차지한다. 따라서 최면에 관련된 아무런 정보 없이 치료결과를 예측할 때, 다른 범주를 선택하는 것보다는 "변화 없음"을 치료의 결과로 선택하는 것이 최선이 된다. 현재의 관심은 오류 즉, 부적절하게 분류할 확률에 있으므로 1에서 최대 범주의 발생확률을 빼야 한다.

$$P(1) = 1 - 0.45 = 0.55$$

즉, 아무리 최선의 선택을 한다고 하더라도 치료결과의 예언에 오류가 발생할 확률이 55%가 된다. 그러나 치료결과를 예측하는데 암시의 정도에 대한 정보가 추가되면 예측의 정확도를 증가시킬 수가 있다. 이때 사용하는 논리는 위에서의 경우와 마찬가지이다. 최면의 각 수준에 있어서, 가장 많은 사례가 포함된 범주가 그 최면 수준에서 가장 가능성 있는(즉 가장 오차가 적은) 예측일 것이다. 따라서 "약함"에서는 "변화없음"이 최선의 예측(28%)이며 "중간"에서는 "개선됨"이 최선의 예측

(26%)이 되고, "깊음"에서는 "치료됨"이 최선의 예측(13%)이 될 것이다. 앞에서와 마찬가지로 오류에 관심이 있으므로 최면수준이라는 정보가 사용될 때 발생할 수 있는 오류를 계산해야 한다. 예측의 오류가 발생할 확률은 각 최면수준에서 가장 큰 빈도가 해당되는 칸을 제외한 나머지 칸의 발생확률의 합이 된다.

$$P(2) = 0.05 + 0.10 + 0.17 + 0.01 = 0.33 \, 0.33$$

위의 P(1)과 P(2)의 값을 비교해 보라. 최면에서의 암시의 수준이 추가되면 한 사례가 속하게 될 범주의 예측, 즉 치료결과의 예측에 발생하는 오류가 감소(55%에서 33%로)됨을 알 수 있을 것이다.

Goodman과 Kruskal이 제안한 람다(lambda)는 다음과 같이 계산된다.

$$\text{람다} = \frac{P(1) - P(2)}{P(1)}$$

위의 표에서 람다 = $\frac{0.55 - 0.33}{0.55}$ = 0.40 이다.

따라서 편두통의 치료 결과를 예측하는 데 최면의 깊이에 대한 정보가 추가된다면 예측오류의 발생확률의 40%를 감소시킬 수 있다. 만일 두 변수의 관계성이 없거나 약하다면 한 변수에 대한 정보가 다른 변수의 예측에 거의 도움이 되질 못할 것이다. 두 변수의 관계성이 매우 강하다면 한 변수에 대한 정보는 다른 변수에 대한 예측에 절대적인 영향을 미칠 것이다. 이러한 점을 생각해보면 람다의 의미를 파악할 수 있을 것이다.

람다는 항상 0에서 1 사이의 값을 가지며, 0의 값은 독립변수가 종속변수의 예측에 전혀 도움을 주지 못하는 것을 의미한다. 각 행에서 한 칸만이 0이 아니고 나머지 칸이 모두 0이라면 완전한 값인 1이 된다. 왜 그런지는 위의 예측에서 설명한 내용으로 쉽게 알 수 있을 것이다. 각 행에서 한 칸만이 0이 아니라면 최선의 예측은 그 0이 아닌 칸의 범주가 되고 따라서 예측은 정확한 것이 된다.

여기에서 주의해야 할 점이 있다. 위의 표에서 교차표를 구성하는 변수들에 대한 결합도로서 람다를 사용하는 것은 부적절하다. 왜냐하면, 두 변수가 서열형이므로 명목형 변수의 결합도를 측정하는 람다는 부적절한 것이다. 하지만 양 변수중 하나라도 명목 변수라면 람다가 최선의 결합도 측정치가 될 수 있다.

교차표를 구성하는 두 변수의 관계를 볼 때, 어느 한 변수가 다른 변수보다 시간적으로 우선하는 경우 인과관계가 성립될 수가 있으며, 이는 두 변수간의 흐름의 방향을 설정할 수 있음을 의미한다. 최면에 사용한 암시의 정도는 치료의 결과보다 시간적으로 우선하며 인과관계가 성립된다(위에서 인과관계를 상정하고 설명하였음에 주의하라). 이러한 경우에 두 변수는 비대칭적(asymmetric) 이라고 하며, 비대칭적인 경우 특정한 교차표에 대해서 두 가지 종류의 람다를 계산할 수 있다.

그 하나는 행변수 또는 열변수를 예측변수(종속변수)로 하는 람다이며, 다른 하나는 열변수를 예측변수로 이용한 것이다. SPSS는 두 가지의 람다를 모두 계산해 준다. 따라서 어느 람다를 선택하는가는 연구자가 판단해야만 하며, 일반적인 경우에 시간적으로 뒤에 이루어진 변수를 종속변수로 사용해서 계산된 람다를 해석한다.

카이제곱 검정

	값	자유도	점근 유의확률 (양쪽검정)
Pearson 카이제곱	65.525[a]	4	.000
우도비	73.736	4	.000
선형 대 선형결합	50.950	1	.000
유효 케이스 수	100		

a. 1셀(11.1%)은(는) 5보다 작은 기대 빈도를 가지는 셀입니다. 최소 기대빈도는 4.14입니다.

방향성 측도

			값	점근표준오차[a]	근사T값[b]	근사유의확률
명목척도 대 명목척도	람다	대칭적	.353	.113	2.753	.006
		최면의 깊이 종속	.298	.147	1.723	.085
		개선된 정도 종속	.400	.105	3.076	.002
	Goodman과 Kruskal 타우	최면의 깊이 종속	.294	.063		.000a
		개선된 정도 종속	.345	.049		.000a
	불확실성 계수	대칭적	.355	.051	6.483	.000d
		최면의 깊이 종속	.365	.049	6.483	.000d
		개선된 정도 종속	.345	.053	6.483	.000d

a. 영가설을 가정하지 않음.
b. 영가설을 가정하는 점근표준오차 사용
c. 카이제곱 근사법을 기준으로
d. 우도비 카이제곱 확률

어떤 경우에는 독립변수와 종속변수가 확연하게 구분되지 않는다. 다시 말해서, 두 변수간에 있어서 인과적이지 않거나 시간적으로 우선하는 변수가 없는 경우에 두 변수는 대칭적(symetric)이라고 한다. 그럴 때에는 동일한 빈도를 이용하여 열 변수와 행 변수를 예측하는 대칭적 람다를 해석할 수 있다. 위의 '방향성 측도'를 보면 세 가지 람다가 있다. 이 중에서 '개선된 정도 종속'의 람다인 .400을 해석해야 한다.

명목형 변수의 또 다른 결합도로 불확실 계수(uncertainty coefficient)가 있는데, 람다와 마찬가지로 대칭적 계수와 두 가지의 비대칭적 계수를 계산할 수 있다. 비대칭적 계수는 종속변수에 있어서의 "불확실성"이 독립변수에 관한 지식에 의해서 감소되는 비율을 말한다. 불확실성이라는 개념은 정보이론(information theory)에서 유래되며, 자료 분포의 불명료성(ambiguity)과 관련된다.

모든 사례를 포함하는 종속변수의 범주가 없다면 어떤 사람이 어느 범주에 속하게 될지 전적으로 확신할 수가 없다. 단지 하나의 특정 범주에 그 사람이 해당될 확률만을 알 수 있으며, 그 사람이 실제로 다른 범주에 속하게 될 기회도 어느 정도 존재하게 된다. 그러나 독립변수상에 있어서 그 사람의 위치를 알 수 있다면 어느 정도 불확실성이 감소될 가능성도 있다. 왜냐하면, 종속변수상의 사례들의 분포가 독립변수의 범주내의 특정 칸에 더욱 밀집될 가능성이 있기 때문이다. 이러한 논리는 위에서 논의한 람다와 유사하다. 람다와의 차이가 있다면 불확실성 계수는 최빈치가 속한 범주만 고려한 것이 아니라 전체의 분포를 고려한다는 점이다.

불확실성 계수의 최댓값은 1.0이며, 이는 불확실성의 완전 제거를 나타낸다. 즉 예측이 정확하다는 것을 의미한다. 람다와 마찬가지로, 독립변수의 각 범주가 종속변수의 한 범주하고만 결합되면 1.0이 된다. 불확실성의 감소가 없게 되면 불확실성 계수는 0이 되는데 종속변수에 있어서 독립변수의 각 범주에 동일한 비율로 사례수가 분포될 때가 바로 그러할 때이다. 대칭적 불확실 계수는 사례의 결합분포를 앎으로써 얻어지는 불확실성의 비율적 감소를 측정한다.

점근표준오차

점근표준오차(Asymtotic Standard Error; ASE)는 신뢰구간을 구성하는 데 사용된다. 점근표준오차란 표본의 크기가 n일 때 어떤 통계치의 표준편차를 σn이라 하면,

$$\lim_{n\to\infty} \frac{\sigma_n}{Q_n} = 1$$

의 성질을 만족하는 Qn을 그 통계량의 점근표준오차라고 한다. 일반적으로 점근표준오차는 유일하게 결정되지 않으며, 많은 경우에 $\frac{1}{\sqrt{n}}$ 의 차수(order)로 나타내어진다.

(2) 서열형 결합도

서열형 결합도는 두 개의 서열형 변수 사이에 존재할 지도 모르는 관계성의 방향에 대한 개념과 아울러 상관의 개념을 이끌어 내게 된다. 즉, 한 변수의 값이 낮을 때 다른 변수의 값도 낮은 경향이 있고, 한 변수의 값이 높을 때 다른 변수의 값도 높은 경향이 있다면 그 변수들은 정적으로 상관되어 있는 것이다. 반대의 관계를 보인다면 부적으로 상관되어 있는 것이다.

두 서열변수으로 구성된 교차표에 있어서의 여러 결합도는 모든 가능한 사례 또는 관찰의 쌍에 있어서의 양변수의 값을 비교하는 것에 기초를 두고 있다. 우선 그 논리를 살펴보자. 한 사례에 대한 두 변수의 값이 다른 사례의 상응하는 값보다 높다면 그 사례 쌍은 같은 방향(concordant)의 쌍이라고 한다. 아래의 <표5-5>를 참조하면 쉽게 이해할 것이다.

<표5-5> X변수와 Y변수 쌍의 구성

		Y 변수		
		a	b	c
X 변수	1	1a	1b	1c
	2	2a	2b	2c
	3	3a	3b	3c

위의 <표5-5>를 구성하는 두 변수 X와 Y는 서열변수로 1<2<3이며 A, B, C 역시 서열적으로 A<B<C라는 부등식이 성립한다고 가정하자. 이 교차표의 전체 사례수는 N이며, 이 N개의 사례 중에서 임의로 두 개의 사례를 뽑아 쌍을 구성한다고 가정해 보자. 그 쌍의 수는 N(N-1)/2개가 된다. 예를 들어, N=10이라면 10(10-1)/2=45개가 된다.

이들 쌍 중에서 칸 1A에 해당하는 사례 하나와 칸 2B에 해당하는 사례를 하나 뽑아서 쌍을 구성한다면 칸 2B의 사례는 칸 1A의 사례보다 X변수에서 우위에 있으며 Y변수에서도 우위에 있게 된다. 이때 이 사례 쌍을 같은 방향의 쌍이라고 하는 것이다. 특정 칸의 사례와 그 오른쪽 아래에 있는 칸들 중의 하나에서 뽑은 사례가 쌍을 이루면 같은 방향의 쌍을 이루게 된다. 예를 들어, 칸 1A와 2B, 1A와 3B,1A와 2C, 1A와 3C의 사례 쌍 끼리는 같은 방향의 쌍을 이루게 된다. 한 사례의 어떤 변수의 값이 다른 사례의 그 변수의 값보다 크고 나머지변수에서는 반대의 방향이 될 때, 그 쌍은 반대 방향(discordant)의 쌍이라고 한다.

예를 들어, 1B의 한 사례와 2A의 한 사례를 뽑아 임의로 쌍을 구성하면 Y변수에 대해서는 1B의 사례가 우위에 있지만 X변수에 대해서는 2A가 우위에 있게 되는 경우, 이들 쌍을 반대 방향의 쌍이라고 한다. 반대 방향의 쌍은 교차분석표에서 어떤 특정 칸의 사례와 그 왼쪽 아래에 위치한 칸들 중의 하나에서 추출한 사례가 쌍을 구성하게 될 경우 만들어진다.

칸 3A와 3B의 사례들이 쌍을 이루게 되면, 변수 Y에 대해서 3B는 3A보다 우위에 있지만 변수 X에 대해서는 동일하게 된다. 1C와 2C의 사례들이 쌍을 이루게 되면, 변수 X에 대해서만 동일하게 된다. 또한 특정 칸에 해당된 사례끼리 쌍을 구성하게 되면 이들은 변수 X와 변수 Y에 대해 동일한 변수값을 갖게 된다. 이처럼 하나 혹은 양 변수에 두 사례가 동일한 값을 가질 때 그들은 묶인(tied) 쌍이라고 한다.

따라서 변수 X와 변수 Y로 측정한 사례 쌍은 같은 방향의 쌍이거나, 다른 방향의 쌍이거나 또는 묶여있는 쌍 중의 하나가 된다. 자료가 교차분할된 형태로 배열되어 있을 때, 같은 방향의 쌍과 다른 방향의 쌍, 그리고 묶여있는 쌍의 수는 쉽게 계산할 수가 있다. 왜냐 하면, 가능한 모든 쌍이 이미 결정되어 있기 때문이다.

만일 같은 방향의 쌍의 수가 다른 방향의 쌍의 수보다 많다면 그 결합이 정적이라고 말할 수 있다. 왜냐하면, 변수 X의 서열이 증가할 때 변수 Y의 서열도 증가하는 것이기 때문이다. 같은 논리로, 대다수의 쌍이 반대방향의 쌍이라면 그 결합은 부적이라고 말할 수 있다. 한 변수의 값이 증가할 때 다른 변수의 값이 감소하기 때문이다. 또한, 같은 방향의 쌍과 다른 방향의 쌍의 수가 거의 비슷하다면 관계성이 없다고 말할 수 있다.

방향성 측도

			값	점근표준오차[a]	근사 T값[b]	근사유의확률
순서척도 대 순서척도	Somers의 d	대칭적	.679	.044	11.965	.000
		최면의 깊이 종속	.658	.054	11.965	.000
		개선된 정도 종속	.701	.040	11.965	.000

a. 영가설을 가정하지 않음.
b. 영가설을 가정하는 점근표준오차 사용

대칭적 측도

		값	점근표준오차[a]	근사 T값[b]	근사유의확률
순서척도 대 순서척도	Kendall의 타우-b	.679	.044	11.965	.000
	Kendall의 타우-c	.658	.054	11.965	.000
	감마	.701	.040	11.965	.000
유효케이스 수					

a. 영가설을 가정하지 않음.
b. 영가설을 가정하는 점근표준오차 사용

여기에서 제시하는 모든 서열적 결합도는 동일한 분자의 요소를 갖는다. 즉 방향의 구분이 가능한 관찰의 쌍에 있어서, 같은 방향의 쌍의 수(P)에서 다른 방향의 쌍의 수(Q)를 뺀 값(P–Q)이다. 이들 결합도의 일차적인 차이점은 P–Q가 정상화(normalized) 되는 방식에서 발생한다.

가장 간단한 형태의 결합도는 (P–Q)를 가능한 전체 쌍의 수 N으로 나눈 것으로 이를 Kendall의 tau-a라고 한다. 묶여있는 쌍이 없다면, 이 결합도는 -1과 +1의 범위를 갖게 된다. 그러나 만일 묶여 있는 쌍이 있다면, 그 묶여 있는 쌍의 수에 따라 값의 범위가 좁혀지게 된다. 동일한 행 또는 열 안의 관찰이 묶여 질수록 tau-a의 계산결과는 그 해석이 어렵게 된다.

tau-b는 둘 중의 어느 한 변수에 대해서만 묶여 있는 쌍의 수를 고려해서 P–Q를 정상화시키려는 시도에서 만들어진 방법이다. 이 결합도는 양 변수에 대해 동시에 묶여 있는 쌍은 고려하지 않았다.

$$\tau b = \frac{P-Q}{\sqrt{(P+Q+T_x)(P+Q+T_y)}}$$

여기에서 T_x는 변수 X에 대해서만 묶여 있는 쌍의 수이며, T_y는 변수 Y에 대해서만 묶여 있는 쌍의 수이다. 정방형의 교차표, 즉 행의 수와 열의 수가 동일한 교차표에서 그 난외 빈도가 0이 아니라면 tau-b는 −1과 +1의 범위를 갖는다. 그리고 2×2 교차표에서는 phi와 동일한 값을 가지게 되지만, 이 때에는 tau-b가 관계성의 방향에 대한 정보를 추가로 제공해 줄 수 있으므로 이를 더 선호하게 된다.

열의 수와 행의 수가 다른 R×C 교차표에서 +1과 −1사이의 값을 갖도록 한 것이 tau-c이다.

$$Tc = \frac{2m(P-Q)}{N^2(m-1)}$$

여기에서 m은 행의 수나 열의 수 중에서 작은 값을 말한다. 각 난외가 거의 비슷한 빈도라면 tau-b와 tau-c의 계수는 그 값에 있어서 큰 차이를 보이지는 않는다.

tau와 밀접한 관련이 있는 결합도로 Goodman과 Kruskal이 제안한 감마 계수가 있으며 그 계산공식은 아래와 같다.

$$G = \frac{(P-Q)}{(P+Q)}$$

감마는 묶여 있는 쌍이 없다는 가정하에서, 무선 관찰 쌍이 같은 방향의 쌍이 될 확률에서 반대 방향의 쌍이 될 확률을 뺀 것이라고 생각할 수 있다. 따라서 같은 방향의 수가 많다면, +값이 되고, 반대방향의 쌍의 수가 많으면 −값이 되며, 두 수가 같으면 0이 될 것이다. 한 변수상의 서열을 알고 나서 다른 변수상의 쌍의 서열을 올바르게 추측할 확률이 그 값이 된다. 감마의 부호는 관계성의 방향을 나타낸다. 만일 교차표의 좌측상단에서 우측하단에 이르는 대각선에 모든 관찰치가 집중된다면, 감마는 1의 값을 갖는다.

두 변수가 독립적인 경우에는 감마가 0이 되지만 그 반대 즉 감마가 0이라고 해서 두 변수가 반드시 독립적인 것은 아니다(단 2×2 교차표에서는 반대도 성립된다). 감마의 계산에는 독립변수와 종속변수의 구별을 하지 않는다. 다시 말해서 두 변수는 대칭적인 것으로 취급된다. tau-b와 tau-c는 묶여 있는 쌍을 취급하므로 일반적으로 감마가 더 큰 값을 갖는다.

Somers는 비대칭적인 경우로 확장시킨 감마를 제안하였다. 이 새로운 감마는 독립변수(X)에 대해서만 묶여 있는 쌍을 제외한, 나머지 묶여 있는 쌍(종속변수 Y에 대해서 묶여 있는 쌍과 양 변수에 대해서 묶여 있는 쌍)의 수를 분모에 포함시켰다는 것을 제외하면 감마와 동일하다. Somers가 제안한 이 결합도를 d라고 한다. 이 계수는 비대칭을 가정하므로 두 가지의 계산 공식이 가능하다.

$$d_y = \frac{P - Q}{P + Q + \tau_y}$$

d_y 계수는 독립변수상에서 묶여 있지 않는 쌍 중에서 반대방향의 쌍을 초과하는 같은 방향의 쌍에 대한 비를 보여준다. 대칭적 Somers의 d는 두 비대칭적 계수의 분모를 평균하여 사용한다.

두 변수가 서열형이면서 범주의 수가 많을 경우 두 변수간의 관계성을 알려주는 값으로 Spearman의 순위 상관을 이용한다. 이 값은 +1과 −1의 범위를 가지며, 정적이거나 혹은 부적인 선형적 관계를 보여준다.

교차분할표의 두 변수가 서열자료일 때 행과 열의 선형결합을 측정하는 또 다른 측정치가 Mantel-Haenszel의 카이제곱이다. 이 값은 Pearson의 r을 계산하여 제곱한 뒤에 n−1을 곱하여 계산한다. 이 통계치는 자유도가 1이 된다.

(3) 등간형 결합도

교차표의 두 변수가 등간척도로 측정되었다면 부가적인 정보를 이용할 수 있도록 해주는 여러 가지 계수를 계산할 수 있다. 선형적 관계의 강도를 측정해주는 유용한 대칭적인 계수는 Pearson의 상관계수 r이다. PRE적인 해석을 포함하는 보다 자세한 내용은 상관관계를 참조하라.

에타(eta) 계수는 종속변수가 등간척도로 측정되었고, 독립변수가 명목척도나 서열(순서)척도로 측정되었을 때 적절하게 사용될 수 있다. 이 계수를 제곱하면(eta 자승), 독립변수의 값을 앎으로써 설명할 수 있는 종속변수 상에 있어서의 총변량의 비율로 해석할 수 있다. 이 결합도는 비대칭적이며 변수간의 선형적 결합을 가정하지 않는다.

3) 기타 교차표의 통계량

(1) 명목자료의 평정자간 일치도

연구에서 두 평정자간의 평정의 일치정도를 알아보아야 하는 경우, 그 변인들이 명목형 자료인 경우 Cohen의 kappa를 이용하게 된다. 우선 그 논리를 알아보기로 하자.

두 평정자간의 평정이 일치되는 정도는 평정이 일치한 백분율의 합이 될 것이다. 예를 들어, 두 심사위원 갑과 을이 100명을 심사하여 합격과 불합격으로 평정한 결과가 아래와 같다고 한다면 두 심사위원이 모두 합격으로 심사한 사람의 수 32명(32%)과 불합격으로 심사한 사람의 수 38명(38%)의 백분율의 합(32%+38%=70%)을 평정의 일치정도를 나타내는 지수로써 사용할 수 있을 것이다.

		심사위원 갑		
		합격	불합격	계
심사위원 을	합격	32	13	45
	불합격	17	38	55
	계	49	51	100

하지만 이 백분율의 합은 우연에 의해 예상되는 일치정도를 그대로 포함하고 있으므로 그다지 신뢰롭지 못하게 된다. 이 같은 문제점을 해결하는 한 가지 방법으로 두 평정자의 평정이 독립적일 때 우연에 의해 일치될 것으로 예상되는 경우를 계산에 고려하는 것을 생각해 볼 수 있을 것이다. 이 같은 통계치가 Cohen의 카파(kappa)로 다음의 공식으로 구하게 된다.

$$\text{카파} = \frac{\text{관찰된일치} - \text{이론적일치}}{\text{이론적일치}}$$

카파가 0이라는 가설은 t분포를 이용하여 검증하게 된다. kappa값과 귀무가설이 '진'일 때의 점근표준오차 즉, ASE와의 비가 t분포를 이루게 되며 따라서 이를 이용하여 가설검증을 하게 된다

카파를 계산할 때 주의할 점으로 카파는 두 평정자간의 일치도를 재는 것이므로 두 변수의 값의 범위가 동일해야만 한다. 너무도 당연한 말이지만, 실제의 경우에는 그렇지 못한 경우가 종종 발생한다. 예를 들어, 5점 척도로 평정하는 상황에서 A는 1에서 4까지의 범위를 사용한 반면 B는 1에서 5까지의 범위를 모두 사용했다면 이럴 경우 값의 범위가 동일하지 않은 상황이 되어 버린다. 따라서 SPSS는 카파를 계산할 수 없다는 메시지를 내 보내게 된다.

(2) 코호트 연구에서 위험률의 추정

코호트(Cohort) 연구란 어떤 요인에 노출된 집단과 그렇지 않은 집단을 대상으로 추적 관찰하여 질병발생률을 비교해 봄으로써 그 요인과 질병발생과의 관련성을 규명해 보는 역학적 조사방법의 하나로써 추구조사(prospective study)라고도 한다. 다시 말해서, 특정사상의 발생과 관련 있는 변수를 찾고자(또는 확인하고자) 할 경우에 코호트 연구를 실시하게 된다.

한 요인의 존재와 한 사상의 발생과의 결합의 강도에 대한 지수로 자주 사용되는 것은 상대위험도(relative risk; 노출군과 비노출군의 질병발생률의 비)이다. 다시 말해서, 관심변수의 유무에 따라 특정 사상이 없는 두 집단을 일정기간동안 관찰한 뒤 특정사상의 발생률에서 차이가 있는지를 발생률의 비로 살펴보는 것이다. 예를 들어, 흡연과 폐질환의 관계를 알아보기 위해 폐질환이 없는 흡연자와 비흡연자 집단 각 500명씩을 선정하여 5년 뒤 두 집단에서의 폐질환의 발병률을 조사하였다고 가정해 보자. 이 조사에서 흡연자집단의 폐질환 발생자가 50명이고 비흡연자 집단에서는 25명으로 나타났다면 두 집단의 폐질환 발생률은 각각 50/500=0.1, 25/500=0.05가 되어 상대위험도는 0.1/0.05=2가 된다(이를 계산하는 통계치의 키워드는 '위험도; RISK'이다). 만일 상대 위험도가 1에 가깝다면 두 집단에 있어서 특정사상의 발생률은 차이가 없다고 결론을 내리게 되며, 1에서 멀어질수록 차이가 있다고 결론을 내리게 된다.

SPSS의 교차분석 결과물에서 추정된 상대위험도와 그 95% 신뢰구간은 결과물의 'cohort(HDISEASE 1.0 Risk)'에 제시된다. 교차분석명령에서 첫 번째 행의 발생확률을 두 번째 행의 발생확률로 나누어 그 비를 계산한다. 또한 각 열은 각 사상을 대표할 수 있으므로 각 열에 대해 분리되어 추정되므로 결과물에는 두개의 값이 제시된다. 따라서 어느 값을 해석해야 하는지는 연구자가 결정해야 한다. 해석해야 할 값을 결정한 뒤, 95% 신뢰구간 내에 1이 포함되지 않는다면 귀무가설을 기각하게 된다.

(3) 사례-통제 연구에서의 위험률의 추정

앞 절에서 설명한 코호트 연구는 일정기간 동안의 시간적 경과가 필요하다. 하지만 경우에 따라서는 그러한 연구조건이 만족되지 못하는 경우도 발생하게 된다. 예를 들어, 폐질환에 걸린 집단과 그렇지 않은 집단을 대상으로 흡연이 폐질환에 미치는 영향을 알아보고자 한다면 어떻게 이를 알아볼 것인가. 이처럼 이미 특정 관심질병에 걸린 사람(case)과 질병에 걸리지 않은 사람(control)을 비교하는 연구를 회고적(retrospective) 연구 또는 사례-통제(case-control) 연구라고 한다. 다시 말해서, 해당 질병에 이환된 환자집단(case)과 이들과 대등한 대조집단(control)을 설정하고 이들이 해당요인에 노출된 비율의 크기를 비교해 봄으로써 인과관계를 규명해 보려는 방법이다. 예를 들어, 100명의 관상성 심장질환자와 100명의 비질환자를 추출하여 흡연하는 사람의 수를 비교해 봄으로써 흡연이 관상성 심장질환에 영향을 미치는가를 알아보는 방법이다.

이 연구에서는 발병률을 추정할 수 없으므로, 사례집단의 흡연률을 통제집단의 흡연률로 나누어 그 비를 구함으로써 결합도의 지수로 사용하는데, 이를 승산비(odds ratio: 2×2 표에서 결합도를 나타내는 것으로 상대빈도가 a, b, c, d라면 승산비는 ad/bc로 정의된다)를 계산하게 된다. 이 값 역시 '위험도'를 지정하여 구할 수 있다. 첫 번째 행을 사례로 두 번째 행을 통제로 간주하며 관심사상(의 수)은 첫 번째 열에 위치해야 한다.

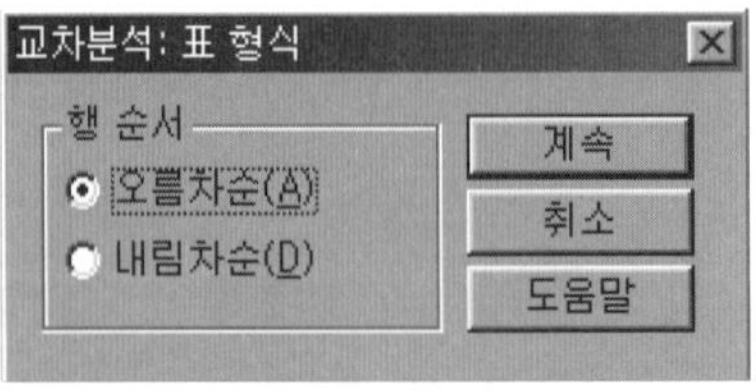

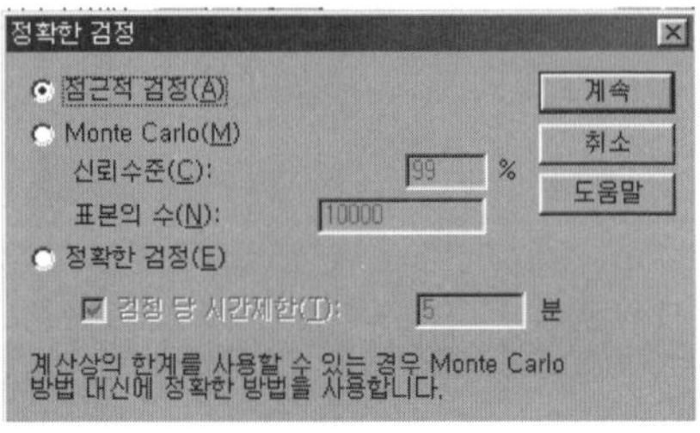

제6장

t-분포를 이용한 가설검증

흔히들 남자와 여자는 다르다고 말한다. 이런 종류의 주장을 보다 일반화하면, 특정 속성에 있어서 어느 한 집단의 성원이 다른 집단의 성원과 차이가 있다는 말이 된다. 차이가 있다는 말은 어느 한 집단의 성원이 다른 집단의 성원보다 우수하다거나 열등하다는 차이의 방향을 고려할 수도 있고 그렇지 않을 수도 있다.

많은 연구자들이 차이에 주목하는 이유 중의 하나는 차이를 통해 두 변수간의 인과관계를 확인할 수 있기 때문이다. 예를 들어, 성별에 따라 차이가 있다는 말은 성별이 원인이라는 사실을 암시하고 있다. 이러한 이유로 사회과학에서의 많은 실험에서 차이가 나는지를 검증하고자 하는 것이다. 물론 인과관계를 명확하게 파악하기 위해서는 많은 주의할 점이 있기는 하지만, 차이에 주목하는 것이 인과관계를 파악하는 주된 방법이 된다. 예를 들어, 잔치 집에 다녀와서 배탈이 났다면 그 배탈의 원인은 무엇인가? 아마도 잔치 집에서 먹은 어떤 음식이 원인일 것이라고 생각하기 쉽다. 그러나 이 경우 인과관계가 명확하지 않다. 만일 한 동네에 사는 네 사람이 같이 잔치 집에 다녀왔는데 두 사람은 식사를 한지 얼마 되지 않았기 때문에 잔치 집 음식을 전혀 먹지 않았고, 나머지 두 사람은 음식을 먹었다고 해 보자. 그런데 음식을 먹은 두 사람은 배탈이 났고 음식을 먹지 않은 두 사람은 아무런 이상이 없었다면 배탈의 원인은 무엇인가? 이제는 보다 확신을 가지고 잔칫집 음식이 배탈의 원인일 것이라고 말할 수 있게 된다. 이러한 경우 잔칫집 음식을 먹었느냐의 여부는 독립변수이고 배탈이 났는지의 여부는 종속변수가 된다.

위의 예에서 독립변수와 종속변수는 모두 질적이다. 따라서 이에 관한 통계분석을 위해서는 교차분석 같은 비모수통계를 이용하는 것이 타당하다. 그러나 만일 종속변수가 점수 같은 양적인 경우에는 이 장에서 설명하는 t-검정(t-test)이 일반적인 방법이 된다. 즉, 독립변수는 범주형 자료이며 종속변수는 등간 이상의 척도로 측정된 연속형의 데이터이어야 한다. t-검정은 두 집단의 표본에서 구한 두 평균 간의 차이가 모집단에서도 유의미한지를 알아보는 통계방법이다. 따라서 t-검정은 표본을 이용하여 모집단의 값을 추정하는 추리통계에 해당된다. 그러나 만약 표본집단이 세 개 이상이면 t-검정을 할 수 없고, 8장에서 배우게 될 분산분석을 이용해야 한다.

1 단일 집단평균의 차이검증

1) 모집단과 표본

최소한 하나 이상의 일정한 특성을 공유하는 모든 개체들의 집합을 모집단(population)이라고 한다. 모집단은 그 수에 있어서 유한하거나 무한할 수 있다. 예를 들어, 한 도시의 아동이나 특정 초등학교의 여학생 같은 경우의 모집단은 그 한계가 뚜렷하여, 모집단의 수를 알 수 있는 경우로써 이 경우의 모집단은 유한하다. 그러나 한 연속선상의 점이라든가 신장이 150cm이하인 모든 사람의 경우에는 그 사상의 가능성이 무한하다.

모집단은 실재하거나 가상적일 수 있다. 가상적인 모집단의 예를 들면, 정신병적 우울증을 치료하기 위해 개발한 약의 효과를 알아보는 실험을 구성한다고 하면 그 관심대상, 즉 모집단은 현재 또는 미래에 정신병적 우울증이 나타나 그 새로운 약을 사용해야 할지도 모르는 모든 사람이 모집단이 된다.

실재하든 가상적이든 모집단은 연구자가 지정하며, 그 모집단에 대한 무엇인가를 발견하는 것이 연구자의 목적이다. 과학적 연구의 대상이 되는 모집단은 그 수에 있어서 무한대이거나 대단히 큰 것이 보통이므로 실제적인 경우에 있어서는 단지 표본(sample)만을 이용하게 되는 것이 보통이다. 표본이란 모집단의 전체사례수보다 적게 추출한 성원들의 집합을 말한다. 따라서 모집단 성원의 수가 50,000이라면 표본의 수는 10이 될 수도 있고, 15,000이 될 수도 있으며, 49,999일 수도 있다. 그러나 보통의 경우에 있어서, 표본은 연구대상인 모집단의 아주 작은 부분이 된다.

표본을 관찰하는 목적은 그 표본을 관찰하여 얻어진 데이터를 가지고 모집단 전체의 특성을 추론하는 데 있다. 표본으로부터 나온 수치, 즉 통계치(statistics)를 가지고 모집단의 특성을 나타내는 수치, 즉 모수치(parameter)를 추론하는 것(즉, 일반화시키는 것)은 어느 정도의 오류를 범할 위험성을 감수해야만 한다. 예를 들어, 한 도시에서 국회의원 선거결과를 예측하려 할 때, 특정 직업이나 소득층에 속한 유권자만을 대상으로 조사를 실시할 가능성도 있다. 따라서 그 조사를 근거로 한 추론의 결과는 조사 대상이 되었던 유권자 층의 특성만을 반영하게 된다. 이러한 이유로, 연구자는 모집단의 자료를 대표할 수 있는, 다시 말해 모집단의 자료를 축소한 표본을 구하도록 노력해야 한다. 다시 말해서, 표본으로 구한 값들(통계치)로부터 모집단에 대한 타당한 결론을 추론해 내려면, 그 모집단을 가장 잘 대표(representative)하는 표본을 표집해야만 한다. 이는 마치 요리사가 국을 끓일 때 국을 잘 저은 다음에 맛을 보는 것과 같은 이치이다. 잘 젓지 않고 맛을 본다면 국위에 뿌린 양념이 골고루 섞이지 않게 되며, 따라서 위쪽은 맛이 있는 듯 하지만 전체적으로는 맛이 없는 국이 될 것이다.

모집단을 대표하는 표본을 구하는 방법은 여러 가지가 있으며, 그 중 이론적으로 가장 좋은 것이 무선표집(random sampling)이다. 무선표집이란 원칙적으로는 모집단의 모든 성원이 표집으로 추출될 가능성이 동일한 조건 하에서 표본을 추출하는 것을 말한다. 그러나 실제의 경우에 있어서는 일정한 크기의 표본을 추출할 때 이러한 크기의 표본들이 동일하게 표집될 가능성을 가진 조건 하에서의 표집방법을 의미하게 된다. 일반적으로 사용하는 대부분의 통계적 방법들은 무선표집을 전제로 하고 있다.

2) 평균들의 변량

표본의 성원이 가진 특성의 양을 측정하였다면, 그 표본의 데이터에서 제일 먼저 계산하는 것은 아마도 산술평균 M일 것이다. 그러나 표본이 추출되어 나온 모집단 평균 μ('뮤'라고 읽으며 모집단의 값을 표시할 때에는 그리스 문자를 이용하는 것이 관례이다)와 표본의 평균 M이 정확하게 같을 가능성은 극히 희박하다. 다시 말해서, 모집단에서 표본을 많이 추출해 보면 그 평균값이 변화되며, 따라서 μ와 정확히 동일한 M은 거의 없다는 뜻이다. 따라서 M을 μ의 추정치로 사용한다면, 그 추정엔 어느 정도의 부정확성을 포함하고 있을 가능성이 있는데 이것을 μ에 대한 M의 표집오차라 한다. 그렇다 하더라도 표본의 데이터만을 이용해야 할 때, μ에 대한 최선의 추측은 M일 것이다. 따라서 모집단 평균 μ에 관한 어떠한 진술을 하고자 할 때에는 표본의 평균 M을 사용해야 한다.

그러나 표본평균 M이 모집단 평균 μ와 동일한 것으로 예상되지 않는다면, 어떻게 M을 μ 대신 사용할 수 있는가? 그 대답은 첫째, 표준편차와는 달리 표본의 평균은 μ보다 체계적으로 크거나 또는 체계적으로 작은 경향을 보이지 않는다. 따라서 μ에 대한 불편추정치(unbiased estimates)로 사용할 수 있다. 둘째, 진실된 무선표집의 평균은 모집단 평균과의 차이가 그다지 크지 않으며, 특히 표본이 크다면 M은 μ에 꽤 근접한 근사치가 된다. 그렇지만 실제에 있어서는 μ에 대한 정확한 값으로 M을 사용하진 않는다. 그 대신 μ에 대한가설을 검증하거나 μ를 포함하리라고 예상되는 타당한 범위를 추정하는 데 표본의 평균을 이용한다.

3) 단일 평균의 표집분포

엄격하게 이야기하면, 현재 진행되고 있는 추론의 단계들은 정상분포를 이루고 있는 무한한 크기의 모집단에서 동일한 크기의 표본을 무수히 많이 추출한다는 가정을 기초로 하고 있다. 그러나 그러한 일은 사실상 불가능하기 때문에 실제의 가설검증에는 단지 수학적으로 결정된 통계치의 이론적 분포(예를 들면, t-분포나 Z-분포)를 사용하게 된다는 점을 먼저 기억하기 바란다.

하나의 커다란 모집단에서부터 일정한 크기의 무선표집을 계속 반복한다고 가정해 보자. 즉, 모집단에서 하나의 표본을 추출하여 평균(평균이 아닌 어떤 통계치라도 동일한 논리가 적용되지만 여기에서 다루는 것이 표본의 평균이므로 이를 위주로 설명한다)을 구한 뒤 그 표본을 제자리에 되돌려 놓고 나서 동일한 수의 새로운 표본을 추출하여 평균을 구한 뒤 다시 되돌려 놓는다. 이러한 과정을 무한대로 반복한다[2].

이렇게 구해진 평균들로 빈도분포를 작성할 수 있을 것이다. 이 분포를 평균들의 표집분포라고 한다. 이 평균들의 표집분포의 본질은 무엇인가? 표본의 크기가 비교적 클 때, 평균값을 가로축에 위치시키고 해당 평균값들의 빈도를 세로축에 표시한다면 (표본이 추출된 해당 모집단의 원점수들의 분포가 비록 정상분포가 아니더라도) 평균들의 표집분포는 거의 정상분포를 이루는 속성을 지니고 있는 것으로 알려져 있다.

그러면, 표본이 얼마나 클 때 그 표본의 평균 M들의 표집분포가 정상분포에 접근하는가라는 의문이 생긴다. 대략 사례수 N=10 인 경우에는 그 표집분포는 정상분포에 상당히 접근하게 되므로 정상분포에 근거한 어느 정도의 확률적 추정이 가능하지만 사회과학분야의 연구에서는 대개 N=30이상인 경우에 표집분포의 정상성이 만족된다고 보고 있다. 어찌됐든, 표본의 크기가 증가할 때 평균들의 표집분포는 점점 더 정상분포에 접근하며, 표본의 평균 M이 모집단 평균 μ에 접근할 가능성이 증가하게 된다. 이 같은 관계는 중심극한정리(central limit theorem)를 의미하며, 표본의 데이터로부터 계산한 통계치를 이용하여 모수치에 대한 추론을 하기 위한 시사점을 제공해 준다.

4) 단일 평균의 표준오차

모집단의 평균 μ가 90이고 표준편차, 즉 σ('시그마'라고 읽는다)가 20인 모집단에서 표본의 사례수 N이 100인 무선표집 5,000개를 추출하여 평균들을 구했다고 가정해 보자. 그러면 그 5,000개 표본의 평균들은 [그림6-1]처럼 거의 정상분포를 하게 될 것이다. 그러면 그 M의 표집분포의 평균은 얼마일 것이라고 예상되는가? 표본의 평균 M이 μ의 불편추정치(unbiased estimates)가 될 수 있음을 기억하라. 부언하

2) 이러한 표집과정을 대치적 표집방법(sampling with replacement)이라고 한다. 추리통계적 방법은 이 대치적 표집방법을 가정하여 개발되었지만, 실제연구에 있어서는 대부분 비대치적 표집방법(sampling without replacement)을 사용하고 있다. 비대치적 표집방법은 한번 추출한 표본의 성원을 다시 표집대상으로 사용하지 않는 표집방법을 말한다. 그러면 대치적 표집방법을 가정하고 유도된 통계적 방법에 비대치적 표집방법에서 얻은 데이터를 사용하는 근거는 무엇인가? 표본에 비해 모집단이 무한히 크다면, 주어진 표본에서 같은 표집대상이 한 번 이상 표집될 확률은 대단히 적을 것이다. 따라서 이러한 조건 하에서는 비대치적 표집방법으로 얻은 표집의 결과는 대치적 표집방법으로 얻은 표집의 결과와 거의 차이가 없다고 가정할 수 있는 것이다. 일반적으로 표집의 크기가 모집단 크기의 약 5% 미만인 경우에는 문제가 없게 된다.

면, M가 μ보다 체계적으로 크거나 작을 것이라고 예상되지 않음을 의미한다. 더 나아가 μ를 과대평가하는 오류를 범할 확률과 과소평가하는 오류를 범할 확률이 거의 동등할 것이라고 예상할 수 있음을 의미한다. 그러므로 이론적으로는 평균들의 표집분포의 평균은 μ와 동일한 값을 가져야 한다. 따라서 모집단 평균 μ가 90이므로 평균들의 표집분포의 평균도 90이 되어야 할 것이다.

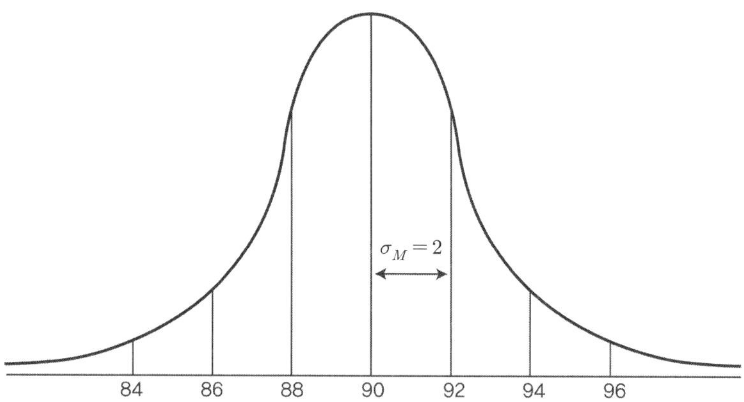

[그림6-1] μ=90이고 σ=20인 모집단에서 추출한 N=100인 표본 평균 M들의 표집분포

표본의 평균들의 표집분포가 정상분포를 이룬다는 사실은 표본의 평균을 다룰 때 정상분포의 속성을 이용할 수 있다는 점을 시사하는 것이다. 우리는 이미 정상분포곡선에서 한 원점수가 어디에 위치해야 하는지에 대해 알고 있다. 예를 들어, 정상분포를 이루고 있는 모집단에서 한 사례를 무선표집하였을 때 그 사례가 $+1\sigma$와 -1σ 사이에 놓일 확률이 약 0.68이 된다. 유사하게 한 사례가 -1.96σ 이하 지점과 $+1.96\sigma$ 이상 지점에 해당될 확률은 0.05 이하가 된다. 평균들의 표집분포도 정상분포를 가정할 수 있으므로 한 표본의 평균을 정상분포곡선에서의 원점수처럼 취급하여 동일한 확률적 설명이 가능하다. 따라서 한 표본의 평균이 표본들의 표집분포의 평균으로부터 $+1\sigma$ 와 -1σ 사이에 해당될 확률은 0.68이 된다.

이제 [그림6-1]에 관한 보다 구체적인 질문을 해보자. 한 표본의 평균이 모집단 평균 μ=90에서부터 ± 2 이상 벗어날 확률은 얼마인가? 다시 말해, 92 이상이 되거나 88이하가 되는 평균을 구할 확률은 얼마인가? 평균들의 표집분포의 표준편차를 알고 있다면, 이 질문에 답변할 수 있다. 일반적인 표준편차와의 혼란을 피하기 위해 표집분포의 표준편차는 평균의 표준오차(standard error of the means)라 하며, σ_M('시그마 M'이라고 읽는다)으로 표기한다. 여기에서 오차라는 용어가 들어가는 이유는 표본에서 구한 각각의 평균은 μ와는 차이가 나는 것이 일반적이며, 그러한 차이는 전집의 평균 μ를 기준으로 볼 때 오차에 해당되므로 표준오차라 하는 것이다. 하지만 그 의미는 일반적인 표준편차와 동일하다.

따라서 각 평균들을 원점수처럼 취급하여 평균들의 표집분포의 표준편차를 계산할 수도 있지만 다른 계산방법을 사용해도 된다. 통계학자들은 평균의 표준오차 σ_M가 표본이 추출된 모집단의 표준편차 σ와 그 각 표본의 사례수 N과 일정한 관계를 유지한다는 사실을 증명하였다. 그 관계는 다음과 같다.

$$\sigma_M = \frac{\sigma}{\sqrt{N}} \qquad \text{공식 6-1}$$

따라서 모집단의 표준편차 σ=20이고, 표본의 사례수 N=100 이므로 이를 위의 공식에 대입하면, 평균들의 표집분포의 표준오차는 다음과 같이 계산된다.

$$\sigma_M = \frac{20}{\sqrt{100}} = \frac{20}{10} = 2$$

따라서 [그림6-1]의 표집분포는 μ=90이고 σ_M=2임을 알 수 있다.

이제 앞의 문제로 되돌아가자. 표본의 평균 M이 μ로부터 양방향으로 ±2이상 떨어질 확률은 얼마인가? 이 문제에 대한 답을 하기 위해서는 정상분포를 이용해야 하고, 이를 위해 우선 이 편차점수 ±2를 표준점수인 Z점수로 변환해야 한다. Z점수는 원점수와 평균간의 차이를 표준편차로 나눈 것임을 기억하고 있을 것이다. 따라서 편차점수를 분자에 대입하고 표준오차를 분모에 대입하면 Z값을 계산할 수 있다.

$$Z = \frac{M-\mu}{\sigma_M} = \frac{\pm 2}{2} = \pm 1 \qquad \text{공식 6-2}$$

정상분포곡선에서 +1Z값과 -1Z값 사이의 면적은 전체면적의 약 68%에 해당되므로 이 두 지점을 넘어서는 표본평균 M을 구할 확률은 1-.68=0.32 즉 32%가 된다

(양방향에 16% 씩).

그러나 실제상황에서는 모집단의 μ와 σ가 주어졌을 때 특정한 크기의 표본을 구할 확률을 계산하는데 그 목적이 있는 것이 아니다. 만일 모집단에 대한 이러한 정보를 이미 가지고 있다면 표본을 측정할 이유는 거의 없게 된다. 목적하는 바는 정반대의 경우이다. 즉, 무선표집에서 구한 평균을 이용하여 모집단의 μ에 대해 추정해야 한다. 이 경우 평균들의 표집분포의 표준편차 즉, 표준오차를 알 수 있다면 μ에 대한 추정이 가능해진다. 그러나 우리는 모집단의 표준편차는 물론이고 평균의 표집분포의 표준편차 즉 평균의 표준오차(σ_M)에 대해서도 알지 못하고 있다. 따라서 표본의 데이터로부터 σ_M의 추정치를 계산해야 한다.

5) 평균의 표준오차의 추정

표집분포의 σ_M은 공식 6-1에서 보는 바대로 σ를 사례수 N의 제곱근으로 나누어 구하게 된다. 그러나 이에는 모집단의 표준편차 σ가 필요하지만 이를 알 수가 없다. 따라서 표본의 데이터를 이용하여 모집단의 표준편차를 추정해야만 한다. 모집단 표준편차의 추정치는 표본의 표준편차를 계산할 때 사례수 N 대신 N-1을 이용하면 구할 수 있다. N 대신 N-1을 사용하는 이유는 표본의 표준편차가 모집단의 표준편차보다 작아지는 경향이 있으며 그러한 경향은 표본의 크기에 영향을 받기 때문에 이를 보상해 주기 위해서이다.

$$s = \sqrt{\frac{\sum(X-M)^2}{N-1}}$$

따라서 모집단 표준편차의 추정치인 s를 평균의 표집분포의 표준오차(σ_M)를 구하는 공식에 대입하면 평균의 표준오차의 추정치(s_M)를 계산할 수 있게 된다.

$$s_M = \frac{s}{\sqrt{N}} \qquad \textbf{공식 6-3}$$

논의를 더 진행하기 전에 평균의 표준오차의 추정치(s_M)가 의미하는 바를 다시 한번 정리해 보자. s_M은 단일 표본의 데이터를 기초로 하여, 평균들의 표집분포의 표준편차를 추정한 값(정확하게 말하면, 평균들의 표준오차의 추정치)이다. 달리 말해, s_M은 평균들의 표집분포의 변량추정치이다.

이제는 표본의 데이터로부터s_M을 계산할 수 있게 되었다. N=145인 표본의 s가 10.86일 때, s_M을 구해보기로 하자.

$$s_M - \frac{10.86}{\sqrt{145}} - 0.90$$

이제까지 표본의 데이터로부터 모집단의 μ에 대한 추론을 하기 위한 통계적 논리의 기초를 논의하였다. 이제는 두 가지의 접근이 가능하다. 그 하나는, 모집단의 μ가 특정한 값을 갖는다고 가정하고 나서, 그 모집단에서 추출한 표본으로부터 데이터를 수집하여 그 가정이 참일 가능성이 얼마인지를 검증할 수 있다. 이를 μ에 대한 가설검증(또는 점추정; point estimate)이라고 한다. 다른 하나는, μ에 대한 지식이 전혀 없지만 그 대신 μ가 포함될 범위를 발견할 수 있는 데 그 범위를 신뢰구간(이를 구간추정; interval estimate이라고 한다)이라고 한다.

6) μ에 대한 가설검증

μ에 대한 가설검증이라는 말은 모집단의 평균 μ가 특정한 값을 갖는다고 가설을 세우고 나서, 그 모집단에서 추출한 표본의 데이터를 이용하여 그 가설이 맞을 확률이 얼마인지를 검증하는 것을 의미한다. 이처럼 μ가 특정한 값을 갖는다고 가정하는 것을 귀무가설(H_0)이라고 한다. 이때 귀무가설로 지정할 수 있는 μ값은 이전 연구에 의하거나 이론적 혹은 통계적 근거를 가지고 있어야 한다. 귀무가설에서 지정한 값이 아닌 어떤 다른 값을 갖는다는 가설을 대립가설(H_1)이라고 한다.

대립가설은 양방향적이거나 일방향적일 수 있다. 다시 말해서, μ값이 귀무가설에서 지정한 값보다 크거나 작은 어떤 값이 될 것이라는 가설은 양방향적이 된다. 양방향적인 가설은 단지 귀무가설에서 지정한 값과 차이가 나면 되지만, 일방향적인 가설은 그 차이가 예상되는 방향까지 지정해 주는 가설을 말한다. H_1이 양방향적일 때의 가설검증을 양방검증(two tailed test)이라고 하며, 일방향적일 때의 가설검증을 일방검증(one tailed test)이라고 한다. H_1이 양방검증이냐 또는 일방검증이냐의 여부는 가설검증에 대단히 중요하며, 어느 것을 사용해야 할 것인지는 연구문제에 따라 결정되거나 또는 분석에 사용하는 통계적 방법에 따라 결정되기도 한다.

100명을 표집하여 어떤 특성에 대해 측정한 결과, 그 평균 M이 3.91이고 s가 0.70이 나왔다고 가정해 보자. 그리고 모집단 평균 μ가 4.00으로 알려져 있다면 이때의 귀무가설과 양방향적 대립가설은 다음과 같다.

$$H_0 : \mu = 4.00$$
$$H_1 : \mu \neq 4.00$$

그 평균이 3.91인 표본을 이용하여 μ가 4.00이라는 귀무가설이 맞는지의 여부를 알아보자. 이를 위해서는 먼저 μ=4.00인 모집단으로부터 사례수가 100인 표본을 무한히 많이(하나의 표본이 아니라) 무선적으로 표집하였을 때, 평균들의 표집분포가 어떠할 것인지를 결정해야 한다. 앞에서 설명하였듯이, 그 표집분포의 평균은 μ와 동일한 4.00이 되어야 할 것이다. 그리고 표집분포의 표준편차, 즉 σ_M을 계산할 수 있다. 이 때 σ_M을 직접 계산할 수는 없으므로, 주어진 정보 즉 s=0.70을 이용하여 평균의 표준오차의 추정치(s_M)를 구해야 한다.

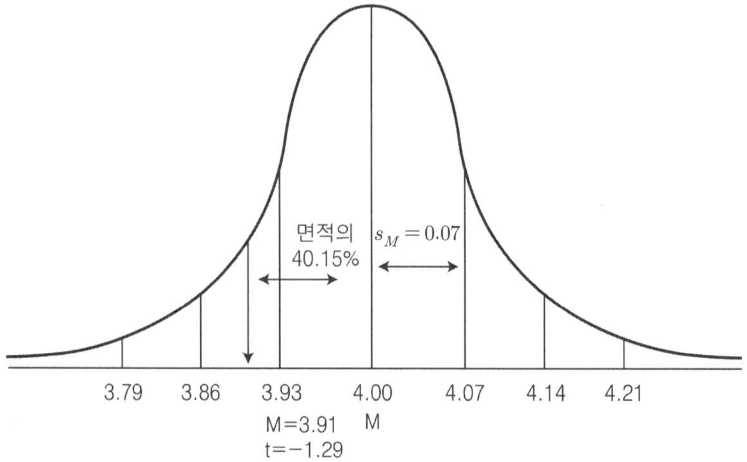

[그림6-2] M=3.91이고 s_M=0.07일 때, μ=4.00이라는 귀무가설에 대한 검증

$$s_M = \frac{s}{\sqrt{N}} = \frac{0.70}{\sqrt{100}} = 0.07$$

위의 계산 결과, 사례수가 100인 평균들의 표집분포의 표준편차(즉, 평균의 표준오차)는 0.07로 추정된다. 사례수 100인 표본은 비교적 큰 편에 속하며, 따라서 그 분포의 모양은 정상분포에 접근한다고 간주할 수 있다. 따라서 H_0하에서 평균들의 가상적(이론적) 표집분포는 정상분포를 하며 μ=4.00이고 그 표준편차(추정된)는 0.07이 될 것이다. 이 가상적 표집분포를 [그림6-2]에 제시하였다. [그림6-2]에는 단일 표본의 평균 3.91이 μ=4.00인 표집분포상에서 어디에 해당되는지도 표시하였다.

다음 단계는 (M−μ)를 표집분포의 표준편차, 즉 추정된 평균의 표준오차 s_M으로 나누어서 M의 Z점수를 계산하는 것이다. 그러나 이 때 추정된 표준편차(s_M)를 이용할 수밖에 없으므로 그 계산된 결과 역시 추정된 값이 된다. 이렇게 추정된 Z값을 t 점수라 하며 계산공식은 다음과 같다.

$$t = \frac{M - \mu}{s_M}$$ **공식 6-4**

위의 공식 6-4는 공식 6-2의 Z점수 계산 공식과 동일한 것이다. 단지 Z 대신 t를 사용하였고, 알 수 없는 평균의 표준오차 대신 표준오차의 추정치 s_M를 사용한 것만 다르다. 위의 수치들을 대입하여 계산하면 다음과 같다.

$$t = \frac{M - \mu}{s_M} = \frac{3.91 - 4.00}{0.07} = \frac{-0.09}{0.07} = -1.29$$

계산된 결과에 의하면 표본의 M은 μ 아래쪽으로 −1.29 s_M단위에 위치한다. 그러면 이 값이 의미하는 바는 무엇인가?

정상분포를 가정할 수 있을 정도로 표본이 크므로 이 t값을 Z값과 동일하게 취급할 수 있다. 정상분포곡선에서 −1.29와 μ 사이의 면적은 전체 면적의 40.15%가 된다([그림6-2] 참조). 달리 표현하면 50−40.15=9.85, 즉 9.85%가 −1.29의 t값밖에 있다.

그러나 H_1이 양방이므로 H_0이 맞는다면 표본의 M이 μ의 양방으로 우연히 1.29이상 벗어날 확률은 0.197이 된다(0.0985×2=0.197).

7) 유의미 수준(significance level)

이제는 통계적 의사결정에 관해 논의해야 할 단계이다. 앞에서 t를 계산할 때 μ =4.00이라고 가정(H_0)하고 진행하였음을 기억하라. 이는 H_0이 맞을 것이라는 가정하에 t를 계산하였다는 것을 의미한다. 그렇게 계산한 결과인 t의 발생확률이 19.7%이다. 그렇다면 이 19.7%의 발생확률을 어떻다고 평가할 것인가? 만일 발생확률이 10%였다면 이를 어떻다고 평가할 것인가?

확률에 대한 평가가 이루어지려면, 그러한 평가에 사용할 기준이 미리 결정되어 있어야만 한다. 따라서 만일 그 기준을 5%로 결정하였다면 5%를 초과하는 발생확률은 가능성이 있는 것으로 인정한다. 위의 예에서 발생확률인 19.7%는 비교적 낮은 값이긴 하지만 일어날 가능성이 적은 것도 아니다. 만일 연구자가 5%를 평가의 기준으로 결정하였었다면, 19.7%는 있음직한 확률로 인정해야 하며, 따라서 H_0하에서 구한 -1.29인 t값은 그대로 수용하는 것이 낫다. 다시 말해, H_0를 수용하게 된다.

평가를 위한 임계값을 통계학에서는 유의미 수준(significance level)이라고 한다. 전형적인 과학적 연구에서 사용하는 유의미 수준은 0.01이나 0.05이며 α('알파'라고 읽는다)로 표시한다. 1% 유의미 수준 즉, α=0.01이란, H_0이 참이라고 가정하고 표본의 통계치를 이용해 구한 t값의 발생확률이 1%이하일 때 H_0을 기각하겠다는 약속이다. 달리 표현해보자. H_0이 참이라고 가정하고 구한 값의 발생확률이 1% 이하라면, 이렇게 낮은 발생확률이 나온 원인은 잘못된 가정 즉,H_0 에 문제가 있으며 따라서 H_0을 기각하는 것이 타당하다는 논리이다. 따라서 H_1을 수용하게 된다. 5% 유의미 수준은 μ에 대한 귀무가설 H_0을 기각하는 데 있어서, 1% 유의미수준보다 덜 엄격한 기준을 사용한다. 5% 수준을 사용한다면, H_0이 참이라고 가정하고 계산한 t의 발생확률이 우연에 의해 5% 이내(즉, 20번 중의 한번 이내)라면 H_0을 기각해야 할 것이다. 반대로 우연에 의해 경우의 5% 이상 발생한다면 H_0을 타당한 가설로 받아들이게 된다.

앞의 예에서, 귀무가설은 μ=4.00이었다. 이제, 유의미 수준을 5%로 결정하자(α=0.05). H_1은 양방향적이었다. 정상분포곡선에서 μ로부터 $\pm 1.96 s_M$ 이상일 때 사례의 5%가 해당됨을 알 수 있었다(양끝에 2.5% 씩). 따라서 H_1이 양방향적이고 α

=.05 일 때, 표본에서 구한 t가 μ로부터 ±1.96 s_M단위 이상 떨어져 있다면 μ에 대한 귀무가설을 기각하게 된다. 앞 절의 계산결과에서 H_0하에서 표본의 통계치로부터 구한 t값이 μ로부터 단지 1.29 s_M단위 떨어져 있다는 사실을 알 수 있다. 현재의 t는 5% 이상의 발생확률(19.7%)을 가지고 있다. 따라서 α=.05 수준에서 μ=4.00 이라는 귀무가설을 기각할 수 없다. 즉, H_0을 타당한 것으로 수용하게 된다.

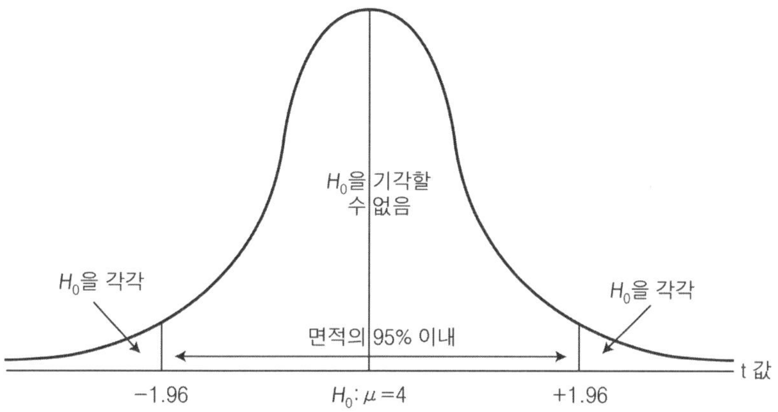

[그림6-3] 정상분포곡선에서 α=0.05일 때의 μ에 대한 가설검증의 예

[그림6-3]은 표본크기가 클 때의 t-분포(이 경우의 t-분포는 정상분포에 접근한다)에서 5% 유의미 수준의 기각역을 보여준다. [그림6-3]에서, μ로부터 ±1.96s_M 단위밖에 기각역이 표시되어 있다. 표본에서 구한 t는 단지 -1.29s_M 단위가 떨어져 있으므로H_0의 채택영역에 해당됨을 알 수 있다. 따라서 5% 유의미수준에서 μ=4.00이라는 귀무가설을 채택하게 된다.

8) 신뢰구간

데이터로 작업을 하다보면, 검증하고자 하는 특정한 값 μ에 대한 귀무가설이 없을 경우도 있다. 예를 들어, 여성의 성역할에 대해 대학교수들이 갖고 있는 태도에 관심이 있어서 80명의 대학교수들에게 질문지의 응답을 받아 냈다고 가정해보자. 이러할 때, 검증하고자 하는 μ에 대한 사전가설은 없게 된다. 그 대신, μ가 놓일 것이라고 확신하는 값의 범위를 설정하는 데 관심이 있을 수 있다. 특정 범위 내에 μ가 놓일 것이라는 진술은 그 진술이 참일 확률을 갖게 된다. 그 같은 범위를 설정할 때, 이를 보통 신뢰구간(confidence interval)이라고 한다. 연구보고서에는 두 가지의 신뢰구간, 즉 99% 신뢰구간과 95% 신뢰구간이 가장 빈번하게 사용되고 있다.

❖ 99% 신뢰구간

α=0.01(H_1은 양방)을 사용하여 μ에 대한 가설을 검증할 때, μ와 M사이의 차이가 우연에 의해 경우의 1% 보다 많이 발생한다면 H_0을 기각할 것이다. 즉 M과 μ사이의 정적인 차이가 우연에 의해 발생할 확률이 경우의 0.5%보다 작거나 또는 부적인 차이가 날 확률이 0.5% 보다 적은 경우에 H_0를 기각한다. 반대로 생각하면, M이 우연에 의해서 경우의 1% 보다 많이 발생한다면 H_0을 채택하는 것이 타당하다. 따라서 주어진 α수준에서 H_0을 채택할 전체적인 범위가 주어지게 된다. α=0.01 일 때, μ에 대한 가설을 채택할 범위는 μ에 대한 99% 신뢰구간을 형성하게 된다. 다시 말해서, 그 진술이 맞을 99%의 확률을 가지고 신뢰구간 안에 μ가 놓일 것이라고 주장할 수 있다(μ가 그 범위 밖에 놓일 확률은 1-0.99=0.01 이 된다).

이제 99% 신뢰구간을 어떻게 설정할 것인가를 알아보자. 앞에서 여성의 성역할에 대한 태도척도에 응답한 80명의 대학교수에 관해 언급했었다. 그 질문지를 채점하여 계산해 본 결과, M이 63이었고 s=15이며 s_M이 1.68이었다면, 모집단의 μ에 대한 99% 신뢰구간을 설정할 수 있다.

μ에 대한 가설검증을 실시한다면, α=0.01 로 설정한 다음에 표본의 평균을 이용하여 t를 계산한 다음 그 t값의 절대값이 2.58 보다 크다면 귀무가설을 기각할 것이다(N=80일 때 정상분포를 가정할 수 있으며, 정상분포에서 99%가 μ로부터 ±2.58 표준편차 사이에 해당되고, 단지 1% 만이 ±2.58 표준편차 사이를 벗어난다).

신뢰구간의 계산에는 μ에 대한 가설검증의 과정을 반대로 하면 된다. 즉, $t_{.01}$($t_{.01}$은 α=0.01 일 때의 t값을 의미한다)이 ±2.58임을 알고 있으며 대신

μ의 값을 모르고 있으므로 다음의 공식 6-5를 재배열하면 된다.

$$t_{.01} = \frac{M-\mu}{s_M}$$

미지수인 μ를 좌항으로 옮기기 위해 정리를 하면 다음과 같다.

$$\mu = M - t_{.01} s_M$$

이제는 $t_{.01}$ 대신에 +2.58, M 대신 63, s_M 대신에 1.68을 대입하면 된다.

$$\mu = 63 = 2.58(1.68) = 63 - 4.33$$

따라서 채택할 수 있는 최솟값은 63 − 4.33=58.67이 된다. 다음으로 $t_{.01}$ 대신에 −2.58을 대입하면 최댓값은 63 + 4.33=67.33이 된다.

그러므로 58.67 $\leq \mu \leq$ 67.33이 99% 신뢰구간이 되며, 이러한 단계들을 일반식으로 정리하면 99% 신뢰구간은 다음과 같이 표현할 수 있다.

$$99\%\ 신뢰구간: X \pm t_{.01}(s_M)$$ **공식 6-5**

❖ 95% 신뢰구간

95% 신뢰구간은 α=.05 일 때, μ에 대한 귀무가설을 채택할 범위를 말한다. 그 계산과정은 99% 신뢰구간과 동일하지만 $t_{.01}$ 대신에 $t_{.05}$를 사용해야 한다.

$$95\%\ 신뢰구간: X \pm t_{.05}(s_M)$$ **공식 6-6**

정상분포곡선에서 α=.05 는 ±1.96이다. 따라서 위의 예에 대한 95% 신뢰구간을 설정한다면,

$$\begin{aligned} &M \pm 1.96\ s_M \\ &= 63 \pm 1.96\ (1.68) \\ &= 63 \pm 3.29 \end{aligned}$$

따라서 95% 의 신뢰구간은 59.71 $\leq \mu \leq$ 66.29 가 된다.

2 두 집단평균의 t-검정

1) 두 평균의 차에 관한 가설검증

대부분의 사회과학연구에서는 독립변수의 변화에 따른 종속변수의 차이가 있는지를 알아보게 된다. 그 중 가장 간단한 형태가 독립변수의 두 가지 수준(예를 들면, 처치집단과 통제집단 또는 남학생과 여학생)에 따라 종속변수에 차이가 있는지의 여부를 알아보는 것이다(남학생과 여학생을 독립변수로 사용하는 경우에는 이 같은 변수를 피험자변수 또는 속성변수라고 한다).

독립변수의 수준이 둘이므로 그 두 수준을 대표하는 각각의 모집단이 존재하며 연구자의 관심대상이 된다. 예를 들어, 독립변수의 두 수준이 성별, 즉 남 · 녀라면 남성들로 구성된 모집단과 여성들로 구성된 모집단이 존재하게 된다. 일반적으로 두 평균의 차에 관한 가설검증과 추리과정은 단일 평균에 관한 검증과정과 같지만 몇 가지 점에서 차이가 난다. 그 중 특히 두 평균의 차이의 표집분포의 특성과 표본의 표집방법에 주목을 해야 할 필요가 있으므로 이에 대해 먼저 알아보기로 하자.

2) 두 평균의 차의 표집분포

논의의 출발은 단일평균의 표집분포와 동일하다. 단일평균의 표집분포에 관한 논의를 시작할 때, 하나의 모집단에서 동일한 크기의 표본을 추출하여 평균을 구하는 과정을 무한히 반복한다고 하였다. 이와 비슷하게, 두 개의 모집단에서 동일한 크기의 두 표본을 각각 추출한 다음 각자의 평균을 구하고 그 차이를 계산하는 과정을 무한히 반복한다고 해보자. 이렇게 구해진 두 평균간 차이 값들의 분포(평균간 차이의 표집분포라고 한다) 역시 정상분포를 이루게 된다.

3) 표집방법

모집단에서 표본을 추출할 때, 하나의 표본을 추출하는 것이 다른 표본을 추출하는 데 아무런 영향을 주지 않을 때, 이를 독립표집(independent sampling)이라고 한다. 예를 들어, 기계적성에 관한 남녀간의 차이를 연구한다고 할 때 남자 중 어떤 사례를 표집하는가가 여자 중에서 어떤 사례를 표집하는가에 아무런 영향을 주지 않게 된다. 이러한 경우의 표본추출방법을 독립표집이라고 한다.

경우에 따라서는 하나의 표본추출과정이 다른 표본의 추출과정에 영향을 미치는 표집방법을 사용해야 하는 연구도 있다. 이러한 경우의 표집방법을 종속표집(dependent sampling)이라고 한다. 종속표집은 크게 상관표집(correlated sampling), 짝진 표집(matched sampling), 그리고 반복측정(repeated measure)으로 나눌 수 있다. 상관표집이란 형제간의 차이 또는 부부간의 차이에 관한 연구처럼 한 집단의 표본을 선택하면 자동적으로 나머지 집단의 사례가 결정되는 표집 방법이다. 짝진 표집은 종속변수 측정치와 관련된 속성에 대해 양 집단이 동등해 지도록 피험자를 양 집단에 할당하는 절차를 통한 표집을 말한다. 이에 반해 반복측정은 동일피험자에게 두 번의 측정(두 번 이상도 가능하지만 여기에서는 두 번만을 고려대상으로 한다)을 하여 그것을 종속변수 측정치로 사용하는 방법을 말한다. 이 세 가지 종속표집의 공통적인 특징은 그 표집 과정이나 실험효과가 상호 종속적인 관계를 가진다는 점이다. 따라서 종속표집에 의한 세 가지의 경우에는 동일한 공식을 적용하여 t 검증을 실시한다.

4) 두 평균의 차의 표준오차

단일평균의 표집분포의 평균과 그 모집단 평균간의 관계에 대한 논의에서와 마찬가지로, 두 평균 차의 표집분포의 평균 역시 이론적으로는 두 모집단 평균의 차와 동일하다고 할 수 있다($M_1 - M_2 = \mu_1 - \mu_2$). 다시 말해서, 두 평균의 차이값들은 두 모집단 평균의 차이를 중심으로 밀집하게 된다.

다음으로 두 평균간 차이의 표집분포의 표준편차(이를 두 평균의 차의 표준오차라 하며 $\sigma_{M_1 - M_2}$로 표시한다)를 구해야 한다. 단일평균의 표집분포에서는 모집단의 표준편차와 표본의 사례수가 일정한 관계에 있었고 그러한 사실을 이용하여 평균의 표준오차를 구할 수 있었다. 두 집단간 차이의 표집분포에서도 비슷하다. 각 모집단의 평균의 표준오차(s_M)와 두 평균의 차의 표준오차($\sigma_{M_1-M_2}$) 사이에는 아래와 같은 일정한 관계가 있는 것으로 밝혀졌다.

$$\sigma_{M_1-M_2} = \sqrt{{\sigma_{M_1}}^2 + {\sigma_{M_2}}^2 - 2\rho\ \sigma_{M_1}\sigma_{M_2}} \qquad \text{공식 6-7}$$

공식 6-7에서 ρ('로우'라고 읽는다)는 종속변수에 있어서 두 모집단간의 상관을 의미한다. 따라서 독립표집인 경우에는 두 모집단간에 상관관계가 없으므로 $\rho = 0$이 되며, 공식 6-7은 다음과 같이 변경될 수 있다.

$$\sigma_{M_1-M_2} = \sqrt{{\sigma_{M_1}}^2 + {\sigma_{M_2}}^2} \qquad \text{공식 6-8}$$

공식 6-7과 공식 6-8에서 $\sigma_{M_1} = \frac{\sigma_1}{\sqrt{N_1}}$이며 $\sigma_{M_2} = \frac{\sigma_2}{\sqrt{N_2}}$이다. 따라서 각 모집단의 표준편차와 표본의 크기 N을 알고 있다면 평균간 차의 표준오차인 $\sigma_{M_1-M_2}$를 계산할 수 있다.

위의 공식 6-7과 공식 6-8을 비교해 보면 알 수 있듯이 그 차이는 두 모집단간의 상관이 있는지의 여부에 의한 것이다. 이는 평균을 비교하고자 하는 두 집단의 표집방법에 따라 어느 공식을 사용해야 할지를 결정해야 한다는 것을 의미한다. 따라서 표집방법을 염두에 두고 있다면, 어느 공식을 사용하여 설명을 하든 원리상으로는 차이가 없으므로 여기에서는 독립표집의 경우를 대상으로 그 논리를 설명할 것이다. 따라서 이 절에서의 설명이 독립표집의 두 평균의 차에 관한 가설검증이라는 사실을 기억하기 바란다.

두 모집단 평균의 차가 3.00이고 두 표본의 차의 표준오차 $\sigma_{M_1-M_2}$가 1.5이며 그 두 모집단에서 각각 추출한 두 표본의 평균의 실재 차이가 1.6이라고 가정해보자. 위의 값들을 이용하면 두 평균의 차의 표집분포에서 두 평균의 차가 1.6일 확률을 계산할 수 있다. 두 모집단의 정상분포를 가정할 수 있다면, 단일 평균의 가설검증에서와 마찬가지로 표준점수 Z를 계산할 수 있다. Z를 계산하기 위한 일반식은 다음과 같다.

$$Z = \frac{(M_1 - M_2) - (\mu_1 - \mu_2)}{\sigma_{M_1 - M_2}}$$ **공식 6-9**

공식 6-2와 비교해 보라. 표본의 평균 대신 $M_1 - M_2$, 모집단 평균 대신 $\mu_1 - \mu_2$, 그리고 평균의 표준오차 대신 $\sigma_{M_1 - M_2}$가 들어가 있다. 따라서 기본적으로는 단일평균의 표집분포에서와 동일함을 알 수 있다. 이제 위의 수치들을 대입해 보자.

$$Z = \frac{1.6 - 3.0}{1.5} = -.93$$

두 평균의 차의 표집분포에서 두 평균의 차가 1.6이 나올 위치를 [그림6-4]에 표시하였다.

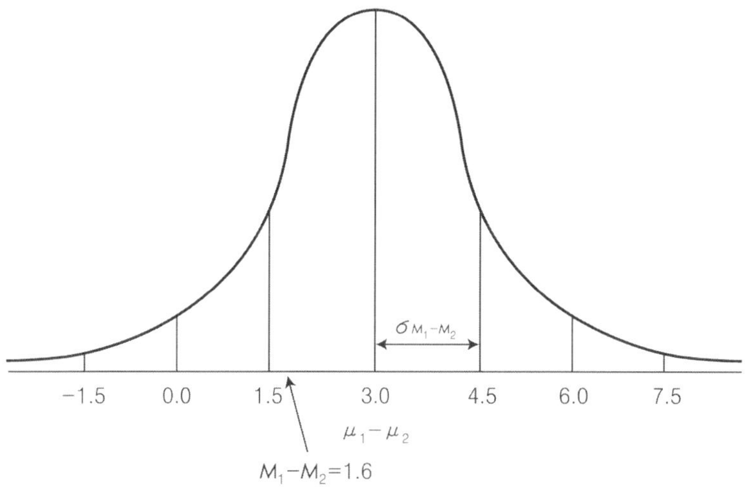

[그림6-4] $\mu_1 - \mu_2$ = 3.00, $\sigma_{M_1 - M_2}$=1.5인 가상적 분포에서 두 평균의 차가 1.6인 위치

정상분포곡선에서 평균과 0.93의 Z사이에 면적의 32.38%가 해당되며, 17.62%는 그 밖에 해당된다. 따라서 ±0.93의 Z를 넘어서는 경우는 분포의 양끝을 고려해야 하므로 35%(17.62%×2)가 된다.

그러나 단일평균의 표집분포에서와 마찬가지로 연구자는 모집단의 값에 대해 알 수 없는 경우가 대부분이다. 실제상황에서는 표본을 통하여 모집단의 모수치를 추정해야 한다. 따라서 앞에서처럼 $\mu_1 - \mu_2$나 $\sigma_{M_1 - M_2}$를 구할 수는 없으며, 단지 두 표본 평균의 차의 표준오차(이후에는 차의 표준오차라 하겠다)의 추정치를 이용할 수밖에 없다. 즉, 차의 표준오차의 추정치인 $s_{M_1 - M_2}$를 사용하여 두 모집단 평균의 차에 대한 가설검증을 실시하게 되는 것이다.

5) 평균간 차의 표준오차의 추정 및 가설검증

평균간 차의 표준오차의 추정에 사용되는 공식은 σ_{M^2} 대신 s_{M^2}을 사용하는 것을 제외하면 공식 6-8과 동일하다.

$$s_{M_1 - M_2} = \sqrt{s_{M_1}{}^2 + s_{M_2}{}^2} \qquad \text{공식 6-10}$$

여기에서 $s_{M_1{}^2} = \dfrac{s_1{}^2}{N_1}$이며, $s_{M_1{}^2} = \dfrac{S_2{}^2}{N_2}$이다.

이제 차의 표준오차의 추정치가 계산될 수 있으므로 Z점수를 계산하여 실제로 구한 두 집단의 평균의 차가 우연에 의해 획득될 확률을 구할 수 있게 된다. 이 때의 Z점수는 추정된 Z이며 앞에서와 마찬가지로 t라고 한다.

$$t = \frac{(M_1 - M_2) - (\mu_1 - \mu_2)}{s_{M_1 - M_2}} \qquad \text{공식 6-11}$$

여기에서의 귀무가설과 양방적 대립가설은 다음과 같다.

$H_0 : \mu_1 - \mu_2 = 0$

$H_1 : \mu_1 - \mu_2 \neq 0$ (양방검증)

대립가설이 일방적이라면 다음과 같이 표현할 수 있을 것이다.

$H_0 : \mu_1 - \mu_2 = 0$

$H_1 : \mu_1 - \mu_2 > 0$ 또는 $\mu_1 - \mu_2 < 0$

두 표본이 대표하는 두 모집단의 평균에는 차이가 없다는 것이 귀무가설이므로 t를 구하는 공식에서 분모의 $\mu_1 - \mu_2$는 0이 되며 따라서 두 평균의 차에 대한 가설검증에는 다음의 공식이 사용된다.

$$t = \frac{(M_1 - M_2)}{s_{M_1 - M_2}} \qquad \text{공식 6-12}$$

다음으로 단일평균의 가설검증에서와 마찬가지로 계산된 t값을 Z분포에서의 발생확률과 비교하여 귀무가설인 H_0을 수용해야 할지를 결정해야 한다. 만일 계산된 t값의 발생확률이 정해진 α 수준보다 낮다면 H_0을 기각해야 마땅할 것이다.

6) 표본의 크기와 t 분포

이제는 지금까지의 설명에서 사용한 기본 가정을 설명하는 것이 적절할 것이다. 우선 단일평균의 가설검증이나 두 평균의 차의 가설검증은 모수적 검증이므로 모수적 검증의 기본 가정이 모두 적용된다. 또한 $\frac{M-\mu}{s_M}$나 $\frac{M_1 - M_2}{s_{M_1 - M_2}}$의 분포가 표준정상분포인 Z-분포(평균이 0이고 표준편차가 1인 정상분포로 곡선과 가로축 사이의 면적의 합이 1에 수렴한다는 점에서 단위정상분포라고도 한다)를 이룬다고 가정하였다. 그러나 사실상 소표본인 경우 $\frac{M-\mu}{s_M}$나 $\frac{M_1 - M_2}{s_{M_1 - M_2}}$의 분포는 원칙적으로는 t-분포라는 특정한 분포를 하는 것으로 알려져 있다.

t-분포는 1908년에 영국의 한 양조회사에 근무하던 W. Gosset이라는 통계학자가 『*Biometrika*』 지에 "Student"라는 가명으로 '소표본에 있어서 표준오차와 평균간의 비는 정상분포를 이루지 않는다'는 내용을 발표함으로써 알려지게 되었다. t분포는 종모양의 좌우대칭이며 정상분포와 모양은 비슷하지만, 분포의 양끝은 약간 치켜올라간 반면 분포의 중앙은 정상분포보다 납작한 형태를 이루고 있다. 또한 그 모양이 자유도(degree of freedom)에 따라 변화되며(자유도는 다음 절에서 설명할 것이다), 평균은 0이고 표준편차는 1보다 큰 것이 특징이다.

자유도가 무한한 경우에는 정상분포와 정확하게 일치하지만, 대략 자유도 100을 기준으로 자유도가 줄어들수록 정상분포와 차이를 보이기 시작하여 30이하일 때 정상분포와의 차이가 급격히 커지게 된다. 따라서 앞에서 설명한 대로 t값을 평가하는 데 있어서 표준정상분포의 값인 Z를 이용하려면 최소한 자유도가 30이상이어야 하며 가능한 한 100은 되어야 할 것이다. 대부분의 통계학 서적에는 부록에 Z값에 해당하는 표준정상분포 상에서의 면적비율과 t값에 해당하는 t-분포 상에서의 면적비율을 제시해 주고 있다. 이들 부록에 있는 t와 Z에 관한 표를 검토해보면 확실히 30 이상인 자유도에서 항상 정상분포와 t-분포 사이에 상당한 정도의 상응함을 나타내고 있다. 그러나 표본의 크기와 관계없이 모수치를 추정할 때는 t-분포를 사용하는 것이 바람직하다. 그 이유는 위에서 설명했듯이 자유도가 증가하면 정상분포에 접근하기 때문에 자유도가 클 경우 t와 Z는 거의 동일하므로 별 차이가 없지만, 작은 경우에는 t-분포가 더욱 정확하기 때문에 t-분포를 이용하는 것이 오류를 범할 확률을 줄일 수 있는 까닭이다.

7) 독립 소표본인 경우의 가정

독립 소표본인 경우 $\dfrac{M_1 - M_2}{s_{M_1 - M_2}}$의 분포는 자유도가 $N_1 + N_2 - 2$인 t-분포를 이루지만 이때 두 가지의 가정이 만족되어야만 한다. 그 하나는, 각각의 모집단의 표준편차(또는 분산)가 동일하다는 가정이며, 그 두 번째는 각각의 모집단이 정상분포를 이루고 있다는 가정이다. 따라서 독립 소표본의 경우, 우선 두 모집단변량이 동일하다는 가정이 만족되는 경우와 그렇지 않은 경우의 두 가지로 가설검증방법이 나누어지게 된다.

$\sigma_1 = \sigma_2$가 만족되는 경우에는 두 평균의 차의 표준오차를 추정하는 데 있어서 각각의 표본에서 모집단 표준편차를 추정하여 사용하는 것보다는 두 표본에서 얻어진 표준편차를 통합하여(pooled) 모집단 표준편차의 추정치로 사용하는 것이 보다 신뢰로울 것이다. σ_1과 σ_2가 동일한 값을 가질 때 모집단 σ의 추정치를 s_P라고 하며 다음의 공식에 의해서 구해진다.

$$s_P = \sqrt{\frac{(N_1 - 1)s_1^2 + (N_2 - 1)s_2^2}{N_1 + N_2 - 2}} \quad \text{공식 6-13}$$

여기에서의 s_P의 p는 "통합된"이라는 의미의 pooled에서의 첫 글자이다. 따라서 차의 표준오차의 추정치 $Sx_1 - x_2$는 아래의 공식으로 구하게 된다.

$$s_{M_1 - M_2} = \sqrt{\frac{(N_1 - 1)s_1^2 + (N_2 - 1)s_2^2}{N_1 + N_2 - 2}\left(\frac{1}{N_1} + \frac{1}{N_2}\right)} \quad \text{공식 6-14}$$

σ_1과 σ_2가 동일하지 않은 경우에는 $\frac{M_1 - M_2}{s_{M_1 - M_2}}$가 자유도 $N_1 + N_2 - 2$에 의해 규정되는 t-분포를 하는 것이 아니라 다른 자유도에 의해 규정되는 t-분포를 이루게 된다. 이와 같은 경우에 해결방안은 우선, 실험이나 연구를 실시할 때 표본의 사례수를 많이 마련하여(최소한 30이상) $\sigma_1 = \sigma_2$를 가정할 필요가 없도록 하는 방안이 있다. 두 번째의 해결방안은 두 표본의 사례수가 동일하도록 실험설계를 짜는 일이다. 두 표본의 사례수가 동일할 경우 주어진 자유도 $N_1 + N_2 - 2$에 의한 t-분포로부터 얻어진 결론은 커다란 오차가 없는 것으로 밝혀졌다. 이 방법은 반드시 두 표본의 경우에만 해당되는 것이 아니라 분산분석을 실시하는데 있어서도 중요한 실험설계방법이 되므로, 가능하다면 각 집단의 사례수가 동일하게 되도록 노력하는 것이 좋다. 세 번째의 해결방안은 분포의 정상성이나 동변량성을 가정할 필요가 없는 비모수적 검증방법을 사용하는 것이다. 예를 들면, Mann-Whitney검증이 사용될 수 있다(비모수 검증방법 참조). 네 번째는 새로운 자유도를 구하고 나서 그에 해당하는 t-분포상에서 H_0을 검증하는 것이다. 그 새로운 자유도는 아래와 같이 구해진다.

$$V = \frac{[(s_1^2) + (s_2^2)]^4}{N_1^2 \frac{s_1^4}{(N_1 - 1)} + N_2^2 \frac{s_2^4}{(N_2 - 1)}} \quad \text{공식 6-15}$$

그리고 t값을 계산하기 위해서는 차의 표준오차인 $s_{M_1 - M_2}$는 공식 6-10이 사용된다.

다음으로 소표본인 경우 고려해야 할 내용은 두 모집단이 정상분포를 이루고 있다는 가정이 만족되는지의 여부이다. 이 가정이 만족되지 않을 때에는 비모수적 검증방법인 Mann-Whitney 방법을 사용하는 것이 타당할 것이다.

8) 자유도

자유도(degree of freedom)란 주어진 조건하에서 독립적으로 자유롭게 변화할 수 있는 점수나 변수로 정의되며 df로 표시한다(책에 따라서는 V로 표시하기도 한다). 예를 들어, 임의로 세 개의 숫자를 말하라고 하면 이때의 조건은 단지 세 개라는 개수이지 어느 숫자를 선택하는지에 대해서는 아무런 조건도 없게 된다. 따라서 이때의 자유도는 3이 된다. 그러나 세 개의 숫자를 말하되, 그 합이 10이 되도록 선택하라고 했다면 두 개의 숫자는 임의로 결정할 수 있지만 나머지 하나는 합이 10이 되어야 하므로 자유롭게 변화될 수 없게 된다. 예를 들어, 두 개의 숫자를 3과 5로 선택하였다면 나머지 하나를 X라고 할 때, 그 합이 10이 되어야 하므로 X=10-3-5=2가 된다. 따라서 이 경우에 자유롭게 변화할 수 있는 숫자의 개수는 두 개가 된다(df=2).

특수한 맥락에 있는 모든 통계치는 관련된 자유도를 갖는다. 예를 들어, 표본의 평균 M은 N의 자유도를 갖게 된다. 평균은 각 점수의 합($\sum X$; '시그마엑스 또는 섬에이션 엑스'라고 읽는다)을 사례수 N으로 나누어 구하게 된다. 이때 N은 특정한 표본에 있어서 상수이므로 고정되고 $\sum X$는 각 점수들이 모두 자유롭게 변화할 수 있다. 먼저 예로 든 합의 경우에는 그 합이 얼마라고 지정이 되었으므로 그 자유도가 N−1이 되었지만, 평균에서 $\sum X$는 그 합이 얼마라고 지정된 것이 아니다. 따라서 이 경우의 자유도는 N이 된다. 즉 N개의 사례에 관한 평균을 계산하기 위해서는 모든 N개의 점수들을 알아야만 한다.

그러면 표본의 변량의 자유도는 얼마인가? 변량의 경우는 좀 더 복잡해진다. 우선 변량의 계산공식을 보자.

$$s^2 = \frac{\sum (X - M)^2}{N}$$

위의 공식에서 분모 N은 평균의 경우와 마찬가지로 상수이므로 고려대상에서 제외된다. 분자에서, 평균과 각 점수와의 차$(X-M)$들은 분포에 있는 점수들에 의존하여 여러 가지의 값을 취하게 된다. 그러나 여기에서는 눈에 보이지 않는 하나의 조건이 개입된다. 그 조건이란 평균으로부터 모든 점수와의 편차의 합은 영이 된다는 것이다. 즉, $\sum(X-M)=0$이라는 조건이 만족되어야 한다.

따라서 이들 편차치의 N-1개를 알게 되면(그 합이 0이 되어야 하므로) 마지막의 값은 조건에 의해 운명적으로 결정된다. 따라서 변량의 자유도는 N-1개가 된다. 또한 변량의 제곱근인 표준편차 역시, 그 자유도는 N-1개가 된다.

위의 설명에서 볼 수 있는 것처럼 특수한 맥락에 있는 모든 통계치들은 그에 관련된 자유도를 갖게 되며, 이는 통계방법에 따라 그 자유도가 달라진다는 것을 의미하는 것이다.

그러면, 이처럼 자유도를 고려하는 이유는 무엇 때문인가? 그 대답은 다분히 경험적이고 애매하다. 수학적으로는 사례수 N(또는 경우에 따라서는 집단의 수 k)을 사용하여 통계치를 계산하는 것이 옳지만, 통계적으로는 자유도를 사용하는 것이 더 만족스러운 결과를 낸다는 것이 그 이유이다. 다시 말해서, 모수치를 추정하는 데 있어서 자유도를 고려한 통계치가 그렇지 않은 통계치보다 더 정확하기 때문이다(자유도를 고려한 통계치가 모수치에 대한 불편추정치가 된다). 관점을 달리한다면, 점수나 변수의 변산(변동)에 관한 연구에 있어서 주어진 자료의 제한을 받지 않고 자유롭게 변화할 수 있는 점수들만으로 변산도를 구하는 것이 합당하다는 논리가 타당할 것이다.

9) $\sigma_1=\sigma_2$에 대한 검증

앞의 7)절에서 독립 소표본인 경우 $\dfrac{M_1-M_2}{s_{M_1-M_2}}$의 분포가 자유도 N_1+N_2-2인 t-분포를 이루기 위해서는 두 가지 가정이 만족되어야 한다고 하였다. 그 하나가 두 표본의 모집단의 표준편차(또는 변량)이 동일하다는 가정(즉, 동변량성의 가정)이며, 다른 하나는 모집단의 분포가 정상분포라는 가정이었다. 다시 말해서, 독립 소표본인 경우 $\sigma_1 = \sigma_2$이 만족되는 경우와 만족되지 않는 경우로 두 집단평균의 차의 검증방법이 나누어지며, 이 두 가지 방법 모두는 두 모집단의 분포가 정상분포라고 가정하고 있는 것이다. 여기에서 $\sigma_1 = \sigma_2$ 인지의 여부는 실제로는 알 수가 없으며, 따라서 이 가정이 타당한지의 여부는 추론을 통해 알아보아야 할 것이다.사실상 연구자는 두 독립 소표본을 추출하여 평균의 차이를 검증하고자 할 때에는 두 표본의 사례수가 동일하지 않다면, 우선적으로 $\sigma_1 = \sigma_2$라는 가정이 만족되는지의 여부를 검증해야만 한다. 이 문제는 두 정상분포를 이루고 있는 모집단에서 각각의 표준편차가 같은가를 검증하는 문제가 되며, 따라서 아래와 같은 귀무가설과 대립가설을 구성할 수 있다.

$$H_0 : \sigma_1 = \sigma_2$$
$$H_1 : \sigma_1 \neq \sigma_2$$

앞에서 논의한 바와 마찬가지로 모집단의 변량 σ는 알지 못하는 것이 대부분이므로 표본의 표준편차를 가지고 모집단의 표준편차 즉 σ를 추정해야 한다. 또한 모집단 표준편차의 추정치인 s_1, s_2는 각각 σ_1, σ_2의 불편추정치가 되므로 표본의 크기가 너무 작지 않다면 s_1, s_2는 각각 σ_1, σ_2와 큰 차이를 보이지 않을 것이다.

동변량성의 가정을 검증하는 가장 간단한 방법은 두 모집단 변량의 비를 알아보는 것이다. 따라서 H_0이 참일 때, $\frac{s_1}{s_2} = \frac{\sigma_1}{\sigma_2} = 1$이 성립되어야 할 것이다. 이와 같은 논리로 $\frac{s_1}{s_2}$이 1에 가까운 값이라면 $\sigma_1 = \sigma_2$라는 귀무가설이 타당하며, 1보다 아주 작거나 또는 아주 크다면 귀무가설을 기각하고 대립가설을 채택하게 된다. 어느 가설이 더 타당한지의 의사결정을 하려면, 우선 귀무가설하에서 $\frac{s_1}{s_2}$의 표집분포를 알아야 하고 그 분포에서 주어진 α수준에서의 임계값을 계산하여야 한다.

$\frac{s_1}{s_2}$의 표집분포는 F-분포를 하는 것으로 알려져 있다. 따라서 계산된 $\frac{s_1}{s_2}$의 값이 F-분포 하에서 주어진 α수준에서의 임계값보다 작아서 그 발생확률이 높다면

(p 〉.01 이거나 p 〉.05라면) $\sigma_1 = \sigma_2$라는 귀무가설을 채택할 수 있다. 따라서 이 경우 두 독립 소표본의 평균의 차이를 검증하기 위해서 공식 6-14의 통합된 변량추정치를 이용한 차의 표준오차를 사용하게 된다.

만일 $\frac{s_1}{s_2}$의 값이 F-분포하에서 α수준의 임계값보다 커서 그 발생확률이 낮다면 (다시 말해서, p〈.01 이거나 p〈.05라면) 새로운 자유도를 계산하여 그에 의한 t-분포에서의 가설검증을 실시해야 할 것이다(자유도의 계산은 공식 6-15를 이용한다).

마지막으로 $\frac{s_1}{s_2}$를 이용하는 F-분포에서의 검증은 정상성 가정에 매우 민감하게 반응하는 약점을 지닌 것으로 알려져 있다. 따라서 두 모집단의 분포가 정상분포임을 가정할 수 없다면 비모수적 통계방법을 적용하는 것이 더 타당할 것이다.

3 두 종속집단의 t-검정

종속표집으로 추출한 두 집단의 평균의 차이에 관한 가설검증에 있어서도 두 독립표집의 경우와 동일하게 모수치를 알 수 있는 경우는 거의 없게 된다. 따라서 독립표집의 경우와 마찬가지로 표본의 크기는 그 가설검증에 영향을 미치게 된다.

표본의 크기가 큰 대표본인 경우에는 모집단 분포의 정상성에 관계없이 $\frac{M_1 - M_2}{s_{M_1 - M_2}}$가 정상분포(Z 분포)를 이룬다고 볼 수 있다. 공식 6-7은 모수치를 알고 있는 경우에 적용되는 공식이다. 따라서 가설검증에는 표본의 데이터에 의한 차의 표준오차의 추정치를 이용해야 한다. 그 공식은 아래와 같다.

$$s_{M_1 - M_2} = \sqrt{s_{M_1}{}^2 + s_{M_2}{}^2 - 2r\, s_{M_1} s_{M_2}} \qquad \text{공식 6-16}$$

여기에서 $s_{M_1}{}^2 = \frac{s_1{}^2}{N}$, $s_{M_2}{}^2 = \frac{s_2{}^2}{N}$이며, $r = \frac{\sum(X_1 - M_1)(X_2 - M_2)}{N s_1 s_2}$이다.

여기에서 r은 상관계수로서 자세한 설명은 다음 장을 참조하기 바란다.

소표본인 경우에는 모집단이 정상분포를 이룬다는 가정하에서 자유도 N-1인 t-분포를 이룬다고 볼 수 있다. 그러나 앞에서도 언급을 했듯이 대표본이든 소표본이든 t-분포를 사용한 가설검증을 실시하는 것이 바람직하며 소표본인 경우 모집단의 정상성 가정이 중요하게 된다. 또한 종속 소표본의 경우에는 두 집단의 사례수가 동일하므로 $\sigma_1 = \sigma_2$의 가정이 불필요하게 된다.

두 종속표본의 평균의 차의 가설검증에 사용하는 t를 구하기 위한 공식은 아래와 같다.

$$t = \frac{(M_1 - M_2) - (\mu_1 - \mu_2)}{\sqrt{s_{M_1}{}^2 + s_{M_2}{}^2 - 2r\, s_{M_1} s_{M_2}}}$$

4 t-검정 실습

① 데이터 불러오기 : a: 드라이브의 't-검정.sav' 파일

	번호	연습	시합	불안수준	변수	변수	변수	변수	변수
1	1.00	341.00	331.00	1.00					
2	2.00	327.00	316.00	1.00					
3	3.00	348.00	326.00	1.00					
4	4.00	350.00	334.00	1.00					
5	5.00	342.00	332.00	1.00					
6	6.00	346.00	344.00	2.00					
7	7.00	350.00	349.00	2.00					
8	8.00	354.00	347.00	2.00					
9	9.00	349.00	347.00	2.00					
10	10.00	355.00	349.00	2.00					
11	11.00	324.00	314.00	1.00					
12	12.00	345.00	326.00	1.00					
13	13.00	347.00	330.00	1.00					
14	14.00	339.00	330.00	1.00					
15	15.00	314.00	294.00	1.00					
16	16.00	345.00	341.00	2.00					
17	17.00	349.00	346.00	2.00					
18	18.00	352.00	346.00	2.00					
19	19.00	347.00	344.00	2.00					
20	20.00	351.00	346.00	2.00					
21									
22									
23									

② 변수보기에서 '불안수준' 변수의 값 설명을 수정(1=높은 불안, 2=낮은 불안)

예제의 배경설명

'연습과 시합은 다르다'는 말은 운동선수에 있어서 매우 일반적으로 사용되고 있다. 한 체육학과 대학원생이 이러한 현상이 정말로 일어나는지, 특히 그가 관심을 갖고 있는 양궁에 있어서 그러한지를 알아보고자 하였다. 그는 또한 시합에서의 성적이 연습성적과 다른 원인이 무엇인지 궁금하여 관련된 문헌을 조사하였다. 조사결과 가장 가능성 있는 원인으로 그에게 부각된 것은 불안의 수준이었다. 이를 근거로 그는 다음의 가설을 설정하였다.

가설 1) 양궁선수에 있어서 연습성적과 시합성적에는 차이가 있을 것이다.
가설 2) 불안수준에 따라 양궁선수의 시합성적에 차이가 있을 것이다.

그는 위의 가설을 검증하기 위해 양궁선수들의 시합전의 최종 연습점수를 기록하고 나서, 시합실시 바로 전에 선수들에게 불안의 수준을 측정하는 질문지에 응답해 주도록 요청하였다. 질문지의 채점을 하여 불안수준이 높은 선수와 낮은 선수 각 10명씩의 시합성적을 조사하였다. 연구에 사용한 유의미 수준은 두 가설 모두에 0.05 유의미 수준을 사용하기로 결정하였다.

1) 단일집단 평균의 t-검정

- 시합에서의 성적이 목표치인 350점에 도달했는지의 여부를 알아보기 위해 일표본 t-검정을 실시한다.

분석 메뉴 /평균비교/일표본 t-검정(S)

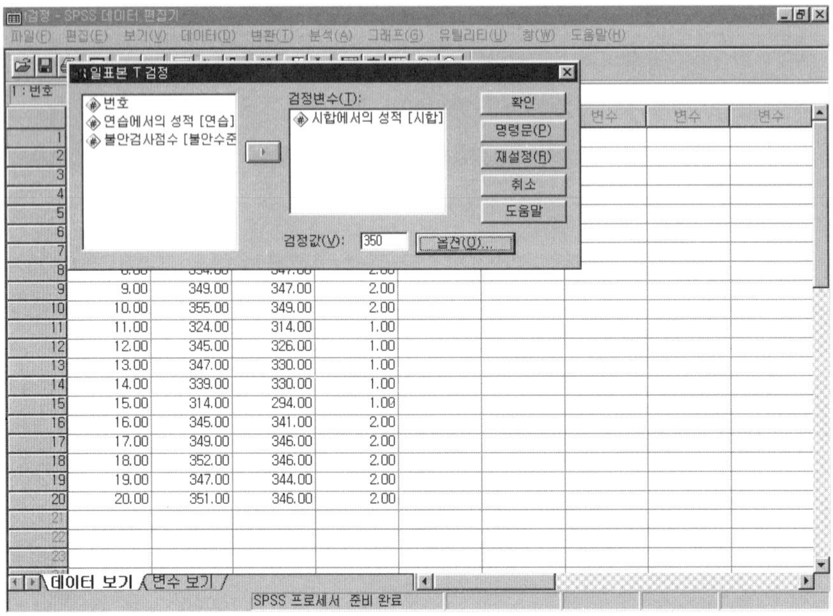

① 검정변수 창으로 '시합' 변수를 이동시킨다.

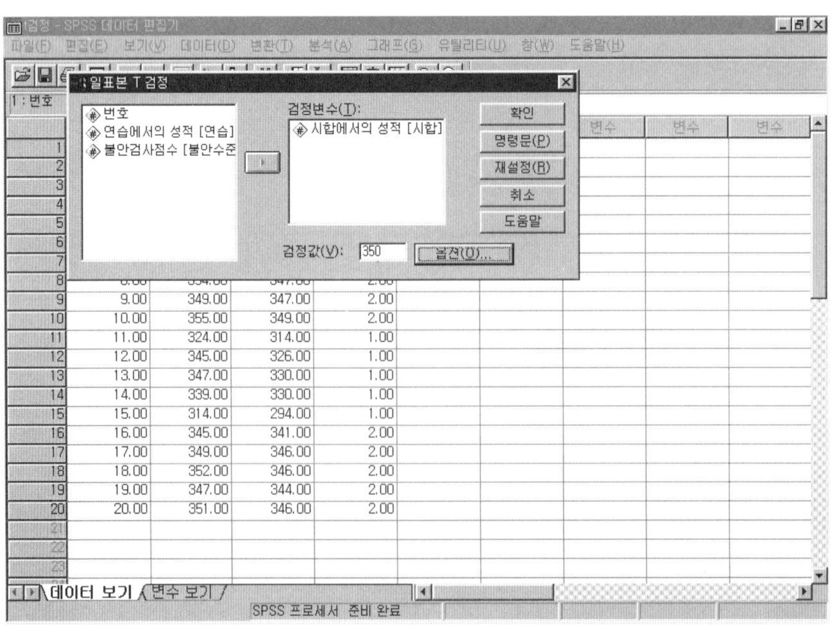

② 검정값(V) 창에 목표점수인 350점을 입력한다.

③ 확인 단추를 누른다.

일표본 통계량

	N	평균	표준편차	평균의 표준오차
시합에서의 성적	20	334.6000	14.4346	3.2277

시합성적의 기술통계치들이 제시되었다. 사례수는 20명이며 평균은 334.6이고 표준편차는 14.4346이다.

일표본 검정

	검정값 = 350					
	t	자유도	유의확률 (양쪽)	평균차	차이의 95% 신뢰구간	
					하한	상한
시합에서의 성적	-4.771	19	.000	-15.4000	-22.1556	-8.6444

검정값 350점과의 t-검정결과 t=4.771로 자유도 19일 때 유의확률이 유의미 수준 0.05보다 작으므로 목표점수와 다르다는 결론을 내릴 수 있다. 따라서 목표점수에 미달되었다는 것을 알 수 있다.

2) 독립 두 집단평균의 t-검정

분석 메뉴 /평균비교/독립표본 t-검정(T)

-연습성적과 시합성적에는 차이가 있을 것이라는 가설 2를 검증하기 위해 독립표본 t-검정을 실시한다.

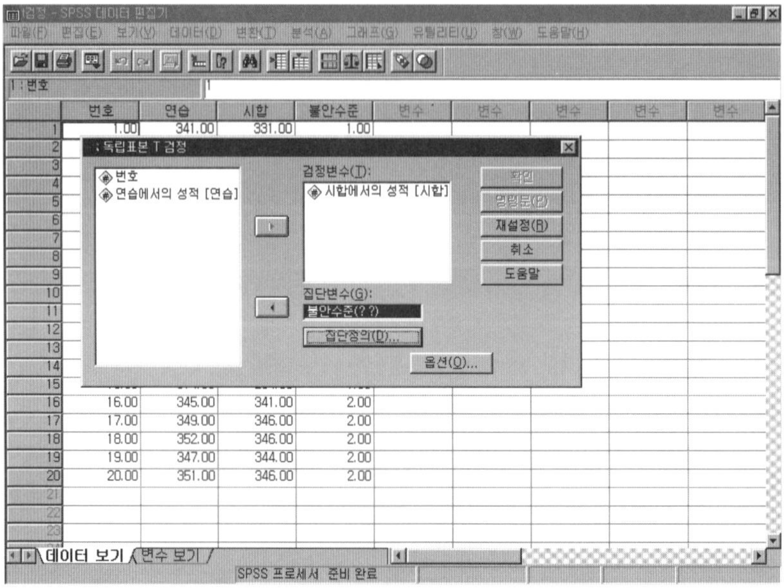

① 대화상자의 변수목록에서 '시합' 변수를 검정변수(종속변수) 창으로 이동시킨다.

② 대화상자의 변수목록에서 '불안수준'을 집단변수(G)(종속변수) 창으로 이동시킨다.

③ 집단정의(D) 단추를 눌러 대화상자를 연다.

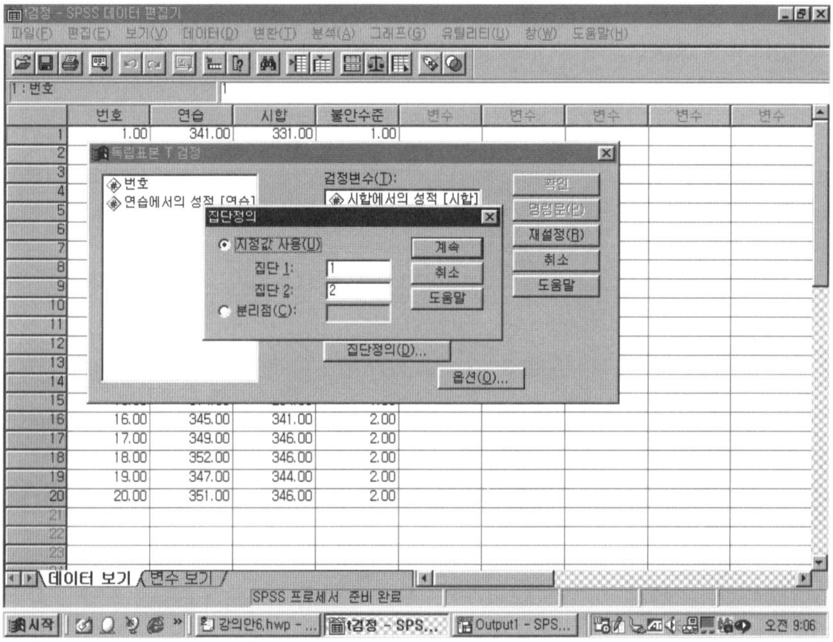

④ 지정값 사용의 라디오 버튼을 확인하고 집단1과 집단2를 대신하는 값들을 각기 입력한다. 여기에서 불안수준은 1과 2값으로 입력되어 있으므로 이를 입력하면 된다. '분리점'을 이용할 경우 입력한 값을 중심으로 두 집단으로 나누어 t-검정을 실시한다. 이때 지정한 값을 포함하여 그 이상 되는 값들과 미만의 값들로 분리된다.

집단통계량

	불안검사점수	N	평균	표준편차	평균의 표준오차
시합에서의 성적	높은불안	10	323.3000	12.2570	3.8760
	낮은불안	10	345.9000	2.4244	.7667

결과물에서의 기술통계를 보면 불안검사점수로 나뉘어진 각 집단의 사례수, 평균, 표준편차 등이 제시된다. 예를 들어, 높은 불안 집단의 사례수는 10이

며 평균은 323.3이고 표준편차가 12.257이다. 이 기술통계치를 보면, 특히 두 집단의 표준편차를 비교해보면 커다란 차이가 있음을 알 수 있다. 불안수준이 높은 경우 점수의 기복이 심하다는 부가적인 해석도 가능하다. 아울러 동변량성의 가정이 불만족되리라는 예상이 가능해진다. 또한 두 집단 점수의 분포가 정상분포를 이루고 있는지도 확인을 해 보는 것이 좋을 것이다.

독립표본 검정

		Levene의 등분산 검정		평균의 동일성에 대한 t-검정						
		F	유의확률	t	자유도	유의확률(양쪽)	평균차	차이의 표준오차	차이의 95% 신뢰구간	
									하한	상한
시합에서의 성적	등분산이 가정됨	9.364	.007	-5.720	18	.000	-22.6000	3.9511	-30.9009	-14.2991
	등분산이 가정되지 않음			-5.720	9.703	.000	-22.6000	3.9511	-31.4402	-13.7598

Levene의 등분산성 검정은 독립소표본인 경우에 필요한 값으로서, 만일 두 집단의 사례수가 같거나 표본의 크기가 크다면 '등분산이 가정됨'의 값들을 해석하면 된다. 이 연구에서는 표본의 크기가 작으므로 F값에 의해 등분산성의 가정을 검증해보는 것이 좋다(사실상 N1=N2이므로 등분산의 가정을 고려하지 않아도 그 결과에는 큰 차이가 나지 않지만 설명을 위해서 사용하겠다). 결과표에서는 F 값이 9.364로, 두 표본의 분산이 동일하다는 가정 하에서는 9.364 이상의 값이 나올 확률이 0.007보다 작다. 따라서 두 표본의 모집단 분산이 동일하다는 가정은 기각되어야 하며, 분산이 동일하지 못하므로 통합된 분산추정치를 이용한 t 값은 의미가 없게 된다. 따라서 이 결과에 따르면, 분리된 '등분산이 가정되지 않음'의 t값을 해석해야만 한다. 그러나 여기에서는 두 집단의 사례수가 동일하므로 실제로는 '등분산이 가정됨'을 해석해야 한다.

'등분산이 가정됨'의 t=-5.72로 자유도가 18일 때 $p < .0005$로 나타났다. 따라서 미리 결정한 유의미 수준 $p < 0.05$가 만족되는데, 이 의미를 설명하면, 두 표본이 대표하는 모집단의 평균간에 차이가 없다는($\mu_1 = \mu_2$) 귀무가설

하에서 자유도를 고려한 t 값이 5.72 이상(여기에서 t값의 부호는 두 평균 중 어느 것을 공식에 먼저 사용하는가에 따른 것이므로 검증에 고려하지 않아도 된다)이 나올 확률은 100번 중에 5번 이하라는 것을 의미한다(계산된 확률에 의하면 p=0.0005로써 1000번 중의 한번보다 적다).

따라서 귀무가설은 기각되어야 하며 $\mu_1 \neq \mu_2$라는 대립가설을 채택하게 된다. 이 결과에 의하면, 불안수준에 따라 양궁선수의 시합성적에 차이가 있을 것이라는 가설 2)가 지지된다.

⑤ 필요시 옵션 단추를 눌러 신뢰구간 및 결측값에 대한 지정을 할 수 있다.

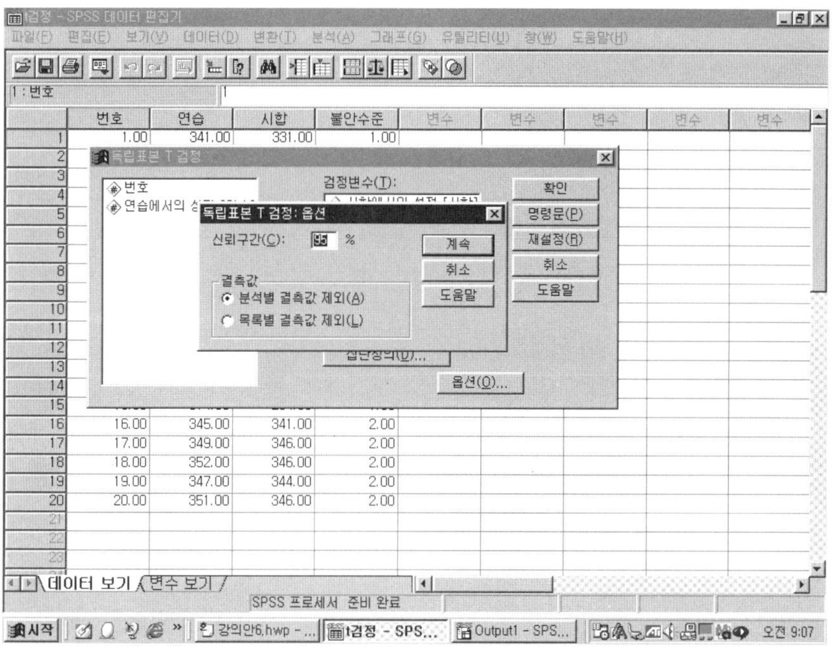

3) 종속(대응) 두 집단평균의 t-검정

① 시합성적과 연습성적 간에는 차이가 있을 것이라는 가설 1을 검증하기 위해 대응표본 t-검정을 실시한다.

분석 메뉴 /평균비교/대응표본 t-검정(T)

② 왼쪽의 변수목록 창에서 변수를 클릭하여 반전시키면 아래의 '현재선택'에 변수1과 변수2로 대응된다.

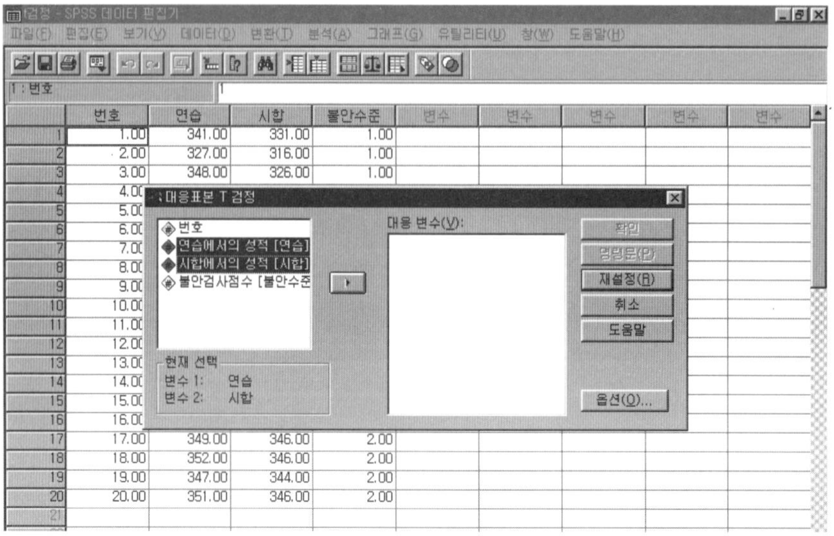

③ 가운데 화살표 단추를 눌러 선택된 변수쌍을 오른쪽의 대응변수(V)로 이동시킨다.

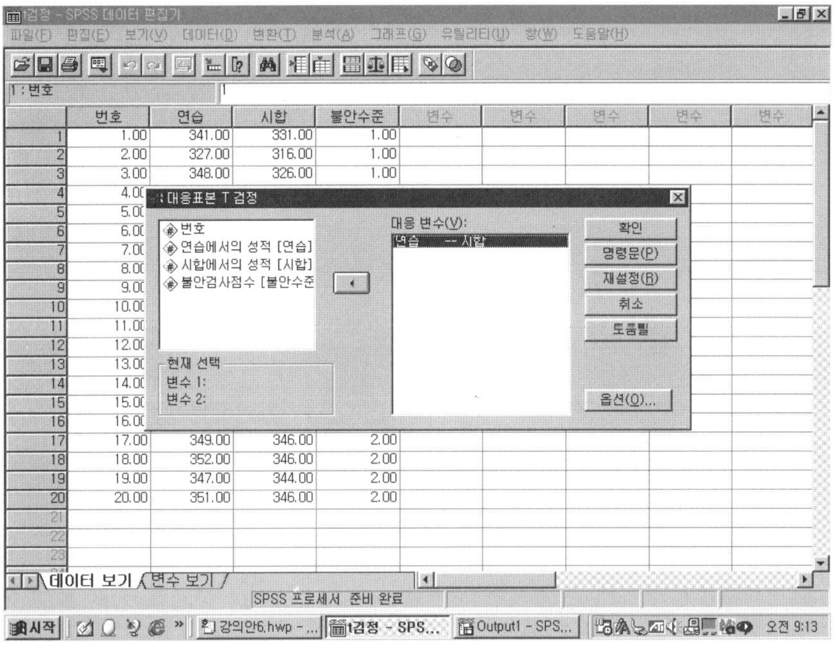

④ 필요시 다른 대응변수쌍을 추가로 지정하여 대응변수(V)로 이동시킬 수 있다.

⑤ 필요하다면 옵션을 선택하여 신뢰구간을 변경시키거나 결측값에 대한 처리를 지정할 수 있다.

대응표본 통계량

		평균	N	표준편차	평균의 표준오차
대응 1	연습에서의 성적	343.7500	20	10.5675	2.3630
	시합에서의 성적	334.6000	20	14.4346	3.2277

독립표본의 t-검정 결과물과 유사하게 비교되는 변수들의 기술통계치가 제시된다.

대응표본 상관계수

		N	상관계수	유의확률
대응 1	연습에서의 성적 & 시합에서의 성적	20	.910	.000

두 변수가 실제로 상관이 되어 있는지를 확인할 수 있도록 Pearson의 적률상관계수 r과 양방검증 확률이 표시된다. r=.910 으로 $p < 0.01$이다. 두 변수 간에는 상관이 없다는 귀무가설 하에서, 획득한 상관계수(r=0.910)가 나올 확률이 1%보다 적으므로 두 집단은 상관되어 있다고 결정할 수 있다. 따라서 대응표본의 t-검정을 이용한 근거가 제시된 것이다.

대응표본 검정

		대응차					t	자유도	유의확률(양쪽)
		평균	표준편차	평균의 표준오차	차이의 95% 신뢰구간				
					하한	상한			
대응 1	연습에서의 성적-시합에서의 성적	9.1500	6.5154	1.4569	6.1007	12.1993	6.281	19	.000

왼쪽으로부터 두 표본의 성적의 차이의 평균(9.15), 차이의 표준편차(6.515), 차이의 표준오차(1.457), 그리고 차이의 신뢰구간(95%)이 표시되어 있다. 표의 오른쪽 부분은 t값과 자유도 그리고 양방검증시의 확률이다. 두 집단이 대표하는 모집단에 차이가 없다는 귀무가설($\mu_1 = \mu_2$)하에서, 자유도가 19일 때 t값이 6.28일 확률이 1%보다 작으므로 귀무가설을 기각하게 된다. 따라서 양궁선수의 연습성적과 시합성적에 차이가 있을 것이라는 가설 1)이 지지된다.

제7장

상 관 계 수

연구자가 연구문제를 과학적으로 접근하여 그 인과관계를 해명하기 위해서는 실험에 착수하는 것이 일반적이다. 예를 들어, 소음의 크기가 작업수행에 영향을 미치는 지의 여부를 알아보기 위해 작업장의 소음의 강도를 변화시키고 나서 작업수행에 변화가 있는지를 관찰한다. 이처럼 소음의 강도 같은 독립변수를 체계적으로 변화시키고 종속변수인 작업수행상의 변화에 주목하는 것이 실험의 관례적 절차이다.

그러나 때로는 실험조작을 가할 수 없거나, 또는 가능하다 하더라도 체계적으로 조작하기 어렵거나 윤리적인 문제 때문에 실험조작을 가할 수 없는 경우도 많이 있다. 예를 들어, 태양의 흑점상의 변화가 지구상에 어떤 영향을 미치는가를 알고 싶다고 해서 인간의 힘으로 태양의 흑점을 변화시키는 것은 불가능하다. 또 다른 예로, 사람들의 집단생활에 따른 차이에 관심이 있다고 해서 사람들의 생활을 실험자의 마음대로 변경시킬 수는 없을 것이다. 이처럼 독립변수에 체계적인 조작을 가할 수 없는 현상들에 대한 과학적 법칙을 수립하기 위해서는 실험적인 접근 대신에 상관적인 접근을 사용하게 된다. 예컨대, 인간의 대뇌피질의 특정부위가 행동과 어떻게 관련되는가에 관심을 가지고 있다고 할 때, 하등동물에 대해서 하는 것처럼 연구자가 마음대로 인간대뇌의 관심부분을 수술로 제거할 수는 없다.

이러한 경우에 연구자가 취할 수 있는 가능한 방법은 질병이나 상해로 대뇌에 손상을 받은 사람을 찾아서 그들의 대뇌의 손상부위와 그들의 행동과 어떻게 관련되어 있는가를 연구하게 된다. 예를 들어, 대뇌의 후두부에서 일어난 손상의 크기를 측정하고 시각장애의 정도를 측정한다면 이 둘 사이의 관계를 발견할 수 있을 것이다.

이처럼(대부분의 경우 실험적 통제 없이 측정된) 두 변수간의 선형적 결합을 알아보는 방법을 상관분석이라고 한다. 상관에는 두 변수간의 관계성을 알아보는 단순상관과 하나 이상의 다른 변수들의 영향력을 제거한 후 두 변수간의 상관을 알아보는 부분상관, 변수군들 간의 상관을 알아보는 정준상관 등이 있으나 여기에서는 단순상관에 대해 알아보겠다.

1 단순상관계수의 논리

1) 상관연구와 인과관계

상관연구에 있어서 독립변수는 연구자에 의해 조작되는 것이 아니라 자연적으로 변화한다. 더 나아가 독립변수가 연구자에 의해 조작되지 않는다면 독립변수와 종속변수가 인과적으로 관련되어 있는지를 결정할 수 없게 된다. 인과적 추론에는 두 사건이 시간적으로 가까이 발생(시간적 근접성)하는 것이 필요하다. 바위를 발로 차고 나서, 즉시 발에 통증이 왔다면 바위를 발로 차는 것이 통증을 일으켰다는 원인-결과의 추론을 이끌어 낼 가능성이 크게 된다. 그러나 시간적 근접성이 필요조건이긴 하지만, 원인과 결과의 추론을 위한 충분조건은 아니다. 바위를 발로 차는 행동과 동시에 100Km 떨어진 어떤 곳에 있는 사람이 인형의 발에 바늘을 꽂았다면, 어떤 사람들은 인형의 발에 바늘을 꽂는 것이 바위를 걷어 찬 그 사람의 다리에 통증을 일으키게 만들었다는 결론을 내릴 수도 있다.

그러나 대부분의 사람들은 그와 같은 결론이 어리석은 것이라고 주장할 것이다. 왜냐하면 원인과 결과사이에는 공간적 근접성이 있어야 하며, 더 나아가서 단지 한정된 수의 사건만이 다른 사건의 원인이 되기 때문이다. 따라서 인형의 다리에 바늘을 꽂는 것은 바위를 찬 사람의 다리에 통증을 일으키는 원인으로서 타당하지 않은 것이다.

요약하면, 1) 시간적 근접성이 인과적 추론을 이끌어 내는데 필요조건이긴 하지만 충분조건은 아니다. 왜냐하면 많은 사상들이 시간적으로 근접해서 일어나지만 서로 인과적 관련이 없으며, 어떤 사건들은 시간상으로 분리되어 있는 듯 보이지만(불충분한 관찰방법 때문에) 실제로는 인과적으로 관련되어 있기 때문이다. 예를 들어, 임신 4주 이내의 임산부가 풍진에 걸렸을 때 태아에게 영향을 주게 되지만(약 50% 정도가 신체적 결함을 갖고 태어나게 된다), 원인과 결과간의 시간적 거리가 크기 때문에 아기의 신체적 결함에 대한 원인을 찾기는 쉽지 않다.

2) 공간적 근접성은 보충적(supportive)이다. 공간적 근접성은 인과적 추론에 필요조건도 아니며 충분조건도 아니다. 왜냐하면 공간적으로 확실하게 떨어져 있는 많은 사건들이 인과적으로 관련되어 있으며 또한 공간적으로 가까운 많은 사건들이 인과적으로 관련되어 있지 않기 때문이다. 예를 들어, 달과 해수면의 높이와의 관계를 생각해 보라. 3) 이 세상의 모든 사건들이 세상의 모든 다른 사건들 때문에 발생된다고 여기지는 않는다(인과관계의 유한성).

실험을 통해서 인과적 추론에 도달하기 위해서 연구자는 독립변수와 종속변수 사이의 시간적(그리고 공간적) 관계의 효과가 용의주도하게 평가될 수 있도록 변수를 통제할 필요가 있다. 더 나아가서 하나의 연구에서는 종속변수에 영향을 미칠 것이라고 여겨지는 많은 변수를 통제하고(보통은 일정하게 고정시킨다), 단지 적은 수의 원인이라고 여겨지는 변수(독립변수)의 효과만을 조사해야 할 것이다.

경우에 따라서는 인과관계의 추론을 위한 실험의 예비연구로서 상관연구가 시행되기도 하지만, 일반적으로 상관연구는 이 같은 외연적 통제가 불가능한 경우에 사용된다. 따라서 상관연구의 결과는 인과적인 해석을 하기 어렵게 만든다. 예를 들어, 소득수준이 높을수록 저축수준과 소비수준도 높아지게 될 것이다. 따라서 저축과 소비수준을 조사해 본다면, 둘 사이의 상관관계가 있는 것으로 나타나겠지만, 저축이 소비의 원인이라거나 혹은 소비가 저축의 원인이라고 말할 수는 없는 것이다. 이 둘의 원인은 공통적으로 소득수준이기 때문이다. 두 사건 A와 B 사이에 상관이 있다면 다음의 세 가지 관계성을 상정해 볼 수 있다.

사건 A가 사건 B의 원인이다.
사건 B가 사건 A의 원인이다.
사건 C가 사건 A와 사건 B 모두의 원인이다.

물론 사건 C는 사건 A와 사건 B가 실제로 일어나기 오래 전에 일어난 원격적인 인과적 연쇄를 가질 수 있으며, 아주 관계가 먼 것일 수도 있다. 따라서 두 사건의 인과성을 단지 그들의 상관에 기초해서 추론해서는 결코 안 될 것이다. 상관은 단지 둘 이상의 사건들이 함께 변화하는 정도와 그 관계의 방향만을 제시해 줄 뿐임을 명심해야 한다. 반대로 생각해 본다면 두 변수 간에 인과관계가 있기 위해서는 두 변수 간에 상관이 있어야만 한다. 따라서 실험의 결과에 의해 두 변수 간에 인과관계가 있다고 하는 것은 두 변수 간에 상관도 있음을 의미하는 것이다.

그러므로 상관관계에서 주요한 개념은 첫째, 두 변수 간에 관계가 있는가(relationship)? 둘째, 관계의 정도는 얼마나 강한가(strength of relationship)? 셋째, 관계의 방향은 무엇인가(direction of relationship)? 그리고 넷째, 관계는 통계적으로 유의미한가(statistical significance)?로 요약될 수 있다.

2) 상관의 이용

상관연구는 대부분 자연관찰의 경우에 사용되지만, 앞 절의 인과관계의 논의에서 언급했듯이 실험연구기법을 통해 보다 자세히 연구할 가치가 있는지의 여부를 결정하기 위한 예비적인 연구나 또는 실험연구의 일부분으로써 사용되기도 한다. 예를 들면, 짝짓기(matched) 실험설계나 무선구획(randomized block) 실험설계를 사용할지의 여부를 결정하기 위해 상관계수를 계산할 수 있으며, 실험연구에서의 종속변수로 사용하기도 한다. 또한 질문지의 신뢰도나 타당도의 측정에 사용되기도 하며, 독립변수와 종속변수 사이에 존재하는 관계성의 정도를 수적으로 표시하기 위해 상관계수를 사용하기도 한다(교차분할 분석의 결합도 참조).

3) 상관과 산포도

만일 자녀의 수가 많은 가족이 그렇지 않은 가족보다 전체적인 가족 수입이 많다고 한다면 가족의 크기와 가족의 수입이라는 두 변수 간에는 정적인 상관(positive correlation)이 있다고 한다. 그 반대로 자녀의 수가 많은 가족이 그렇지 않은 가족보다 수입이 적다면 부적인 상관(negative correlation)이 있다고 말한다. 가족의 크기와 수입 간의 관계성에 관한 세 번째의 가능성은 가족의 크기에 관계없이 수입이 동일하다는 것으로 이때에는 가족의 크기와 가족의 수입 간에는 영 상관(zero correlation)이 있다고 말할 것이다.

이와 같이 상관은 하나의 변수(X)가 다른 변수(Y)와 관련성이 있다면, 어느 정도(r)로 그리고 어떤 방향(±)으로 관련성이 있는지를 알고자 할 때 이용된다. 두 변수 X와 Y사이에 X의 값이 커짐에 따라 Y의 값도 커지는 관계라면 정적 상관관계이다. 예를 들어, IQ 점수와 학교성적 간에 관계가 있다고 할 때 IQ 점수가 높은 사람은 학교성적도 높을 것임을 의미하며, 또 키가 큰 사람은 작은 사람에 비해 일반적으로 몸무게가 많이 나가듯이 어느 한쪽이 증가하면 다른 쪽도 증가하는 관계이다. 반대로 X의 값이 커짐에 따라 Y의 값이 대체로 작아지는 관계가 부적 상관관계이다. 예를 들어, 어떤 제품의 생산량이 늘어나면 그 제품의 가격이 떨어지는 경향이 있듯이 한쪽이 증가하면 다른 쪽은 감소하는 관계이다. 그리고 두 변수 간의 아무 관계가 없는 경우라면 영 상관이 될 것이다.

[그림7-1]에 정적, 부적, 영 상관의 가상적 예를 제시하였다. 이 [그림7-1]의 그래프들을 산포도(scatter plot)라고 하는데, 그 이유는 각 변수의 전체적인 점수범위 내에서 각 사례들이 어떻게 흩어져있는가를 보여주기 때문이다. 그래프의 각 점들은 두 종류의 값들을 대표한다. 그 하나는 한 변수(X축)상의 한 개인의 점수이며, 다른 하나는 다른 변수(Y축)상의 동일한 개인의 점수이다. 두 변수를 한 그래프에 표시하는 이유는, 그 둘 사이의 관계에 관심을 갖고 있기 때문이다. [그림7-1A]는 두 변수 간의 정적인 상관을 보여주고 있다. X변수의 점수가 증가할수록 Y변수의 점수가 증가한다. [그림7-1B]는 두 변수 간의 부적 상관을 보여준다. X변수 상의 점수가 증가할수록 Y변수 상의 점수가 감소한다. [그림7-1C]는 두 변수간의 사실상의 영 상관을 보여준다. [그림7-1C]에서는 X변수의 점수에 따른 Y변수 점수의 추세를 알 수가 없다.

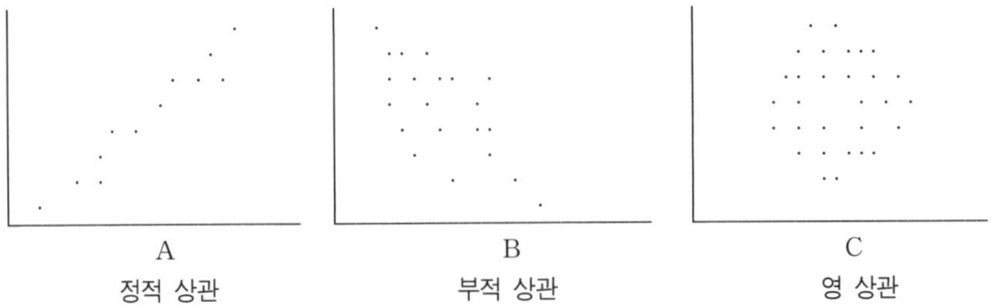

[그림7-1]

위의 [그림7-1]에서 상관의 두 가지 방향(정적, 부적)을 볼 수 있다. 그러나 그래프를 주의 깊게 살펴보면, 상관의 방향과는 다른 차이점을 발견할 수 있을 것이다. A에서는 그래프상의 점들이 가능한 한 많이 통과하도록 하나의 직선이 그려져 있다. 직선상에 놓이지 않는 점들이 대부분 직선에서 멀리 떨어져 있지 않은데, 이는 두 변수 간에는 매우 강한 정적상관이 있음을 의미하는 것이다. 만일 그 관계가 완전하다면(다시 말해 변수들이 완전 상관관계를 이루고 있다면) 그래프상의 모든 점들이 직선상에 놓이게 될 것이다. B의 그래프를 보면, 직선이 표시되어 있지 않으며 설사 가능한 한 많은 점들이 통과하도록 직선을 긋는다하더라도 꽤 많은 점들이 그 직선에서 비교적 많이 이탈될 것이다. 따라서 B에서의 두 변수는 A에서의 두 변수처럼 강하게 관련되어있지 않다는 사실을 알 수 있을 것이다. C에서는 어떻게 직선을 긋던 성공적이지 못할 것이다. 이 경우에는 어떤 특정한 기울기의 직선보다는 Y축 변수의 평균을 통과하고 X축과 평행하는 직선이나, 또는 X축 변인의 평균을 통과하고 Y축과 평행하는 직선을 긋는 것이 최선의 방법이 될 것이다. 이러한 경우의 두 변수의 상관은 거의 영이 된다. 따라서 산포된 점들의 양상이 변화되는 두 번째는 상관의 정도가 된다. 상관은 모든 점들이 직선상에 놓이는 완전 상관관계에서 점들이 산포도상에 골고루 분포되는 0상관관계까지 있게 된다.

4) 단순상관계수 r

산포도를 통하여 변수 X와 변수 Y간의 상관의 방향을 알 수 있으며, 그 상관의 정도에 관한 어느 정도의 해석이 가능하게 된다. 그러나 산포도에 의한 상관의 해석은 정교하지 못하므로 이러한 단점을 보완하기 위해서는 상관계수라는 새로운 개념을 도입해야 한다. 상관계수란 두 변수 사이에 존재하는 상호관계의 방향(+ 혹은 -)과 정도를 나타내주는 수치를 말한다. 계산된 계수에 양의 부호(+)가 붙는다면 정적상관을 의미하고, 음의 부호(-)가 붙는다면 부적상관을 의미한다. 또한 그 부호에 관계없이 상관의 정도가 커질수록 그 값이 커지게 된다.

상관계수의 값이 0에 가까우면 두 변수 사이에는 거의 상관이 없다는 것을 의미하는 것이다. 앞 절의 [그림7-1C]에서 두 변수 간의 상관계수를 구해보면 정확히 0은 아니지만 거의 0에 가까운 값이 나올 것이다.

상관계수는 여러 가지의 종류가 있으며 데이터의 유형에 따라 적절한 것을 골라 사용해야 한다(<표7-1> 참조). 이 장에서는 가장 많이 사용되고 있는 Pearson의 적률상관계수 r에 대해서만 다룰 것이다. Pearson의 적률상관계수 r은 최소한 등간이상의 척도로 측정된 두 변수 사이의 선형적 관계(linear relation)에 관한 지수로서 각 사례에게서 두 가지의 관찰치를 구하여 계산하게 된다.

<표7-1> 상관계수의 종류와 변수

상관계수의 명칭	X변수	Y변수	기호
Pearson의 r	등간척도	등간척도	r
Spearman의 rho	서열척도	서열척도	r_s
파이계수	양분변수(자연적)	양분변수(자연적)	ϕ(교차분할 참조)
유관계수	둘이상의 범주	둘이상의 범주	C (교차분할 참조)

Pearson의 적률상관계수 r은 단순상관계수 또는 2변인 상관계수라고도 하며, 일반적으로 상관계수라고 하면 r을 의미한다. r의 범위는 -1.00에서 +1.00까지 이며 두 변수 사이의 관계가 정적상관을 이루고 있다면 r의 값은 양수이며 부적상관을 이루고 있다면 음수가 된다. 두 변수 사이에 관계가 없다면 r은 0이 된다. [그림7-2]를 보면, 상관계수 r과 그에 해당하는 산포도의 관계를 직관적으로 알 수 있을 것이다.

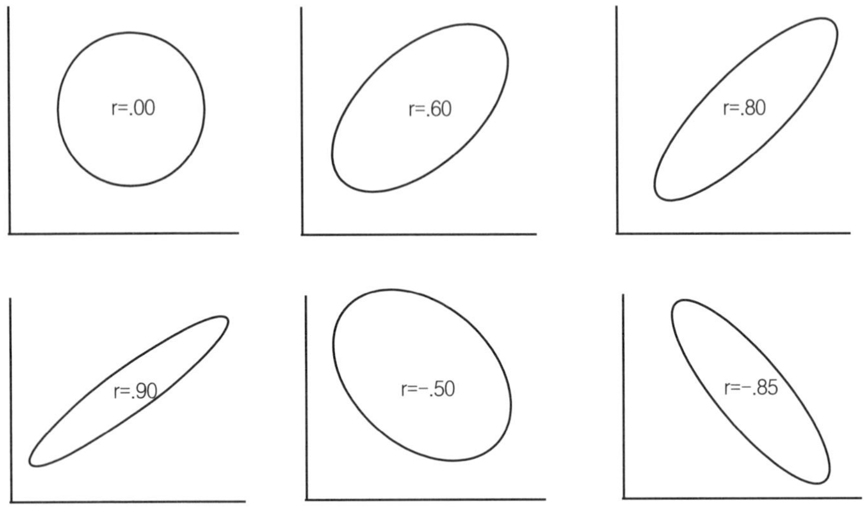

[그림7-2] 상관계수 r과 산포도의 관계

r을 구하는 공식은 다음과 같다.

$$r = \frac{\Sigma xy}{N s_X \; s_Y}$$ **공식 7-1**

공식에서 $\sum$는 더하라는 기호이며, N은 쌍의 수, $x = X - M_X$, $y = Y - M_Y$, $s_X = \frac{\Sigma x^2}{N}$, $s_Y = \frac{\Sigma y^2}{N}$ 이다.

위의 공식 7-1을 흔히 상관계수 r의 정의공식 또는 편차점수에 의한 계산공식이라고 한다. 공식 7-1에서 분자 $\frac{\Sigma xy}{N}$ 을 공분산(covariance)이라고, 하며 두 변수의 평균을 중심으로 한 편차점수의 상적의 합(교적편차)을 사례수로 나눈 것이다. 따라서 위의 정의공식을 살펴보면, r의 부호를 결정하는 것이 분자인 공변량임을 알 수 있을 것이다. 분모의 구성요소인 표준편차는 제곱을 하여 계산되므로 부호를 갖지 못하기 때문이다.

정의공식을 말로 표현하면 아래와 같을 것이다.

$$r = \frac{X\text{와 } Y\text{의 공분산}}{X\text{의 표준편차} \times Y\text{의 표준편차}}$$

위의 정의공식은 상관계수의 원리를 이해하기에는 좋지만 평균이 정수로 끝나지 않는 경우에는 그 계산이 매우 복잡하고 번거롭게 된다. 따라서 전자계산기나 컴퓨터를 이용하여 상관계수 r을 계산할 때에는 원점수 공식이 일반적으로 사용되고 있다. 정의공식에 약간의 대수적 연산을 가하면 원점수 공식이 간단히 유도된다. r의 정의공식에서 원점수 공식을 유도해보자.

원점수 공식을 유도하는 데 있어서 정의공식의 분자를 먼저 고려해 보면,

$$\begin{aligned}\frac{\sum(X-M_X)(Y-M_Y)}{N} &= \frac{\sum(XY-XM_Y-M_XY+M_XM_Y)}{N} \\ &= \frac{\sum XY-\sum XM_Y-\sum M_XY+\sum M_XM_Y}{N} \\ &= \frac{\sum XY}{N}-\frac{\sum XM_Y}{N}-\frac{\sum M_XY}{N}+\frac{\sum M_XM_Y}{N}\end{aligned}$$

(여기에서 $\frac{\sum X}{N}=M_X$, $\frac{\sum Y}{N}=M_Y$, 그리고 $\sum M_XM_Y$에서 M_X와 M_Y는 상수이므로 $\sum M_XM_Y=NM_XM_Y$)

$$\begin{aligned}&= \frac{\sum XY}{N}-M_XM_Y-M_XM_Y+M_XM_Y \\ &= \frac{\sum XY}{N}-M_XM_Y \\ &= \frac{\sum XY-NM_XM_Y}{N}\end{aligned}$$

이제 분모 부분인 표준편차의 공식을 살펴보면,

$$s_X = \sqrt{\frac{\sum(X-M_X)^2}{N}}$$

양 변을 제곱하면,

$$s_X^2 = \frac{\sum(X-M_X)^2}{N}$$

$$= \frac{\sum(X^2-2M_XX+M^2)}{N}$$

$$= \frac{\sum X^2-2M_X\sum X+\sum M_{X^2}}{N}$$

$(\frac{\sum X}{N}= M_X$이고 M_X는 상수이므로 $\frac{\sum {M_X}^2}{N}= \frac{NM_X}{N}= {M_X}^2$ 이 된다)

$$= \frac{\sum X^2}{N}-2\ {M_X}^2+{M_X}^2$$

$$= \frac{\sum X^2-N\ {M_X}^2}{N}$$

$$s_X = s_X = \sqrt{\frac{\sum X^2-N\ {M_X}^2}{N}}$$

변수 Y에 대해서도 동일한 결과가 나오므로 위의 결과에 첨자만 바꾸어 분모에 대입하고 분자에 위에서 유도된 결과를 대입하면 다음과 같이 될 것이다.

$$r = \frac{\frac{\sum XY-N\ M_X\ M_Y}{N}}{\sqrt{\frac{\sum {M_X}^2}{N}}\sqrt{\frac{\sum {M_Y}^2}{N}}}$$

$$= \frac{\sum XY-N\ M_X\ M_Y}{\sqrt{\sum X^2-N\ {M_X}^2}\sqrt{\sum Y^2-N\ {M_Y}^2}} \qquad \text{공식 7-2}$$

또한 정의공식을 변형하면 X와 Y의 값을 각각의 Z점수로 바꾸었을 때의 r을 구하는 공식을 유도할 수 있다. 그 과정은 아래와 같다.

$$r = \frac{\sum xy}{N s_X s_Y}$$

$$= \frac{1}{N}(\sum \frac{x}{s_X} \times \frac{y}{s_Y})$$

$$= \frac{1}{N}\sum(\frac{x}{s_X} \cdot \frac{y}{s_Y})$$

여기에서 $\frac{x}{s_X} = Z_X$ 이고 $\frac{y}{s_Y} = Z_Y$이므로

$$= \frac{1}{N}\sum(Z_X \cdot Z_Y) \qquad \text{공식 7-3}$$

위의 공식을 상관계수 r의 표준점수공식이라고 한다.

위에서 공분산이 r의 부호를 결정한다고 하였다. 이를 평균을 중심으로 살펴보면 보다 쉽게 이해할 수 있다. 공분산의 계산에 있어서 두 변수는 각각의 평균을 중심으로 편차가 계산되며, 그 계산된 편차의 곱으로 공분산이 구성된다. 이 때 평균보다 큰 값은 +부호를 갖고, 평균보다 작은 값은 -부호를 갖게 된다. 따라서 [그림7-3]에서처럼 두 변수의 편차의 부호가 곱해졌을 때 결과의 부호가 결정된다. 그러므로 r이 +의 상관을 가지려면 좌표 내에서 +로 표시된 부분의 점수가 많아야 하며, -의 상관을 가지려면 좌표 내에서 -로 표시된 부분에 점수가 많아야 한다는 것을 알 수 있다.

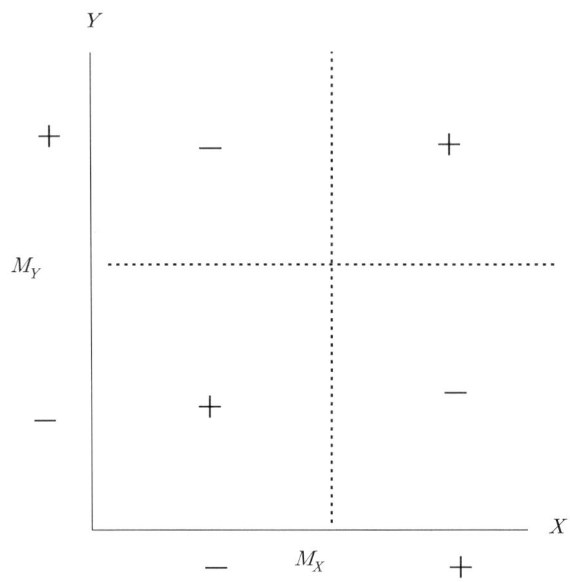

[그림7-3]

5) r의 유의도 검증

어떤 초등학교의 교사가 학생들의 중간고사성적과 기말고사성적 간에 상관이 있는지를 알아보기 위해 자신이 담당하고 있는 학급학생 30명의 중간고사와 기말고사성적간의 상관계수 r을 계산하여 0.363이라는 값을 얻었다고 하자. 전체학생을 대상으로 했을 때에도 동일한 결과가 나올 것인가? 결론부터 말하자면 r=0.363이라는 결과는 해당학급에 관한 것으로만 해석해야 한다. 왜냐하면 그 교사는 모집단으로부터 무선표집을 한 것이 아니기 때문이다. 무선표집을 하여 계산된 것이라면 표본의 통계치인 r로부터 모집단의 상관계수(ρ로 표시하며 로우라고 읽는다)를 추정할 수 있게 된다. 이러한 경우에 검증해야 하는 가설은 모집단의 ρ가 0이라는 것이다. 즉 표본으로부터 계산된 상관계수 r을 기초로 하여 모집단의 상관계수 ρ가 0과 유의미한 차이를 보이고 있는지의 여부를 검증하는 것이다.

$$H_0 \, : \, \rho = 0$$

$$H_1 \, : \, \rho \neq 0$$

위의 가설을 검증하기 위해서는 귀무가설 하에서 표본의 상관계수 r=0.363을 얻을 확률이 얼마인가를 알아야 하며, 대부분의 연구자는 이를 위해서 r과 t의 관계를 이용한다. 즉 r과 t 사이에 일정한 관계가 있음을 이용하여 r의 유의도 검증을 하게 된다. r과 t의 관계는 다음과 같다.

$$t^{*} = \frac{r-0}{\sqrt{\dfrac{1-r^{2}}{N-2}}}$$

$$t^{*} = \frac{r\sqrt{N-2}}{\sqrt{1-r^{2}}} \qquad \text{공식 7-4}$$

N은 점수 쌍의 수이다.

공식 7-4의 t는 정상분포 모집단하에서 자유도 N-2인 t분포를 따른다. 유의미수준을 0.01(일방검증)로 결정하고 자유도 df=28일 때의 r=0.363의 유의도를 검증해보자(이미 언급했듯이, 여기에서의 0.363이라는 값은 무선표집을 통해서 구해진 것이 아니므로 유의미 수준을 결정하는 데 부적합하지만 무선표집이라고 가정하자).

$$\begin{aligned} t^{*} &= \frac{r\sqrt{N-2}}{\sqrt{1-r^{2}}} \\ &= \frac{0.363\sqrt{28}}{\sqrt{1-0.363^{2}}} \\ &= \frac{1.92082}{0.86823} \\ &= 2.21234 \end{aligned}$$

위의 계산된 t값은 2.21234로서 유의미 수준 α=0.01일 때의 t의 기각역 2.467 (일방검증)보다 작으므로 모집단간의 상관 ρ=0이라는 귀무가설을 α=0.01수준에서 기각하지 못하게 된다. 따라서 표본이 추출된 각 모집단간에는 상관이 없다고 결론을 내리는 것이 타당할 것이다. 만일 계산된 값이 결정된 유의미수준에서의 t의 기각역과 같거나 기각역보다 크다면 ρ=0이라는 귀무가설을 기각하고 대립가설을 받아들여 모집단간에 상관이 있다고 결론을 내리게 된다.

6) r의 기본가정

r을 계산한 이유가 단지 표본에서 두 변수 간의 관계를 알고자 하는 것이라면, 다시 말해 단순히 주어진 현상을 요약하기 위한 기술통계치로 r을 계산하는 경우라면 X와 Y변수의 분포에 대한 아무런 기본 가정도 필요 없게 된다. 그러나 표본에서 구한 상관계수로 모집단간의 상관계수를 추정하고자 하는 경우나 예언의 표준오차를 적용하고자 하는 경우(회귀분석 참조)에는 다음의 세 가지 기본가정이 만족되어야 한다.

① 선형성(linearity) : 두 변수가 직선적 관계를 이루고 있다.
② 동변량성(homo-scedasticity) : 두 변수의 변량은 각각 동일하다.
③ 정상성(normality) : 각 X값에 대한 Y값들이 모두 정상분포를 이루고 있으며, 각 Y값에 대한 X값들도 모두 정상분포를 이루고 있다.

위의 가정 중에서 직선성의 가정은 두 변수의 산포도를 살펴보면 어느 정도 판단할 수 있다. 또한 동변량성과 정상성의 가정은 각 변수의 기술통계치를 고려해서 판단할 수 있다.

7) r에 영향을 주는 요인들

이 절에서 설명하는 사항 역시 표본에서 구한 상관계수 r로써 모집단의 상관(ρ)을 추정하는 데 발생하는 오류에 관련된다.

① 한정된 표집범위: 계산에 사용한 표집의 범위가 한정될 때 완전한 범위가 표집될 때 보다 r의 크기가 작아지게 된다. 초등학교학생을 대상으로 지능지수와 학교성적간의 상관을 구해보면 중학교학생을 대상으로 구한 r보다 클 것이며, 대학생집단으로 올라갈수록 지능지수와 학교성적간의 r이 적어질 것이다. 왜냐하면, 초등학교에서 대학교로 올라갈수록 지능면에서 보다 동질적인 집단이 되므로 지능보다는 공부시간이나 독서능력 또는 창의력 같은 요인들이 학업성적에 더 많은 영향을 미치게 되는 때문이다.

② **극단적인 표집:** 행동특성을 비교하기 위하여 대조적인 두 양극단의 집단만을 선정하여 연구하는 경우에 이 두 집단에서 구한 r은 원래의 상관관계보다 커지게 된다. 이는 r의 표준점수 공식을 검토해보면 쉽게 이해할 수 있다.

$$r = \frac{\sum Z_X Z_Y}{N}$$ **공식 7-5**

위의 공식에서 r의 크기는 사례수가 동일할 때, Zx와 Zy의 크기에 좌우됨을 알 수 있을 것

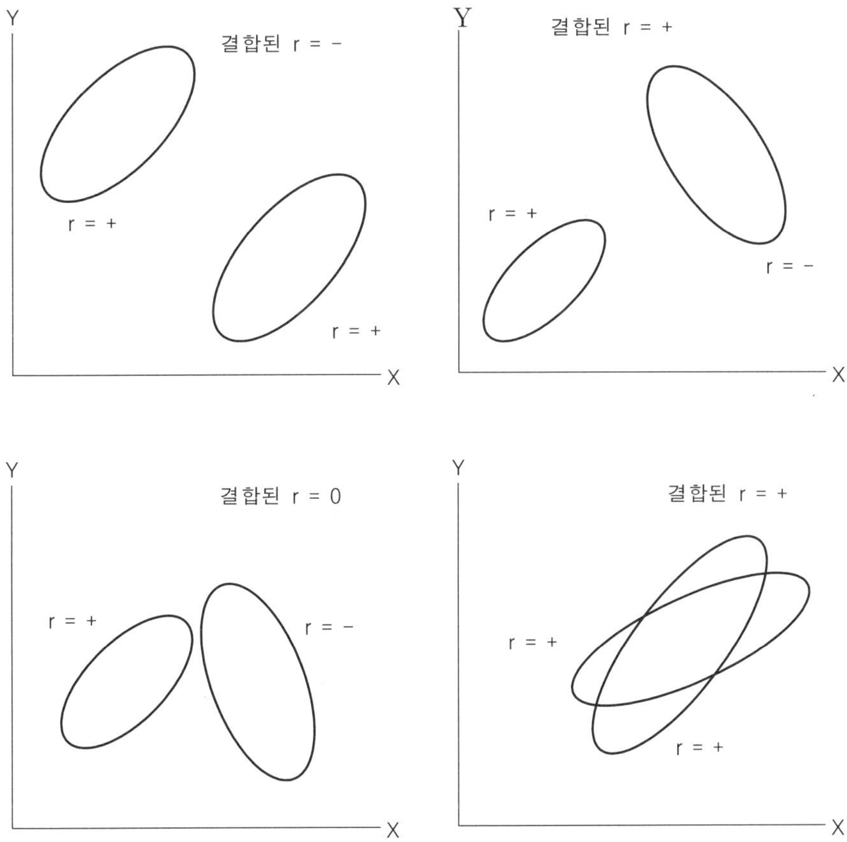

[그림7-4] 집단의 결합과 r의 변화

이다. 평균 부근의 점수는 그 Z값이 0에 가까우며, 반면에 극단적인 점수는 Z 점수로 전환하였을 때 큰 Z값을 갖게 된다. 따라서 양극단 집단의 점수로 구한 r은 Z값이 큰 점수만을 사용하게 되어 분자가 커지게 되므로 원래보다(모집단의 ρ보다) 커지게 된다.

③ 통합된 집단: X나 Y중 어느 한 변수라도 평균치가 다른 두 집단을 통합하게 되는 경우 r은 그 값의 크기뿐 아니라 방향까지도 변화될 수 있다. 이러한 예의 극단적인 경우가 [그림7-4]에 제시되어 있다.

④ 극단적인 점수: 표본에 단 하나라도 극단적으로 이탈된 사례가 포함된다면 그 이탈된 사례는 r에 큰 영향을 미친다. [그림7-5]를 보면, 한 사례만 유달리 이탈되어 있음을 알 수 있다. 만일 이 사례가 r의 계산에서 제외된다면 r=.05가 되지만 계산에 포함된다면 r=.48이 된다. 이러한 경우는 보통 사례수가 적을 때 발생하므로 충분한 크기의 무선표집을 실시하여 표집한다면 거의 염려할 필요가 없을 것이다.

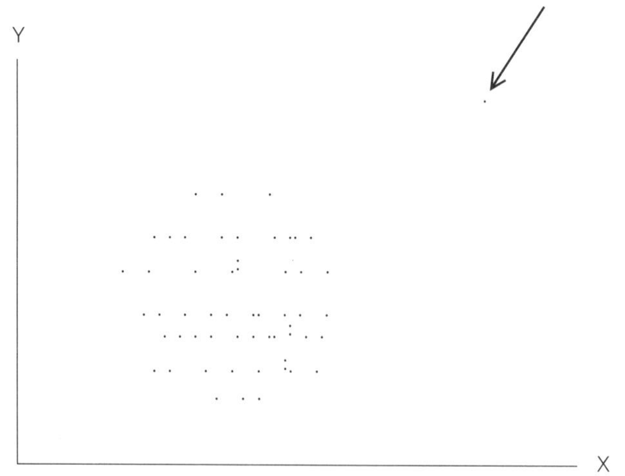

[그림7-5] 극단적인 점수가 r에 미치는 효과

8) t-검정과 상관관계

두 평균 간의 차이검증, 즉 t-검정과 상관관계의 유의도 검증의 함축성을 비교하는 것은 도움이 될 것이다. 다행히도 t-검정과 상관적 절차의 사용을 비교한 흥미로운 예가 있다.

아동발달의 요인으로 유전과 환경의 상대적인 역할은 한때 심리학자들에게 관심의 초점이었다. 보다 구체적으로 말해, 유전이나 환경이 지능의 원인이 되는지가 관심이었다. 이 주제에 접근하는 한 가지 방법은 입양된 어린이와 그들의 생부모 및 양부모의 IQ를 조사하는 것이다. 일반적으로 그 결과들은 생모의 지적수행의 측정치와 자녀들의 측정치사이에 대략 0.38의 상관을 보였으나, 교육연수에 근거한 양모의 IQ에 대한 추정치와 양육된 어린이들의 IQ사이에는 거의 0의 상관을 보여 주었다. 이러한 결과는 그 자체로 유전이 지능을 결정하는데 환경보다 더 중요함을 시사하는 것처럼 보인다. 그러나 그 어린이들의 평균 IQ는 생모의 평균 IQ보다 거의 21점이나 높았지만 양모의 추정된 평균 IQ와는 아주 비슷하였다. 따라서 그 어린이들은 생모들보다 양모의 평균 IQ에 아주 더 비슷한 평균 IQ를 가졌는데, 이는 지능의 결정이 환경의 영향을 받는 것 같다는 증거로 사용될 수 있다. 이러한 형태의 결과가 어떻게 가능하며, 상관과 대비해서 평균치들 간의 차를 검증하는 절차에 관해서 무엇을 시사하는가?

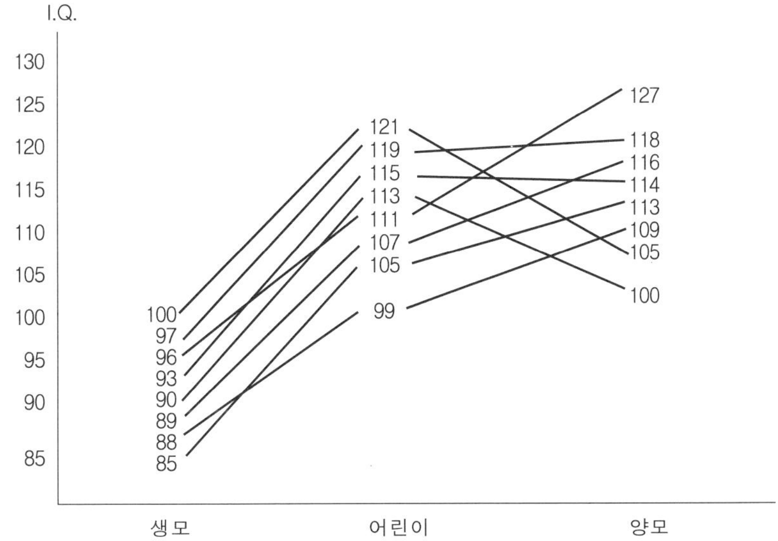

[그림7-6] 두 집단평균의 차이와 상관관계

[그림7-6]에 제시된 가설적인 자료를 고려하자. 이 자료는 보다 명확한 예시를 위해 다소 과장된 것이다. IQ점수가 높을수록 위로 올라가도록 Y축 선상에 도식화되었으며 생모들, 어린이들, 그리고 양모들에 대한 점수들로 집단화되어 X축에 표시되었다. 점수들의 쌍을 연결하는 직선은 어느 생모가 어느 어린이와 그리고 그 어린이가 어느 양모에 관련되는지를 보여준다. 대응되는 점수들을 연결하는 직선들이 지나치게 교차되지 않으면 두 집단 간의 상관이 높은 것이다.

어린이들의 집단은 생모들의 집단과 매우 비슷한 순서로 정렬되는 경향이 있으며, 따라서, 이 가설적인 예에서 생모와 어린이 사이의 상관은 아주 높다. 그러나 어린이의 IQ와 양모의 IQ를 관련시키는 직선이 광범하게 교차되는 것은 어린이들과 양모의 순서 짓기는 예측되기 어려우며 따라서 그 상관이 낮음을 시사한다.

대조적으로, 이 도표에서 집단의 일반적인 높이(X축으로부터의 수직거리)는 그 집단의 평균치를 나타내며, 이 측면에서 어린이들은 그들의 양모들과 더 비슷하며 그들의 생모들과는 덜 비슷하다는 것이 분명하다. 일반적으로, 두 집단의 점수들에서 가능한 상황은 상관이 있지만 평균의 차가 없거나, 평균의 차는 있지만 상관이 없거나, 상관도 없고 평균의 차도 없거나, 혹은 상관도 있고 평균의 차도 있을 수 있다. 게다가, 상관이 있다면 정적이거나 부적일 수도 있다. 평균 간의 차와 상관계수는 종종 독특한 형태의 두 가지 정보를 제공하는데, 두 가지 모두가 일반적인 결과의 해석에 귀중한 것이다. 실제로 양자는 모두 계산될 수 있으며 실험이나 관찰에서 작용하는 과정들에 관하여 상이한 형태의 정보를 제공하고 있지만, 일반적으로 연구자들은 이 두 가지 형태의 자료 분석 가운데 하나만을 계산한다. 특정한 실험처치가 도입되기 전에 사전검사가 행해지고 실험처치 후에 사후검사가 행해진다. 통례적으로, 연구자는 두 집단의 점수들에 대한 평균의 차를 구한다. 예로써, 실험적 교수법이 사용되었고 연구자는 이 방법으로 가르친 집단의 수행이 프로그램 이전의 수행에 비해 의미 있게 향상되었는가를 알고자 한다고 가정하자. 일부 향상에 주목하여 평균치간의 차에 대한 검증이 의의가 있다고 가정하자. 만일 사전검사와 사후검사 사이에 역시 상관이 있다면, 그 프로그램이 각 학생에게 거의 같은 정도로 영향을 미쳤다는 것을 상상할 수 있다. 즉 우수한 학생들은 여전히 사후검사에서도 우수하였다. 하지만, 만일 유의미한 상관이 없다면, 그러한 결과들은 비록 그 처치가 그 집단의 평균치를 높였더라도 그것은 어떤 학생들에게는 그들의 집단 내에서의 그들의 상대적 순위를 변경시키면서, 다른 학생들에게 보다 영향을 미친다는 것을 시사한다. 그 결과로서, 연구자는 뚜렷한 향상을 보이는 경향인 학생들의 특징과 그렇지 않은 학생들의 특징을 조사연구하기를 원할지도 모른다.

예를 들어, 두 집단 사전-사후설계를 사용하였을 경우 사전 측정치에서 차이가 없었고 사후 측정치에서 차이가 있었다면 독립변수가 종속변수에 영향을 미쳤다고 해석하게 된다. 그리고 추가적으로 사전과 사후 측정치간의 상관을 살펴볼 수 있다. 이 경우 만일, 실험집단에서 사전 점수와 사후 점수 간에 상관이 높으면 실험처치가 피험자들에게 골고루 영향을 미쳤다는 것이며 상관이 낮다면 어떤 차별적인 영향이 있었다고 해석할 수 있다.

그러므로 두 집단점수에 대한 평균의 차를 알아보는 t-검정과 상관계수 r은 독립적인 형태의 통계치이며, 따라서 연구 중인 사상들과 과정에 관한 상이한 정보를 전달해 준다는 점을 반드시 기억해야 한다.

2 SPSS를 이용한 단순상관계수 및 부분상관의 계산

1) 기본 가정의 위배에 대한 점검

상관계수 r에 대해 가설검정을 하려면 정상성 가정에 대한 점검을 해야 한다. 이는 빈도분석을 통해 가능하다.

이상치의 유무, 두 변수가 선형적 관계가 있는지의 여부, 선형성의 확보를 위해 변환을 해야 하는지의 여부, 관계성을 가리거나 확대시키는 하부 집단이 있는지의 여부 등을 알아보기 위해서는 산포도(산점도; Scatter plot)를 점검해 보는 것이 좋다. 만일 정상성 가정에 위배된다면 변환을 하거나 아니면 비모수통계(Speraman의 순위상관 r_s)를 구하는 것이 더 낫다.

2) 부분상관

부분상관(Partial correlation)은 두 변수간의 관계성을 증강 또는 억제시키는 변수들을 확인할 수 있다. 예를 들어, 해변가 통나무집의 부엌에서 발견되는 개미의 수와 도로를 지나가는 차량의 수에서 관계성이 있음을 발견할 수 있으나 이 때 실제로는 기온이 이 두 현상을 중재하고 있다. 부분상관은 제3의 요인의 영향력을 제거한 두 변수간의 상관을 말한다. 따라서 A와 B의 상관을 구함에 있어서 C라는 요인의 영향력을 제거하기 위해 C에서 A를 회귀시킨 잔차와 C에서 B를 회귀시킨 잔차간의 상관을 말한다.

3) 결측치(누락치)의 처리

여러 변수들 간의 상관행렬을 구할 때 누락치(결측치; missing values)의 처리에 신경을 써야 한다. '대응별(pairwise) 결측값 제외' 방식은 상관계수를 계산하는 두 변수중의 어느 하나에 누락치가 있는 점수 쌍을 계산에서 제외시키는 방식이며 '목록별(listwise) 결측값 제외' 방식은 행렬에 포함된 변수들 중에서 단 하나의 값이라도 누락치가 있으면 그 사례를 분석에서 제외시키는 방식이다. pairwise는 보다 많은 사례를 상관행렬의 계산에 포함시킨다는 장점이 있는 반면 상관행렬을 이용한 추가적인 분석에 많은 어려움을 준다. 예를 들어, 그렇게 구한 상관행렬을 이용하여 요인분석을 실시할 경우 실제와는 다른 요인으로 묶이는 경우가 발생한다.

4) 예제 파일 및 실습

예제로 사용하는 파일은 SPSS에서 제공하는 파일로 국가비교.sav(원래의 파일명은 world95.sav)이다. 이 파일의 데이터는 95년도 세계통계연감에 실린 자료로써 세계 각국의 인구, 도시거주인구, 경제지수, 출생률, 사망률 등에 관련된 데이터이다.

❖ 'gdp_cap : 1인당 GDP변수는 편포된 자료이므로 대칭적으로 바꾸기 위해 상용 log 변환을 시켜주어야 함.

변수명 → loggdp

분석 메뉴/상관분석/이변량 상관계수(B)

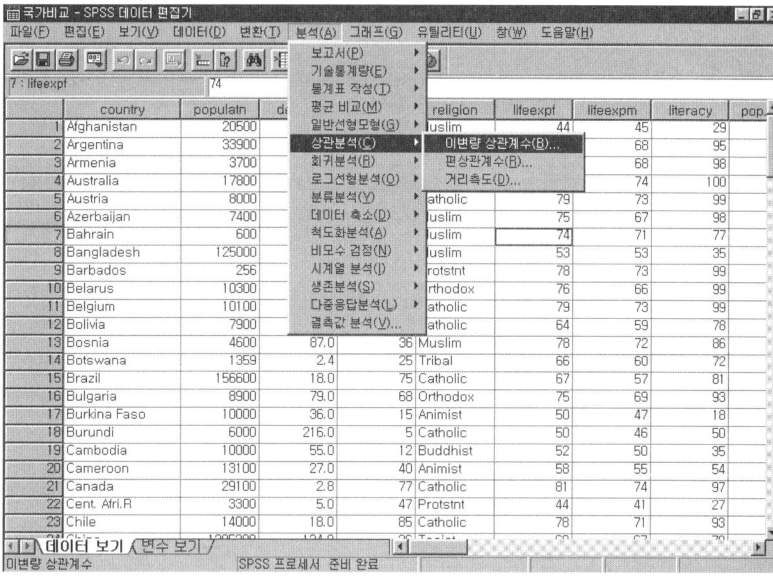

① 대화상자에서 도시거주비율, 문맹이 아닌 여자비율, 인구 천명당 출생율, 인구 천명당 사망율, 1인당 GDP, 그리고 상용로그로 변환시킨 loggdp를 선택하여 오른쪽 창으로 이동시킨다.

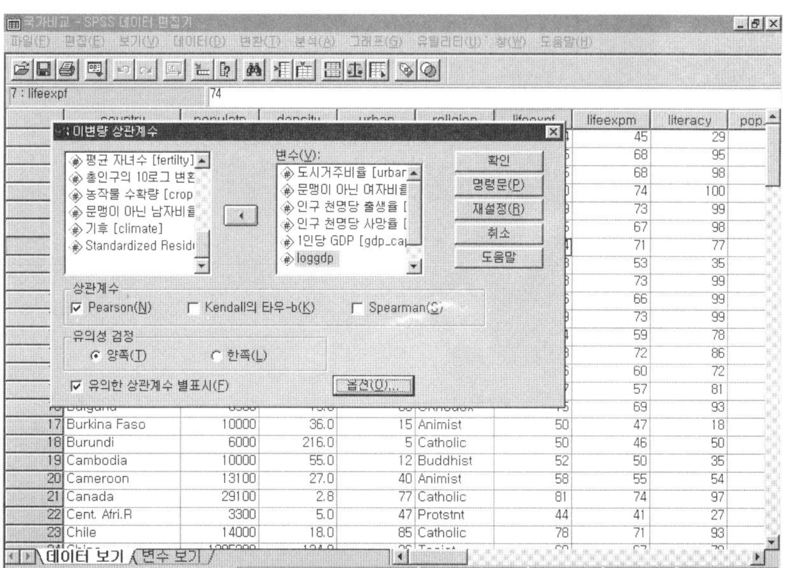

② 확인 단추를 눌러 결과물을 출력한다. 이 경우 결측값의 처리는 '대응별 결측값 제외'가 내정되어 있다.

③ 변수가 6개이므로 6(6−1)/2=15개의 쌍이 만들어진다. 결과물에서는 좌측상단에서 우측하단에 이르는 대각선의 셀(r=1.000으로 표시됨)을 중심으로 상하 대칭이 된다. 따라서 삼각형부분의 위나 아래중 하나만 해석하면 된다. 결과물의 각 셀에서 사례수 N이 달라짐을 확인한다. 사례수가 최소 N=85에서 N=109개로 달라짐을 알 수 있다.

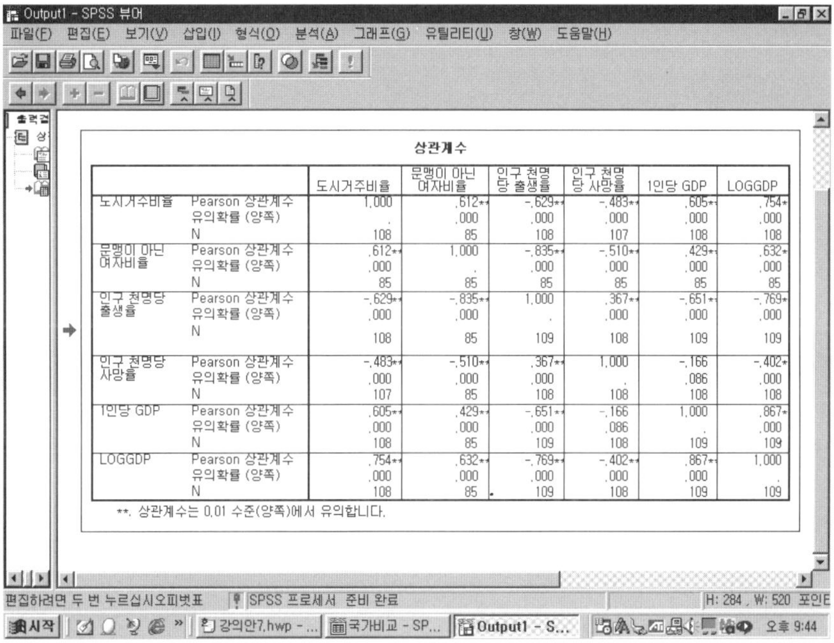

상관계수

		도시거주비율	문맹이 아닌 여자비율	인구 천명당 출생율	인구 천명당 사망율	1인당 GDP	LOGGDP
도시거주비율	Pearson 상관계수	1,000	,612**	-,629**	-,483**	,605**	,754**
	유의확률 (양쪽)	.	,000	,000	,000	,000	,000
	N	108	85	108	107	108	108
문맹이 아닌 여자비율	Pearson 상관계수	,612**	1,000	-,835**	-,510**	,429**	,632**
	유의확률 (양쪽)	,000	.	,000	,000	,000	,000
	N	85	85	85	85	85	85
인구 천명당 출생율	Pearson 상관계수	-,629**	-,835**	1,000	,367**	-,651**	-,769**
	유의확률 (양쪽)	,000	,000	.	,000	,000	,000
	N	108	85	109	108	109	109
인구 천명당 사망율	Pearson 상관계수	-,483**	-,510**	,367**	1,000	-,166	-,402**
	유의확률 (양쪽)	,000	,000	,000	.	,086	,000
	N	107	85	108	108	108	108
1인당 GDP	Pearson 상관계수	,605**	,429**	-,651**	-,166	1,000	,867**
	유의확률 (양쪽)	,000	,000	,000	,086	.	,000
	N	108	85	109	108	109	109
LOGGDP	Pearson 상관계수	,754**	,632**	-,769**	-,402**	,867**	1,000
	유의확률 (양쪽)	,000	,000	,000	,000	,000	.
	N	108	85	109	108	109	109

**. 상관계수는 0,01 수준(양쪽)에서 유의합니다.

④ 다시 이변량 상관계수의 대화상자에서 옵션 단추를 눌러 결측값 처리를 '목록별 결측값 제외'로 전환한다.

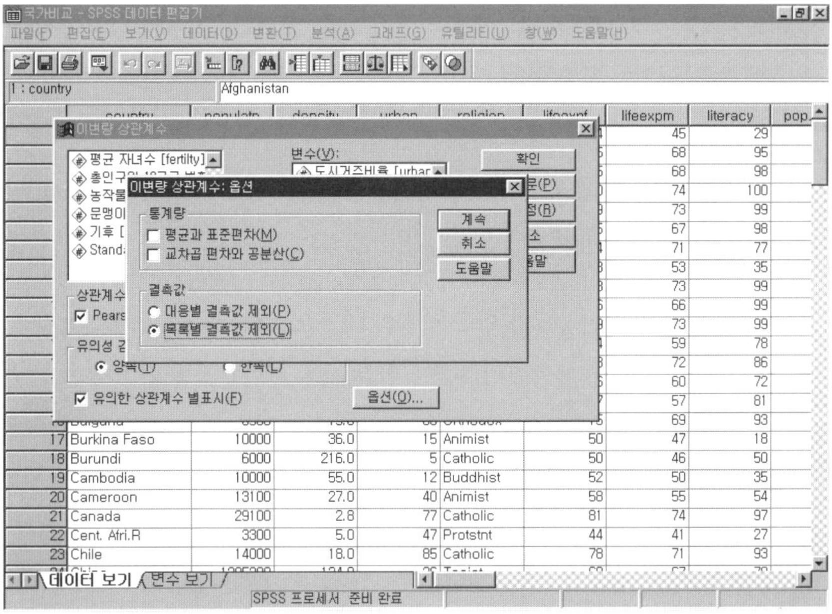

⑤ 계속 단추, 확인 단추를 눌러 결과물을 확인한다.

상관계수

상관계수[a]

		도시거주비율	문맹이 아닌 여자비율	인구 천명당 출생율	인구 천명당 사망율	1인당 GDP	LOGGDP
도시거주비율	Pearson 상관계수	1,000	,612**	-,593**	-,588**	,591**	,777**
	유의확률 (양쪽)	.	,000	,000	,000	,000	,000
문맹이 아닌 여자비율	Pearson 상관계수	,612**	1,000	-,835**	-,510**	,429**	,632**
	유의확률 (양쪽)	,000	.	,000	,000	,000	,000
인구 천명당 출생율	Pearson 상관계수	-,593**	-,835**	1,000	,469**	-,584**	-,721**
	유의확률 (양쪽)	,000	,000	.	,000	,000	,000
인구 천명당 사망율	Pearson 상관계수	-,588**	-,510**	,469**	1,000	-,263*	-,499**
	유의확률 (양쪽)	,000	,000	,000	.	,015	,000
1인당 GDP	Pearson 상관계수	,591**	,429**	-,584**	-,263*	1,000	,836**
	유의확률 (양쪽)	,000	,000	,000	,015	.	,000
LOGGDP	Pearson 상관계수	,777**	,632**	-,721**	-,499**	,836**	1,000
	유의확률 (양쪽)	,000	,000	,000	,000	,000	.

**. 상관계수는 0,01 수준(양쪽)에서 유의합니다.

*. 상관계수는 0,05 수준(양쪽)에서 유의합니다.

a. 목록별 N=85

사례수는 최소쌍의 수인 N=85이다. 대응별 결측치 제외 방식과 목록별 결측치 제외 방식의 차이를 살펴본다. 예를 들어, 사망률과 도시거주비율, 출생률, LOGGDP 간의 상관이 달라짐을 알 수 있다.

도시거주비율 : -0. 483 → -0. 588
사망률 : 0. 367 → 0. 469
LOGGDP : -0. 402 → -0. 499

❖ 결측치는 특정한 경향을 보이면 안 되므로 확인 작업을 거치는 것이 바람직함. 예를 들어, 가장 작은 사례의 변수(결측치가 많은 변수)를 grouping 변수로 지정하고 나머지 변수들을 종속변수로 하여 차이검증을 실시할 수 있다.

비대칭적인 분포나 이상치가 있을 경우의 대안으로 Spearman의 순위상관을 계산할 수 있다. 또한 순위는 제곱근이나 로그변환 같은 변환과정을 거친 후에도 변화되지 않는다.

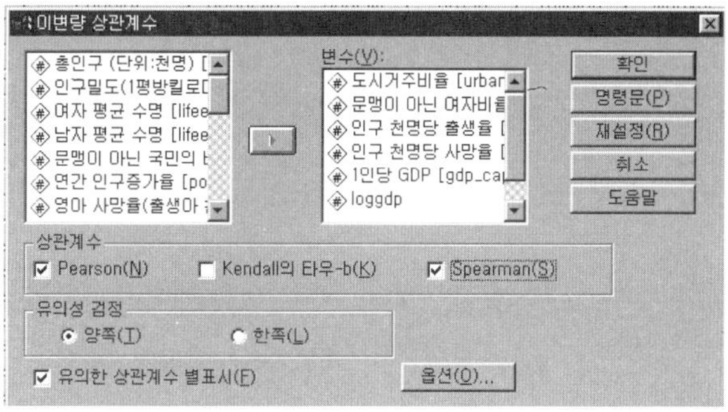

LOGGDP나 1인당 GDP의 Spearman 상관계수가 같음을 알 수 있다. 또한 LOGGDP와 다른 변수들 간의 상관에서 Pearson의 상관계수와 Spearman의 상관계수가 큰 차이가 없다. 따라서 Pearson의 상관에서 로그 변환이 주효했음을 알 수 있다.

출생률과 사망률의 상관이 크게 변화되었음에 주목하라(0.469에서 0.268로). 산점도를 보면 이 두 변수가 선형적인 관계가 아님을 알 수 있다.

상관계수a

			도시거주비율	문맹이 아닌 여자비율	인구 천명당 출생율	인구 천명당 사망율	1인당 GDP	LOGGDP
Spearman의 rho	도시거주비율	상관계수	1.000	.565**	-.586**	-.505**	.769**	.769**
		유의확률 (양쪽)	.	.000	.000	.000	.000	.000
	문맹이 아닌 여자비율	상관계수	.565**	1.000	-.832**	-.335**	.622**	.622**
		유의확률 (양쪽)	.000	.	.000	.002	.000	.000
	인구 천명당 출생율	상관계수	-.586**	-.832**	1.000	.268*	-.716**	-.716**
		유의확률 (양쪽)	.000	.000	.	.013	.000	.000
	인구 천명당 사망율	상관계수	-.505**	-.335**	.268*	1.000	-.391**	-.391**
		유의확률 (양쪽)	.000	.002	.013	.	.000	.000
	1인당 GDP	상관계수	.769**	.622**	-.716**	-.391**	1.000	1.000**
		유의확률 (양쪽)	.000	.000	.000	.000	.	.
	LOGGDP	상관계수	.769**	.622**	-.716**	-.391**	1.000**	1.000
		유의확률 (양쪽)	.000	.000	.000	.000	.	.

**. 상관계수는 .01 수준에서 유의합니다 (양쪽).
*. 상관계수는 .05 수준에서 유의합니다 (양쪽).
a. 목록별 N = 85

❖ 인구 천명당 사망률과 출생률에 대한 산점도(scatter plot)를 그려본다.

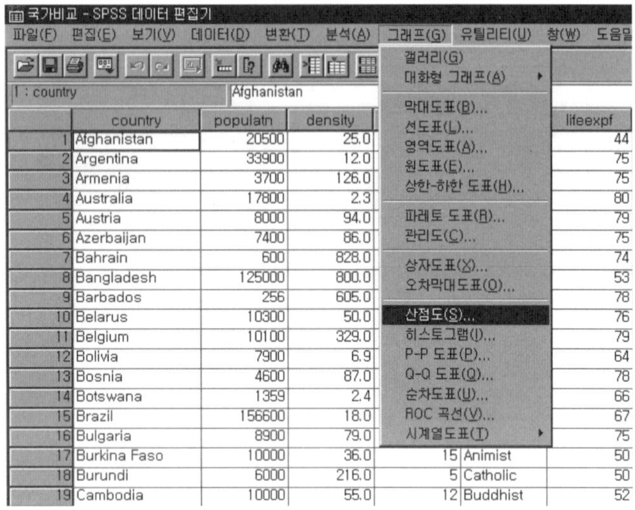

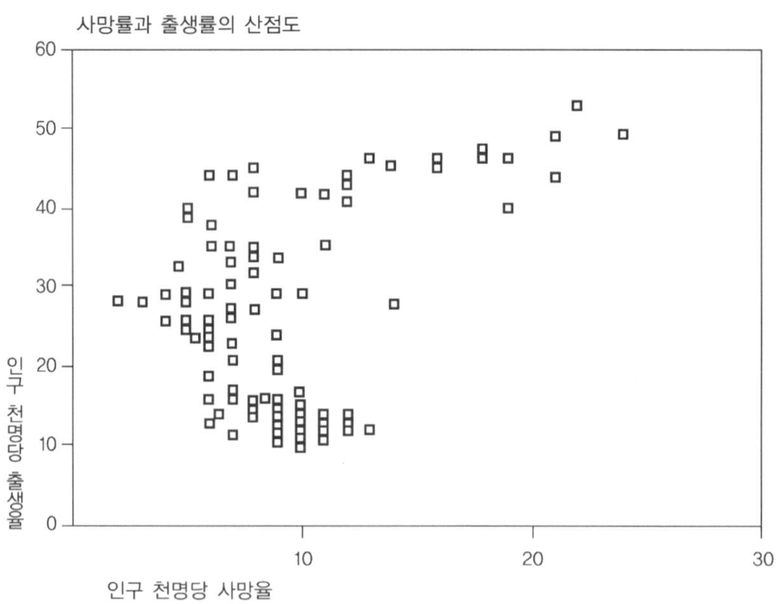

편상관(부분상관: Partial correlation)

분석 메뉴/상관분석/편상관계수(R)

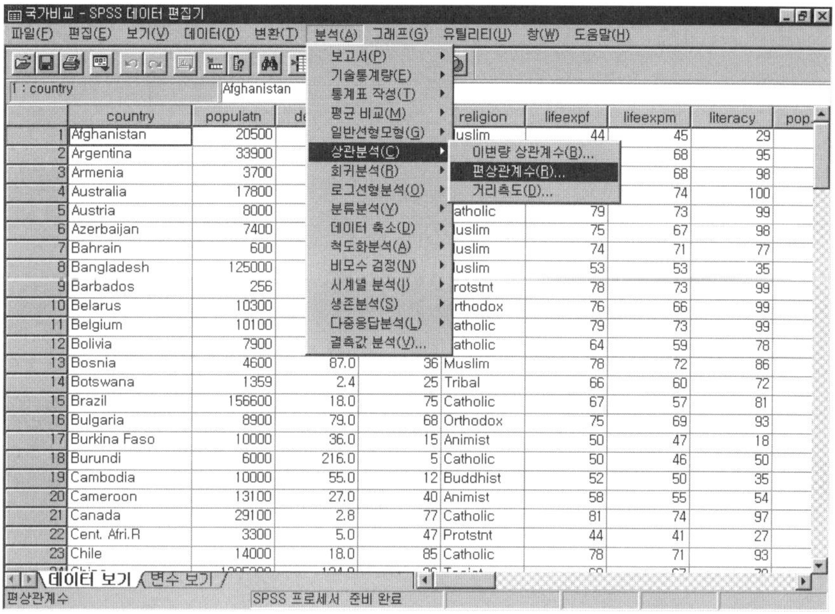

① 대화상자에서 변수를 선택한다. 도시거주비율, 문맹이 아닌 여자비율, 인구 천명당 출생율, 인구 천명당 사망율을 선택한다.

② 통제변수로 loggdp를 선택한다.

③ 옵션 단추를 눌러 '0차 상관'을 선택하고 '대응별 결측값 제외'를 선택한다.

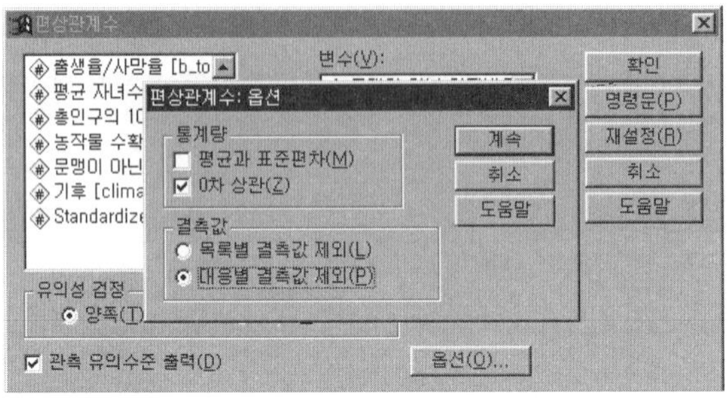

편상관계수의 차수(order)는 통제변수의 개수에 의해 결정된다. 0차 상관은 통제변수가 없는 상황이므로 일반적인 Pearson의 상관과 동일하다. 통제변수가 1개라면 1차 편상관(first order correlation), 2개라면 2차 편상관(second order correlaion)을 구할 수 있다. 이 때 자유도는 '사례수–차수–2'이다.

--- P A R T I A L   C O R R E L A T I O N   C O E F F I C I E N T S ---

Zero Order Partials

	URBAN	LIT_FEMA	BIRTH_RT	DEATH_RT	LOGGDP
URBAN	1.0000	.6116	-.5932	-.5877	.7772
	(0)	(83)	(83)	(83)	(83)
	P= .	P= .000	P= .000	P= .000	P= .000
LIT_FEMA	.6116	1.0000	-.8349	-.5096	.6323
	(83)	(0)	(83)	(83)	(83)
	P= .000	P= .	P= .000	P= .000	P= .000
BIRTH_RT	-.5932	-.8349	1.0000	.4688	-.7214
	(83)	(83)	(0)	(83)	(83)
	P= .000	P= .000	P= .	P= .000	P= .000
DEATH_RT	-.5877	-.5096	.4688	1.0000	-.4990
	(83)	(83)	(83)	(0)	(83)
	P= .000	P= .000	P= .000	P= .	P= .000
LOGGDP	.7772	.6323	-.7214	-.4990	1.0000
	(83)	(83)	(83)	(83)	(0)
	P= .000	P= .000	P= .000	P= .000	P= .

(Coefficient / (D.F.) / 2-tailed Significance)

" . " is printed if a coefficient cannot be computed

--- P A R T I A L   C O R R E L A T I O N   C O E F F I C I E N T S ---

Controlling for.. LOGGDP

URBAN	LIT_FEMA	BIRTH_RT	DEATH_RT

URBAN	1.0000	.2465	-.0746	-.3666
	(0)	(82)	(82)	(82)
	P= .	P= .024	P= .500	P= .001
LIT_FEMA	.2465	1.0000	-.7061	-.2891
	(82)	(0)	(82)	(82)
	P= .024	P= .	P= .000	P= .008
BIRTH_RT	-.0746	-.7061	1.0000	.1813
	(82)	(82)	(0)	(82)
	P= .500	P= .000	P= .	P= .099
DEATH_RT	-.3666	-.2891	.1813	1.0000
	(82)	(82)	(82)	(0)
	P= .001	P= .008	P= .099	P= .

(Coefficient / (D.F.) / 2-tailed Significance)

" . " is printed if a coefficient cannot be computed

제8장

일원분산분석

앞에서 우리는 두 집단의 평균의 차이에 대한 검증방법(t-검정)을 알아보았다. 그러나 실제의 연구에 있어서 두 집단으로 부족한 경우가 많다. 즉, 셋 이상 되는 집단의 평균을 동시에 비교해야만 할 경우가 더욱 많이 있다. 이처럼 셋 이상 되는 집단 평균의 차를 알아보기 위해 주로 사용되는 검증방법이 분산분석(analysis of variance; ANOVA 또는 변량분석이라고도 한다)이다. 분산분석은 사실상 둘 이상의 집단에 대하여 t-검정을 확장한 것이다. 따라서 t-검정에서와 마찬가지로 독립변수는 범주형이며 종속변수는 등간 이상의 척도로 측정된 연속형의 데이터이어야 한다. 그렇지 않을 경우, 예를 들어, 종속변수가 등간 이상의 척도로 측정되지 않은 경우 그리고 모수통계의 가정에 위배되는 경우에는 비모수적 검증방법(예를 들면, Kruskal-Wallis 검증)의 사용을 고려하는 것이 나을 것이다. 그리고 독립변수와 종속변수 둘 다 연속형이거나 범주형과 연속형이 혼합된 경우에는 회귀분석을 사용하는 것이 좋을 것이다(회귀분석이 더욱 강력한 방법이다).

통계학 용어로 범주형 독립변수를 흔히 요인(factor)이라고 표현하며, 그 각 요인의 하위범주를 수준(level)이라고 한다. 가장 단순한 형태의 분산분석은 독립변수가 둘 이상의 수준으로 구성된 단일 요인인 경우의 실험설계를 다수준설계(multi-level design)라고 하며, 이를 분석하기 위한 통계적 기법을 일원분산분석(one-way ANOVA) 또는 단순분산분석(simple ANOVA)이라고 한다.

일원분산분석을 1요인 분산분석이라고도 하며, 독립변수가 둘일 경우에는 2원 분산분석(two way ANOVA) 또는 2요인 분산분석, 셋일 경우 3원 분산분석(three way ANOVA) 또는 3요인분산분석......등으로 부르며 2원 이상일 경우 간단히 n원 혹은 다원분산분석이라고 한다. 이 장에서는 가장 단순한 형태인 일원 분산분석방법과 평균의 개별비교방법에 관해 논의할 것이며 다원분산분석은 다음 장에서 논의할 것이다.

1 분산분석의 논리

1) 분산분석의 필요성

연구에서 셋 이상 되는 집단의 비교가 필요한 경우는 대단히 많지만 분산분석의 논리를 설명하고 이해하는데 있어서 실험에서 나온 자료가 더욱 명확하다. 따라서 여기에서는 가상적 실험의 결과를 가지고 분산분석에 대해 설명해 나갈 것이지만, 실험상황이든 비 실험 상황이든 분산분석의 적용원리는 동일하다는 점을 먼저 밝혀둔다.

먼저 셋 이상 되는 집단평균의 비교가 필요한 경우를 알아보기로 하자. 우선, 연구조건상 셋 이상 되는 집단간의 비교가 필수적인 경우가 있다. 예를 들어, 새로 개발한 약물의 효과(예를 들면, 감기약)를 알아보고자 할 때 그 약물의 효과가 있는지의 여부도 중요하지만 기존의 약물과도 그 효과를 비교해 보아야만 한다. 이때 기존의 약물이 반드시 한 가지뿐이라고 단정할 수 없으며 실제로도 둘 이상인 경우가 허다하다.

다음으로는 두 가지 조건에서 획득된 자료가 셋 이상의 조건하에서 획득된 자료와 다른 양상을 보일 가능성이 있을 때이다. 새로 개발된 약물의 효과를 알아보기 위해 100마리의 생쥐를 두 집단으로 나누어 한 집단은 실험집단으로 실제의 약물 30㎎을 주사하였고, 다른 집단은 통제집단으로 생리식염수 30㎎을 주사하여 아래의 [그림8-1]과 같은 결과를 얻었다고 해보자. 그래프에서 시사하는 바는 두 집단간에 거의 차이가 없으며, 따라서 약물의 효과는 없다고 결론을 내릴 수 있을 것이다.

그러나 만일 실험집단에 60㎎주사집단과 90㎎주사집단이 더 있어서 [그림8-2]

와 같은 결과가 나왔다면 그 약물은 효과가 있으며, 부가적으로 60㎎ 정도의 약물이 적정량이라는 결론을 내릴 수가 있게 되는 것이다.

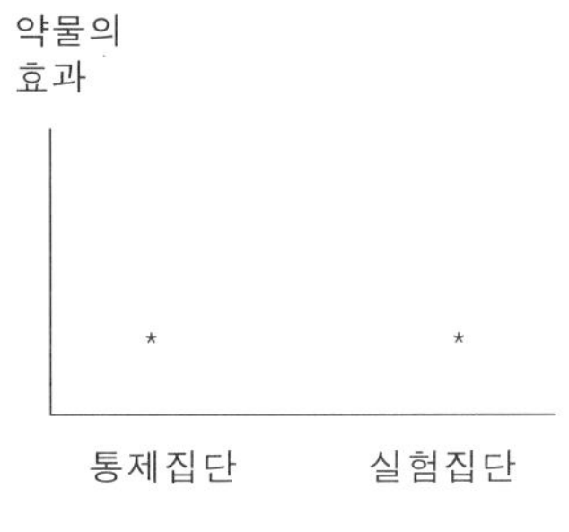

[그림8-1]

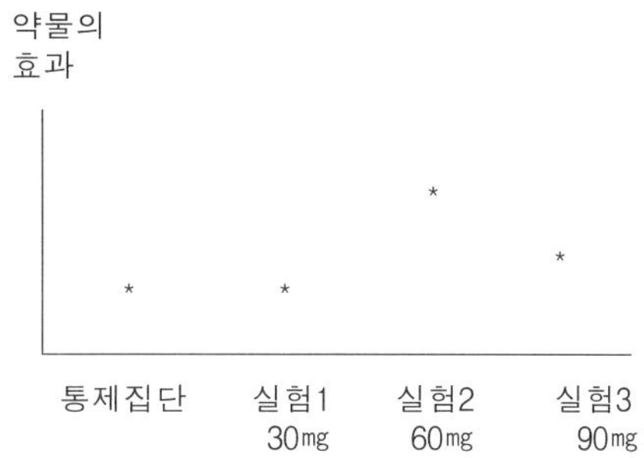

[그림8-2]

이처럼 셋 이상 되는 집단에 대해 실험을 실시하여 자료를 구했을 때, 왜 t-검정으로 자료 분석을 하지 않고 분산분석이라는 새로운 방법을 사용하는가라는 의문이 생길 수 있을 것이다. 예를 들어, 세 학급에 각각 A, B, C 의 학습방법으로 동일한 주제에 대한 교육을 실시한 후 그 결과를 비교한다면 A와 B, B와 C, 그리고 A와 C간에 t-검정을 실시하면 된다고 생각할 수 있을 것이다. 그러나 이러한 접근방법은 아래와 같은 몇 가지 이유로 인해 부적합하게 된다. 첫째, 집단의 수가 증가하면 그 비교를 하기 위해 필요한 계산의 양이 증가하게 된다. 세 집단인 경우에는 3쌍의 평균을 비교해야 하지만 네 집단에는 6쌍, 여덟 집단에는 28쌍을 비교해야 한다. 따라서 그 계산에 많은 시간이 필요하게 되며, 계산도 복잡해질 뿐 아니라 비교상의 어려움도 따르게 된다.

둘째로, 계산상의 어려움을 극복한다고 하더라도 그 결과를 해석하는 데 어려움이 있게 된다. 다시 말해, 28개 쌍의 평균 간의 비교는 단지 28개의 개별적인 정보를 줄 뿐 독립변수와 종속변수의 관계에 관한 하나의 전반적이고 포괄적인 정보를 주지 못하게 된다. 사실상 연구자는 개별적인 집단간의 차이에 대한 정보보다는 두 변수 간의 전반적인 관계성에 관한 정보를 필요로 하는 경우가 더욱 많기 때문이다. 셋째, 위의 두 가지보다 더욱 문제가 되는 것은 평균간의 비교에서 얻어진 t-값들은 관계되는 다른 평균치 간에 유의한 t를 얻을 것을 자동적으로 시사하게 된다는 점이다. 즉, 하나의 유의한 t-검정 결과를 얻을 가능성은 연구자가 사전에 설정한 α수준보다 훨씬 더 커지게 된다. 예를 들어, α= 0.01로 설정한 경우 28개 쌍의 평균을 비교한다면 이들 중 어느 하나의 평균 쌍에서 계산된 t값이 의미 있는 차이가 있는 것으로 나타나게 될 확률은 0.28정도가 된다(α= 0.01인 경우에는 비교해야하는 평균 쌍의 수와 0.01을 곱하면 되지만, α= 0.05인 경우에 이를 계산하는 방법은 더욱 복잡하기 때문에 비교해야하는 평균 쌍의 수와 α수준을 곱하여 간편형으로 계산하는 경우가 많다).

따라서 동일한 자료의 셋트를 이용하여 여러 번의 t-검정을 실시하는 경우에는 연구자가 설정한 유의미수준(예를 들면, α= 0.01) 이상으로 유의한 결과를 얻을 가능성이 매우 커지게 되는 것이다. 이처럼 여러 집단의 평균이 동일한지 또는 유의한 차이가 있는지를 검증하는데 있어서의 t-검정의 단점을 보완해주는 단일한 통계적 방법이 필요하게 되는데 이러한 경우에 사용할 수 있는 것이 바로 분산분석이다. 분산분석이라는 용어에서 알 수 있듯이 이 분석법은 표집의 분산(variance)을 분석함으로써 그 표집이 추출된 모집단의 평균들이 동일한지의 여부를 결정하도록 도와준다.

2) 분산의 종류

분산을 분류하는 가장 일반적인 방법은 체계적 분산(systematic variance)과 오차분산(error variance)으로 구분하는 방법일 것이다.

① 체계적 분산

체계적 분산(systematic variance)이란 점수가 다른 방향에 비해 한 방향으로 더 많이 치우치게 하는 “원인이 되는”, 이미 알고 있거나 혹은 알지 못하는 영향력에 기인한 측정치상의 변화량을 말한다. 예를 들어, 도시학생들의 성취검사 점수가 농촌학생들의 성취점수보다 체계적으로 높게 나타났다고 해보자. 이 같은 경우에는 주거지역의 특성이 성취검사 점수에 영향을 미치고 있다고 결론을 내리게 될 것이다. 또 다른 예로, 노련한 교사에게 지도받은 학생의 성적과 미숙한 교사에게 지도받은 학생의 성적을 비교해 볼 때 교사의 노련한 정도는 학생의 성적에 체계적으로 영향을 미칠 수 있다. 노련한 교사에게 지도받은 학생집단이 전반적으로 좋은 성적을 보일 것이다. 이처럼 체계적 분산은 상당히 많은 원인에 의해서 나타나게 된다.

연구자는 자신이 관심을 두고 있는 분산(체계적 분산)과 그렇지 않은 분산(오차 분산)을 구분하려고 한다. 다시 말해서, 종속변수에 영향을 미치는 여러 가지 분산원 중에서 연구자가 이미 알고 있어서 설명이 가능한 분산과 그렇지 않은 분산을 구분하려고 한다.

체계적 분산의 한 가지 중요한 유형은 집단간 분산(between-group variance) 또는 실험분산(experimental variance)이라고 할 수 있다. 이 명칭이 의미하듯이 집단간 분산 혹은 실험분산은 집단의 측정치들 간의 체계적 차이를 나타나게 하는 분산이다. 기술통계에서 논의한 분산은 집단내의 개인간의 차이를 나타낸다. 즉, 그 값은 개인들이 얼마나 상이 한가 또는 그 집단의 구성원들이 연구자가 관심을 갖고 있는 특성에 있어서 얼마나 동질적인가를 나타내주는 지수이다. 비슷하게 집단간 분산은 개인들이 모여 있는 집단간의 차이에 기인한 분산으로 각 집단의 평균들이 전체평균에서 얼마나 이탈하였는가를 나타내주는 지수인 것이다.

집단간 분산과 실험분산은 근본적으로 동일하다. 이 두 가지 분산은 모두 집단차를 나타낸다. 집단간 분산이란 집단들의 체계적 차이를 갖는 모든 경우를 포함하는 포괄적 용어라 할 수 있다. 실험분산은 일반적으로 실험자가 독립변수를 능동적으로 조작함으로써 야기되는 분산과 관련이 있다. 실험집단과 통제집단이 이용되는 과학적 연구의 이면에 깔려있는 기본개념은 신중한 통제 및 조작을 통하여 실험집단의 종속변수 측정치가 일관성 있게 증가하든 또는 감소하든 체계적으로 변해야 하며, 반면에 통제집단의 측정치는 항상 같은 수준으로 유지되어야 한다는 것이다.

비실험적 연구에서, 즉 이미 존재하는 집단간의 차를 다루는 연구에서는 집단간 분산을 연구하고 있다는 사실을 그렇게 쉽고 확실하게 이해할 수가 없다. 그러나 실험연구와 비실험연구의 개념은 동일하다. 단지 그 원리가 다소 다른 방식으로, 즉 집단간의 차가 크면 클수록 독립변수들이 더욱 많이 조작되어진 것이라고 추정될 수 있다는 식으로 기술될 뿐이다. 반대로, 집단간의 차가 거의 없다면 이러한 경우에 있어서는 독립변수나 다른 변수들이 조작되지 않았거나, 그것의 효과가 너무 미약해서 간과되었거나 또는 상이한 효과들이 서로를 상쇄시켰다고 추정되어야 한다. 이때 조작되었거나 과거에 조작된 독립변수의 효과를 집단간 분산으로써 판단한다. 따라서 독립변수가 조작되었든 조작되지 않았든 분산분석의 원리는 동일하다.

② 오차분산

연구에서 가장 흔한 분산이 오차분산(error variance)이라고 해도 무방할 것이다. 오차분산이란 우연에 의해 나타나는 측정치의 변동량 혹은 변화량이다. 그리고 오차분산은 무선분산이다. 오차분산은 측정할 때 흔히 나타나는 작고도 자체 상쇄적인 변동, 상하좌우로 변하는 측정치상의 변산을 말하며 분산분석에서는 이를 집단내 분산(within-group variance)이라고도 한다. 또한 오차분산은 무지에 기인한 측정치상의 분산이라고 말할 수도 있다. 즉, 실험자가 확인하거나 통제할 수 없는 분산이 많이 있는데 이들은 적어도 확인하거나 통제할 수 없는 한 오차분산인 것이다. 이는 곧 현재의 오차분산이 이후에도 오차분산일 수도 있고 그렇지 않을 수도 있다는 것을 의미한다.

연구자는 계속해서 할 수 있는 한 오차분산을 줄이려는 노력을 하게 된다. 그렇지만 여전히 오차분산은 남게 될 것이다. 그러므로 오차분산이란 측정치의 집합에 체계적 분산을 생기게 하는 것으로 알려진 모든 원천이 제거된 뒤에도 측정치상에 남아있는 분산을 의미한다. 오차분산을 줄이려는 연구자의 노력은 실험 분산을 극대화(maximize)하고 가외분산을 통제(control)하며 오차분산을 극소화(minimize)시키려 한다는 말로 가장 잘 표현 될 수 있을 것이다. 이후 다음 장까지 계속되는 논의에서 연구자가 오차분산(집단내 분산)을 왜 줄이려 노력하는가를 이해할 수 있을 것이다.

3) 분산의 분할

분산의 분할은 모집단 분산에 대한 추정치들이 계산되는 두 가지 측면에서 이루어진다. 그 하나는 전체평균(집단구별 없이 전체 분석대상 점수들의 평균)과 각 집단평균과의 편차에 기초하며 이 분산은 앞 절에서 설명했듯이 집단간 분산이라고 한다. 다른 하나는 집단 하나의 평균과 그 집단을 구성하고 있는 성원들의 점수들과의 편차에 기초한다. 이를 집단내 분산이라고 한다. 결론부터 얘기하면, 전체평균으로부터 각 개별점수와의 편차인 전체분산은 집단간 분산과 집단내 분산의 합이 된다. 이제부터 이를 보다 자세히 알아보기로 하자. 분산이 동일하며 동일한 분포를 이루고 있는 세 집단의 분포를 그려보면 [그림8-3]과 같을 것이다.

[그림8-3]에서 전체 평균 M_{tot}은 집단2의 평균 M_2와 동일하다. 이때 집단1의 한 구성원인 X_1을 고려해 보자. 이 X_1과 M_{tot}과의 편차(여기에서의 편차는 거리를 의미한다)는 X_1과 M_1 사이의 편차와 M_1과 M_{tot} 사이의 편차의 합이 된다. 즉, 특정한 한 점수가 전체평균으로부터 떨어진 정도는 그 점수가 속한 집단의 평균으로부터의 편차와 그 집단평균이 전체평균으로부터 떨어진 정도의 합으로 분해가 된다. 이러한 관계는 집단1의 개별 점수인 X_1이 어디에 위치하든 동일하며, 이를 대수적으로 표현하면 아래와 같다.

$$(X_1 - M_{tot}) = (X_1 - M_1) + (M_1 - M_{tot})$$

이제 집단1이 아닌 모든 집단으로 위 등식을 일반화하기 위해 X_1 대신 X_{ij}를 사용하고 한 집단의 평균 M_1 대신 M_j로 대치한다면 아래의 등식이 될 것이다.

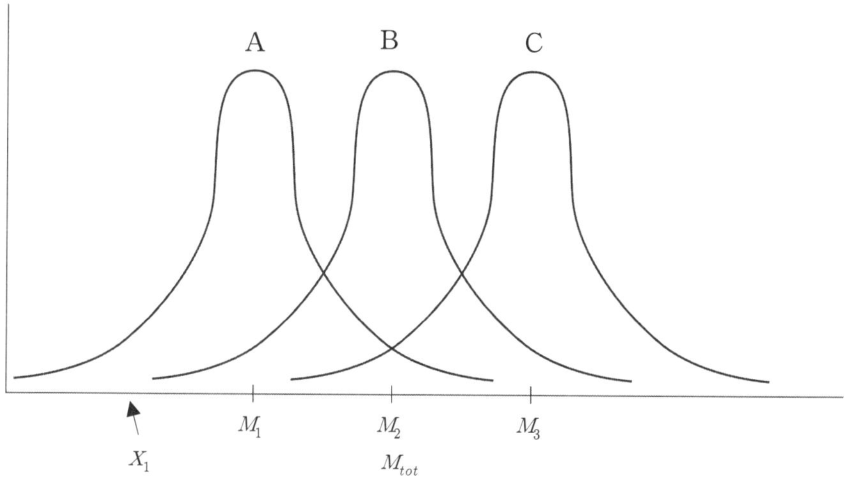

[그림8-3] 세 집단 분포의 평균과 원점수와의 편차

$$(X_{ij} - M_{tot}) = (X_{ij} - M_j) + (M_j - M_{tot})$$

여기에서 아래첨자 i는 하나의 집단에서 i번째 점수를 의미하며 아래첨자 j는 j번째 집단을 의미한다. 따라서 X_{ij}는 j번째 집단에서 i번째 점수를 말하는 것이며 M_j

는 j집단의 평균을 의미한다.

이제 분산의 공식으로 유도하기 위해 양변에 제곱을 하면 아래의 등식이 유도된다.

$$(X_{ij} - M_{tot})^2 = [(X_{ij} - M_j) + (M_j - M_{tot})]^2$$

모든 j집단과 i점수에 대한 편차치의 합을 구하기 위해 양변에 $\sum$을 붙인다. 그리고 우항을 전개하면

$$\begin{aligned}
&\sum_i \sum_j (X_{ij} - M_{tot})^2 \\
&= \sum_i \sum_j [(X_{ij} - M_j) + (M_j - M_{tot})]^2 \\
&= \sum_i \sum_j [(X_{ij} - M_j)^2 + (M_j - M_{tot})^2 + 2(X_{ij} - M_j)(M_j - M_{tot})] \\
&= \sum_i \sum_j (X_{ij} - M_j)^2 + \sum_i \sum_j (M_j - M_{tot})^2 + 2\sum_i \sum_j (X_{ij} - M_j)(M_j - M_{tot})
\end{aligned}$$

여기에서 집단 j내에서의 개별점수와 집단 j의 평균과의 편차의 합은 0, 즉 $\sum_i (X_{ij} - M_j) = 0$이므로

$$2\sum_i \sum_j (X_{ij} - M_j)(M_j - M_{tot}) = 2\sum_i (X_{ij} - M_j) \sum_j (M_j - M_{tot}) = 0$$

이 된다.

또한 집단 j내에서 i가 몇 번째이든 그 집단의 평균으로부터 전체평균으로의 편차, 즉 $(M_j - M_{tot})$는 상수가 되므로 $\sum_i$가 의미하는 것은 집단의 사례수 N만큼 반복하여 더하는 것이므로 결국은 집단내 사례수 N을 곱하는 것과 동일하다. 따라서 $\sum_i \sum_j (M_j - M_{tot})^2 = N\sum_j (M_j - M_{tot})^2$이 된다.

따라서 이를 정리하면 아래와 같다.

$$= \sum_i \sum_j (X_{ij} - M_j)^2 + N\sum_j (M_j - M_{tot})^2 \qquad \text{공식8-1}$$

이 등식에서 $\sum_i \sum_j (X_{ij} - M_j)^2$은 각 집단 내에서 개별점수 X_{ij}와 그 집단의 평균M_j와의 편차의 제곱을 합한 값이 되므로 집단 내에서 각 점수의 변동량을 반영하며 이를 집단내 제곱합(Sum of Square of within groups; SS_w)라고 한다. 또한 $N\sum_j (M_j - M_{tot})^2$은 각 j집단의 평균과 전체평균과의 편차의 제곱을 합한 값에다 사례수로 곱한 값으로 이는 집단간 평균의 변동량을 의미하며 이를 집단간 제곱합(Sum of Square of between groups;SS_b)이라고 한다. 따라서 전체 제곱합은 집단내 제곱합과 집단간 제곱합의 합이 되며 다음과 같이 요약할 수 있다.

$$SS_{tot} = SS_w + SS_b \qquad \text{공식 8-2}$$

분산분석에서 변산도의 지수로써 제곱합을 사용하는 데에는 한가지의 단점이 있다. 제곱합의 크기는 그 계산에 사용한 점수의 개수에 크게 좌우된다는 단점이 있다. 다른 것이 동일할 때 100개의 점수는 50개의 점수보다 두 배의 제곱합(SS) 값을 갖게 된다. 왜냐하면 전자의 표본에는 편차의 수가 두 배나 많기 때문이다. 이러한 이유로 해서 SS가 큰 값이 나왔을 때에는 그 원인으로써 두 가지 중의 하나, 즉 측정되는 특성의 변산도가 원래 크거나 아니면 표본의 N이 크기 때문이라고 해석할 수가 있게 된다.

이 같은 단점을 보완하기 위해서는 사례 수에 민감하지 않은 변산도의 지수가 필요하게 되는데 이때 사용되는 것이 SS를 해당 자유도로 나눈 값, 즉 평균제곱(MS; mean square)이다. 평균제곱은 제곱합을 해당 자유도로 나눈 값이므로 모집단 분산의 추정치가 된다. 따라서 집단내 평균제곱은 집단내 분산 추정치, 집단간 평균제곱은 집단간 분산 추정치로 사용하게 된다.

4) F비

집단간 분산추정치(집단간 분산)와 집단내 분산추정치(집단내 분산)는 각기 변산도의 지수로서 나름대로의 역할을 수행할 수 있지만, 우리에게는 여러 개의 지수보다는 집단간 차이를 나타내 줄 수 있는 단일 지수가 필요하다. 그 단일 지수를 논의하기에 앞서 우선 간분산과 내분산의 속성을 알아보기로 하자. 앞에서 이미 언급했듯이 실험상황이나 비실험 상황에서의 분산분석의 논리는 동일하지만 여기에서는 설명의 편의를 위해서 실험상황에 대한 것을 설명할 것이다.

하나의 집단에서 원칙적으로는 그 집단성원이 모두 동일해야 하지만(즉 변산이 없어야 하지만), 사회과학에서는 실제로 그런 경우가 매우 드물며 어느 정도의 변산이 있게 된다. 즉, 무선오차가 존재하게 된다. 또한 하나의 모집단에서 동일한 사례수의 표본을 독립적으로 여러 개 추출하였을 때, 그 표본의 평균치들 간에도 어느 정도의 표집오차(즉 무선오차)가 있을 것으로 기대해야 한다. 그러나 그 표본 평균치들 간의 변산도, 즉 간분산은 개별사례를 기초로 한 변산도, 즉 내분산과 큰 차이가 없을 것을 기대할 수 있을 것이다. 다시 말해서 하나의 모집단에서 사례수가 동일한 여러 개의 표본을 독립적으로 추출하였을 때, 간분산과 내분산의 차이는 단순히 표집에 의한 무선적 오차 이상의 어떤 차이를 기대할 수 없을 것이며, 더 나아가 표집오차가 없다면 간분산과 내분산이 동일해야 할 것이다.

이제 표집한 각 집단에 실험처치를 달리 가하게 된다면 각 집단의 평균치들은 표집오차라는 오차분산에다 실험 처치에 의한 체계적 분산 즉 실험분산이 더해지게 된다(즉, 오차분산+실험분산). 그러나 각 집단내 분산들은 실험 처치를 가하기 전과 동일한 상태를 유지하게 된다(오차분산). 따라서 실험처치의 효과가 있었다면, 간분산과 내분산의 차이는 무선적 오차 이상으로 체계적인 차이를 보일 것이다. 그러한 차이가 있는지를 알아보기 위한 간편한 방법 중의 하나가 간분산과 내분산의 비를 구하는 것인데, 이 비를 F비라고 한다.

이 F비는 분산분석을 처음으로 만들어낸 영국의 통계학자이며 생물학자였고 유전학자였던 Ronald Fisher(1890~1962)경에게 경의를 표하기 위해 Fisher의 머리글자인 F를 사용한다. 각 표집이 동일한 모집단에서 추출되었다는 가정 하에서 간분산 대내분산의 비로 이루어진 표집분포는 F분포를 하는 것으로 알려져 있으므로 F 분포표를 이용하여 가설검증을 하게 된다.

$$F = \frac{SS_b/df_b}{SS_w/df_w} = \frac{MS_b}{MS_w} = \frac{\text{집단간 분산}}{\text{집단내 분산}} = \frac{\text{실험분산} + \text{오차분산}}{\text{오차분산}}$$ **공식 8-3**

위의 F비에 대한 정의공식에서 알 수 있듯이 실험효과가 전혀 없다면 논리상으로 F비는 1이 되어야 하지만 실제로는 1에 근접한 값을 갖게 된다. 또한 실제로 실험효과가 있었다면 F비는 항상 1보다 커야만 하며 F분포상의 어떤 일정한 α수준 이상의 값을 가져야만 한다. 따라서 F비의 값이 1보다 작게 나온 경우에는 실험설계나 통제에 이상이 있지 않았는지를 살펴보아야 할 것이다. 왜냐하면 이런 경우는 무선적이 아닌 어떤 체계적 오류가 실험효과에 작용하여 내분산을 확대시켜서 일어나는 경우가 많기 때문이다.

5) F비와 t비의 관계

분산분석이 둘 이상의 집단에 대해 t-검정을 확장한 것이므로 t와 F간에는 어떤 일정한 관계가 있으리라는 예상을 할 수 있을 것이다. 우선 두 검증방법에 사용되는 공식을 비교해 보자. t-검정에서의 분자는 두 집단평균의 차이인 $M_1 - M_2$이었다. 이는 집단간 차이의 측정치이므로 간분산이라고 표현할 수 있다.

유사하게 분모로 사용된 두 집단평균의 차의 표준오차인 $s_{M_1 - M_2}$는 내분산의 측정치로 간주할 수 있을 것이다. 따라서 t-검정에서 사용된 공식은 간분산 대 내분산의 비로써 분산분석에 사용된 F비와 동일한 내용의 것임을 알 수 있을 것이다. 사실상 양방적 검증에서 독립표집의 두 집단평균치를 비교하는 경우 분산분석의 F비를 사용하든 t비를 사용하든 결과는 마찬가지가 된다. 보다 정확하게 말해, 두 독립집단에 적용한 F비는 t값의 제곱과 같다($F = t^2$).

6) 일원분산분석의 기본가정

이 장에서 설명하는 일원분산분석방법을 적용하기 위해서는 자료가 몇 가지 기본가정을 만족해야만 한다. 왜냐하면 분산분석방법이 이러한 기본 가정을 전제로 하여 유도되었기 때문이다. 그러나 실제로 구한 자료가 그러한 기본가정을 만족시키는지를 확인할 수 있는 정확한 방법은 없으며 설사 만족시키지 않는다 하더라도 분산분석을 적용하는 경우가 있다. 그렇다 하더라도 자신이 사용하는 통계적 방법의 기본가정을 알고 있고, 또 그 기본가정이 만족되지 않는 경우 결과에 어떠한 영향을 주는지를 알아야 보다 정확한 해석을 내릴 수가 있을 것이다.

① 각 모집단의 분포는 정상분포를 이룬다.

이 가정의 경우 사례수가 클 때(최소한 N 〉20)에는 중심극한정리가 적용되므로 이 가정이 위배되더라도 그다지 큰 오류를 범하지 않게 된다. 또한 모집단이 정상분포를 이루지 못하더라도 각 모집단의 분포가 같은 형태의 분포를 이루는 경우 F-검정결과는 비교적 영향을 덜 받게 된다. 이 가정의 위배에 대한 검증방법은 비모수검증 방법인 Kolmogorov-Smirnov 검증방법을 이용할 수 있다.

② 각 모집단의 분산은 동일하다.

동분산성의 가정으로 각 집단의 사례수가 동일한 경우에는 결론에 커다란 오류를 범하지는 않는다. 따라서 동분산성의 가정이 위협을 받을 때에는 가능한 한 각 집단의 사례수를 동일하게 하여야 할 것이다. 이 가정의 위배에 대한 검증방법으로 SPSS는 Levene의 검증을 채택하고 있다.

③ 모든 표집은 무선적이고 상호 독립적인 표집이다.

이 가정은 한 집단 내에서의 사례를 표집하는 데에는 물론 각 집단의 표집에 대해서도 무선적이고 상호 독립적이어야 함을 의미한다. 이 가정의 위배는 표집방법에 의한 것이므로 연구자가 실험설계(또는 조사설계)시 고려해야 하는 사항이며, 반복측정이나 짝진 표집 등의 방법에 의한 표집인 경우 재설계를 하여 이 장에서 설명하는 공식을 적용하든가 그러한 설계를 하지 못하는 경우에는 다른 공식을 적용한 분산분석을 실시해야 한다.

④ 분산분석은 직선적이며 상가적인 수리적 모형(linear and additive model)에서 출발하였다.

즉, 한 피험자의 원점수는 전체평균, 실험효과, 오차점수들의 상호 독립적이며 직선적인 합으로 이루어졌다고 가정한다. 따라서 이러한 가정이 만족되지 않을 경우에는 점수의 전환이나 척도의 전환 등을 통해 직선적 관계를 유지시킨 후에 이 모델을 적용시켜야 할 것이다.

2 일원분산분석

1) 다수준 설계

지금까지 일반적인 분산분석의 논리를 설명하였다. 이제 가상적인 예를 통해 보다 자세한 내용을 알아보기로 하자.

아동들의 공격적 행동이 관찰을 통해 학습되는지를 알아 본 Albert Bandura의 사회적 학습(social learning) 실험은 심리학에서 하나의 고전이 되고 있다. Bandura의 실험결과처럼 공격적 행동이 관찰학습으로 획득될 수 있다면, 그 반대의 행동 역시 관찰학습으로 획득될 수 있다는 생각이 타당하리라고 믿고 있는 한 연구자가 있었다. 그는 협동적 행동을 하는 모델과 경쟁적 행동을 하는 모델을 관찰토록 하는 것이 유치원 아동들에게 어떤 영향을 미치는가를 알아보고자 다음과 같은 가설을 설정하였다.

놀이에서 다른 아동과 협동하는 모델을 아동들이 관찰하였다면, 그들 자신이 동일한 놀이에 참여했을 때에는 보다 더 협동적일 가능성이 높다. 반대로 그들이 만약 모델이 경쟁하는 것을 관찰하였다면 실제로 놀이에 참여해서 경쟁적일 가능성이 더 높다. 그 연구자는 이 같은 일반적인 모델링 가설(modeling hypothesis) 또는 모방가설을 알아보기 위해서 한 보육원의 여아들을 대상으로 무선표집을 하여 한 집단에 6명으로 구성된 세 집단 설계를 구성하였다. 한 집단의 아동들은 경쟁적인 모델을 관찰 한 후 놀이에 참여하였고(이를 경쟁집단; competitive group이라 하였고 A_1로 표시하였다), 두 번째 집단의 아동들은 모델에 대한 관찰 없이 놀이에 참여하였고(이를 통제집단; control group이라 하며 A_2로 표시하였다), 세 번째 집단은 협동적인 모델을 관찰한 후에 놀이에 참여하였다(이를 협동집단; cooperative group이라 하였고 A_3으로 표시하였다). 종속변수는 전체 15번의 놀이시행 중에서 관찰대상 아동이 행한 협력행동의 수이다. 따라서 이 실험에서 사용한 종속변수 측정치는 비율척도에 해당된다. 이 실험의 결과를 <표8-1>에 제시하였다.

<표8-1> 가상적 다수준(세 집단) 설계 모방실험의 원자료

집 단			
A_1(경쟁집단)	A_2(통제집단)	A_3(협동집단)	ΣY
3	8	7	18
6	8	10	24
6	11	10	27
5	6	10	21
7	7	10	24
9	8	13	30
ΣY 36	48	60	144

연구자는 위의 자료가 모델링 가설을 지지하는지의 여부를 결정하는데 관심이 있었다. 이 연구의 가설은 협동집단(A_3)의 협동적 반응빈도의 평균이 통제집단(A_2)의 평균보다 크고, 통제집단의 평균은 경쟁집단(A_1)의 평균보다 클 것이라는 것이다. 이를 기호로 나타내면, H_1은 $M_3 > M_2 > M_1$이다. 이 실험에서 사용한 영가설은 각 집단의 평균이 동일하다($H_0 : M_3 = M_2 = M_1$)는 것이다. 통계적 검증에 사용할 유의수준은 P〈0.05(α=0.05)로 결정하였다.

2) 각 집단의 기술통계치와 신뢰구간

<표8-2> 각 집단의 평균 비교

기술통계

점수

	N	평균	표준편차	표준오차	평균에 대한 95% 신뢰구간		최솟값	최댓값
					하한값	상한값		
경쟁집단	6	6.0000	2.0000	.8165	3.9011	8.0989	3.00	9.00
통제집단	6	8.0000	1.6733	.6831	6.2440	9.7560	6.00	11.00
협동집단	6	10.0000	1.8974	.7746	8.0088	11.9912	7.00	13.00
합 계	18	8.0000	2.4254	.5717	6.7939	9.2061	3.00	13.00

<표8-2>는 세 집단의 협동적 행동의 빈도에 대한 평균과 표준편차 등의 기술통계치를 보여주고 있다. 경쟁집단의 협동적 행동은 평균 6번이며 협동집단의 협동적 행동은 가장 많은 10번임을 알 수 있다. 각 집단의 산술평균은 알 수 없는 모집단 평균에 대한 불편 추정치가 된다. 이러한 성질을 이용하면 모집단 평균이 포함될 범위 즉 신뢰구간을 추정할 수 있게 된다. <표8-2>를 보면, 경쟁집단의 95%신뢰구간은 3.9에서 8.1사이이며, 통제집단은 6.2에서 9.8사이이다. 95%라는 신뢰구간을 간단히 설명한다면, 만약 같은 조건하에 있는 모집단으로부터 표집이 반복적으로 추출된다면 100번 중에서 95번은 이 신뢰구간 안에 평균이 위치한다는 것을 의미한다.

3) 일원분산분석의 논리

우선 아동들이 모델을 관찰하기에 앞서 동일한 검사를 받았다면, 어느 정도의 차이는 있겠지만 통제집단처럼 행동할 것이라고 간주할 수가 있을 것이다.

달리 말해, 검사받을 당시의 세 집단은 무선할당을 하였기 때문에 어떤 일관성 있는 집단간 분산이 존재하지 않을 것이라고 기대된다. 또한 개인차를 포함하는 여러 가지 가능한 원인으로 인한 무선적 오차 때문에 각 집단에는 집단내 분산이 존재하지만 무선할당절차에 의해서 세 집단의 집단내 분산은 거의 동일할 것으로 기대할 수 있을 것이다. 여기에서의 실험가설을 달리 표현하면, 모델을 관찰한 후에도 집단내 분산은 비교적 안정적인 반면에 집단간 분산은 크게 증가할 것이다. 동일한 용어로써 영가설을 표현하면, 집단간 분산은 실험처치에 의해 변화되지 않을 것이다.

다시 말해, 처치전의 집단간 분산은 0이며 처치에 의해서도 집단간 분산과 집단내 분산이 영향을 받지 않을 것이라는 게 H_0이다.

위의 <표8-2>에서 알 수 있듯이, 자료의 전체평균은 8이다(M_{tot}=8). 전체평균은 모든 점수를 더하고(144) 전체 사례수로 나눈 값(즉, 144/18=8)임을 이미 알고 있을 것이다. 다시 말해서, 전체평균은 18명 아동들의 평균적 반응을 의미한다.

전체평균은 세 집단평균의 변동(집단간 분산)에 대한 기준이 된다. 각각의 집단평균에서 전체평균을 빼면 각 집단의 평균수행에 미치는 각 처치수준의 영향력의 정도가 나오게 된다. 예를 들어, 경쟁집단(A_1)평균에서 전체평균을 빼면 6−8=−2이다.

여기에서의 -2라는 값은 경쟁적 모델의 평균적 효과는 협동적인 반응의 빈도를 두 번 정도 감소시킨다는 것을 의미한다. 비슷하게, 협동적 모델집단(A_2)은 +2가 나오며 이는 협동적 모델의 관찰이 평균 2번 정도의 협동적 행동의 증가를 일으킨다는 것을 의미한다.

원자료를 분석하기 위한 기본적인 모델은 각 피험자의 점수가 여러 개의 구성요소들의 합이라는 것이다. 다시 말해서, 각 피험자의 원점수(종속변수측정치)는 전체평균, 특정수준의 독립변인(실험처치수준)의 효과, 그리고 무선오차로 구성되어 있다고(즉, 분할할 수 있다고) 가정한다. 이를 기호를 사용하여 표시한다면 아래와 같다.

$$Y = M_{tot} + A_i + e$$ **공식 8-4**

공식8-4에서 Y는 한 피험자의 종속변수 측정치이고, M_{tot}는 전체평균, A_i는 처치수준의 효과이다. 여기에서 M_{tot}의 값은 전체 평균이므로 어느 원점수에서나 동일하며, A_i는 세 집단의 각 평균에서 M_{tot}를 뺀 값(-2, 0, +2)이 된다.

오차(error)의 값은 각 원점수 Y로부터 M_{tot}와 A_i를 뺀 값이다. 이러한 계산과정이 <표8-3>의 가운데 부분에 제시되어 있다.

"분산분석"이라는 용어는 각 점수의 평균으로부터의 변산(variation)에 주의를 기울여야 한다는 것을 시사해준다. 각 점수에서 평균을 빼면 편차점수가 된다(표8-3에서 소문자 [y]로 표시하였다). 평균은 점수들의 분포의 산술적인 중간점이므로 정적인 편차치의 합은 부적인 편차치의 합과 정확하게 상쇄된다.

<표8-3>을 보면, 집단 A_1의 편차합 -12는 집단 A_3의 편차합 +12에 의해 정확히 상쇄될 것이다. 동일한 논리로, 각 집단 내에서 모든 편차의 합은 0이 된다(그러나, 이미 설명하였듯이 편차치의 제곱의 합, 즉 편차제곱합은 0이 아니다). <표8-3>을 보면 각 원점수들이 그 구성요소들로 분해되었다. 동일한 내용을 그림으로 표현하면 보다 직관적인 이해가 가능할 것이다. [그림8-4]를 보면 이를 알 수 있다. [그림8-4]에서 쌓여있는 각각의 벽돌은 한번의 협동적 반응을 나타낸다.

<표8-3> 가상적 세 집단 설계에서 각 점수의 분해

A_1	$(Y-M_Y)^2$	$(Y-M_Y)$ = y = A_i + e	A_i^2	e^2	
	25	3 − 8 = −5 = (−2) + (−3)	4	9	
	4	6 − 8 = −2 = (−2) + (0)	4	0	
	4	6 − 8 = −2 = (−2) + (0)	4	0	
	9	5 − 8 = −3 = (−2) + (−1)	4	1	
	1	7 − 8 = −1 = (−2) + (+1)	4	1	
	1	7 − 8 = −1 = (−2) + (+3)	4	9	
Σ =	44	−12 = −12 + 0	24 +	20	= 44
	0	8 − 8 = 0 = (0) + (0)	0	0	
	0	8 − 8 = 0 = (0) + (0)	0	0	
	9	11 − 8 = +3 = (0) + (+3)	0	9	
	4	6 − 8 = −2 = (0) + (−2)	0	4	
	1	7 − 8 = −1 = (0) + (−1)	0	1	
	0	8 − 8 = 0 = (0) + (0)	0	0	
Σ =	14	0 = 0 + 0	0 +	14	= 14
	1	7 − 8 = −1 = (+2) + (−3)	4	9	
	4	10 − 8 = +2 = (+2) + (0)	4	0	
	4	10 − 8 = +2 = (+2) + (0)	4	0	
	4	10 − 8 = +2 = (+2) + (0)	4	0	
	4	10 − 8 = +2 = (+2) + (0)	4	0	
	25	13 − 8 = +5 = (+2) + (+3)	4		
Σ =	42	+12 = +12 + 0	24 +	18	= 42
	ΣΣ = 44 + 14 + 42 = 100	Σ = 48 + 52 = 100			

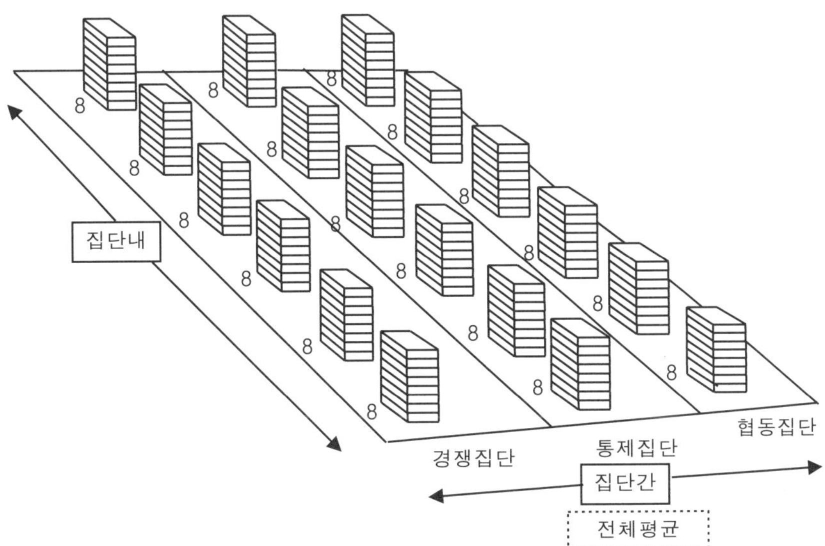

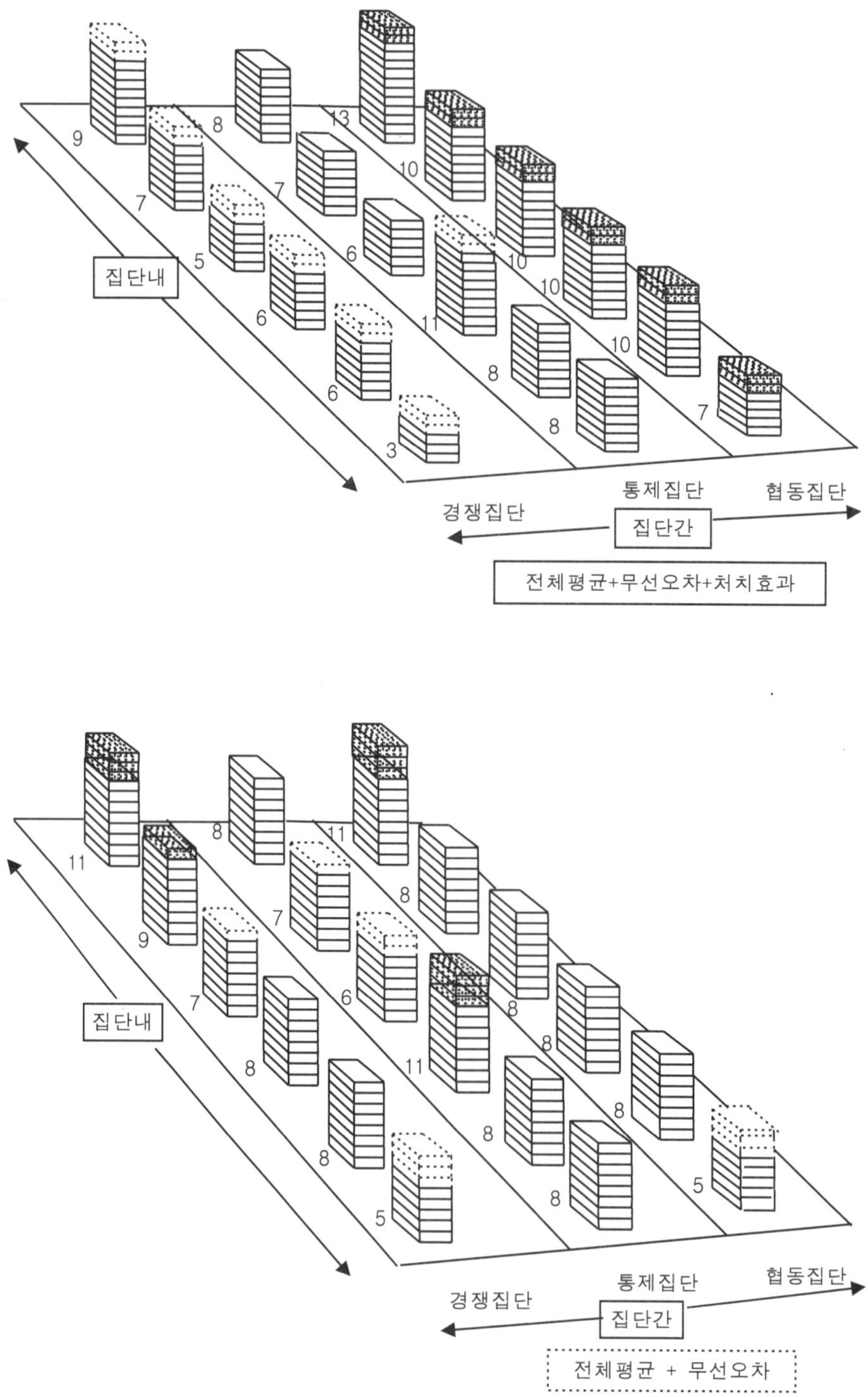
집단내
경쟁집단
통제집단
협동집단
집단간
전체평균+무선오차+처치효과
집단내
경쟁집단
통제집단
협동집단
집단간
전체평균 + 무선오차

[그림8-4]

[그림8-4]에 있는 연속된 그림은 모든 어린이가 동일한 점수(M_{tot}=8)를 받는 동질적인 집단(homogeneous group)으로부터 무선오차(내분산)가 포함되어 비동질적인 집단이 되고 다음에는 각 점수에 특정한 처치효과(간분산)가 첨가되어 더욱 비동질적인 집단이 되는 과정을 보여주는 것이다. 그림에서 벽돌더미의 위에 있는 회색 벽돌은 그림 전체에서 벽돌을 추가하거나 제거하지 않고 각 분산원에 의해 어떻게 벽돌이 이동되는가를 보여주기 위한 것이다. 이는 앞에서 논의한 평균으로부터의 편차합이 0이라는 점을 예시하는 것이다. 점수상의 마지막 변화는 원자료를 의미한다. 이제 각 집단의 평균은 예언된 바처럼 배열되었다. 이제부터의 문제는 −2라는 협동적 반응의 감소와 +2라는 협동적 반응의 증가가 무선오차 요소(random error factors)에 기인하지 않는다고 결정을 내릴 수 있을 정도로 간분산이 내분산(무선오차에 의한)에 비해 큰 가를 알아보는 것이다.

그림으로 설명하면, [그림8-4]에서 모델링의 영향에 의해 집단간에 이동된 벽돌의 개수와 무선오차(random error)에 의해 이동된 벽돌의 개수를 비교해야 하는 것이다.

앞에서 설명했듯이, 간분산과 내분산의 평균을 계산하면 이들 두 분산을 숫자상으로 비교할 수 있게 된다. 현재 사용이 가능한 최선의 분산추정치는 표본분산으로 이를 사용하게 된다. <표8-3>에서 각 원점수 Y에 포함된 처치효과(Ai즉 간분산)와 오차(내분산)를 계산했다. 이 값들(A_i^2)과 (e^2)을 각기 더하면 Σe^2인 52와 ΣA_i^2인 48이 나오게 된다. 평균으로부터 원점수 Y의 편차제곱이 100이며 각 구성요소의 제곱합의 합이 52+48=100으로써 동일하다는 사실에 주목하기 바란다. 다시 말해서, $SS_{tot} = SS_w + SS_b$가 성립된다. 52와 48은 각 요인(factor)에 기인한 편차제곱이다. 한편, 우리는 평균적 또는 전형적인 편차제곱(즉, 평균제곱)에 관심이 있다. 왜냐하면 편차제곱은 사례수에 의해 크게 영향을 받기 때문에 사례수의 영향을 받지 않는 이 평균제곱이 모집단의 분산을 추정하는데 더욱 신뢰롭기 때문이다. 평균제곱을 구하려면 각각의 편차제곱을 각 제곱합에 상응하는 자유도로 나누어야 한다.

자유도는 자유로이 변화(vary)되는 점수의 개수로서 기술될 수 있다(자세한 사항은 8장 참조). 예를 들면, 동전을 15번 던져서 앞면이 8번 나왔다면, 뒷면이 7번 나왔음을 자동적으로 알 수 있다. 유사하게, 주사위를 네 번 던져서 나온 점수의 합이 18이고 세 번이 3, 5, 6이었다면, 네 번째 던졌을 때 나온 숫자를 알 수 있을 것이다. 그 나머지 수는 알려진 세 개의 점수의 합(14)과 전체점수(18) 사이의 차이이다. 달리 말해서 총점을 알고 있기 때문에 마지막 숫자는 고정되어 변경이 불가능하다(변화가 자유롭지 못하다). 이런 상황에서의 자유도(df)는 3이다. 대개의 경우 자유도는 사례 수보다 하나 적다.

이제 우리의 모델링의 예로 되돌아가서, 전체평균이 8이고 18개의 점수가 있으므로 모든 점수의 합은 18×8=144임을 알 수가 있다. 이러한 사실은 17개의 점수를 알게 되면 18번째의 점수는 144와 17번째까지의 합과의 차이로 결정됨을 의미한다. 따라서 전체 자유도는 DF_{tot}=18-1=17이 된다. 간분산은 전체평균과 각 집단평균간의 편차제곱의 평균을 말한다. 예에서 협동집단(A3)은 두 번의 부가적인 협동적 반응이라는 평균 편차치를 가지며 두 번째, 즉 통제집단(A2)은 전체평균으로부터 평균편차가 0이다. 이런 사실을 이용하여, 편차치의 합이 0이라는 조건을 만족시키려면 나머지 세 번째 집단(A1)의 평균편차는 -2가 되어야 한다. 따라서 간분산의 자유도 DF_b는 3-1=2가 된다. 내분산은 집단평균으로부터 각 원점수의 편차제곱의 평균을 말한다. 각 집단의 피험자는 6명이므로 각 집단의 df는 5이며, 세 집단이 있으므로 3을 곱해서 내분산의 자유도 $DF_w = 3 \times (6-1) = 15$가 된다. 제곱합의 구성요소의 합에서처럼 자유도 역시 상가적(相加的)이어야 한다. 따라서 간분산 자유도(2)와 내분산 자유도(15)의 합은 전체 자유도(17)와 같다. 즉, $DF_{tot} = DF_b + DF_w$가 된다.

이제 각 제곱합의 자유도를 알았으므로 각각의 평균 제곱합을 계산할 수가 있을 것이다. 간분산 추정치, 즉 집단간 평균제곱은 48÷2=24가 된다. 집단 A1의 집단 내 분산은 20÷(6-1)=20÷5=4이고, A2는 14÷5=2.8이고 A3는 18÷5=3.6이 된다.

각 세 집단의 내분산이 공통적인 모집단 분산의 추정치라는 가정 하에(왜냐하면, 피험자가 세 집단에 무작위로 할당되었기 때문에), 세 개의 내분산의 평균은 (4+2.8+3.6)÷3=3.47이 되며 이 값이 모집단의 내분산을 추정하는 최선의 단일 값으로 간주될 수 있다.

간분산 추정치는 내분산 추정치와 실험처치에 의해 만들어진 부가적인 분산의 합이다. 여기에서의 영가설은 실험처치 분산이 0이라는 것, 다시 말해서 실험처치의 효과가 없다는 것이다. 이 두 분산을 비교하기 위한 한 가지 방법은 이미 설명한 바처럼 집단내 분산에 대한 집단간 분산의 비(ratio)를 만드는 것이다.

$$F=\frac{SS_b/DF_b}{SS_w/DF_w}=\frac{MS_b}{MS_w}$$

처치(모델링)효과가 없다는 영가설이 옳다면, 두 분산 추정치가 모두 동일한 크기의 내분산 추정치이므로 그 비가 1.00에 가까울 것이라고 예언할 수가 있다.

실험가설 H_1이 옳다면, 집단간분산 추정치는 각 처치에 의해 증대되므로 집단내 분산 추정치에 비해 상대적으로 커야만 한다고 예언할 수 있다. 그러므로 H_1이 옳다면, 내분산 대 간분산의 비율은 1.00보다 클 것이다. 이 같은 내분산 대 간분산의 비를 F비라고 하며, 이 F비는 분모의 자유도와 분자의 자유도에 의해 규정되는 F분포를 하는 것으로 알려져 있다. 따라서 F비의 평가는 두 자유도를 고려한 F 분포표를 이용하게 된다.

<표8-4> 모델링 실험에 대한 일원분산분석표

분산분석

점수

	제곱합	자유도	평균제곱	F	유의확률
집단-간	48.000	2	24.000	6.923	.007
집단-내	52.000	15	3.467		
합 계	100.000	17			

이 예에서, F비의 값은 24/3.47=6.92이다(<표8-4> 참조). 각 집단의 평균이 동일할 것이라는 영가설 하에서 분자의 자유도가 2이고 분모의 자유도가 15일 때의 F분포상에서 6.92 이상 되는 F비 값을 구할 확률이 0.05(α)보다 적은 것으로 나타났다(실제 계산된 확률은 0.007보다 작지만 연구자가 설정한 α=0.05이므로 이를 사용한다). 다시 말해, 영가설 하에서 우연에 의해 6.92라는 F값이 나올 확률은 0.05보다 적다. 따라서 모델의 관찰이 이후에 아동들의 협동적 행동에 비우연적(즉, 체계적인) 영향을 미친다고 결론을 내릴 수 있다. 따라서 실험가설은 지지되었다고 결론을 내리게 된다.

3) 사전비교(계획비교)

사전비교란 분산분석을 적용하여 전반적으로 독립변수의 효과가 있는지를 알아보는 대신에 자료를 수집, 분석하기 이전에 연구자의 관심에 따라 특정한 몇 가지의 질문을 제기하고 그에 답하기 위해 적용하는 방법으로써 이를 계획비교(planned comparison)라고도 한다. 예를 들어, 위의 모델링 가설을 검증하기 위해 협동적 행동을 하는 모델을 직접 관찰하는 집단(A), 영화를 통해 관찰하는 집단(B), 그리고 아무런 처치도 가하지 않은 통제집단(C)을 구성하였다고 해보자. 연구자는 이 실험에서 두 가지 특정 질문을 할 수가 있다. 그 첫째는 직접적이든 간접적이든 모델링의 영향이 있는가이며, 두 번째는 직접적인 모델과 간접적인 모델의 영향 간에 차이가 있는가이다. 전반적인 F-검정은 이 같은 특정질문에 대해 적절하게 답해주지 못하게 되므로 다른 방법을 이용해야만 한다.

다시 말해, 첫 번째 질문에 답하기 위해서는 (A)+(B)와 (C)를 비교해야하며 두 번째 질문에 답하기 위해서는 (A)와 (B)를 비교해야 한다. 이처럼 연구자가 미리 설정한 문제를 위해 평균간 비교를 하는 것이므로 계획비교라고도 하며 전반적인 F-검정을 실시하기 전에 시행하는 것이 일반적이므로 사전대비라고도 한다. 이에 비해 다음절에서 설명하게 될 평균의 개별비교는 전반적인 F-검정의 결과 유의미한 차이를 얻은 경우에만 주로 실시하게 되므로 사후비교라고 한다. 그러나 실제로는 주어진 평균값을 가지고 한번 이상 비교하는 경우이므로 전반적인 분산분석에 비해 사전비교니 사후비교니 하는 것은 그다지 현실적 의미가 없게 된다. 그보다는 주어진 평균간의 비교가 다른 평균간의 비교와 독립적인 정보를 주도록 실시하게 되는 직교비교(orthogonal comparison)와 그렇지 않은 비직교 비교(nonorthogonal comparison)로 나누는 것이 통계적으로 보다 의미 있는 구분이 될 것이다.

직교란 공간상에서 서로 90°의 각도를 이루는 것을 말하는데, 이럴 때 두 개의 평균 비교간에는 상호 독립적인 관계를 유지한다는 것을 의미한다(이는 상관이 없다는 의미이며, 이러한 관계는 직교좌표에서 한 좌표축을 따라 움직이는 것이 다른 좌표축상의 값에 아무런 영향을 주지 못한다는 사실을 생각해 보면 쉽게 이해할 수 있다). 따라서 직교 비교를 독립적 비교라고도 한다. 사전비교의 경우에는 직교 비교

(즉, 독립적 비교)와 비직교 비교(즉, 비독립적 비교)가 모두 가능하지만, 주로 직교 비교가 행해지며 사후비교의 경우에는 일단 전반적인 분산분석을 실시한 후에 구체적인 평균간의 비교가 이루어지므로 비직교 비교만이 가능하게 된다.

평균을 상호 비교하는 경우에 이를 일정한 가중치를 준 평균의 합으로 생각할 수 있다. 예를 들어, 앞에서 말한 (A), (B), (C)집단의 경우 (A)와 (B)의 비교는(A)의 평균에 +1, (B)의 평균에 −1, 그리고 (C)의 평균에 0의 가중치를 곱하여 더한 것과 같다.

$$(1)M_a + (-1)M_b + (0)M_c = M_a - M_b$$

또한 (A)+(B)와 (C)의 비교는 다음과 같이 된다.

$$(\frac{1}{2})M_a + (\frac{1}{2})M_b + (-1)M_c = \frac{M_a + M_b}{2} - M_c$$

이러한 가중치를 각각 C_j라고 하면 가중치에 의한 J개의 평균의 직선적 합은 다음과 같이 나타낼 수 있다.

$$C_1M_1 + C_2M_2 + C_3M_3 + ... + C_jM_j = \sum C_jM_j$$

이때 이들 가중치의 합이 0이 되면 평균들 간의 비교 또는 대비가 가능하다고 하며 가중치들 즉 Cj를 비교계수(Contrast coefficient)라고 한다. 이처럼 비교계수의 합이 0이 되면 어떠한 평균들 간의 비교도 가능하게 된다. 여기에서 평균들 간의 비교가 가능하기 위해 주어진 조건은 비교계수의 합이 0이라는 것뿐이므로 각 비교계수는 그 비례 관계만 유지된다면 어떤 값을 쓰더라도 괜찮다. 예를 들어, (A)+(B)와 (C)의 비교계수로 (1/2), (1/2), (−1) 대신에 각 계수에 −2를 곱하여(−1), (−1), (2)를 사용해도 된다.

주어진 평균들을 가지고 할 수 있는 평균들 간의 개별비교는 하나만이 아니라 여러 개도 가능하다. 이처럼 각 집단의 사례수가 같은 평균간의 비교를 둘 이상 실시할 경우, 두 비교계수들의 상응하는 값들을 곱하여 더한 결과(상적의 합)가 0이 된다면 그 두개의 평균들 간의 비교는 상호 독립적, 즉 직교 비교가 된다. 이러한 관계는 아래의 식으로 표현할 수 있다.

$$\Sigma(C_{j1} \times C_{j2}) = 0$$

각 집단의 사례수가 다를 경우에는 아래의 조건을 만족할 때 직교 비교가 된다.

$$\Sigma(C_{j1} \times C_{j2})/n_j = 0$$

일반적으로 J개의 평균이 있을 때 가능한 평균간의 직교 비교의 개수는 모두 J-1개가 된다. 아래의 <표8-5>의 비교계수를 보면, 비교계수 1에는 -1, -1, 2의 값이 있으며 비교계수 2에는 1, -1, 0의 값이 있다. 이들 각각의 계수를 곱하여 더한 결과가 0이 되므로 비교 1과 비교 2는 상호 독립적인 정보를 주는 직교 비교가 된다. 따라서 (A)와 (B)의 비교와 (A)+(B)와 (C)의 비교는 상호 독립적 비교인 것이다.

$$(-1)(-1) = (1)(-1) + (0)(2) = (+1) + (-1) + (0) = 0$$

평균들을 개별 비교하는 사전비교법의 검증방법으로는 구간추정법, t-검정법, F-검정법 등이 사용될 수 있지만, SPSS에서는 t-검정법이 사용된다(그 결과물의 해석방법은 8장 참조).

<표8-5> 직교 비교의 결과물

일원배치

분산분석

점수

	제곱합	자유도	평균제곱	F	유의확률
집단-간	48.000	2	24.000	6.923	.007
집단-내	52.000	15	3.467		
합계	100.000	17			

대비계수

대비	집단		
	경쟁집단	통제집단	협동집단
1	1	0	-1

대비검정

		대비	대비값	표준오차	t	자유도	유의확률(양쪽)
점수	등분산 가정	1	-4.0000	1.0750	-3.721	15	.002
	등분산을 가정하지 않음	1	-4.0000	1.1255	-3.554	9.972	.005

4) 경향분석(trend analysis)

독립변수, 즉 처치변수인 남-녀, 토의식-강의식-{토의+강의식} 등과 같이 분류를 목적으로 하는 명명적인 경우에는 전반적인 F-검정을 하는 것으로 충분하게 된다(사실상 더 이상의 분석이 불필요하다). 그러나 독립변수가 동간적이거나 비율적인 성질을 가지는 경우도 있을 수 있다. 예를 들어, 과제물을 대학생에게 기억시킨 후 시간의 경과에 따른 망각정도를 알아보기 위해 즉시집단, 1일 경과집단, 2일 경과집단, 3일 경과집단, 4일 경과집단으로 나누어 기억한 내용의 유지정도, 즉 파지(retention)를 측정하였다면 이 실험에서의 독립변수는 비율의 성질을 갖는다. 이러한 경우에 연구자는 처치변수와 실험변수 간에 어떤 특징적인 관계형태가 있는지를 분석해 볼 수가 있다. 다시 말해, "처치변수가 증가함에 따라 집단평균치가 직선적으로 증가되는가 또는 감소되는가(즉 선형적 결합을 하는가)?" 더 나아가 "집단 평균치들은 선형적 관계에서 얼마나 이탈되어있는가?" 그리고 이탈되어 있다면 "그 경향을 2차함수로 적절히 표현할 수 있는가?"라는 질문을 제기해 볼 수도 있다. 이 같은 질문에 답하기 위해 사용하는 것이 경향분석법이다. 이 절에서 설명하는 경향분석은 독립변수가 최소한 동간성을 유지하는 것을 전제로 하지만 경향분석에서 이 전제가 반드시 만족되어야 하는 것은 아니다.

따라서 어느 정도 동일한 간격을 유지하는 서열적 변수인 경우에도 이 분석방법을 실시할 수 있을 것이지만 해석상에 제약이 따름은 물론이다. 두 변수간의 선형적 관계성이 있다는 말은 한 변인의 값을 알면 다른 변수의 값을 예언할 수 있다는 것을 의미한다. 이러한 성질을 이용하면 전체 분산을 내분산, 직선 회귀 분산, 직선 회귀선으로부터의 편차분산으로 분리할 수가 있게 된다.

경향분석에서의 F는 전반적인 F값과는 달리 두개 이상의 F값이 가능하게 된다. 즉, 직선 회귀에 대한 F1과 직선 회귀로부터의 편차에 대한 F2를 구할 수가 있게 된다. 다시 말해, 직선 회귀 분산을 내분산으로 나누어 구한 직선 회귀에 대한 F1은 직선 경향이 유의미한지를 알아보는 데 사용할 수 있게 되며, 직선 회귀선으로부터의 편차분산을 내분산으로 나누어 구한 F2는 직선으로부터의 편차분산이 0으로부터 유의미하게 다른지를 알아보는 데 사용할 수 있다. 만일 F2가 통계적으로 유의미하다면 직선회귀선은 집단평균들에 적합하지 않다고 결론짓게 되는 것이다.

유의미한 직선적 경향이 있는지를 알아보기 위해, 그리고 평균들이 직선성에서 유의미하게 이탈되어 있는지를 알아보기 위해서는 처치변수의 각 수준에 <표8-6>의 계산변수를 할당하면 간단하게 구할 수 있다. <표8-6>의 계산변수들은 직교다항 계수이며 여기에서 소개하는 경향분석이란 사실상 직교비교분석의 특수한 경우에 해당되는 것이다.

<표8-6> 처치가 동간격일 때 직선항과 이차항의 계산변수

3집단	직선항 이차항	-1 1	0 -2	1 1				
4집단	직선항 이차항	-3 1	-1 -1	1 -1	3 1			
5집단	직선항 이차항	-2 2	-1 -1	0 -2	1 -1	2 2		
6집단	직선항 이차항	-5 5	-3 -1	-1 -4	1 -4	3 -1	5 5	
7집단	직선항 이차항	-3 5	-2 0	-1 -3	0 -4	1 -3	2 0	3 5

위의 <표8-6>에는 직교다항식의 이차항의 계수까지만 제시되어 있다. 만일 일차, 즉 직선항(linear)의 직교다항 계수를 이용하여 계산한 F2가 유의미하다면 두 변수간의 관계성은 직선적인 것보다는 비직선적인 어떤 것으로 보다 잘 표현될 수 있다고 추정할 것이다. 이럴 경우, 이차항(quadratic)의 계수를 적용하여 계산해서 이차회귀의 F1을 평가하게 되며 유의미하지 않다면 삼차항(cubic)의 계수를 적용하게 된다. 이처럼 일차, 이차, 삼차, 사차(quartic) 등의 순으로 계수를 적용시켜 봄으로써 처치평균의 경향이 어느 다항식에 의해 가장 잘 표현되는지를 결정할 수가 있게 된다.

<표8-7> 협동적 행동의 모방실험에 대한 경향분석의 결과물

대비계수

대비	집단		
	경쟁집단	통제집단	협동집단
1	1	0	-1

대비검정

		대비	대비값	표준오차	t	자유도	유의확률(양쪽)
점수	등분산 가정	1	-4.0000	1.0750	-3.721	15	.002
	등분산을 가정하지 않음	1	-4.0000	1.1255	-3.554	9.972	.005

분산분석

			제곱합	자유도	평균제곱	F	유의확률
집단-간	(조합됨)		48.000	2	24.000	6.923	.007
	선형항	대비	48.000	1	48.000	13.846	.002
		편차	.000	1	.000	.000	1.000
	2차항	대비	8.332E-30	1	8.332E-30	.000	1.000
집단-내			52.000	15	3.467		
합계			100.000	17			

<표8-7>은 협동적 행동의 모방실험 자료를 경향분석에 적용시켜본 결과이다. 이 실험의 경우 엄밀한 의미에서 경향분석의 적용대상이 되지는 않지만 가상적인 자료이므로 그대로 사용하였다. <표8-7>에서 직선항(Linear Term)의 F는 α=0.01수준에서 유의하며 직선 회귀로부터의 편차(Deviation from Linear)의 F는 유의하지 않음을 알 수가 있다. 따라서 이 실험에서의 두 변수 간에는 직선적 관계가 있음을 알 수가 있을 것이다.

5) 평균의 개별비교(다중비교)

유의한 F 통계치는 단지 모집단 평균이 같지 않음을 나타낼 뿐이다. 따라서 유의미한 F값이 의미하는 바는 단지 독립변수와 종속변수가 관계가 있다거나 적어도 여러 평균들 중의 한 평균이 다른 평균들과 차이가 있다는 것을 말해주는 것이다.

즉, 전반적인 F-검정을 통해서는 구체적으로 어느 평균이 어느 평균과 의미 있는 차이가 있는지를 알려주지 않는다. 단지 모든 표본의 사례수가 동일한 경우에만 평균값이 가장 큰 표본이 대표하는 모집단과 평균값이 가장 작은 표본이 대표하는 모집단 사이에 의미 있는 차이가 있다는 것만을 확신할 수 있는 것이다. 따라서 전반적인 F-검정으로는 어느 한 집단과 다른 어느 한 집단이 의미 있게 차이가 있는지를 말해주지 못하게 되며, 이 같은 부가적인 정보가 필요한 경우 사후검증을 실시하게 되는데, 이처럼 어느 모집단의 평균이 다른지를 알아보기 위해 적용하는 기법을 다중비교(multiple comparison) 기법이라고 한다.

이 같은 특별한 기법이 필요한 이유는 이 장의 서두에서 이미 언급했듯이 여러 번의 t-검정이 부적합하기 때문이다. 부적합한 이유 중 가장 중요한 것은 평균들의 가능한 쌍을 구성해 t-검정을 실시하면 모집단 평균이 동일할 때에 조차도 유의미한 것으로 나타날 가능성이 커지기 때문이다. 예를 들어, 다섯 집단을 비교한다면 10개의 평균 쌍을 비교할 수가 있다. 그러나 모든 모집단 평균이 동일할 때, 적어도 10개 중의 하나에서 관찰된 유의도 수준이 0.05보다 적을 확률은 약 0.29로 확대된다. 따라서 평균들의 개별비교를 위한 새로운 방법이 필요한 것이다. 다중비교 검증방법은 너무 많은 차이가 유의미해지는 것을 방지한다.

왜냐하면, 이들 검증방법은 일상적인 t-검정보다 유의미한 차이가 있음을 선언하는데 더욱 엄격한 기준을 사용하기 때문이다. 즉, 두 표집 평균사이의 차이가 실제 차이로 간주되기 위해서는 그 차이가 더욱 커야만 할 것이다.다중비교를 하는 방법은 크게 두 가지로 구별할 수 있다. 그 하나는 모집단평균간의 차이에 대한 신뢰구간을 구성한 후 그 신뢰구간에 0이 포함되면 모집단평균 간에 차이가 없다고 간주하며, 그렇지 않다면, 즉 H_0이 기각되면 관찰된 신뢰구간을 기초로 하여 모집단 평균을 크기 순으로 나열할 수 있는 방법이다.

이러한 방법에는 Tukey의 HSD(Honestly Significant Difference), Scheffe 검증 등이 이에 해당된다. 다른 하나는 모집단 평균의 차이가 유의미한 것인지의 여부만을 검증하는 방법으로 최소유의차 검증(LSD; Least Significant Difference), Duncan 검증, Student-Newman-Keuls(SNK) 검증 등이 있다.

① 최소유의차 검증(LSD)

이 검증방법은 Fisher에 의해 발표된 것으로 2단계의 절차를 거친다. 그 1단계는 F값에 의해 H_0를 검증하여 H_0가 기각되면 2단계로 두 표집의 t-검정을 실시한다(t-검정과는 다른 공식을 사용한다). 따라서 이 방법은 동시적인 검증이라기보다는 개별적인 t-검정인 셈이 된다. 계산결과로 나온 통계치는 두 개의 표집평균이 의미 있는 차이를 나타내기 위해 필요한 최소한의 값이 되는 까닭에 이를 최소유의차 검증이라고 하는 것이다. 그러나 그 값은 어느 하나의 두 평균의 차이가 유의미한 차이가 되기 위한 최소한의 크기이지 모든 가능한 표본평균의 차이가 동시에 유의미한 차이를 보이기 위한 최소한의 크기는 아니다.

최소유의차 검증은 F값과 t값만 계산되면 쉽게 적용할 수 있다는 점과 표집의 크기가 같지 않아도 적용할 수 있다는 장점이 있다. 그러나 순수한 의미에서의 동시적 검증이 아니라는 점과 때로 해석하기 난해한 결과가 나올 때도 있다는 단점이 있다.

아래의 <표8-8>는 가상적 모방실험결과에 대해 LSD검증방법을 적용시켰을 때 나오는 SPSS의 결과이다.

<표8-8> 가상적 모방실험결과에 대한 LSD검증결과 1

일원배치

분산분석

점수

	제곱합	자유도	평균제곱	F	유의확률
집단-간	48.000	2	24.000	6.923	.007
집단-내	52.000	15	3.467		
합계	100.000	17			

사후검정

다중비교

종속변수:점수
LSD

(I) 집단	(J) 집단	평균차(I-J)	표준오차	유의확률	95% 신뢰구간	
					하한값	상한값
➡ 경쟁집단	통제집단	-2.0000	1.0750	.083	-4.2912	.2912
	협동집단	-4.0000*	1.0750	.002	-6.2912	-1.7088
통제집단	경쟁집단	2.0000	1.0750	.083	-.2912	4.2912
	협동집단	-2.0000	1.0750	.083	-4.2912	.2912
협동집단	경쟁집단	4.0000*	1.0750	.002	1.7088	6.2912
	통제집단	2.0000	1.0750	.083	-.2912	4.2912

*. .05 수준에서 평균차가 큽니다.

위의 결과물을 보면, 경쟁집단과 협동집단간에 α=0.05에서 유의미한 차이가 있음을 알 수 있다.

② Scheffe 검증

이 검증법은 유의미한 F를 얻었을 때에만 적용하는 전형적인 다중비교 방법으로 다음에 설명하는 스튜던트화(Studentized) 범위값을 이용하는 방법들과는 달리 집단의 사례수가 다른 경우에도 쉽게 적용할 수 있고 분산분석표를 이용하여 간단하게 계산할 수 있기 때문에 많이 사용되는 방법이다. 또한 이 방법은 단순히 두 평균간의 비교만이 아니라 연구자의 관심에 따라 어떠한 평균들 간의 조합을 구성하여 행하는 비교도 허용이 되므로 다른 방법이 적용될 수 없는 광범위한 사태에 적용될 수 있다는 장점을 가지고 있다. 그러나 이 방법을 동시적 신뢰구간을 구하는데 사용하면 필요 이상으로 넓은 신뢰구간을 제시해주게 되므로 다른 방법을 사용할 수 있는 경우, 예를 들어, 모든 집단의 사례수가 동일하며 연구자의 관심이 평균들 간의 조합을 구성한 비교에 있지 않는 경우에는 Tukey의 HSD를 적용하는 것이 보다 타당한 결정이 된다. 또한 이 방법은 대단히 보수적인 기준을 적용하므로 연구자들은 보통 α=0.05나 그 이상의 유의미 수준을 많이 사용하게 된다.

두 집단의 평균을 비교하는 Scheffe 검증방법의 공식은 아래와 같이 표현할 수 있다.

$$F = \frac{(M_1 - M_2)}{MS_w} \cdot \frac{(n_1 + n_2)}{n_1 n_2}$$

아래의 <표8-9>은 가상적 모방실험결과를 Scheffe 검증방법에 적용시킨 결과물이다. 그 해석방식은 위의 LSD와 동일하므로 생략하고 스튜던트화 범위값을 이용한 다중비교방법을 살펴보기로 하자.

<표8-9> 가상적 모방실험결과에 대한 Scheffe 검증결과 1

사후검정

다중비교

종속변수: 점수
Scheffe

(I) 집단	(J) 집단	평균차(I-J)	표준오차	유의확률	95% 신뢰구간	
					하한값	상한값
경쟁집단	통제집단	-2.0000	1.0750	.211	-4.2912	.9172
	협동집단	-4.0000*	1.0750	.007	-6.2912	-1.0828
통제집단	경쟁집단	2.0000	1.0750	.211	-.9172	4.2912
	협동집단	-2.0000	1.0750	.211	-4.9172	.2912
협동집단	경쟁집단	4.0000*	1.0750	.007	1.0828	6.2912
	통제집단	2.0000	1.0750	.211	-.9172	4.2912

* .05 수준에서 평균차가 큽니다.

동일 집단군

점수

Scheffe[a]

집단	N	유의수준=.05에 대한 부집단	
		1	2
경쟁집단	6	6.0000	
통제집단	6	8.0000	8.0000
협동집단	6		10.0000
유의확률		.211	.211

동일 집단군에 있는 집단에 대한 평균이 표시됩니다.
a. 조화평균 표본크기=6.000을(를) 사용

③ Tukey의 HSD검증

이 검증방법은 SNK(Student-Newman-Keuls)검증이나 Duncan 검증처럼 스튜던트화 범위(Studentized range) 통계치를 이용하고 있는데 이 스튜던트화 범위 통계치를 이용하는 다중비교 방법은 기본적으로 표집의 크기가 동일해야 한다.

왜냐하면 스튜던트화 범위 통계치는 정의상 r개의 표집의 크기가 모두 같은 것을 전제로 하기 때문이다. 그러나 표집의 크기가 같지 않아도 이들을 사용할 수가 있다. 표집의 크기가 다른 경우에 이들을 사용하는 방법은 스튜던트화 범위 통계치를 정의한 다음에 소개하겠다.

J개의 독립적인 표집이 있고 그 각각의 평균을 크기 순으로 정리하여 가장 큰 평균과 가장 작은 평균을 찾아 그 둘 간의 차이를 계산하여 범위를 구한다. 그러면 스튜

던트화 범위 통계치 q는 아래의 공식에 의해 정의된다. 이 q 통계치는 표집분포의 일종으로 집단의 수 k와 MS error의 자유도 DFw에 의해 그 분포가 결정된다.

$$q = \frac{M_{\max} - M_{\min}}{\sqrt{\frac{MS_{error}}{n}}}$$

위의 공식에서 MS_{error}는 분산분석표에서 쉽게 찾아낼 수 있으며 n은 각 표집크기가 같을 때의 사례 수이다. 표본의 크기가 다르다면, n 대신에 $2n_1n_2/(n_1+n_2)$를 사용하면 q 통계치의 근사값을 구할 수가 있으므로 이를 이용하면 된다. 여기에서 n_1은 평균이 가장 큰 표본의 사례수이며 n_1는 평균이 가장 작은 표본의 사례수이다. 표본의 크기가 다를 때 스튜던트화 범위 통계치를 이용할 수 있는 또 다른 방법으로는 각 표집크기의 조화평균(harmonic mean)을 n대신 사용하는 것이다.다음 단계는 스튜던트화 범위 분포에서 주어진 α수준에 해당하는 값을 찾아 이를 HSD의 계산에 이용하는 것이다. 예를 들어, k=3이고 내분산의 자유도가 15인 스튜던트화 범위분포에서 0.05 유의미수준의 범위값 q는 3.67이다. 이 3.67이 의미하는 바는 주어진 자유도의 분포에서 q값의 5%는 3.67보다 크거나 같은 값이라는 것이다. HSD는 다음의 공식에 의해 계산된다.

$$HSD = q_{\alpha}\sqrt{\frac{MS_{error}}{n}}$$

다음으로는 계산된 HSD값을 모든 가능한 평균 쌍의 비교에 사용하면 된다. 다시 말해서, 쌍을 구성할 수 있는 모든 모집단 평균의 가능한 차이에 대하여 동시에 성립될 수 있는 신뢰구간을 구성하여 평균간 차이를 검증하게 된다. 가능한 어느 두 평균의 차이 값의 절대값이 계산된 HSD값보다 크거나 같다면 그 두 평균 간에는 의미있는 차이가 있다고 결론을 내리게 된다.

HSD는 계산이 간단하고 그 적용에 융통성이 있어 광범위하게 사용되는 동시적 검증방법이다. 그러나 이 방법을 이용한 검증절차는 Honestly라는 말이 의미하는 것처럼 필요 이상으로 보수적이라고 알려져 있다. 다시 말해서, H_0 $\mu_1 = \mu_2 = \mu_3 = \ldots = \mu_r$을 기각하는 경우가 필요이상으로 적어지게 된다. 따라서 연구자의 관심이 모집단평균들 간의 차에 관한 동시적 신뢰구간에 있지 않고 모든 가능한 대립가설들에 대한 H_0을 검증하는 데 있다면 SNK방법이 더욱 적절한 것으로 권장되고 있다. 아래의 <표8-10>은 위의 가상적 모방실험의 결과에 대한 Tukey의 HSD를 실시한 결과이다.

<표8-10> 가상적 모방실험결과에 대한 Tukey의 HSD검증결과 1

사후검정

다중비교

종속변수: 점수
Tukey HSD

(I) 집단	(J) 집단	평균차(I-J)	표준오차	유의확률	95% 신뢰구간	
					하한값	상한값
경쟁집단	통제집단	-2.0000	1.0750	.184	-4.2912	.7922
	협동집단	-4.0000*	1.0750	.005	-6.2912	-1.2078
통제집단	경쟁집단	2.0000	1.0750	.184	-.7922	4.7922
	협동집단	-2.0000	1.0750	.184	-4.7922	.7922
협동집단	경쟁집단	4.0000*	1.0750	.005	1.2078	6.7922
	통제집단	2.0000	1.0750	.184	-.7922	4.7922

* .05 수준에서 평균차가 큽니다.

동일 집단군

점수

Tukey HSD[a]

집단	N	유의수준 = .05에 대한 부집단	
		1	2
경쟁집단	6	6.0000	
통제집단	6	8.0000	8.0000
협동집단	6		10.0000
유의확률		.184	.184

동일 집단군에 있는 집단에 대한 평균이 표시됩니다.
a. 조화평균 표본크기=6.000을(를) 사용

<표8-10>은 가상적 모방실험결과에 대해 HSD검증방법을 적용시켰을 때 나오는 결과로 경쟁집단과 통제집단, 통제집단과 협동집단간에는 유의한 차이가 없음을 알 수 있다. 이는 오른쪽의 95% 신뢰구간에 0이 포함되어 있는 것으로도 확인할 수 있다.

결과물의 아래에는 동일한 집단으로 간주할 수 있는 부집단들이 제시되어 있다. 위의 결과와 마찬가지로 경쟁집단과 통제집단, 그리고 통제집단과 협동집단은 각기 동일한 집단으로 볼 수 있는 것으로 나타났다.

④ Student-Newman-Keuls(SNK) 검증과 Duncan 검증

앞서 언급했듯이 이 두 가지 방법은 HSD와 마찬가지로 스튜던트화 범위를 사용하고 있다는 점에서 공통점을 지니고 있다. 그러나 HSD가 모집단 평균들에 대한 동시적 신뢰구간을 사용하여 결과적으로 모집단 평균간의 차이에 대한 가설검증을 하는 반면, 이 두 가지 방법은 모집단 평균의 차에 대한 가설검증만을 할 수 있는 방법이 된다. 다시 말해서, HSD는 단 하나의 임계값, 즉 전체적인 유의미한 차이를 임계값으로 설정하는데 반하여 SNK 검증과 Duncan 검증은 표본평균의 크기 순서에 따라 여러 개의 범위를 임계값으로 사용한다. 따라서 이 두 방법은 HSD가 가진 필요 이상으로 보수적이라는 단점을 보완한 방법이라고 할 수 있다. 그러나 SNK 검증과 Duncan 검증은 다중범위를 임계값으로 설정한다는 점에서는 동일하지만, 그 임계값을 어떻게 설정하는 가에는 차이가 있다. 간단히 말해서 SNK 검증은 스튜던트화 범위분포표를 이용할 수 있으나, Duncan 검증은 다른 분포를 이용해야하는 번거로움이 있으며 그 다중범위를 설정하는 논리적 근거가 미약하다는 비판을 받고 있는 방법이다. 따라서 Duncan 검증보다는 논리상 무리가 없는 SNK 검증을 사용하는 것이 바람직하다. 아래의 <표8-11>은 가상적 모방실험결과에 대해 SNK 검증을 적용시킨 결과이다.

<표8-11> 가상적 모방실험결과에 대한 SNK 검증결과 1

일원배치

분산분석

점수

	제곱합	자유도	평균제곱	F	유의확률
집단-간	48.000	2	24.000	6.923	.007
집단-내	52.000	15	3.467		
합계	100.000	17			

사후검정

동일 집단군

점수

Student-Newman-Keuls[a]

집단	N	유의수준=.05에 대한 부집단	
		1	2
경쟁집단	6	6.0000	
통제집단	6	8.0000	8.0000
협동집단	6		10.0000
유의확률		.083	.083

동일 집단군에 있는 집단에 대한 평균이 표시됩니다.
a. 조화평균 표본크기=6.000을(를) 사용

6) 동분산성의 가정에 대한 검증

분산분석을 수학적으로 도출하는데 몇 가지의 전제를 두고 있기 때문에 분산분석을 올바르게 사용하려면 이의 위배여부를 점검해 보아야 한다. 다시 말해서, 무선표집을 행한 모든 모집단은 정상분포를 이루고 있으며 그 분산이 동일해야 한다. 분산분석법은 이들 가정의 위배에 대해 어느 정도까지는 통계적 추리에 비교적 커다란 영향을 받지 않는 비교적 강건한(robust) 통계기법이긴 하지만, 집단의 사례수가 같지 않고 동분산성의 가정에서 크게 벗어날 경우 엄청난 오류를 범하게 된다. 따라서 이 같은 경우에는 비모수적 검증방법을 사용하는 것이 더욱 바람직할 것이다. 보다 일반적으로 말하면, 각 집단의 표집크기가 매우 다르고 분산이 같지 않다면 자료의 변환을 실시하거나 혹은 비모수적 검증방법을 사용하는 것이 좋다.

동분산성의 가정을 검사하기 위해 여러 가지의 절차가 사용될 수 있다. 동분산성을 검증하는 방법으로는 Cochran의 C검증법, Bartlett-Box의 검증법, Hartley의 검증법 등이 있지만 이들은 모두가 모집단의 분포가 정상분포인 것을 가정하므로 모집단 분포가 정상분포가 아닌 경우에는 사용에 주의를 해야 하며, SPSS에서는 모집단의 정상분포 가정에 대한 위배에 민감하지 않은 검증방법으로는 Levene의 검증법을 채택하고 있다.

$$H_0 : {\sigma_1}^2 = {\sigma_2}^2 = ... = {\sigma_r}^2$$

$$H_1 : {\sigma_1}^2 \neq {\sigma_2}^2 \neq ... \neq {\sigma_r}^2$$

<표8-12> 분산의 동질성에 대한 검정

점수

Levene 통계량	자유도1	자유도2	유의확률
.114	2	15	.893

위 검정결과 <표8-12>를 보면, Levene 통계량 .114가 나올 확률이 .893으로 P 〉.05이므로 분산이 동질적이라는 영가설을 채택하게 된다.

3 SPSS/Win 실습

모델링.sav 파일을 불러온다.

분석 메뉴 /평균비교 /일원배치 분산분석(O)

대화상자에서 종속변수(E)로 '점수'를 지정하고 '요인(F)'으로 '집단'을 지정한다.

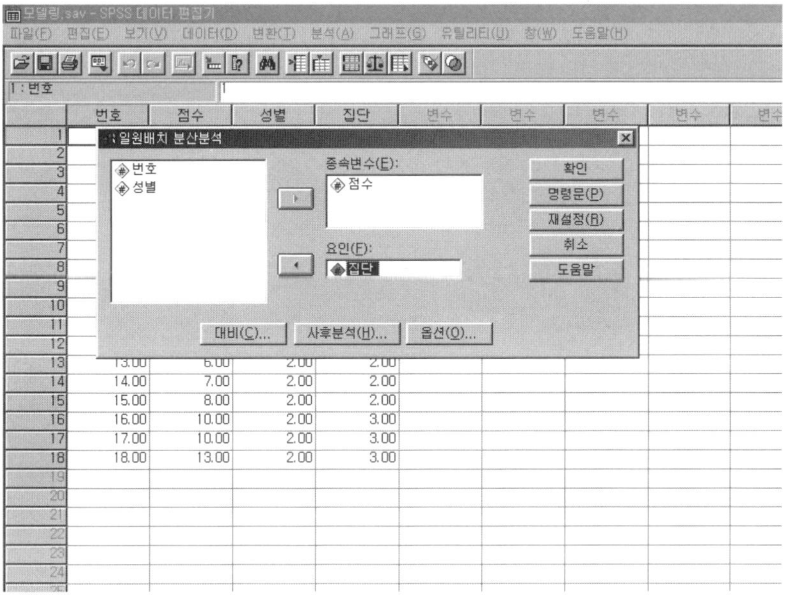

대비 단추를 누르면 경향분석이나 계획된 비교를 진행할 수 있는 대화상자가 열린다.

경향분석(POLYNOMIAL) ; 비선형적 경향성의 검증

집단간 제곱합을 일차(linear), 이차(quadratic), 3차(cubic) 등의 고차적 경향성분으로 분할하여 독립변수의 변화에 따른 종속변수의 경향성을 검증하는데 사용한다. 단 이때의 독립변인은 등간이상의 성질을 지니고 있어야 한다. 지정하는 방법은 변수를 지정한 다음에, 분석하길 원하는 가장 큰 차수(次數)를 지정하면 된다. 예를 들어, 아래의 명령문은 간분산 제곱합을 최고 2차적 요소까지 분할하여 경향분석을 하게 된다.

차수로 지정할 수 있는 숫자는 5이하의 양의 정수로써 분석에 사용한 독립변인의 수준의 개수(즉 집단의 수)보다 작아야 한다. 경향분석을 위해서는 다항식(P)에 표시를 하고 활성화된 창에 차수를 선택하면 된다.

계획된 비교(contrast : 대비)를 위해서는 계수를 수준의 수만큼 하나씩 입력해야 한다. 대비계수는 그 합이 0이 되어야 하며, 새로운 대비를 위해서는 '다음(N)' 단추를 눌러 새로운 계수를 지정한다.

일원배치 분산분석의 대화상자에서 '사후분석' 단추를 선택하면 다시 대화상자가 나타난다. 여기에서 필요한 다중비교 방식을 선택하면 된다.

'옵션(O)...' 단추를 선택하면 기술통계나 분산의 동질성 검정을 할 수 있는 대화상자가 열린다. 여기에서 필요한 사항을 선택한다. 만일 각 수준에 대한 종속변수 평균들의 그래프가 필요하면 '평균 도표(M)'에 표시를 한다.

모델링.sav - SPSS 데이터 편집기
파일(F) 편집(E) 보기(V) 데이터(D) 변환(T) 분석(A) 그래프(G) 유틸리티(U) 창(W) 도움말(H)
1 : 번호
번호
점수
성별
집단
변수
일원배치 분산분석
번호
성별
종속변수(E):
확인
명령문(P)
재설정(R)
취소
도움말
일원배치 분산분석: 옵션
통계량
기술통계(D)
분산의 동질성(H)
계속
취소
도움말
평균 도표(M)
결측값
분석별 결측값 제외(A)
목록별 결측값 제외(L)

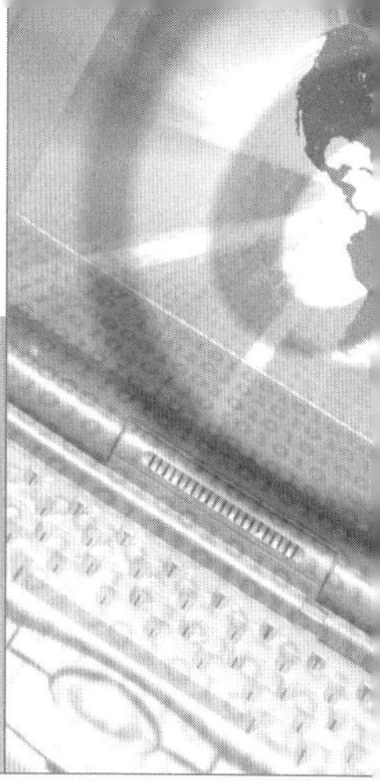

제9장

다원분산분석

앞에서 우리는 일원분산분석에 대해 알아보았다. 일원분산분석은 둘 이상의 수준으로 구성된 하나의 독립변수가 하나의 종속변수에 미치는 영향을 알아보는데 사용되는 통계적 방법이다. 그러나 실제 상황에서는 하나가 아닌 다수의 독립변수가 동시에 또는 순차적으로 종속변수에 영향을 미치는 경우가 더 많다. 따라서 통계방법을 이용하여 독립변수의 효과가 있다고 결론을 내리는 것이 가능하다 할지라도 실제로는 다른 요인의 영향이 포함되어 있을 가능성을 배제하지 못하게 된다. 따라서 연구자는 가설을 설정하는 단계에서부터 가능한 한 많은 독립변수를 고려해 보아야 한다. 그러나 독립변수의 수가 늘어나면 연구에 필요한 비용이 증가되며, 조사나 실험절차를 통제하는데 많은 어려움이 발생한다. 따라서 현실적으로는 이들 간의 균형을 맞추어야 한다.

하나의 연구에서 두 가지 이상 되는 독립변수에 의해 하나의 종속변수가 영향을 받는지를 알아보고자 할 때 사용하는 대표적인 통계적 방법이 다원분산분석이다. 이 때 종속변수는 등간 이상의 척도로 측정되었어야 하며, 그렇지 않은 경우에는 프리드만(Freedman) 검정이나 코크란(Cochran) Q 검정 등 비모수통계 방법을 사용해야 한다. 즉, 다원분산분석은 두 가지 이상의 독립변수와 하나의 종속변수이어야 하며, 종속변수가 다수인 경우에는 다변량 분산분석(Multivariate ANOVA; MANOVA)을 이용할 수 있다. 참고로 분산분석인 ANOVA와 다변량 분산분석인 MANOVA의 차이점과 주요 특징을 살펴보면, <표9-1>과 같다.

<표9-1> ANOVA와 MANOVA의 주요 특징

	ANOVA	MANOVA
특징	• 일원 ANOVA : 독립변수 1개, 종속변수 1개 • 이원 ANOVA : 독립변수 2개, 종속변수 1개 • 삼원 ANOVA : 독립변수 3개, 종속변수 1개 • 반복측정 ANOVA : 독립변수의 수에 관계없이, 종속변수는 1개이며, 2개 이상의 반복측정치(예: 처치에 따른 사전/사후측정치 간의 차이검증)	• 일원 MNOVA : 독립변수 1개, 종속변수 2개 이상 • 이원 MNOVA : 독립변수 2개, 종속변수 2개 이상 • 삼원 MNOVA : 독립변수 여러 개, 종속변수 2개 이상 종속변수는 반복측정치가 아님 • 반복측정 MANOVA : 독립변수의 수에 관계없이, 종속변수는 2개 이상이며 각 종속변수는 2개 이상의 반복측정치를 갖고 있음
분석 조건	• 독립변수: 여러 개 사용 가능 • 종속변수: 한 개의 측정 변수	• 독립변수: 여러 개 사용 가능 • 종속변수: 여러 개 사용 가능 (단, 반복측정치 포함 안함)
적합한 데이터	• 독립변수는 범주형 자료 • 종속변수는 연속형 자료	• 동일
기본 가정	• 모집단 분포의 정상성 • 집단간 변량의 동질성 • 표본의 상호 독립성	• 모집단 분포의 정상성 • 변량-공변량 행렬의 동질성 • 선형성(종속변수간의 선형적 관계) - 종속변수들의 다중공선성 검토
사용 목적	• 독립변수에 따른 종속변수의 차이검증 • 공변량 분석	• 독립변수에 따른 종속변수의 차이검증 • 공변량 분석

한편, 독립변수가 세 개나 그 이상의 경우에도 다원분산분석을 적용하지만, 이 장에서는 다원분산분석 중에서 가장 단순한 형태인 이원분산분석의 경우를 주로 다룰 것이다. 그러나 그 논리는 독립변수가 3개 이상인 경우에도 그대로 확장된다. 단지 삼원 이상의 분산분석은 그 결과해석 상에 어려움이 있기 때문에 연구자들은 일반적으로 삼원 분산분석까지를 주로 사용한다.

분산분석은 그 통계적 모형에 따라 크게 무선효과모형(random effect model)과 고정효과모형(fixed effect model)으로 나누어지며 그에 따라 분산분석의 방법과 결과의 해석이 달라지게 된다. 또한 실험설계에 따라서도 사용되는 분산분석이 달라지는데 이들에 대해서도 간단하게 알아볼 것이다. 아울러 이 장에서 설명에 사용한 점수들은 일원분산분석에서 사용한 가상적 모방실험의 결과를 그대로 이용한 것이지만 실험설계에 맞게 구조가 변경되었음을 주의하여 살펴보기 바란다.

1 요인설계와 다원분산분석의 논리

1) 요인설계

요인설계(factorial design)란 여러 개의 요인이 있는 실험에서, 각 요인에 있어 연구대상으로 선택된 모든 수준에 대한 모든 가능한 조합들이 연구되는 실험설계를 말한다. 예를 들어, 성별에 따라 그리고 대학입학전형의 합격여부에 따라 자존심의 정도가 다른지를 동시에 알아보고자 할 때 아래와 같은 형태의 표를 그릴 수가 있을 것이다. <표9-2>는 한 요인 당 두개의 수준이 있는 설계로써 각각의 수준의 개수를 숫자로 나타내어 2×2 요인설계라고도 한다(이러한 형태의 표는 이미 교차분할분석에서 본 적이 있다. 그러나 교차분할표에서 종속변수 측정치는 빈도인 반면, 요인설계에서는 점수라는 점이 다르다).

<표9-2> 2×2 요인설계의 예

		대입전형의 합격여부	
		합격	불합격
성별	남학생		
	여학생		

* 종속변수 측정치는 자존심척도의 점수

2×2 요인설계는 요인설계 중에서 가장 단순한 형태로 각 요인에서 수준의 수가 더 늘어나거나 요인의 수가 늘어날 수도 있다. 예를 들어, 요인의 수를 늘려서 2×2×2 요인설계도 가능하며, 수준의 수를 늘려 3×4 요인설계도 가능하다. 물론 어떤 요인설계를 사용할 것인가는 연구자가 여러 가지 상황을 판단해서 결정해야 한다.

일원분산분석에서 사용한 가상적 모방실험은 아동들이 어떤 행동을 하는 모델을 관찰하였는가에 따라 협동집단, 경쟁집단, 그리고 통제집단으로 구분하여 아동들의 협동적 행동의 양에 차이가 있었는지를 알아 본 것이었다. 따라서 단일요인에 3수준이 연구되었다. 여기에 덧붙여 성별에 따라서도 협동적 행동의 양에 차이가 있는지를 동시에 알아보고자 할 수 있을 것이다. 이러한 경우에는 <표9-3>과 같이 2×3 요인설계가 된다.

<표9-3> 2×3 요인설계의 예

		관찰하는 모델(VTR)		
		경쟁적 모델	모델 없음	협동적 모델
성별	남아			
	여아			

* 종속변수 측정치는 협동적 행동의 양

2) 이원분산분석

2×2 요인설계이든 2×3 요인설계이든 요인의 수, 즉 독립변수의 수가 두 개인 경우에 적용되는 통계적 기법이 이원분산분석이다. <표9-3>의 요인설계에 적용한 이원분산분석에서 얻을 수 있는 정보는 크게 다음의 세 가지로 요약된다.

① 관찰한 모델에 관계없이 성별에 따라 협동적 행동에 차이가 있는가?
② 성별에 관계없이 관찰한 모델에 따라 협동적 행동에 차이가 있는가?
③ 모델의 영향이나 성별의 영향 이외에 두 변수의 동시적인 작용에 의해 아동의 협동적 행동에 차이가 있는가?

이원분산분석을 적용해서 얻을 수 있는 정보 중에서 1)과 2)만을 생각한다면, 이원분산분석은 동일한 피험자를 사용하여 각각 두개의 다른 독립변수의 효과를 측정하는 두개의 일원분산분석으로 나누어 생각할 수 있다. 다시 말해서, 성별에 따른 협동적 행동의 차이를 알아보는 일원분산분석과 관찰한 모델에 따른 협동적 행동의 차이를 알아보는 두 가지의 일원분산분석으로 간주할 수가 있다.

그러면 왜 각각의 독립변수에 대한 일원분산분석을 사용하지 않고, 두 독립변수를 동시에 이용한 이원분산분석(또는 독립변수를 더 늘려 다원분산분석)을 사용하는가? 이에는 두 가지의 장점이 있다.

첫째는 만약 동일한 수의 피험자를 이용하여 각 독립변수의 효과를 알아보는 두 개의 실험을 실시하여 각각의 일원분산분석을 적용한다면 이원분산분석에서 보다 두 배의 사례수가 필요하게 되므로 비경제적이라고 할 수가 있다. 따라서 이원분산분석은 두 개의 독립된 일원분산분석보다 경제적이다. 두 번째는 각각의 독립변수의 효과 외에 두 독립변수가 동시에 작용하여 새로운 효과를 내는지의 여부를 알아볼 수 있다는 것이다. 이처럼 각각의 독립변수만의 효과를 주효과(main effect)라고 하며, 두 독립변수의 동시적인 작용에 의한 효과를 상호작용효과(interaction effect)라고 한다.

3) 상호작용효과

상호작용효과란 두 개 이상의 요인에 대해 각각의 수준을 조합하였을 때 생기는 효과로써 조합에 의해 최적조건이 달라진다면 그 조합의 영향으로 간주할 수 있으며 이럴 때 상호작용효과가 있다고 한다. 상호작용효과를 더욱 자세하게 설명하기 위해 가상적 모방실험을 약간 변경하여 보자. 한 독립변수로써 협동적 행동을 하는 모델의 유무(2수준; 실험집단과 통제집단)와 다른 독립변수로 성별(2수준; 남아와 여아)을 사용하여 각 집단에 동일한 사례수로 구성된 각 집단의 피험자에게서 아래의 표와 같은 결과를 얻었다고 해보자.

<표9-4> 변형된 가상적 모방실험의 결과

		모델관찰의 유무		합계
		통제집단	실험집단	
성별	남아	9	9	9
	여아	7	11	9
합계		8	10	9

* 종속변수는 협동적 행동의 양

<표9-4>의 난외값, 즉 합계를 살펴보면 남아집단의 협동적 행동은 평균 9회이며 여아집단의 9회와 동일하다. 모델이 없는 통제집단의 평균은 8회이며 협동집단은 평균 10회로 두 집단간에는 차이가 있음을 알 수가 있다. 만일 성별과 모델관찰에 대해 각각 두 번의 일원분산분석을 실시하여 이 같은 결과가 나왔다면 이후의 모방실험에서는 성별변수가 필요가 없다는 결론을 내리는 것이 타당할 것이다.

하지만 두 요인의 각 수준에 대해 교차분할한 각 칸(cell)의 평균들을 살펴보면 남아인 경우에는 협동적 모델을 관찰하는 것이 협동행동에 아무런 영향을 미치지 않는 반면(남아의 경우 평균 9개로 동일하다), 여아인 경우에는 협동적 모델을 관찰하는 것이 협동적 행동에 영향을 미치고 있음을 알 수가 있다(통제집단의 평균은 7이며 실험집단의 평균은 11이므로 평균적으로 4회의 협동적 행동이 증가된다). 이러한 결과는 아동의 협동적 행동에 성별이 영향을 미치고 있음을 보여주는 것이다. 따라서 모방실험에 성별변수를 사용하는 것이 타당하다는 결론이 나온다.

이처럼 둘 이상의 독립변수가 하나의 종속변수에 동시적으로 영향을 미치는 경우 상호작용효과가 있다고 말하게 된다. 다시 말해서, 상호작용효과란 한 독립변수(모델관찰)의 효과가 다른 독립변수(성별)의 수준에 따라 그 효과의 정도가 달라지는 경우를 의미한다.

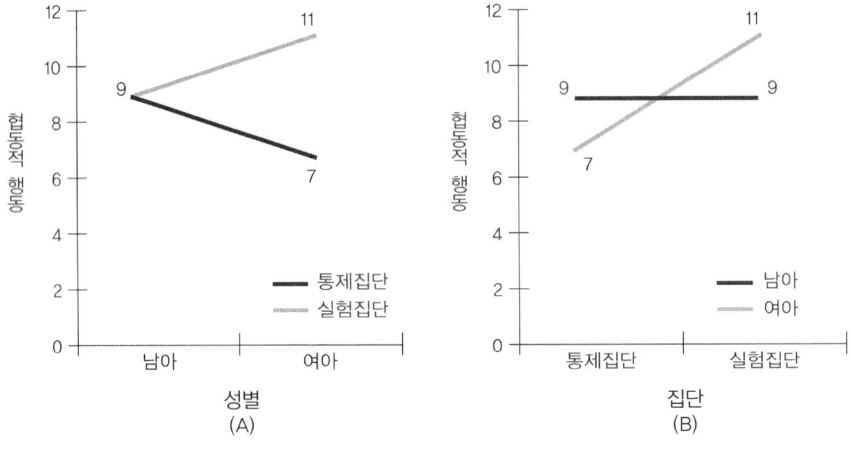

[그림9-1] 2×2 요인설계에서 각 집단의 평균에 대한 그래프

상호작용효과는 그래프로 그려보면, 그 의미파악이 보다 쉽게 이루어진다. 이원분산분석의 경우 종속변수를 Y축, 한 독립변수를 X축에 놓고 다른 한 독립변수를 그래프 안에 표현하게 되는데 보통의 경우 주관심이 되는 독립변수를 좌표 상에 그리게 된다. 그러나 가능하다면 두 가지 경우 모두 그려보아서 결정하는 것이 좋다. [그림9-1]에서 A는 성별을 X축에 놓은 것이고 B는 모델유무를 X축에 놓은 것이다. 이들을 비교해 보라. 성별에 따른 변화에 더욱 관심이 있다면 B의 그래프가 더욱 설득력 있는 것으로 보일 것이다.

[그림9-1]에 있는 그래프를 통해서 직관적으로 알 수 있는 바처럼 상호작용의 효과가 있다면 그래프 상에서 두 직선이 교차하게 된다. 다소간의 상호작용효과가 있는 경우에는 두 직선이 교차하지 않는다 하더라도 어느 한쪽에서 만날 것으로 예상되거나 두 직선의 기울기가 어느 정도 차이가 나게 그려지게 된다. 물론 그래프를 그릴 때 X축과 Y축의 단위를 얼마나 길게 표현할 것인지에 의해 직관적인 판단이 달라지긴 하지만, 상호작용효과가 없는 경우에는 두 직선이 평행한 것으로 나타나게 된다. 그러나 실제의 자료에서는 표준오차에 의해서 정확하게 평행하지 않을 수도 있기 때문에 그래프만으로는 통계적으로 상호작용효과가 있는지를 알아보기가 힘들게 된다. 따라서 두 직선이 어느 정도 평행하지 않은 경우에 상호작용이 통계적으로 유의미한가는 주효과와 마찬가지로 F비를 계산하여 임계값과 비교해서 결정하게 된다.

F비를 계산한 결과 일단 유의미한 상호작용이 나오면, 두 독립변수가 공동으로 종속변수에 영향을 미치므로 계속해서 주효과, 즉 개별적인 독립변수에 대한 가설검증을 무조건 실시하는 것은 그다지 유용하지 않다. 다시 말해서, 상호작용효과가 있다면 그 상호작용의 형태를 고려하면서 주효과를 해석해야 한다. A와 B 두 독립변수를 가지고 분산분석을 실시하여 상호작용효과가 있을 경우에는 그 상호작용의 형태를 고려하여 A나 B의 주효과를 해석해야 할지를 결정해야 한다. 더 나아가, A, B, C 세 독립변수를 가지고 3원 분산분석을 실시하여 A×B×C 상호작용이 유의미한 경우 이를 먼저 고려한 다음에 1차적 상호작용 중에서, 즉 A×B, B×C, A×C상호작용 중에서 유의미한 것을 해석하고 그런 다음에 그것을 토대로 하여 유의미한 주효과를 해석해야 할지를 결정해야 한다. 그러나 만약, 유의미한 상호작용효과가 없다면 각각

의 독립변수의 주효과는 개별적으로 해석될 수 있다.

상호작용의 효과가 있는 것으로 나타난 경우, 그 형태는 크게 두 가지로 나눌 수가 있다. 그 하나는 서열적(ordinal) 상호작용효과이고, 다른 하나는 비서열적(disordinal) 상호작용효과이다. 비서열적 상호작용효과란 [그림9-1]의 B처럼 직선이 완전하게 상호교차하여 한 독립변수에서의 수준간의 상대적 우월성이 다른 독립변수의 수준에 따라서 변화되는 형태를 말한다. 이와 같은 경우라면 설사 주효과가 유의하더라도 해석해야 할 이유가 없다. 왜냐하면 그 주효과는 이미 상호작용효과로 설명되었기 때문이다.

서열적 상호작용효과는 [그림9-2]와 같이 두 직선의 기울기가 유의미한 정도로 차이가 나는 형태로서 한 독립변수에서의 상대적 우월성이 다른 독립변수에서의 수준에 관계없이 그대로 유지되는 경우의 상호작용을 말한다. 서열적 상호작용효과가 있는 경우에는 주효과에 대한 전반적인 요약진술이 가능하다. 그 서열적 우월성을 보이는 변수와 그렇지 않은 변수간의 주효과를 해석할 수 있다.

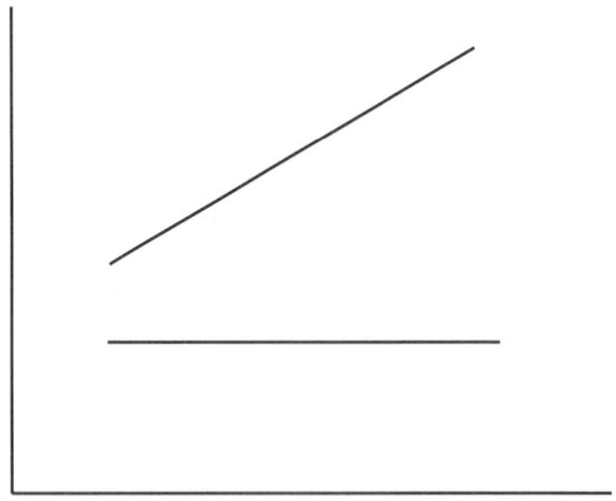

[그림9-2] 서열적 상호작용을 보여주는 그래프의 예

4) 가상적 2× 3요인설계 모방실험의 원자료

이제 8장에서 사용한 <표8-1>의 자료를 변형하여 2요인설계에 맞게 변형시켜보자. 만약 <표8-1>에 기술된 다수준 설계에 아동의 성별이 추가되어서 <표9-3>에서처럼 그 설계가 구성된다면 이는 2×3요인설계(factorial design)가 될 것이다.

여기에서 두 수준의 성별변수와 세 수준의 모델링 변수가 있으며 성별과 모델링의 모든 수준의 가능한 조합이 요인설계의 구조적 구성요소가 된다.

<표9-5> 가상적 2×3요인설계 모방실험의 원자료

		집 단		
		A_1 (경쟁집단)	A_2 (통제집단)	A_3 (협동집단)
성별	B_1(남아)	3 6 6	8 8 11	7 10 10
	B_2(여아)	5 7 9	6 7 8	10 10 13

<표8-1>과 비교해 보면 알 수 있겠지만, 원자료는 <표9-3>과 동일하다. 다른 점은 <표9-5>에서는 각 모델링 집단에서 첫 세 명의 피험자는 남아이고, 나머지 세 명은 여아로 분리되었다는 점이다. 모델링 실험의 가설, 영가설과 유의수준 역시 <표8-1>의 다수준 설계의 경우와 동일하다고 가정해 보자.

다시 말해서, 각 모델링 조건간의 협동적 행동의 양에는 차이가 있을 것이지만 성별에 따른 협동적 행동에는 차이가 없을 것이라는 예언을 하였다. 또한 성별과 모델링의 상호작용효과가 없을 것이라는 예언을 하였다. 이 같은 연구가설이 설정되는 경우는 주로 종속변수 점수에 미칠지도 모르는 가능한 다른 효과를 통제하여 그 결론에 있어서의 일반화 범위를 확장하기 위한 목적을 가지게 된다.

다시 말해서, 연구자가 성별변수를 독립변수로 포함시키는 이유는 남녀피험자를 대상으로 하여 동일한 결과를 제공함으로써 모델링 효과의 일반화 범위를 증가시키기 위해서이다. 따라서 이 연구는 성별의 상호작용에 의한 모델링과 성별변수에 관한 "탐색적인" 연구라고 할 수 있다. 따라서 자료 분석에 성별의 효과와 상호작용효과의 검증을 포함시켜야 한다. 그러므로 통계절차상의 문제로써 연구자는 성별 간에 차이가 없고 모델링 조건의 함수로써 각 성의 평균 반응사이에 차이가 없다는 영가설을 먼저 검증해야 한다. 이때 유의수준은 모든 가설검증에 대해 α=0.05로 결정하였다.

5) 기술통계치에 대한 분석

각 집단 아동들의 협동적 행동에 대한 평균을 <표9-6>에 제시하였다. <표9-6>에서 합계의 합계는 전체평균으로 8.00이고, 그 사례수는 18이다. 남아의 평균은 7.67이고 여아의 평균은 8.33이다. 각 집단별 평균은 합계에 있는데 각각 6, 8, 10이다.

<표9-6> 2×3요인설계 모방실험의 각 집단평균

기술통계량

종속변수: 점수

성별	집단	평균	표준편차	N
남아	경쟁집단	5.0000	1.7321	3
	통제집단	9.0000	1.7321	3
	협동집단	9.0000	1.7321	3
	합계	7.6667	2.5000	9
여아	경쟁집단	7.0000	2.0000	3
	통제집단	7.0000	1.0000	3
	협동집단	11.0000	1.7321	3
	합계	8.3333	2.4495	9
합계	경쟁집단	6.0000	2.0000	6
	통제집단	8.0000	1.6733	6
	협동집단	10.0000	1.8974	6
	합계	8.0000	2.4254	18

경쟁집단 남아들의 평균은 5이며, 통제집단 남아의 평균은 9, 협동집단 남아의 평균은 9이다. 여아에 대해서는 그 아래에 있는 점수들을 보면 된다. 각 칸의 평균들을 살펴보면 경쟁집단의 남아가 평균 5회로 가장 적은 협동적 행동을 보이고 있으며, 협동집단의 여아는 평균 11회로 가장 많은 협동적 행동을 보이고 있음을 알 수 있다. 그러나 이처럼 평균값들을 비교한 설명은 통계적인 근거가 결여된 것이다.

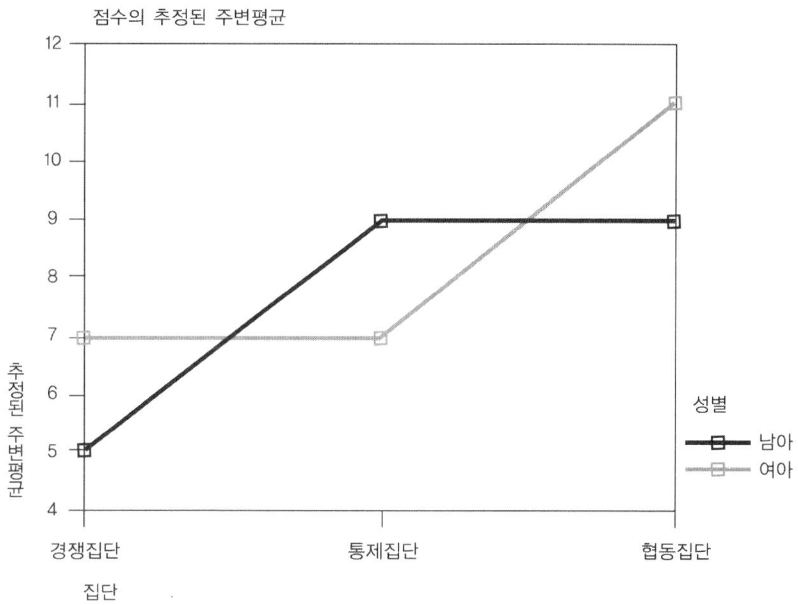

다시 말해서, 남아와 여아집단의 차이인 7.67과 8.33의 차이가 통계적으로 유의미한지, 아니면 표집오차에 의한 우연적 차이인지를 말해주지 않고 단지 직관에 근거해 언급한 것에 불과하다. 따라서 일원분산분석에서와 마찬가지로 다원분산분석에서도 F비들을 계산하여 결론을 이끌어 내게 된다. 이제 필요한 F비를 구하기 위해 분산을 분할하는 절차를 살펴보기로 하자.

6) 분산의 분할

일원분산분석에 관한 설명(다수준 설계)에서 각 개인의 원점수가 전체평균, 처치효과, 그리고 오차로 분해됨을 알 수 있었다(이는 이미 살펴본 바와 마찬가지로, 전체평균과 각 원점수와의 편차의 합 즉 전체분산이 집단간 분산과 집단내 분산의 합이 되는 것과 동일한 내용을 달리 표현한 것이다). 마찬가지로 요인설계에서도 각 개인의 원점수가 여러 개의 요소로 분해된다. 요인설계에 적합한 구조적 모형은 아래와 같다.

$$Y = (M_Y) + (A_i) + (B_j) + (AB_{ij}) + (error) \qquad \text{공식 9-1}$$

위의 모형에서 M_Y는 전체평균, A_i는 각 모델링 처치의 평균효과, B_j는 각 성별집단의 평균효과, AB_{ij}는 독립변수 A와 B간의 상호작용효과이다. 따라서 이 모형이 의미하는 바는 각 종속변수 측정치는 전체평균, 모델링 처치효과, 성별효과, 상호작용효과 그리고 무선오차의 합으로 구성된다는 것이다. 위의 예에서 전체평균 M_Y는 8이며 모델링 처치의 효과인 A_i값은 각 집단평균에서 전체평균 8을 뺀 값으로 A_1=-2, A_2=0, A_3=+2이다. 성별효과인 B_j의 값은 두 성별집단 평균치로부터 전체평균 M_Y를 뺀 차이값들(7⅔ − 8= ⅓, 8⅓ − 8= ⅓)이 된다.

AB_{ij}는 각 칸(cell)에 고유한 것으로 이를 구하기 위해 먼저 각 칸의 평균($M_{A_iB_j}$)으로부터 전체평균 M_Y간의 차이를 구해야 한다. 예를 들어, 경쟁집단 남아들의 평균은 5이고 이 값에서 전체평균 8을 빼면 5−8=−3이 된다. 각 칸의 편차점수를 구하면 −3, −1, +1, −1, +1,+3이 된다. 하지만 이 값들은 순수한 A×B 상호작용의 효과만을 포함하고 있는 값이 아니다. 이 값에는 A_i의 효과와 B_j의 효과 또한 포함되어 있다. 즉, 이들 편차점수는 세 개의 구성요소 즉 A_i, B_j, 그리고 AB_{ij}의 효과로 구성되어 있다. 따라서 상호작용 효과 AB_{ij}를 알려면 각 집단의 편차점수로부터 A_i의 효과와 B_j의 효과가 제거되어야 한다. 즉, A_i와 B_j의 효과를 각 집단의 편차점수로 부터 뺀다[예를 들어, 남아 경쟁집단의 상호작용효과는 (−3)−(−2)−(−⅓)=-⅔이며 여아 협동집단의 상호작용효과는 (+3)−(+2)−(+⅓)=+⅔가 된다]. 남아에서 AB_{ij}들은 각각 −⅔, +1⅓, −⅔이고 여아에서 AB_{ij}는 +⅔, −1⅓, +⅔이다.

오차 값은 각 원점수 Y에서 M_Y, A_i, B_j 그리고 AB_{ij}를 뺀 값이다. 예를 들어, 남아이면서 경쟁집단의 첫번째 피험자의 점수인 3점에서의 오차는 전체평균인 M_Y =8, 경쟁집단 효과인 A_i=−2, 남아 집단의 효과인 B_j=−⅓, 두 독립변수의 상호작용효과인 AB_{ij}=−⅔를 빼면 −2가 된다. 여기에서의 오차 값이 다수준 설계에서의 오차값과 다르다는데 주목하길 바란다(줄어들었다). 이들의 계산과정이 <표9-7>의 중간부분에 예시되어 있다. <표9-7>을 보면, 각 개인의 원점수가 전체평균과 네 개의 구성요소로 분해되는 과정을 볼 수 있다.

<표9-7>의 아래 줄에는 제곱합이 계산되는 과정이 제시되어 있다. 왼쪽에는 각

원점수로부터 제곱합이 구해지는 과정이며 오른쪽에는 각 구성요소의 제곱합이 계산되는 과정이다. 두 점수의 합이 100으로 같음에 주목하라.

<표9-7> 2×3요인설계에서 각 개인점수의 분해

	$(Y-My)^2$	$(Y-My)$	=	y	=	A_i	+	B_j	+	AB_{ij}	+	오차	A_i^2	B_j^2	AB_{ij}^2	$(오차)^2$
A_1B_1	25	3 - 8	=	-5	=	(-2)	+	(-⅓)	+	(-⅔)	+	(-2)	4	1/9	4/9	4
	4	6 - 8	=	-2	=	(-2)	+	(-⅓)	+	(-⅔)	+	(+1)	4	1/9	4/9	1
	4	6 - 8	=	-2	=	(-2)	+	(-⅓)	+	(-⅔)	+	(+1)	4	1/9	4/9	1
	Σ=33			-9	=	-6	+	-1	+	-2	+	0	12	+⅓	+1⅓	+ 6=19⅔
A_1B_2	9	5 - 8	=	-3	=	(-2)	+	(+⅓)	+	(⅔)	+	(-2)	4	1/9	4/9	4
	1	7 - 8	=	-1	=	(-2)	+	(+⅓)	+	(⅔)	+	(0)	4	1/9	4/9	0
	1	9 - 8	=	+1	=	(-2)	+	(+⅓)	+	(⅔)	+	(+2)	4	1/9	4/9	4
	Σ=11			-3	=	-6	+	+1	+	+2	+	0	12	+⅓	+1⅓	+ 8=21⅔
A_2B_1	0	8 - 8	=	0	=	(0)	+	(-⅓)	+	(1⅓)	+	(-1)	0	1/9	16/9	1
	0	8 - 8	=	0	=	(0)	+	(-⅓)	+	(1⅓)	+	(-1)	0	1/9	16/9	1
	9	11 - 8	=	+3	=	(0)	+	(-⅓)	+	(1⅓)	+	(+2)	0	1/9	16/9	4
	Σ= 9			+3	=	0	+	-1	+	+4	+	0	0	+⅓	+5⅓	+ 6=11⅔
A_2B_2	4	6 - 8	=	-2	=	(0)	+	(⅓)	+	(-1⅓)	+	(-1)	0	1/9	16/9	1
	1	7 - 8	=	-1	=	(0)	+	(⅓)	+	(-1⅓)	+	(0)	0	1/9	16/9	0
	0	8 - 8	=	0	=	(0)	+	(⅓)	+	(-1⅓)	+	(+1)	0	1/9	16/9	1
	Σ= 5			-3	=	0	+	-1	+	-4	+	0	0	+⅓	+5⅓	+ 2 =7⅔
A_3B_1	1	7 - 8	=	-1	=	(+2)	+	(-⅓)	+	(-⅔)	+	(-2)	4	1/9	4/9	4
	4	10 - 8	=	+2	=	(+2)	+	(-⅓)	+	(-⅔)	+	(+1)	4	1/9	4/9	1
	4	10 - 8	=	+2	=	(+2)	+	(-⅓)	+	(-⅔)	+	(+1)	4	1/9	4/9	1
	Σ= 9			3	=	+6	+	-1	+	-2	+	0	12	+⅓	+1⅓	+ 6 =19⅔
A_3B_2	4	10 - 8	=	+2	=	(+2)	+	(+⅓)	+	(⅔)	+	(-1)	4	1/9	4/9	1
	4	10 - 8	=	+2	=	(+2)	+	(+⅓)	+	(⅔)	+	(-1)	4	1/9	4/9	1
	25	13 - 8	=	+5	=	(+2)	+	(+⅓)	+	(⅔)	+	(+2)	4	1/9	4/9	4
	Σ=33			9	=	+6	+	+1	+	+2	+	0	12	+⅓	+1⅓	+6=19⅔
ΣΣ= 33+11+9+5+9+33 = 100													Σ = 48 + 2 + 16 + 34 = 100			

일원분산분석에서와 마찬가지로 전체평균에서 시작되어 여러 가지 효과들이 포함되면서 각 개인의 원점수들로 변화되는 과정을 [그림9-3]에 표현하였다.

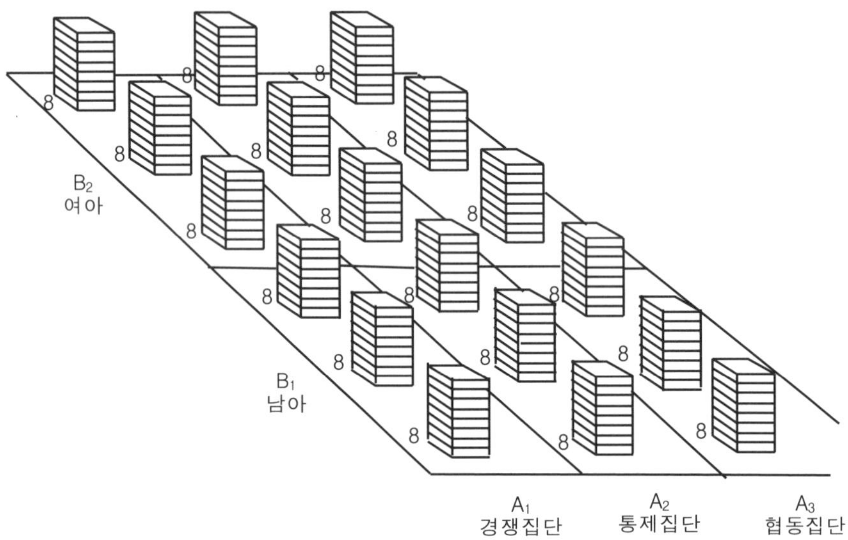

(a) 전체평균

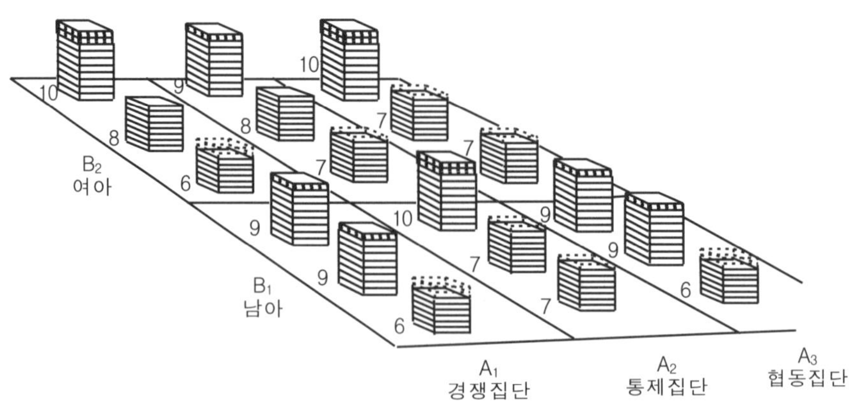

전체평균+무선오차

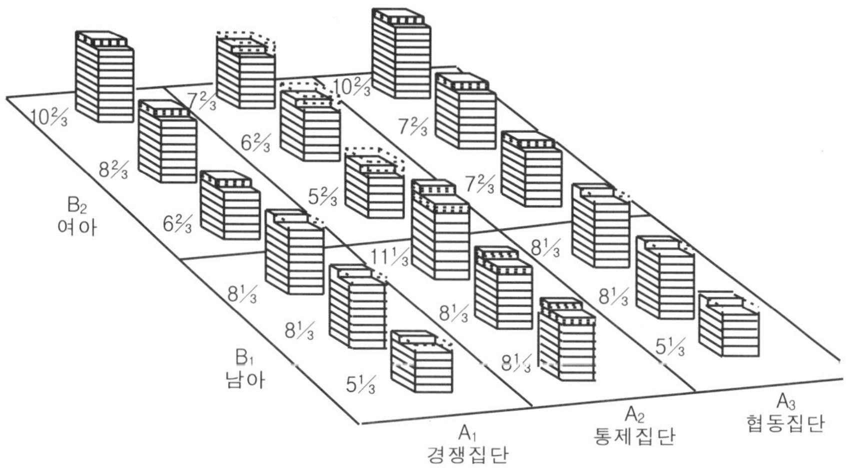

전체평균+무선오차+상호작용효과

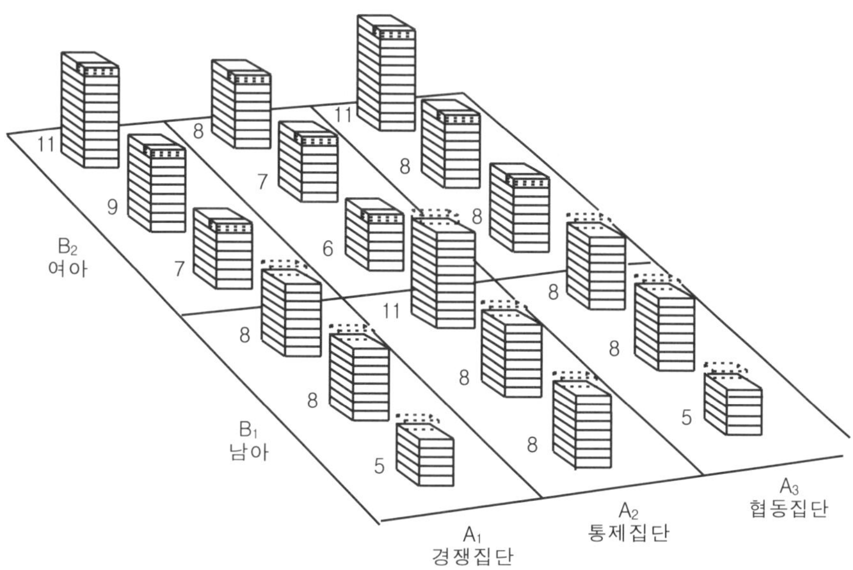

전체평균+무선오차+상호작용효과+성별효과

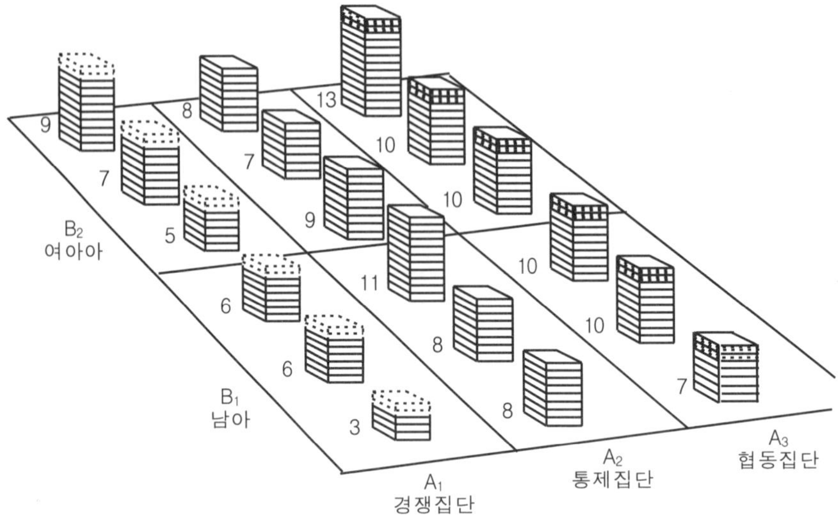

전체평균+무선오차+상호작용효과+성별효과+모델링효과

[그림9-3]

단순분산분석에서와 마찬가지로 벽돌 한 장은 협동적 반응 한 번을 의미한다. 이어지는 일련의 그림을 통해서 M_Y=8인 동질적인(homogeneous) 집단으로부터 무선오차(집단내 분산), 상호작용효과(집단간 분산), A(모델링)효과(집단간 분산), B(성별)효과(집단간 분산)가 도입되는 과정이 표현된다. 마지막 그림이 각 개인의 원점수를 표현하고 있다. 이 과정을 거꾸로 본다면 각 원점수가 어떻게 분해되는가를 살펴볼 수가 있을 것이다.

7) F비의 계산

이제는 각 효과에 대한 F비를 계산할 단계이다. 우선 분산추정치, 즉 평균제곱을 계산해 보자. 분산추정치는 각 제곱합을 해당 자유도로 나누어주면 된다. 모델링 집단간 분산추정치는 48/2=24이다(<표9-7>의 아랫줄에 있는 모델링 집단간 제곱합 $\sum A_{i^2}$을 보면 48이고 모델링 집단간 자유도 $DF_{between\ group}$=3-1=2로 나누면 24가 된다). 동일한 과정으로 성별 집단간 분산추정치는 2/(2-1)=2이 된다. 여기에서 성별변수가 남녀 두 개의 값을 지니므로 성별의 자유도는 2-1=1이다.

상호작용 효과에 대한 자유도는 상호작용 분산추정치에 포함되는 각 변수의 자유도의 곱(product)이다. 따라서 성별과 모델링의 상호작용에 대한 자유도는(2-1)(3-1)=(1)(2)=2가 된다. 따라서 모델링과 성별의 상호작용에 대한 분산추정치는 16/2=8이 된다.

집단내 분산의 평균은 AB_{ij}점수의 제곱합을 각 칸의 사례수에서 1을 뺀 값(즉, 각 칸의 자유도 3-1=2)으로 나눈 값들의 평균이다. 집단내 분산의 평균을 달리 구한다면, AB_{ij}점수의 제곱합인 34를 구한 후 6(3-1)=12 (즉, 집단내 자유도 df=12)로 나누면 34/12=2.83이 된다[각 칸에는 세 개씩의 점수가 있으므로 각 칸의 집단내 분산의 자유도가 3-1=2가 되고, 이 실험에는 모두 6개의 칸이 있으므로 6을 곱하면 전체 집단내 분산의 자유도가 되므로 12이다]. 여기에서 집단내 분산 추정치는 전체분산에서 설명이 가능한 모든 분산들을 제거한 나머지이므로 잔차(Residual) 또는 오차분산이라고 할 수 있다. 이제는 F비를 계산할 차례이다.

F비는 각 간분산 추정치를 내분산 추정치(즉, 잔차 추정치)로 나누어 계산된다. 먼저 상호작용효과에 대한 F비를 살펴보면, 8/2.83=2.82로 자유도가 2와 12일 때 2.82보다 크거나 같은 F비를 얻을 확률은 0.05보다 크다. 따라서 상호작용효과가 없다는 영가설을 기각할 수 없다.

모델링 변수에 대한 F비는 24/2.83=8.47이며 자유도가 2와 12일 때 8.47보다 큰 F비를 얻을 확률은 0.05보다 작다. 따라서 모델링의 주효과가 없다는 영가설을 기각할 수 있다. 이는 모델링 집단간 평균에 차이가 있음을 의미한다.

마지막으로 성별효과에 대한 F비는 2/2.83으로 1.00보다 작으며 자유도가 1과 12일 때 1.00이하의 F비를 얻을 확률은 0.05보다 훨씬 크다. 이들 결과가 <표9-8>에 요약되어 있다.

<표9-8> 2×3 요인설계에 대한 이원분산분석표

개체-간 효과 검정

종속변수: 점수

소스	제 III 유형 제곱합	자유도	평균제곱	F	유의확률
수정 모형	66.000[a]	5	13.200	4.659	.014
Intercept	1152.000	1	1152.000	406.588	.000
성별	2.000	1	2.000	.706	.417
집단	48.000	2	24.000	8.471	.005
성별 * 집단	16.000	2	8.000	2.824	.099
오차	34.000	12	2.833		
합계	1252.000	18			
수정 합계	100.000	17			

a. R제곱 = .660(수정된 R제곱 = .518)

위의 결과표에서 수정모형(Corrected Model)의 제곱합+Intercept의 제곱합=합계(Total)의 제곱합이 된다. 그러나 이 결과는 분산분석모형 전체에 관련된 결과이므로 모형 자체에 대한 판단이 필요하지 않다면 일반적으로 사용되지 않는다. 결과표 아래의 R 제곱을 보면 .660으로 이 모형을 통해 종속변수의 변동량의 66%를 설명할 수 있다.

수정합계(Corrected Total)는 모델에 기인한 요소의 제곱합 즉, 66과 오차에 기인한 요소의 제곱합 34를 더한 값이다. 그리고 수정모형의 제곱합 66은 각 독립변수의 제곱합(2+48=50)과 상호작용의 제곱합(16)을 더한 값이다.

<표9-8>의 F비를 통해서 우리는 모델을 관찰하는 것이 남아와 여아의 협동적 행동에 실제로 영향을 미쳤다고 결론을 내릴 수 있다.

더 나아가 하나이상의 변수를 통제하는 설계를 사용하는 것이 모델링 효과에 대한 F비를 증가시켰음을 알 수 있다(다수준 설계에서의 F비와 비교해 보라). 그 이유는 각 칸 내의 분산의 평균을 감소시키기 때문이다. 이제는 모델의 행동이 유아들의 협동적 행동에 실제로 영향을 미쳤고, 성별과 처치간의 상호작용이나 성별의 효과가 없었다고 결론을 내리게 된다. 따라서 실험상의 가설이 지지되며 두 성별에 대해 모델링의 효과가 일반화되는 것으로 나타났다.

8) 다원분산분석의 기본가정

다원분산분석을 적용하는데 있어서 자료가 갖추어야 할 기본 가정은 일원분산분석과 거의 동일하다. 따라서 여기에서는 간략하게 언급하므로 자세한 설명은 일원분산분석을 참고하기 바란다.

첫째로 각 집단의 종속변수측정치의 분포가 정상분포를 이루고 있다고 가정할 수 있어야 한다(정상분포). 하지만 일원분산분석에서와 마찬가지로 각 집단의 사례수가 비교적 크다면 이 가정에 대한 위배는 결과에 무시할 정도의 영향을 미치게 된다. 두 번째로 각 집단에 대한 표집은 무선적이고 상호 독립적이라는 가정을 할 수 있어야 한다(무선표집). 따라서 종속표집의 경우에는 이 장에서 소개한 방법을 사용할 수 없게 된다. 세 번째로 각 집단(교차분할된 각 칸)들이 대표하는 모집단들의 분산이 동일하다고 가정할 수 있어야 한다(동분산).

오차 분산의 동일성에 대한 Levene의 검정[a]

종속변수: 점수

F	자유도1	자유도2	유의확률
.444	5	12	.809

여러 집단에서 종속변수와 오차 분산이 동일한 영가설을 검정합니다.
a. 계획: Intercept+성별+집단+성별 * 집단

모집단 분산이 동일하다는 것은 달리 표현하면 오차 분산이 동일하다는 것이 된다. 오차 분산이 동일한지를 알아보기 위한 Levene의 검정결과 유의확률이 .809로 오차 분산이 동일하다는 영가설을 기각할 수 없는 것으로 나왔다. 따라서 오차 분산이 동일하다고 할 수 있다.

동분산에 대한 가정이 중요하긴 하지만 각 집단의 사례수가 동일한 경우에는 분석결과에 중대한 오류를 범하지는 않게 된다. 여기에서 각 집단의 사례수가 동일하다는 것은 분산분석에서 매우 중요한 점을 시사하고 있다. 뒤에서 설명되겠지만, 각 집단의 사례수가 동일할 때에는 균형설계라고 하며 그렇지 않은 경우 불균형설계라고 한다. 균형설계일 경우 F비의 계산이 가장 간단하며, 지금까지 설명한 내용들은 사례수가 동일한 경우이므로 균형설계를 가정한 설명이라는 것을 기억해 두어야 할 것이다.

9) 실험변수와 속성변수

분산분석(ANOVA)은 기본적으로 실험적인 자료를 가정하며 각 집단에 피험자가 무선적으로 할당된 것으로 간주하고 있다. 표집한 피험자를 각 집단에 무선적으로 할당하였을 때에는 각 집단의 사례수가 동일하도록 만들기가 쉬워진다. 이 같은 무선할당이라는 절차는 실험의 경우에는 쉽게 이루어지나 조사연구에는 그다지 쉬운 일이 아니다. 왜냐하면 조사연구의 경우에는 실험자(또는 연구자)가 관심있는 변수를 능동적으로 조작(manipulate)하기 보다는 주로 있는 그대로의 사실(즉, 속성; attribute)을 조사하여 변수로 사용하기 때문이다. 실험자가 능동적으로 변수를 조작하기보다는 이미 존재하는 속성의 유무 혹은 과다에 따라 분류되어 사용하게 되는 비실험적 변수로는 종교, 성별, 인종, 소속정당 등이 있으며 이들 변수를 속성변수(학자에 따라서는 분류변수, 피험자변수, 유기적 변수, 개인차변수 등의 용어를 사용하기도 한다)이라고 한다.

게다가 사회과학자들은 속성변수를 대표하는 피험자들을 무선표집함으로써 비독립적 설계에 직면하게 되고 동시에 각 칸(cell)의 사례수가 같지 않은 경우가 발생함으로써 불균형 설계가 되기 쉽다. 각 칸의 사례수가 동일하지 않은 불균형설계의 경우에는 보다 복잡한 문제가 개입되므로 설명이 간단하지가 않게 된다. 불균형설계의 경우에는 분산분석을 어떻게 실시하는지에 대해서는 이후에 논의할 것이다.

10) 분산분석의 고정효과모형과 무선효과모형

일원분산분석에서 F비를 결정하는 공식은 MS_b/MS_w로, 이에 따라 독립변수의 효과를 해석하였다. 하지만 다원분산분석에서의 F비는 일원분산분석에서처럼 간단하지가 않다. 분산분석은 크게 두 가지의 통계적 모형에 따라 F비를 결정하는 공식이 달라지게 된다.

분산분석에서 F비를 결정하는 데에는 고정효과모형(fixed effect model)과 무선효과모형(random effect model)이 사용되며, 다원 분산분석일 경우에는 혼합모형(mixed model)이 추가되어 세 가지가 사용된다. 지금까지 설명한 분산분석방법은 고정효과모형을 적용한 경우에 해당되는 것이며 행동과학연구에서 주로 사용되는 모형이다. 이를 보다 자세히 설명하면, 분산분석을 실시하여 유의한 결과를 얻었을 때 그 결과를 실험에서 독립변수로 사용한 실험조건(또는 수준)에만 적용하는 데 관심이 있을 경우에 적용하는 방법이 분산분석의 고정효과모형이다.

무선효과모형이란 한 독립변수를 대표하는 무한한 실험조건 중에서 일부를 무선적으로 표집하여 실험을 실시하고 유의한 결과를 얻었을 때 그 결과를 실제로 실험에 사용한 실험조건에만 일반화하는 것이 아니라 그 실험조건이 표집된 독립변수 전체에 일반화하는 데 목적이 있는 모형이다. 예를 들어, A라는 교수방법이 초등학교 학년별로 어떤 영향을 미치는지를 검증하기 위해 1~6학년 중 무선적으로 3개 학년을 표집하여 실험을 실시하고 분산분석을 실시할 수도 있다. 이때 그 분산분석결과를 1~6학년 모두에 일반화하게 되는데 이런 경우에 적용되는 분산분석모형이 무선효과모형이다.

혼합모형이란 다원배치설계에서 독립변수 중 일부는 무선효과모형을 적용하고, 일부는 고정효과모형을 적용하는 경우를 말한다.

고정효과모형과 무선효과모형의 구분은 일원분산분석의 경우에는 아무런 차이가 없으며, 이원이상의 다원분산분석의 경우에도 계산상에는 차이가 없다. 단지 다원분산분석의 경우 F비를 계산하는 데 있어서 어떤 오차분산(MS_w 또는 MS_e)을 사용하는가에 따른 차이가 있으며 또한 결과 해석에 있어서 일반화의 정도가 차이나게 된다.

SPSS/WIN에서는 고정효과(Fixed effect) 모형을 지정할 경우에는 독립변수를 '모수요인(F)'으로 무선효과(rAndom effect) 모형을 지정할 경우에는 독립변수를 '변량요인(A)'으로 이동시키면 된다. 독립변수가 두 곳으로 나뉜다면 혼합모형이 된다.

11) 균형설계에서의 분산분석의 단계

두 개의 독립변수가 있고 그 변수의 각 수준에 의해 교차분할된 각 칸에 할당된 사례수가 동일할 때 이를 균형설계 또는 독립적 설계(orthogonal design)라고 한다. 이때 Y의 전체분산은 독립적 요소로 분해될 수 있다.

$$SS_y = SS_A + SS_B + SS_{AB} + SS_w$$

A와 B의 효과가 상가적(additive)이라면, 즉 B의 모든 수준에서 A의 효과가 동일하고 A의 모든 수준에서 B의 효과가 동일하다면 상호작용효과는 0에 가까워진다. 또 한 가지 주목할 내용으로, 일원분산분석에서는 요인B에 기인한 모든 분산이 오차분산에 포함되지만 요인설계에서는 오차분산에서 B의 효과에 의한 분산이 분리되어 나옴으로써 오차분산이 줄어들게 된다.

다원분산분석에서 제일 먼저 확인해 보아야 할 유형의 기술적 정보는 중다 R 제곱이다.

$$\text{중다} R^2 = \frac{SS_{A,B,AB}}{SS_y}$$

이다.

$SS_{A,B,AB}$는 요인A와 요인B 그리고 그 상호작용의 결합효과에 기인하는 제곱합이다. 그리고SS_y는 전체 제곱합이다. $SS_{A,B,AB}$를 달리 표현하면 체계적 분산, 또는 설명된 분산이다. 따라서 위의 공식이 의미하는 바는 전체 분산중에서 설명된 분산이 차지하는 비율이 된다.

독립적(균형) 요인설계에서 $SS_{A,B,AB} = SS_A + SS_B + SS_{AB}$가 되므로 위의 예에서는 수정모형의 제곱합이 된다(그러나 비독립적(불균형)설계에서는 일반적으로 이러한 등식이 유지되지 않는다.). 독립적 설계에서 종속변수에 미치는 각 요인의 효과가 클수록 이 계수가 커진다.

여러 가지 효과의 유의도를 검증하는 단계는 아래와 같다.

① 각 요인이 전반적으로 통계적으로 유의미한 효과가 있는지를 검사한다.

$$F = \frac{(SS_A + SS_B + SS_{AB})/df_1}{SS_w/df_2} = \frac{MS_{A,B,AB}}{MS_w}$$

② 상호작용효과가 유의미한지를 검사한다.

$$F = \frac{SS_{AB}/df_1}{SS_w/df_2} = \frac{MS_{AB}}{MS_w}$$

상호작용이 유의미하다면, A효과는 B의 각 범주에 따라 달라진다고 결론을 내리게 된다. 그 반대로 B의 효과는 A의 각 범주에 따라 달라진다고 결론을 내리게 된다. 따라서 각각의 주효과를 분리하여 검증할 이유가 없게 된다. 하지만 상호작용효과가 없다면 각각의 주효과를 분리하여 검증해야 한다.

③ 각 요인의 유의도 검증에는 연구자가 결정해야 할 면들이 몇 가지 있다. 만일 상호작용효과가 없다면 연구자는 두 가지의 의사결정을 해야 한다. 첫째, 두 변수 중 어느 하나 혹은 두 변수 모두의 효과가 고정(fixed)되어 있다고 간주할 것인가. 둘째, 고정효과모형을 적용한다면, SS_{AB}를 SS_w와 통합할 것인가.

고정효과모형이며 오차항을 통합시키지 않는다면, 요인A와 요인B에 대한 각각의 F-검정을 실시할 수 있다("무선구획설계의 분산분석"이라는 절에서 상호작용효과를 오차 항과 통합시키는 예를 볼 것이다).

$$F = \frac{MS_A}{MS_w}$$

$$F = \frac{MS_B}{MS_w}$$

실험설계가 독립적이므로, 즉 각 칸의 사례수가 동일한 균형설계이므로 두 개의 주효과와 관련되는 제곱합(SS)을 더하면 결합효과의 제곱합이 된다. 또한 독립적 설계에서 결합효과의 평균제곱(MS)은 모든 요인의 평균제곱의 가중된 평균이다. 따라서 결합효과가 유의미하면 최소한 주효과중 하나는 유의미하지만 그 반대는 성립되지 않을 수도 있다.

12) 다원분산분석에서 각 집단의 사례수

일원분산분석과는 달리 다원분산분석에서는 각 집단의 사례수가 동일하다는 사실은 매우 중요하다. 왜냐하면 각 집단의 사례수가 다른 경우, 즉 불균형설계인 경우에는 집단간 분산, 집단내 분산, 상호작용 분산의 추정치가 각각 독립적이지 못하게 되므로 이러한 관계에서 얻어진 F비는 두 분산(F비를 계산하는 간분산과 오차분산)이 독립적 추정치라는 가정하에서 얻어진 이론적 F분포와는 차이가 나기 때문이다.

따라서 이러한 경우에 얻어진 F값을 이론적 F분포와 비교하는 것은 주어진 α 수준을 과소평가하거나 과대평가하는 오류를 범하게 되는 것이다. 다원분산분석에서 각 집단의 사례수가 다른 경우에 적용할 수 있는 최적의 방법은 없다. 그러므로 실험설계 과정에서 가능한 한 각 집단의 사례수가 동일하도록 꾸미는 것이 최선이다. 하지만 비록 처음의 실험과정에서는 동일한 사례수를 할당하였지만 실험도중에 피험동물이 죽거나, 또는 실험도중에 피험자가 참가하지 않게 되는 등의 여러 가지 이유로 인하여 피험자 상실(subjects attrition)이 일어나 결과적으로 각 집단의 사례수가 동일하지 못하게 되는 경우도 발생하게 된다.

이처럼 각 집단의 사례수가 동일하지 않은 경우에 취할 수 있는 방법으로 두 가지가 있을 수 있는데, 그 하나는 실험적인 통제이고 다른 하나는 통계적인 통제이다.

하지만 어느 통제방법을 사용하든 그 사례수의 상실이 실험조건과는 체계적으로 관련되지 않아야 한다는 점을 명심해야 한다. 다시 말해서, 각 집단의 사례수가 차이가 날 때 그 차이가 무선적으로 발생했다고 인정할 수 있어야만 한다. 각 집단의 사례수가 다를 때 취할 수 있는 실험적인 통제방법은 사례수가 가장 적은 집단을 기준으로 그 집단과 사례수가 동일해지도록 다른 집단의 사례수를 무선적으로 제외시켜 나가는 것이다. 그런 다음에 앞에서 설명한 분산분석방법을 적용하는 것이다. 그러나 이 방법은 어느 한 집단의 사례수가 극단적으로 적은 경우에 대부분의 사례를 버리도록 만듦으로써 모집단 평균의 추정치로서 집단평균의 신뢰성이 감소되며 오차분산에 대한 자유도의 상당부분을 잃게 된다는 단점이 있다. 각 집단의 사례수가 다르지만 각 집단의 사례수가 주어진 횡렬과 종렬에 대한 비율관계가 성립되는 경우에는 분산의 추정치들이 독립적인 관계를 유지하고 있다고 간주할 수 있다. 다시 말해서, 주어진 한 횡렬의 사례수의 합을 N_j라고 하고 주어진 한 종렬의 사례수의 합을 N_k라 하고 이 j횡렬과 k종렬이 만나는 칸(집단)의 사례수를 N_{jk}라고 했을 때 $N_{jk} = (N_j \times N_k)/N$의 관계가 성립되는 경우에는 각각의 간분산과 상호작용에 관한 분산의 추정이 독립적인 관계를 갖게 된다(이는 7장에서 설명한 χ^2검증에서 기대빈도를 구하는 과정과 같음에 주목하라).

13) 비독립적 효과

요인들 간의 교차분할된 각 칸의 사례수가 동일하다면 모든 요인의 효과는 독립적이 된다. 한 요인의 효과는 다른 요인효과와 독립적일 뿐만 아니라 여러 요인들 간의 상호작용과도 독립적이다. 이미 언급했듯이, 이럴 경우(균형설계)의 분산분석은 단순하고 직선적이다. 그러나 이처럼 교차분할된 각 칸의 사례수가 동일한 상황을 만든다는 것이 쉽지만은 않다. 특히 조사연구를 진행한 경우 더욱 그러하다.

교차분할된 각 칸의 사례수는 다르지만 앞에서 언급했듯이 난외 빈도의 비율관계를 유지할 때 주효과들만은 독립적이 된다. 하지만 상호작용효과는 일반적으로 주효과와 독립적이지 못하고 고차상호작용효과는 낮은 차수의 상호작용효과와 독립적이지 못하다. 불균형설계에서처럼 각각의 효과들이 서로 간에 상관될 때(칸의 빈도가 요인의 난외 빈도의 비율적 관계를 유지하지 못할 때) 자료 분석을 진행하기 전에 몇 가지 개념적 또는 인과적 단계를 여러 가지 효과에 할당시켜야 한다.

14) 불균형요인설계의 분산분석

교차분할된 각 칸의 사례수가 다른 경우(즉, 불균형설계인 경우)에는 여러 요소의 계산 뿐 아니라 그 결과의 해석까지도 다소 복잡해진다. 예를 들어, 각 요소의 SS의 합을 더해도 전체 제곱합이 되지 않는다. 왜냐하면 불균형 설계에서의 주효과는 통상 서로 간에 독립적이지 못하고, 또한 상호작용효과는 주효과와도 독립적이지 못하기 때문이다. 불균형설계에서의 분산분석에 대한 자세한 계산절차는 관련 서적을 참조하기로 하고, 여기에서는 그 기본적인 논리와 모형의 선택기준을 제시할 것이다.

요인 A와 요인 B가 있는 불균형 요인설계에서 전체 제곱합을 분해하는 방식은 크게 세 가지 유형으로 구분된다. 그 첫 번째는 고전적 실험접근(classical experimental approach)이며, 두 번째는 계층적 접근(hierarchy approach)이고, 세 번째는 회귀적 접근(regression approach)이다.

고전적 실험접근은 SPSS에서 '제 III 유형'이라고 하며, 균형설계의 데이터를 이 유형의 제곱합 분할에 적용했을 때 균형설계의 분산분석과 동일한 결과를 내므로 내정된 유형으로 사용한다. 고전적 실험접근에서 전체 제곱합은 다음의 세 가지 요소로 분해된다.

$$SS_{A,B} = A\text{와 } B\text{의 상가적 효과에 기인하는 } SS$$
$$SS_{AB} = \text{상호작용 효과에 기인하는 } SS = SS_{A,B,AB} - SS_{A,B}$$
$$SS_W = \text{오차에 기인하는 } SS = SS_y - SS_{A,B,AB}$$

위에서 SS_y는 전체자승화이다.

일반적인 분해전략을 주목하라. 몇 가지 단계를 강제함으로써 세 가지 유형의 구성요소 모두가 서로 독립적이 된다. 상호작용효과는 A와 B의 상가적 효과의 제곱합과 A와 B의 결합효과에 의해 설명되는 제곱합의 차이로 정의된다. 말을 바꾸면, 상호작용효과는 A와 B의 효과의 잔차 요소에 의해 계산된다. 비슷하게 오차요소는 잔차 제곱합으로 정의된다.

다음으로 A와 B의 상가적 효과는 각각의 분리된 주효과로 분해된다. 여기에서 A와 B가 서로 독립적이지 못하므로 A에 대해 B가 설명하지 못하는 부분과 B에 대해 A가 설명하지 못하는 부분으로 $SS_{A,B}$를 할당한다.

$$SS_{A,B}$$
$$SS_{A \Leftarrow B\text{로 수정}} = SS_{A,B} - SS_B$$
$$SS_{B \Leftarrow A\text{로 수정}} = SS_{A,B} - SS_A$$

일반적으로 $SS_{A,B} \neq SS_{A \Leftarrow B\text{로 수정}} + SS_{B \Leftarrow A\text{로 수정}}$이 된다($SS_{B \Leftarrow A\text{로 수정}}$은 이후에는 $SS_{B \cdot A}$로 표현한다).

요약하면, 고전적 실험모형은 제곱합을 아래의 <표9-9>과 같이 분할한다.

<표9-9> 고전적 실험모형의 제곱합의 분할

분산원	제곱합
1) A와 B에 기인하는 SS, 포화모형(saturated model)	$SS_{A,B,AB}$
2) A와 B에 기인하는 SS, 상가모형(additive model)	$SS_{A,B}$
a) A에 기인하는 SS, B로 수정	$(SS_{A,B}-SS_B)$
b) B에 기인하는 SS, A로 수정	$(SS_{A,B}-SS_A)$
3) A×B에 기인하는 SS 상호작용	$(SS_{A,B,AB}-SS_{A,B})$
4) SS잔차	$SS_y-SS_{A,B,AB}$

고정모형에서 각 요소의 유의도 검증을 위한 F비 = 그 요소의 SS / SSW가 된다. 이의 유의도 검증전략은 다음과 같다.

① 모델전체에 대한 유의도 검증

② 상호작용에 대한 유의도 검증

③ 상호작용이 유의미하지 않다면, 상가적 모형의 유의도 검증

④ 각 주효과에 대한 유의도 검증

독립적 설계와의 차이점으로써 중요한 것은 A와 B가 강하게 연합되어 있다면, 전체로서의 상가적 효과가 유의미한 반면 각각의 주효과 중 어느 것도 유의미하지 않은 결과가 가능하다는 것이다. 이러한 것은 각 요인이 다른 요인의 효과에 추가(즉, 상가)되어 SS가 증가되었을 때에만 기여를 하기 때문이다. 이전에 언급했듯이, 개별적인 효과인 $\dot{S}S_{A\Leftarrow B로수정}$와 $SS_{B\Leftarrow A로수정}$를 더해도 $SS_{A,B}$가 되지 않는다. 균형설계인 경우 동일한 결과를 보이므로 SPSS에서는 이를 내정치로 하고 있다.

두 번째 모형은 계층적 접근으로써 단계적으로 주효과를 분할한다(SPSS에서는 이를 '제 I 유형'이라고 한다). 이 방법에서 제곱합은 단계적으로 분할되지만 그 과정 중에는 그 효과를 검증하지 않는다. 그보다는 최종적으로 MS_W를 구할 때까지 기다리게 되고, 따라서 MS_W는 모든 효과가 제거된 뒤에도 남아있는 분산을 반영한다. 고전적 접근에서 제곱합은 효과의 유형간에 단계적으로 분할된다. 그러나 계층적 접

근에서 제곱합은 유형간에 그리고 요인의 주효과 내에서 단계적으로 분할된다.

유의도 검증과정은 고전적 실험접근과 동일하다. 유일한 차이는 상가적 효과가 유의미하다면 언제나 최소한 하나의 주효과가 유의미하다는 것이다. 이 두 가지 접근방식은 다원요인설계에도 그대로 확장된다. 두 접근(실험적 접근과 계층적 접근)은 주효과를 다루는 방식을 제외하고는 동일한 방식으로 SS_y를 분할한다. 예를 들어, 삼원 요인설계가 주어졌을 때 두 접근은 <표9-10>에 표시된 것처럼 SS_y를 분할한다.

<표9-10> 삼원분산분석에서 고전적모형과 단계적 모형의 제곱합의 분할

(1) $SS_{A,B,C}$(주효과)
(2) $SS_{2원상호작용} = SS_{A,B,C,AB,AC,BC} - SS_{A,B,C}$
(3) $SS_{3원상호작용} = SS_{A,B,C,AB,AC,BC,ABC} - SS_{A,B,C,AB,AC,BC}$
(4) $SS_{잔차} = SS_y - SS_{A,B,C,AB,AC,BC,ABC}$
SS_y = 전체제곱합 = (1) + (2) + (3) + (4)

이 두 모형은 상가적 효과의 제곱합의 분할에서 차이가 난다. 그 차이는 아래의 <표9-11>과 같다.

<표9-11> 삼원분산분석에서 상가적 효과의 제곱합 분할

분산원	고전적 접근	계층적 접근
	$SS_{A,B,C}$는 전체상가적 효과	
A의 주효과	$SS_{A \cdot BC} = SS_{A,B,C} - SS_{B,C}$	SS_A
B의 주효과	$SS_{B \cdot AC} = SS_{A,B,C} - SS_{A,C}$	$SS_{B \cdot A} = SS_{A,B} - SS_A$
C의 주효과	$SS_{C \cdot AB} = SS_{A,B,C} - SS_{A,B}$	$SS_{C \cdot A,B} = SS_{A,B,C} - SS_{A,B}$

세 번째 접근은 회귀접근 모형으로 개별적인 효과를 모든 다른 효과에 의해 수정함으로써 분할한다(SPSS에서는 '제 II 유형'으로 지정한다). 예를 들어, 이원요인설계에서 SS_y는 아래의 <표9-12>와 같이 분할한다. 이 접근의 특징은 모든 다른 효

과에 의해 수정된 다음에만 하나의 주어진 효과를 검사한다는 점이다.

<표9-12> 이원분산분석에서 회귀적 접근의 제곱합의 분할

분산원	SS
A와 B, 상가적	$SS_{A,B\cdot AB}=SS_{A,B,AB}-SS_{AB}$
A	$SS_{A\cdot B,AB}=SS_{A,B,AB}-SS_{B,AB}$
B	$SS_{B\cdot A,AB}=SS_{A,B,AB}-SS_{A,AB}$
AB	$SS_{AB\cdot A,B}=SS_{A,B,AB}-SS_{A,B}$

15) 불균형설계의 분산분석에서 모형의 선택

회귀접근모형으로 구한 결과는 설계에서의 독립성이 유지되지 않는 한 다른 두 접근모형의 분석결과와 매우 다르다. 이러한 사실은 실험접근방식이 전통적인 실험설계에서의 분산분석의 적절한 일반화처럼 보이도록 만들어 준다. 비록 어떤 논리적 적용면에서는 회귀접근모형이 추천되긴 하지만, 대부분의 경우에 있어서 주효과의 정도(폭)가 상호작용효과에 의해 수정되는 것이 바람직하지 않은 것처럼 보인다. 가끔 단계적 접근이 실험적 접근으로 구한 결과와 동일한 결과를 산출하는데, 이는 변수가 지정된 순서에 기인하는 것이다. 주효과가 모두 상호작용항에 우선하고 낮은 차원의 상호작용이 높은 차원의 상호작용보다 우선할 때에는 언제나 실험접근과 단계적 접근간의 유일한 차이는 앞에서 언급했듯이 수준 내에서의 수정에서만 이루어진다. 칸의 빈도가 비율적인 설계일 때 비록 동일하지 않은 빈도에 의해서 상호작용과 주효과 간의 상관을 일으키긴 하지만, 주효과는 상호간에 독립적이다.

단계적 접근방법이 사용될 때에는 요소들의 자승을 더한 결과가 언제나 전체 제곱합이 된다는 사실을 주목하는 것이 특히 중요하다. 일반적으로 칸의 빈도가 비율적이지 않은 경우에는 회귀접근과 실험접근의 결과는 요소들의 자승을 더한 결과가 전체 제곱합과 다르게 된다. 실험접근방법은 분석에 포함되는 다른 것들보다도 각 요인의 독립적 기여에 관심이 있는 경우에 사용된다. 종속변수가 여러 가지의 요인 각각에 고도로 관련될 가능성이 있으며 다른 것보다도 유의미한 변동량을 더 설명하는 요인이 하나도 없을 가능성이 있다. 회귀적 접근과 실험적 접근을 사용하는

데 있어서, 고도로 상관된 요인이 분석에 같이 포함되지 않도록 주의해야만 한다. 만일 두 요인이 고도로 관련되어 있다면 분석모형에 그 중의 하나만을 선택하는 것이 현명할 것이다. 단계적 접근은 요인들 간의 비독립성과 무관하게 사용할 수 있다. 만일 종속변수가 사실상 전체 독립변수와 관계된다면 그 관계성은 분할된 제곱합에 반영될 것이다.

세 가지 방법 중에서 어느 하나를 선택해야 하는가는 문제의 개념화와 알고자 하는 문제의 본질에 따라 달라질 것이다. 실험적 접근은 그 문제가 중다분류(multi-classification) 요인설계라고 생각될 때에는 언제나 선택되며, 동일하지 않은 칸의 빈도나 계산상의 어려움을 제외하면 전통적인 분산분석방법이 채택되는 경우에 채택될 것이다. 전통적인 분산분석의 맥락에서 보았을 때 이 방법은 실험적 연구에 가장 적절한 것으로 여겨진다. 이 분석의 결과는 통상적인 요인설계의 분산분석에서 나온 결과처럼 해석될 수 있다. 문제의 개념이 일반 선형회귀적이지 실험적이 아니라면 회귀적 접근이 사용된다.

회귀적 접근은 요인이 특정한 칸(상호작용)효과에 의해 전적으로 설명될 수 없는 전반적인 주효과를 가지는지의 여부를 결정하는 데 사용될 수 있다. 이 회귀적 접근방법을 사용하는 데 있어서, 균형된 요인설계에서의 유의미한 "주효과"를 해석하는 것과 동일한 방식으로 주효과를 해석하지 않도록 주의해야만 한다. 이 방법이 채택되었을 때 모수추정치를 추정된 평균값으로서가 아니라 회귀계수로써 해석하는 것이 아마도 최선일 것이다.

검증하려는 가설들 간에 논리상 연역적(선험적)인 순서가 존재한다면 단계적 접근방법이 사용될 수 있다. 예를 들어, 어떤 독립변수가 이론적인 또는 인과적인 면에서 논리적 우선권을 지닌다면 그 효과는 이차적 요인에 관계없이 검사받을 수 있으며 그 다음으로 이차적 요인의 효과는 그 일차적인 요인에 대해 수정된 뒤에 검사될 수 있다. 유의도의 연역적인 확률에 의해서 검사되는 효과들을 서열화하길 원할 수도 있으며, 이때 가장 강할 것으로 예상되는 효과를 먼저 검증하고 나서 더 추가되는 것이 있는지를 결정하기 위해서 계속해서 가장 약한 것으로 예상되는 것까지를 검증할 수도 있다. 고도로 상호 관련된 독립변수들을 취급하는데 있어서 회귀적 접근모형처럼 모든 다른 것들에 의해 수정된 독립변수효과의 유의도를 검증하는 것은 그다지 바람직하지 않다. 한편 단계적 접근방법은 유의미한 효과가 다른 것에 의해서 상쇄될 확률을 최소화시킨다는 장점을 갖는다.

16) 공변량 분산분석

실험설계의 근본적인 방법은 연구자가 관심을 갖고 있는 독립변수 이외에 종속변수에 체계적으로 영향을 줄 수 있는 다른 변수(즉 잡음변수 또는 가외변수)들을 통제하는 것이다. 앞 절에서 설명한 무선구획설계 역시 잡음변수를 통제하기 위해 사용되는 설계이다. 그러나 연구자가 실험설계를 통해서 이처럼 직접적으로 통제하지 못하는 경우가 발생하게 된다. 그러한 경우는 주로 조사연구에서 많이 발생하게 되는데 실험연구에서도 사회적 제도나 윤리적 이유 등에 의해 피험자를 실험집단에 무선적으로 할당할 수 없을 때 발생한다. 이처럼 실험설계에 의해 직접적으로 잡음요인을 통제할 수 없을 때 간접적으로 이러한 잡음요인을 통제하는 통계적 방법이 있는데 이를 공변량 분산분석(analysis of covariance)라고 한다. 이 방법은 분산분석과 다음 장에서 설명하는 회귀분석의 방법을 이용한 것으로 잡음요인에 대한 실험적 통제가 아닌 통계적 통제이다. 공변인은 연구자가 관심을 가지고 있는 독립변수 이외에 종속변수에 체계적으로 영향을 줄 수 있는 변수로 연구자가 통제하고자 하는 변수를 말한다. 따라서 공변인은 종속변수와 상관이 있는 다른 변수이지만 때로는 동일한 종속변수의 사전검사결과가 사용되기도 한다. 일 예로, 학습효과를 연구할 때에는 학습과 상관이 있는 지능이 공변인으로 사용되기도 하며 실험처치전의 사전검사결과가 공변인으로 사용될 수도 있다. 따라서 연구자는 독립변수 이외에 종속변수에 영향을 줄 수 있는 다른 잡음변수가 있는지를 고려하여 실험설계에서 통제해야 하며 그렇지 못할 경우에는 그 잡음변수를 측정하여 공변인으로 사용해야 할 것이다. 공변인은 종속변수 측정치에서 가외변수의 효과를 제거하기 위해 도입되며 이에 의해 측정의 정확도가 증가될 것이다. 종속변수 측정치의 변동량에서 하나이상의 공변인에 기인하는 변동량을 제거하기 위해서 회귀적 접근이 사용되며 그 "교정된" 점수들을 가지고 관례적인 분산분석이 적용된다.

<표9-13> 가상적 모방실험의 사전검사자료와 원자료

A1(경쟁조건)		A2(통제조건)		A3(협동조건)	
관찰전	관찰후	관찰전	관찰후	관찰전	관찰후
4	3	6	8	6	7
5	6	7	8	8	10
4	6	7	11	8	10
3	5	3	6	7	10
5	7	5	7	9	10
5	9	4	8	10	13

다시 모방실험의 원자료를 사용해 보자. 아동들이 모델을 관찰하기 전의 협동적 행동의 빈도가 모델 관찰후의 행동과 상관이 있을 것으로 예상되어 이를 미리 측정하여 <표9-13>의 "관찰전"에 표시하였다. 관찰후의 원자료는 이전과 동일하다. 실험가설은 모델링의 효과가 있다는 것이다. 아동들이 모델을 관찰하기전의 협동적 행동의 빈도를 관찰하여 공변인으로 사용하여 공변량 분산분석을 실시하였다. 공변량 분산분석의 결과를 <표9-14>에 제시하였다.

<표9-14> 가상적 모방실험의 공분산분석 결과물

기술통계량

종속변수: 사후

집단	평균	표준편차	N
1	6.00	2.00	6
3	8.00	1.67	6
4	10.00	1.90	6
합계	8.00	2.43	18

개체-간 효과 검정

종속변수: 사후

소스	제Ⅲ유형 제곱합	자유도	평균제곱	F	유의확률
수정모형	75.337[a]	3	25.112	14.255	.000
절편	3.061	1	3.061	1.738	.209
사전	27.338	1	27.338	15.518	.001
집단	3.094	2	1.547	.878	.437
오차	24.662	14	1.762		
합계	1252.000	18			
수정합계	100.000	17			

a. R제곱 = .753(수정된 R제곱 = .701)

<표9-14>의 결과물을 보면, 공분산을 도입한 결과 모델링 집단의 효과가 없는 것으로 나타났다. 따라서 모델링 집단에 따라 차이가 있을 것이라는 실험가설은 기각되었다.

앞에서 설명한 바처럼 종속변수의 분산에서 공변인의 효과를 제거한 뒤 일반적인 분산분석방법을 적용하는 것이 가장 일반적인 방법이긴 하지만 이것이 유일한 방법은 아니다. 주어진 연구문제에서 공변인과 요인효과가 같이 관심대상이고 그들 사이에 인과적 우선권이 없을지도 모른다. 이 같은 경우에 연구자는 각 요인과 공변인을 평가할 때 모든 요인과 공변인에 의해 교정하기를 원할 수도 있다. 이때 종속변수에서 설명된 분산의 분해는 예언변수로 가변수와 등간 이상의 척도로 측정한 변수(연속형 변수)를 포함하는 회귀분석과 유사해 진다.

그 외에도 다른 변수로 공변인을 수정해야 할 경우도 있다. 이처럼 여러 가지 방법이 적용될 수 있지만, 대부분의 경우에 있어서 공변인과 요인간의 상호작용이 0이라고 가정하는 것이 필요하다. 따라서 공변량 분산분석을 적용하는 데 있어서 이 가정이 위배되는지를 먼저 알아보아야 할 것이다. 이 가정이 위배될 우려가 있는 경우에는 회귀분석을 적용하는 것이 더욱 바람직할 것이다.

17) 무선구획설계의 분산분석

만약 각 피험자가 모든 수준의 독립변수처치를 받는다면, 이는 반복측정설계로써 무선구획설계(Randomized-Blocks Design)의 일종이 된다. 무선구획설계란 실험의 오차를 줄이기 위해서 실험단위를 동질적인 여러 개의 구획으로 묶어서 실험단위의 이질성에 의해서 생길 수 있는 실험오차를 구획의 효과로써 통제하고자 하는 실험계획을 말한다. 다시 말해서, 현재 관심을 두고 있는 독립변수의 효과를 연구하는데 있어서 영향을 줄 수 있는 잡음변수를 몇 가지 수준(구획)으로 나누어 각 수준이 골고루 각 실험집단에 분산되도록 하는 방법이다. 따라서 구획이란 잡음요인으로써 오차분산을 줄이기 위한 목적으로 독립변수로 처리되지만 이의 가설검증은 실시하지 않게 된다.

여기에서 무선(randomized)이란 용어는 각 구획이 실험처치에 무선적으로 할당된다는 것을 의미한다(따라서 처치에 대한 순서효과가 상쇄[counter-balance]됨으로써 통제된다).

협동적 행동에 대한 모델효과의 연구를 예로 들면, 동성인 6명의 아동들이 세 개의 모델링 조건 모두를 경험하게 된다. 각 아동들은 A_2조건(모델이 없는 통제조건)에서 시작하여, A_1조건(경쟁적 모델조건) 또는 A_3(협동적 모델조건)조건 중에서 무선적으로 한 조건에 할당된 후 나머지 조건에서 실험을 마치게 된다. 이 같은 무선구획설계는 일원분산분석모형을 가장 단순한 형태로 확장한 모형이라고 말할 수 있는데, 1요인의 반복측정 설계라고 부르기도 한다.

<표9-15> 가상적 1요인반복측정설계 모방실험의 원자료

피험자	A1(경쟁조건)	A2(통제조건)	A3(협동조건)	평균
1번	3	8	7	6
2번	6	8	10	8
3번	6	11	10	9
4번	5	6	10	7
5번	7	7	10	8
6번	9	8	13	10

이러한 설계방식은 한정된 수의 피험자를 대상으로 할 수밖에 없는 임상장면이나 군대 또는 산업장면에서 시간경과에 따라 수행경향이 어떻게 변화되는지를 보고자 할 때 많이 사용된다. 이 설계에서는 각 피험자가 모든 실험적 처치를 받게 되므로 한 피험자의 종속측정치들 간에는 서로 상관이 있다고 간주하여 피험자가 갖고 있는 개인차 분산을 전체분산에서 제거하게 된다. 다시 말해서, 피험자 자체를 하나의 독립변수로 취급하여 분산분석기법을 적용한다.

따라서 모델링의 조건과 피험자 변수이라는 두 개의 독립변수를 사용한 이원분산분석기법을 적용하지만 여기에서 피험자 변수는 실험오차를 줄이기 위해 도입한 것이므로 검증대상이 되지 못한다는 사실에 주의해야 한다. 이제 실제의 예로 들어가서, 6명의 남아들이 무선구획 모델링 실험에 참여하여 <표9-15>의 결과를 얻었다고 해보자. 원자료는 <표9-5>와 동일하다. <표9-15>에서 첫 번째 열은 한 어린이가 세 가지 조건에서 받은 세 개의 점수(3, 8, 7)를 나타낸다. 나머지 다섯 열도 마찬가지로서, 이 연구에는 18명이 아닌 6명의 아동들이 참여한 것이다. 실험가설은 각 모델링 조건의 효과가 있을 것이며 유의 수준은 전과 동일하게 α=0.05이다.

다수준 설계에 대한 구조적 모형은 Y=(M_Y)+(A_i)+(오차)이었다. 무선구획설계에 대한 구조적 모형은 아래와 같다.

$$Y = (M_Y) + (A_i) + (S_k) + (\text{오차})$$

여기서 M_Y는 전체평균이며 A_i는 조건의 효과, S_k는 각 피험자가 세 조건 전체에서 보여준 평균적인 피험자효과를 뜻한다. 즉, 각 종속측정치는 전체평균, 처치수준의 효과, 개인차의 효과(6명 아동의 반응경향 사이의 차이)와 무선오차의 합으로 구성된다. 전체평균 M_Y와 모델링 효과 A_i의 값은 일원분산분석에서 설명한 바와 동일하다(M_Y=8; A_1=−2, A_2=0, A_3=+2). S_k의 값은 <표9-15>의 오른쪽에 위치한 각 피험자의 평균에서 전체평균 M_Y를 뺌으로써 구해진다(−2, 0, =1, −1, 0, +2).

오차의 값은 각각의 개별점수 Y로부터 M_Y, A_i와 S_k를 뺌으로써 구해진다. 모델에 S_k를 포함시킴으로써 이 설계에서 계산된 오차 값이 다수준 설계에서의 오차값 보다 적어진다는 사실을 주목해야 한다(원자료가 바뀌지 않았으므로). 따라서 F비가 커지게 된다. 이러한 사실은 무선구획설계의 검증력이 다수준 설계의 검증력보다 크다는 것을 보여주는 것이다. 분산분석결과는 <표9-16>에 제시되어 있다.

<표9-16> 무선구획설계의 분산분석 결과

개체-간 효과 검정

종속변수: 협동적 행동의 빈도

소스	제 III 유형 제곱합	자유도	평균제곱	F	유의확률
수정모형	78.000[a]	7	11.143	5.065	.011
절편	1152.000	1	1152.000	523.636	.000
번호	30.000	5	6.000	2.727	.083
시행	48.000	2	24.000	10.909	.003
오차	22.000	10	2.200		
합계	1252.000	18			
수정합계	100.000	17			

a. R제곱 = .780(수정된 R제곱 = .626)

<표9-16>에서 모델링 효과 즉, 시행의 F비는 24/2.2=10.909이며 유의확률은 P

$<$0.05이다. 피험자 효과는 비록 계산이 되었지만, 오차분산을 줄이기 위해 도입된 것이므로 해석하지 않는다. 또한 <표9-16>에 상호작용효과가 없다는 사실을 주목해야만 한다. 사실상 상호작용효과를 계산해서는 안 된다. <표9-16>에 의해서 모델의 행동을 관찰하는 것이 남자 어린이들의 이후의 협동적 행동에 영향을 미친다는 결론을 얻을 수 있게 된다.

2 SPSS/WIN 실습

① 모델링.sav 파일을 불러온다.

② 분석 메뉴/일반선형모형(G)/일변량(U)...를 선택한다.

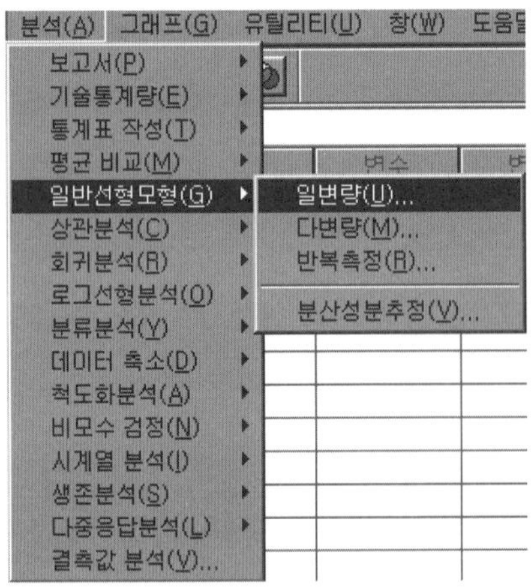

③ 대화상자에서 점수를 종속변수 창으로 옮기고 성별 변수와 집단 변수를 모수요인 창으로 옮긴다.

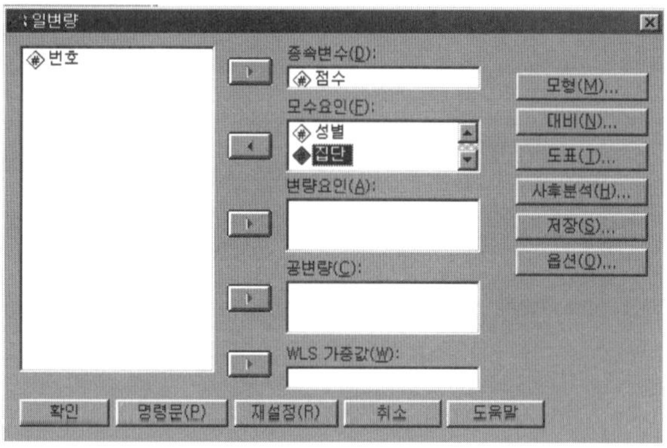

④ 모형단추를 누르면 부 대화상자가 나타난다. 모형설정에서 완전요인모형, 제곱합에서 '제 III 유형'을 확인한다. 모형설정에서 사용자 정의를 선택하면 분산분석 모형의 항들을 선택할 수 있다.

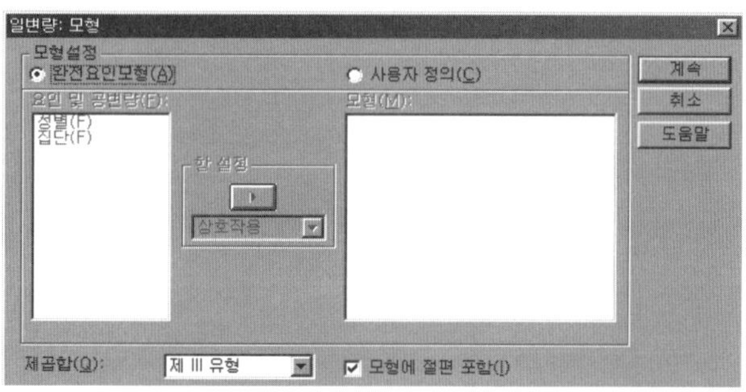

⑤ 계속을 누르고 필요시 사후분석 단추를 눌러 필요한 검정방법을 선택한다.

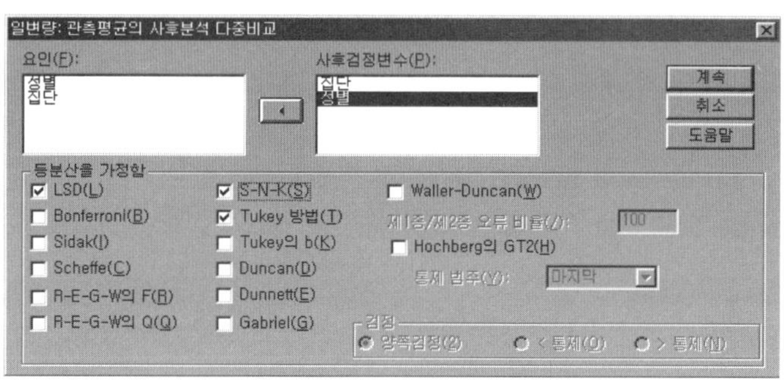

⑥ 대화상자에서 옵션 단추를 눌러 기술통계량, 동질성 검정, 잔차도표를 선택한다.

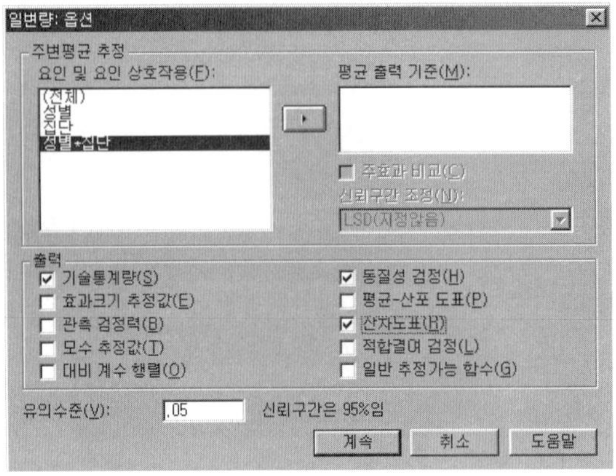

⑦ 대화상자에서 '도표(T)...' 단추를 눌러 수평축 변수(H)로 '집단', 선구분 변수(S)로 성별을 선택한다. 이는 결과물에서 집단별 평균에 관한 그래프를 산출한다.

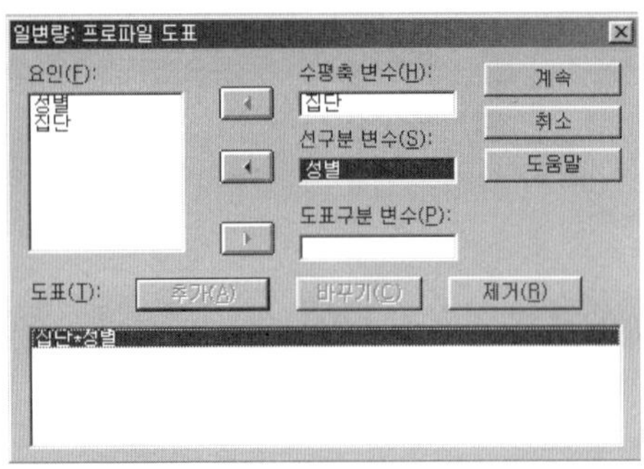

⑧ 계획된 비교를 진행해야 할 경우 대화상자에서 '대비(N)...' 단추를 눌러 '대비바꾸기'에서 대비계수를 입력한다.

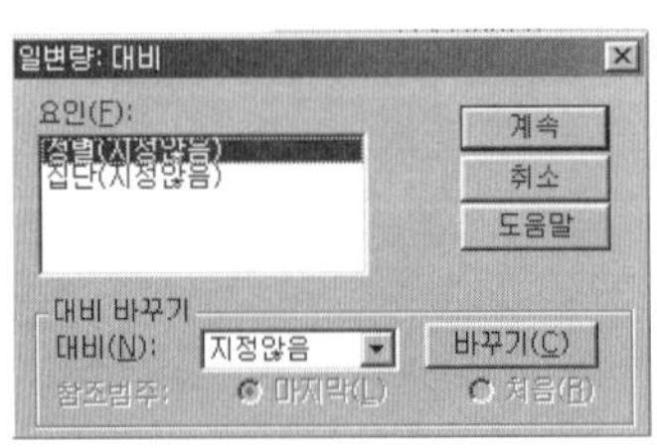

1) SPSS/WIN의 일반선형모형, 일변량분산분석의 결과물

① 옵션 단추에서 잔차도표를 선택한 결과이다. 이 결과물에서 우선 주목해야 할 부분은 '관측된'과 '예측된'의 도표이다. 이는 현재의 분산분석 모형의 적합성 정도를 보여준다. 회귀선을 중심으로 각 점수들이 모여 있다면 모형이 적합하다는 의미가 된다.

② 다음으로 '예측된'과 '표준잔차'의 도표를 살펴보아야 하는데 회귀선을 중심으로 좌우 또는 상하의 점수들이 고르게 분포되어 있는 것이 좋다.

종속변수: 점수

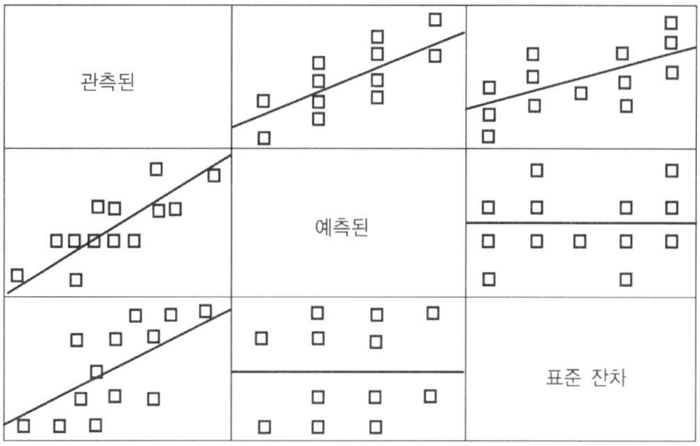

모형 : 절편+성별+집단+성별*집단

③ 각 요인 집단별 사례수가 제시되어 있다.

개체-간 요인

		변수값 설명	N
성별	1.00	남아	9
	2.00	여아	9
집단	1.00	경쟁집단	6
	2.00	통제집단	6
	3.00	협동집단	6

④ 기술통계량에는 각 요인의 수준별 평균, 표준편차 및 사례수와 각 셀의 평균, 표준편차, 및 사례수가 제시되어 있다.

기술통계량

종속변수: 점수

성별	집단	평균	표준편차	N
남아	경쟁집단	5.0000	1.7321	3
	통제집단	9.0000	1.7321	3
	협동집단	9.0000	1.7321	3
	합계	7.6667	2.5000	9
여아	경쟁집단	7.0000	2.0000	3
	통제집단	7.0000	1.0000	3
	협동집단	11.0000	1.7321	3
	합계	8.3333	2.4495	9
합계	경쟁집단	6.0000	2.0000	6
	통제집단	8.0000	1.6733	6
	협동집단	10.0000	1.8974	6
	합계	8.0000	2.4254	18

⑤ 각 집단의 평균은 '프로파일 도표'로 제시되었을 때 더욱 명확하게 알 수 있다.

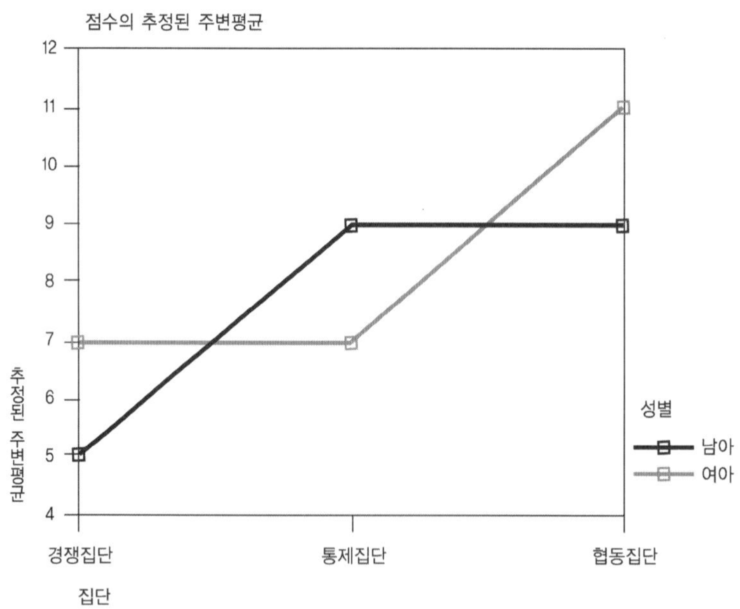

⑥ 오차분산의 동일성에 대한 검정에서 유의확률이 .05보다 크므로 오차의 분산이 동일하다는 영가설을 수용하게 된다. 즉, 오차분산이 동일하다.

오차 분산의 동일성에 대한 Levene의 검정[a]

종속변수: 점수

F	자유도1	자유도2	유의확률
.444	5	12	.809

여러 집단에서 종속변수의 오차 분산이 동일한 영가설을 검정합니다.
a. 계획: Intercept+성별+집단+성별 * 집단

개체-간 효과검정

종속변수: 점수

소스	제III유형 제곱합	자유도	평균제곱	F	유의확률
수정 모형	66.000[a]	5	13.200	4.659	.014
Intercept	1152.000	1	1152.000	406.588	.000
성별	2.000	1	2.000	.706	.417
집단	48.000	2	24.000	8.471	.005
성별 * 집단	16.000	2	8.000	2.824	.099
오차	34.000	12	2.833		
합계	1252.000	18			
수정 합계	100.000	17			

a. R제곱=.660(수정된 R제곱=.518)

⑦ 상호작용효과는 유의하지 않으며 집단의 주효과만 유의한 것으로 나타났다.

⑧ 사후비교는 각 요인별 일원분산분석에서의 사후비교와 동일하다. 현재 성별 요인은 수준이 2개이므로 사후비교가 진행되질 않는다. 그러나 집단은 3집단 이상이므로 사후비교인 다중비교가 진행된다. Tukey HSD 그리고 LSD 검정결과 경쟁집단과 협동집단간에만 차이가 있다는 것을 알 수 있다.

다중 비교

종속변수: 점수

	(I) 집단	(J) 집단	평균차(I-J)	표준오차	유의확률	95% 신뢰구간 하한값	95% 신뢰구간 상한값
Tukey HSD	경쟁집단	통제집단	-2.0000	.9718	.141	-4.5927	.5927
		협동집단	-4.0000*	.9718	.004	-6.5927	-1.4073
	통제집단	경쟁집단	2.0000	.9718	.141	-.5927	4.5927
		협동집단	-2.0000	.9718	.141	-4.5927	.5927
	협동집단	경쟁집단	4.0000*	.9718	.004	1.4073	6.5927
		통제집단	2.0000	.9718	.141	-.5927	4.5927
LSD	경쟁집단	통제집단	-2.0000	.9718	.062	-4.1174	.1174
		협동집단	-4.0000*	.9718	.001	-6.1174	-1.8826
	통제집단	경쟁집단	2.0000	.9718	.062	-.1174	4.1174
		협동집단	-2.0000	.9718	.062	-4.1174	.1174
	협동집단	경쟁집단	4.0000*	.9718	.001	1.8826	6.1174
		통제집단	2.0000	.9718	.062	-.1174	4.1174

관측된 평균에 기초합니다.
*. .05 수준에서 평균차는 유의합니다.

⑨ 또 다른 사후비교로 지정한 SNK와 Tukey의 a,b는 구간검정으로 동질적인 집단을 제시해준다. 위의 결과와 마찬가지로 경쟁집단과 통제집단, 통제집단과 협동집단은 동질적인 것으로 나타났다.

2) Randomized Block Design(Repeated Measure)의 ANOVA

① 종속변수에 '점수'를 선택하고 모수요인에 '번호'와 '시행'을 옮긴다.

② '모형(M)' 단추를 누른다.

③ '모형' 대화상자에서 사용자 정의 라디오 버튼 선택

④ '항설정'에서 '주효과'를 선택하여 모형에 주효과의 제곱합만 포함시킴에 주의해야 한다.

제10장

단순회귀와 잔차의 분석

두 변수 간에 상관이 있을 때, 한 변수의 값을 알고 있다면 다른 변수의 값을 어느 정도 예측할 수 있다. 이때 두 변수간의 상관계수 r의 절대값이 1이라면, 그 예측은 정확하게 이루어질 수 있으며 상관이 0에 가까울수록 예측의 정확도는 떨어지게 된다.

실생활에서의 예를 들어보자. 많은 고등학교에서 모의학력고사를 실시하고 있다. 왜냐하면 모의학력고사를 통해 자신의 대입수능고사 성적이 어느 정도나 될 것인지를 예측할 수 있고, 그에 따라서 자신이 진학할 대학을 선택하는데 도움을 얻을 수 있기 때문이다. 만일 대입수능고사의 성적과 모의학력고사 성적 간에 상관이 없다면 모의학력고사를 치르는 대입 준비생은 거의 없을 것이다. 따라서 모의학력고사 성적과 대입수능고사 성적 간에는 매우 높은 정적 상관이 있다고 가정하고 있는 것이다. 이와 비슷하게 우리는 일상생활에서 알고 있는 값(모의학력고사 점수)을 토대로 모르는 값(대입수능고사 점수)을 추정하려는 노력을 많이 하고 있다.

알고 있는 변수 값을 기초로 하여 모르는 변수 값을 추정하려는 목적에 사용되는 통계적 방법 중의 하나가 회귀분석(regression analysis)이다. 회귀분석의 결과는 일차방정식으로 나타나게 되며, 그 방정식을 회귀방정식(regression equation)이라고 한다. 그 회귀식에 의해 그 값이 예언되는 변수는 종속변수(dependent variable) 또는 반응변수(response variable)이라고 하며, 예언에 이용되는 변수는 독립변수(independent variable) 또는 설명변수(explanatory variable)라고 한다. 따라서 회귀분석은 독립변수(일반적으로 X로 표시한다)의 변화로부터 종속변수(일반적으로 Y로 표시한다)의 변화를 예측하기 위하여 사용되는 통계적 기법이다.

회귀분석에서 가장 간단한 방법을 단순회귀(simple regression 또는 독립변수와 종속변수가 하나씩 변수가 모두 두 개라는 의미에서 이원회귀; bivariate regression 이라고도 한다)라고 한다. 단순회귀는 하나의 독립변수와 하나의 종속변수로 회귀방정식을 구하는 문제이며, 독립변수의 수가 둘 이상으로 하나의 종속변수를 설명하거나 예측하고자 하는 경우를 중다회귀(multiple regression)라고 한다.

회귀분석에 사용되는 독립변수와 종속변수는 모두 원칙적으로는 등간척도나 비율척도로 측정된 연속형 자료의 값이어야 하지만, 독립변수에 명목척도나 서열척도로 측정한 범주형 자료의 값을 사용할 수도 있다. 물론 명목척도이나 서열척도로 측정된 변수를 회귀분석에 포함시킬 때는 측정한 변수 값을 적절한 형태로 변환을 시켜야하며 이때 변환된 변수를 가변수(dummy variable)라고 한다.

이 장에서는 단순회귀분석방법과 이에 사용하는 자료가 회귀분석의 기본가정에 위배되는지의 여부를 판단하기 위한 잔차의 분석방법에 대해 설명할 것이다.

1 단순회귀분석의 논리

1) 사회과학에서의 관계성

두 변수 X와 Y간에는 여러 가지 관계가 있을 수 있다. 그러한 관계 중에서 가장 간단한 형태가 선형적 관계(linear relationship)이며, 독립변수를 X라 하고 종속변수를 Y라 하였을 때 다음과 같은 직선방정식으로 표현할 수 있다.

$$Y = a + bX$$

여기에서 a는 직선의 절편(intercept) 또는 상수(constant)라고 하며, b는 직선의 기울기(slope)라고 한다.

예를 들어, 어떤 어머니가 초등학교에 다니는 아들에게 다음과 같은 약속을 하였다고 해보자. 어머니는 아들에게 아침마다 용돈으로 500원을 주겠다고 하였다. 그리고 집안일을 도와주면 1시간에 200원씩을 추가로 준다고 하였다. 그 어린이가 집안일을 도와주고 나서 다음날 아침에 받을 수 있는 용돈을 표로 나타내면 다음 <표10-1>과 같다.

<표10-1> 두 변수 X와 Y 사이의 완전한 선형적 관계의 예

시간(X)	용돈(Y)
0	500
1	700
2	900
3	1100
4	1300
5	1500
.	.
.	.
.	.

위와 같은 관계는 완전한 선형적 관계(perfect linear relationship)로서 [그림10-1]의 그래프처럼 완전한 일직선으로 표시할 수 있다.

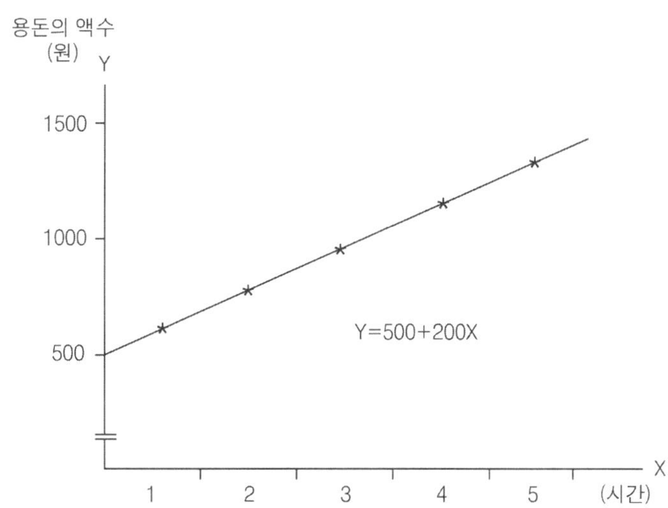

[그림10-1] 일을 도와준 시간과 용돈의 액수와의 관계

위의 <표10-1>이나 [그림10-1]을 방정식의 형태로 표현하면 다음과 같다.

$$용돈의 액수 = 500 + 200 \times 시간$$

$$Y = 500 + 200 \times X$$

이 예에서 X가 한 단위 변화하면 Y는 반드시 200단위가 변화한다는 사실을 알 수 있을 것이다. 따라서 X값(집안 일을 도와준 시간)을 알고 있다면, Y값(아들이 다음날 받을 용돈)을 정확하게 예측할 수 있다. 이와는 대조적으로, 사회과학에서의 두 변수간의 관계는 하나의 X값과 하나의 Y값이 반드시 1:1로 대응하지 않는다. 하나의 X값과 하나의 Y값이 1:1로 대응하지 않는다는 사실이 의미하는 바는 X값을 이용하여 Y값을 예측하는데 오류가 있을 수 있다는 것이다.

[그림10-2]와 같이 용돈의 경우를 예로 들면, 일을 도와주면 기본적으로 시간당 200원을 더 주는 것은 이전과 마찬가지이지만 일을 하는 도중에 게으름을 피우거나 물건을 깨뜨린다면 용돈에서 100원을 줄이고 게으름을 피우지 않고 열심히 도와주면 추가로 100원씩을 더 준다고 하였다면, 일을 도와준 시간을 알고 있다하더라도 그 사실만 가지고는 다음날 그 어린이가 받을 용돈의 액수를 정확하게 예측할 수 없게 된다. 이를 방정식으로 표현하면 아래와 같다.

$$Y = a + bX + e$$

위의 등식에서 e는 오차항이다.

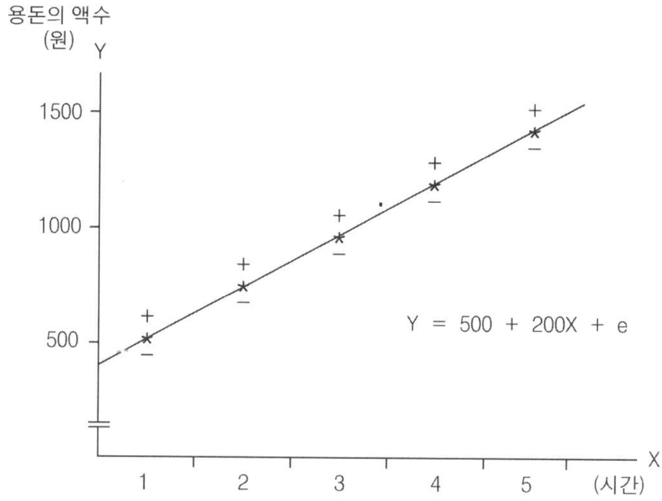

[그림10-2] 일을 도와준 시간과 오차가 포함된 용돈의 액수와의 관계

따라서 두 변수 X와 Y의 사이의 관계가 위의 방정식에서와 같다면 X값을 이용하여 Y값을 예언하는데 오차가 포함되므로 예언된 Y값을 달리 표시해 주어야 한다. 예언된 Y값은 일반적으로 $\widetilde{Y}$ 로 표시하며 위의 방정식을 아래와 같이 달리 표현할 수 있다.

$$\widetilde{Y} = a + bX$$

2) 최소제곱원리

1:1로 대응하지 않는 두 변수간의 관계를 직선방정식으로 표현하고자 할 때 생길 수 있는 일차적인 의문은 수많은 직선 가운데 어느 직선을 선택하느냐 하는 것이다. 이 문제를 그림을 통해 검토해 보자.

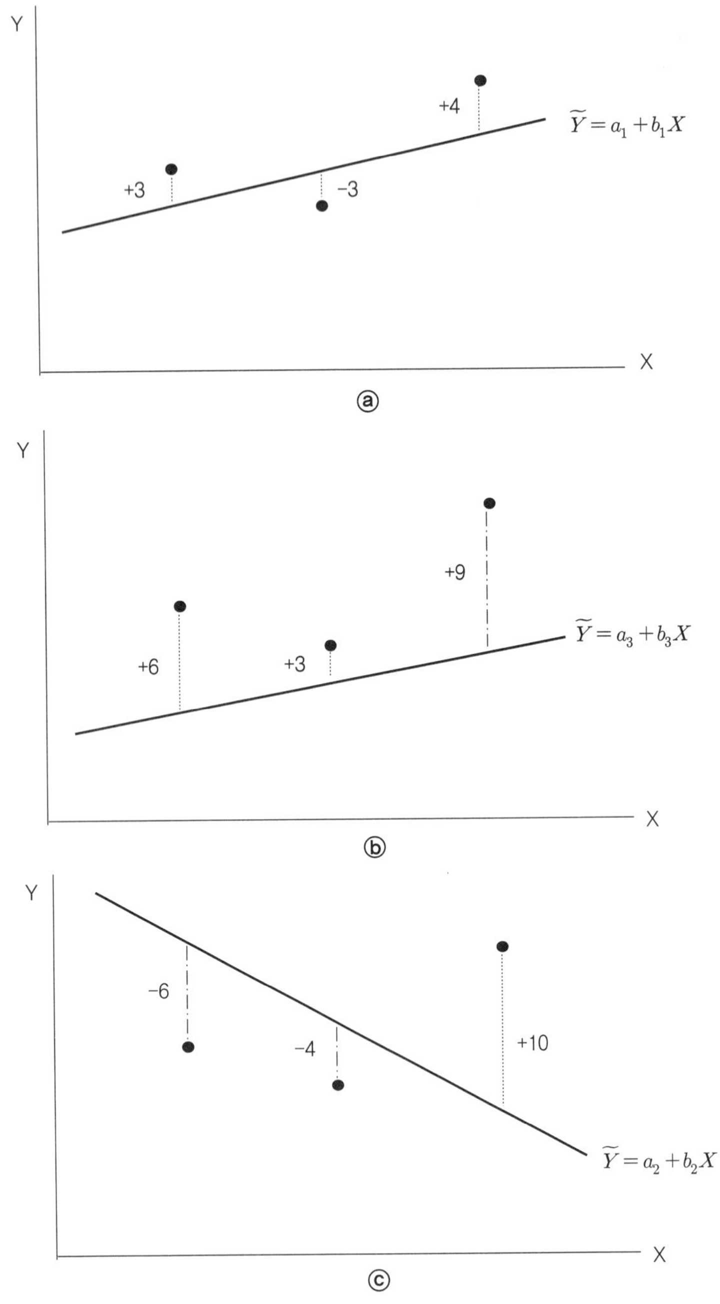

[그림10-3] 최소제곱의 원리를 예시해 주는 그림

[그림10-3]의 윗 그림에서 ⓐ를 보면 세 개의 점들 사이를 통과하는 직선이 표시

되어 있다. 이를 예언방정식으로 표시하면,

$$\widetilde{Y} = a_1 + b_1 X$$

가 된다. 그래프에서 직선은 각 점들을 정확하게 예측하지 못하고 있다. 예를 들어, 사례1의 점과 직선과의 수직거리는 3단위나 떨어져 있다. 따라서 사례1의 예언오차는 3단위가 되며, 나머지 다른 사례 i에 대한 예언오차를 일반식으로 표시하면 다음과 같다.

$$\text{예언오차} = \text{관찰된값} - \text{예언된값} = Y_i - \sim \widetilde{Y}_i$$

이처럼 모든 관찰치에 대한 예언오차를 더하면 총예언오차(total prediction error)가 계산될 것이다. 따라서 [그림10-3] ⓐ의 총예언오차는 4가 된다.

$$\text{총예언오차} = \sum (Y_i - \sim \widetilde{Y}_i) = +3 - 3 + 4 = +4$$

이제 [그림10-3] ⓑ의 직선을 보자. [그림10-3] ⓑ의 직선은 ⓐ의 직선보다 더 오차가 많음을 알 수 있다. 직선 ⓑ의 예언방정식은 아래처럼 표현할 수 있다.

$$\widetilde{Y} = a_2 + b_2 X$$

이 방정식에서 총예언오차는 18이 된다. 따라서 직선 ⓑ 보다는 직선 ⓐ가 오차가 적음을 알 수 있을 것이다. 그러나 직선 ⓐ와 비교될 수 있는 직선은 직선 ⓑ 말고도 무한히 많이 존재한다. 따라서 다음과 같은 질문이 제기될 수 있다. 직선 ⓐ가 최소한의 예언오차를 내는가? 혹은 예언오차가 직선 ⓐ보다 적은 다른 직선을 그리는 것이 가능한가? 이 문제에 대답하기 위해 산점도 상에서 그릴 수 있는 수많은 모든 직선을 그려보고 나서 평가할 수 없음은 명백하다. 그 대신 예언오차를 가장 적게 내는 직선을 도출할 수 있는 ⓐ와 ⓑ값을 계산해야 할 것이다. 그 해결책을 제시하기 전에 [그림10-3] ⓒ의 그래프를 한번 고려해 보자. 직선 ⓒ를 방정식으로 표현하면,

$$\widetilde{Y} = a_3 + b_3 X$$

가 된다. 그래프를 관찰해 보면, 직선 ⓒ가 직선 ⓐ보다 부적절하다는 사실을 직관적으로 알 수가 있을 것이다. 그렇지만 직선 ⓒ의 총예언오차는 0이 된다. 이러한 사실은 무엇을 의미하는가? 직선 ⓒ는 총예언오차가 예언오차의 측정치로서 부적절하다는 사실을 시사해 주는 한 예이다. 이 직선 ⓒ의 총예언오차가 0이 되는 이유는 +값을 가지는 오차와 -값을 가지는 오차가 서로 상쇄되기 때문이다. 이처럼 오차의 합이 0이 되는 것을 없애는 방법은 분산의 논의에서와 마찬가지로 두 가지의 방법이 있다. 그 하나는 각 사례의 예언오차의 절대값을 사용하는 것이고, 두 번째는 각 사례의 예언오차를 제곱하는 것이다. 그러나 오차의 절대값은 통상적으로 널리 사용되지 않으므로 일반적으로는 오차의 제곱을 사용하게 된다.

오차제곱을 사용한다면, 그 목표는 오차제곱의 합, 즉 오차제곱합(sum of square of errors: SSE)인 $\sum(Y_i - \sim \widetilde{Y})^2$가 최소가 되는 직선을 선정하는 것이다. 이를 최소제곱원리(least square principle)라 하며, 최소제곱원리에 의해 구해진 회귀직선은 다음과 같은 성질을 갖게 된다.

① 오차제곱의 합은 최소이다.
② 오차의 합은 0이다.

이 최소제곱원리에 입각하여 회귀방정식의 절편 a와 기울기 b를 구하는 방법은 아래의 공식을 이용한다.

$$b = \frac{\Sigma(X - M_X)(Y - M_Y)}{(X - M_X)^2} \qquad \text{공식 10-1}$$

$$a = M_Y - bM_X \qquad \text{공식 10-2}$$

위의 공식에서 X와 Y는 원점수이며, M은 각 집단의 평균을 말한다. 그리고 a와 b는 최소제곱 추정치가 되며, a는 회귀방정식의 절편이며 b는 회귀방정식의 기울기로 회귀계수라고 한다. 여기에서 a와 b를 추정치라고 하는 이유는 대부분의 연구에서 그 목적은 표본에서 계산된 통계치를 이용하여 그 표본이 대표하고 있는 모집단의 모수치를 추론하는 데 있기 때문이다. 회귀계수 b는 공식 10-1에서 알 수 있는 것처럼 변수 X와 Y의 공분산을 변수 X의 편차제곱합로 나누어 준 것이다.

$$b = \frac{X\text{와 }Y\text{의 공분산}}{X\text{의 분산}}$$

2 단순회귀방정식의 해석을 위한 예

회귀방정식이 도출되었으면 이를 해석해야 한다. 회귀방정식의 해석을 설명하기 위해 가상적인 예를 들어 보자. 한 연구자가 학력과 임금의 관계를 알아보고, 더 나아가 어떤 사람의 학력을 알면 임금을 예언할 수 있는가에 관심이 있었다. 그는 H도시에 근무하는 전체직원 306명 중에서 32명을 무선표집하여 면접으로 그들의 연간수입과 정규교육연한을 조사하였다. <표10-2>의 데이터가 수집되었으며, 임금을 종속변수로, 정규교육연한을 독립변수로 하여 회귀분석을 실시할 것이다.

<표10-2> H도시 직원의 정규교육연한과 연봉의 가상적 예

일련번호	교육연한(년)	연봉(달러)
01	04	6281
02	04	10516
03	06	6898
04	06	8212
05	06	11744
06	08	8618
07	08	10011
08	08	12405
09	08	14664
10	10	7472
11	10	11598
12	10	15336
13	11	10186
14	12	9771
15	12	12444
16	12	14213
17	12	16908
18	12	18347
19	13	19546
20	14	12660
21	14	16326
22	15	12772
23	15	17218
24	16	12599
25	16	14852
26	16	19138

일련번호	교육연한(년)	연봉(달러)
27	16	21779
28	17	16428
29	17	20018
30	18	16526
31	18	19414
32	20	18822

3 산점도를 이용한 조사

독립변수와 종속변수간의 회귀모형을 검사하기 전에 두 변수간의 관계성을 살펴보는 것이 우선되어야 한다. 이미 언급했듯이 두 변수간의 관계성을 살펴보는 가장 간편한 방법은 두 변수에 대한 산점도를 그려보는 것이다. <표10-2>의 자료에 대한 산점도를 그려보면 아래의 [그림10-4]와 같다.

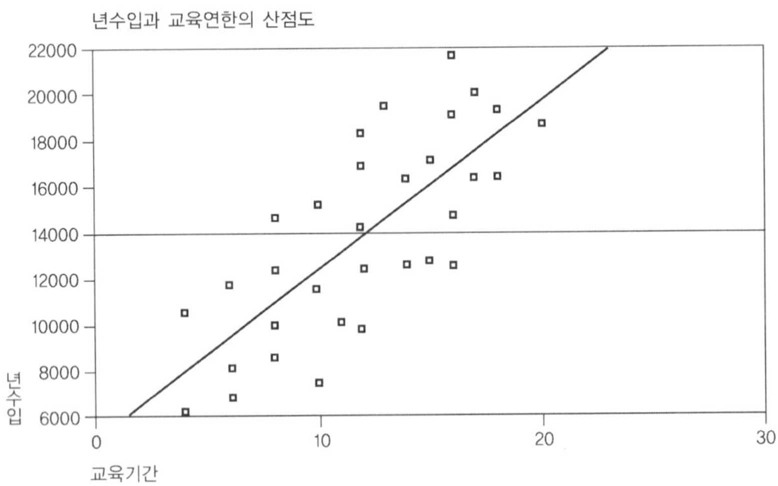

[그림10-4] H도시 직원의 정규교육연한과 1년 수입의 산점도

❖❖❖ 산점도 그리기 ❖❖❖

그래프 메뉴/산점도

→'단순' 선택 → Y-축에 '년수입', X-축에 '교육기간'을 지정한다. 독립변수로 교육기간을 지정한 다음 확인을 눌러 산점도를 출력시킨다.

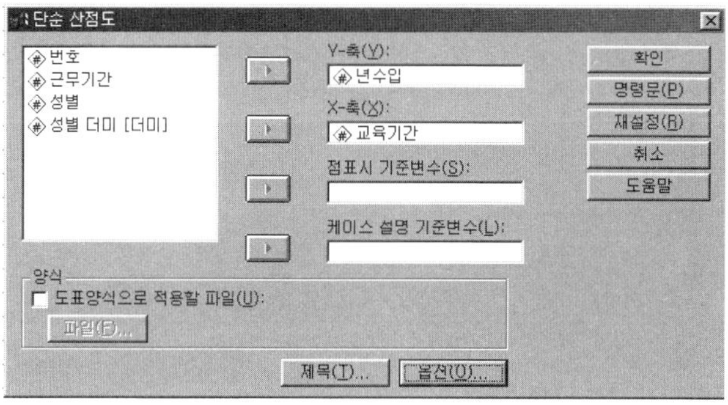

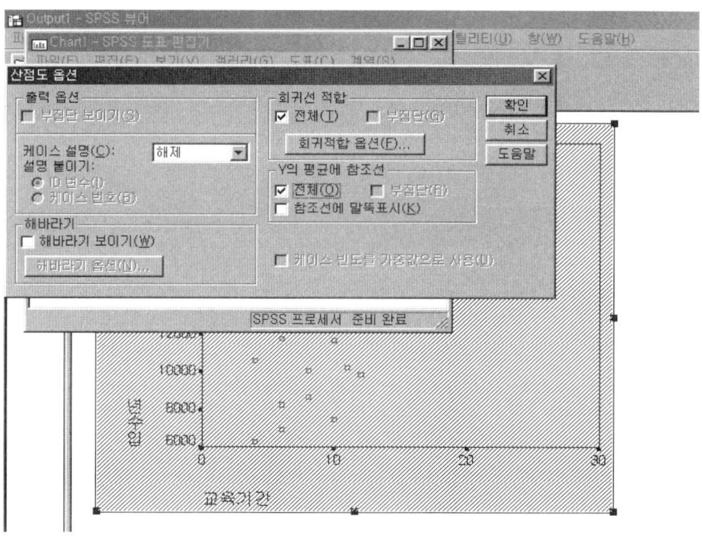

결과물에서 산점도 근처를 더블 클릭하여 챠트 대화상자를 불러낸 다음 도표 메뉴에서 옵션을 선택하여 산점도 옵션 대화상자를 불러낸다. 대화상자에서 '회귀선 적합'의 '전체'에 클릭하면 산점도에 회귀선이 표시된다. 또한 아래에 있는 'Y의 평균에 참조선'에서 '전체'를 클릭하면 종속변수 Y의 평균에 해당하는 지점에 선이 표시된다.

그 결과가 위의 [그림10-4]이다. [그림10-4]를 보면, X축의 교육연한이 증가하면서 Y축의 수입이 선형적으로 증가되는 것을 직관적으로 알 수 있을 것이다. 그림에서 14,000$ 근처에 있는 수평선은 Y값들의 평균을 표시해주며, 왼쪽 아래에서 오른쪽 위로 연결된 선은 대략적인 회귀선이다.

산점도는 자료를 요약하는 데 있어서 어떠한 형태의 수리적 함수가 적절한지를 제시해 준다. 즉, 산점도를 통해 어떤 함수를 사용하는 것이 가장 적절한지를 찾아낼 수가 있다. 예를 들어, 포물선, 쌍곡선, 삼각함수 및 그 밖의 다른 함수들이 고려대상이 될 수 있다. 만일 산점도의 형태가 곡선이라면 두 변수의 관계성이 선형적이 되도록 자료를 변환시켜야 한다.

4 단순회귀방정식의 해석

<표10-2>의 자료(더미.sav 파일)를 이용한 단순회귀분석을 하기 위해 분석 메뉴/회귀분석/선형을 선택한다.

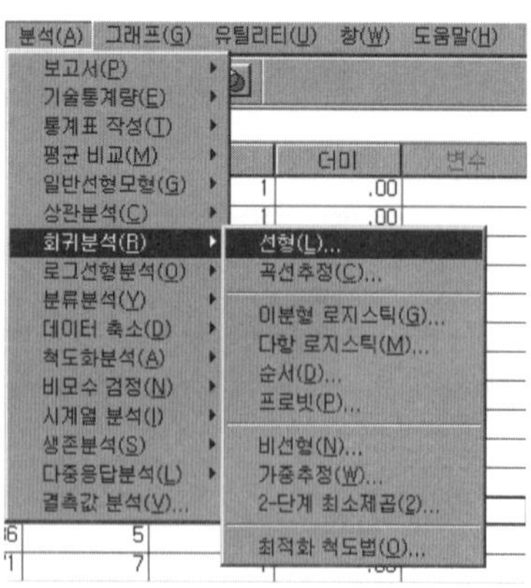

진행한 결과는 아래의 <표10-3>과 같다.

<표10-3> 기울기 추정치와 절편 추정치 그리고 표준오차

모형		비표준화 계수 B	비표준화 계수 표준오차	표준화 계수 베타	t	유의확률
1	(상수)	5077.512	1497.830		3.390	.002
	교육기간	732.400	117.522	.751	6.232	.000

a 종속변수: 년수입

<표10-3>의 결과표를 이용하여 회귀방정식을 구성하면 다음과 같이 된다.

$$\widetilde{Y} = 5078 + 732X$$

변수 X는 교육기간이며 Y는 년수입이다. 위의 회귀식에서 732는 기울기 추정치(교육기간의 B)가 되며 5078은 절편 추정치(상수의 B)이다. <표10-3>의 결과표의 숫자에서 소수점 이하를 반올림하여 표시한 것이다. 이들 추정치에 대한 해석은 비교적 간단하다. 우선 기울기 추정치부터 고려해 보기로 하자(<표10-3>의 결과물에서 표준오차는 모수추정치 B의 표준편차이다).

5 기울기의 해석

기울기 추정치는 X에서의 1단위 변화에 대응하는 Y값의 평균변화량을 의미한다. 위의 예에서, 기울기 b는 정식교육연한이 1년 증가하면 연수입이 평균 732달러만큼 증가한다는 것을 의미한다. 달리 말해서, 교육연한이 11년인 사람은 10년인 사람보다 평균적으로 732달러를 더 받는다는 것이다.

기울기는 단지 X에서의 1단위 변화에 대한 Y변화량의 평균을 의미한다는데 주의를 해야 한다. 사회과학에서의 변수간의 관계성은 부정확하다. 즉 오차가 포함된다. 예를 들어, H도시의 직원 중 어느 사람은 교육연한이 1년 증가함에 따라 정확하게 732달러의 임금증가가 있을지도 모르지만, 대부분의 사람은 그렇게 정확하게 변화하지 않으며 단지 전체변화량의 평균을 구했을 때 약 732달러가 증가하는 것이다.

기울기 추정치는 X에서의 1단위 변화에 의해서 발생하는 Y에서의 평균변화량을 의미한다. 물론, 이 같은 인과적 진술이 부적절할지도 모른다. X에 의한 Y의 회귀는 이 같은 인과적 과정에 대한 언급을 지지해 줄지도 모르지만 그 인과적 관계를 성립시켜 주지는 못한다. 이러한 사실을 확인하기 위해서는, 다음의 회귀방정식에서도 최소제곱원리를 적용하여 a와 b를 구하는 것이 어렵지 않다는 사실을 실감해야 할 것이다.

$$X = a + bY + e$$

여기에서 X는 종속변수가고 Y는 독립변수가다. 이를 실제로 알아보기 위해, 임금을 독립변수, 교육연한을 종속변수로 하여 회귀식을 계산할 수 있다.

$$\widetilde{X} = 1.318 + 0.00077\,Y$$

위의 회귀식에서의 회귀계수를 위에서와 마찬가지로 해석한다면, 연수입이 1,000달러가 증가된다면 약 0.8년 정도의 교육연수가 증가한다고 할 수 있을 것이다. 하지만 이러할 가능성이 얼마나 될 것인가?

이처럼 회귀방정식이 계산되었다고 해서 실제 세계에서의 인과적 순서가 갑자기 바뀌지는 않는다. 사실상 변수들에 대한 올바른 인과적 순서는 회귀의 추정절차가 아닌 외재적인 것들에 의해서 결정된다. 두 변수간의 상관이 +1이나 -1이 아닌 이상 회귀방정식은 위에서처럼 서로 다른 두 가지가 계산될 수 있다. 따라서 인과적 결론은 회귀방정식의 결과에 의해서가 아니라, 이론적 고찰이나 올바른 판단 그리고 선행연구의 결과 등을 기초로 내려야만 한다. 회귀방정식은 그러한 근거를 기초로 하여 설정된 하나의 모형을 의미하는 것이다. 교육과 임금의 예에서는 교육연한의 변동이 수입 변동의 원인이 될 가능성이 크다. 물론 수입에서의 변동이 정규교육연한의 변화의 원인이 된다는 가능성 역시 존재하지만 그다지 타당하지는 않은 것처럼 보인다. 따라서 정규교육연한에서의 1년의 증가가 평균적으로 732달러의 임금증가의 원인이 된다는 결론은 어느 정도는 타당한 것이 된다.

6 상수(절편)의 해석

상수(절편) a는 회귀선이 Y축을 '자르는' 지점을 말한다. 다시 말해서, 절편은 X가 0일 때 Y의 추정된 평균을 말한다. 따라서 H도시의 예에서, 절편 추정치는 정규교육을 전혀 받지 않은 사람이 받으리라 예상되는 평균임금으로 5078달러인 것이다. 이 추정치는 절편을 해석할 때 주의해야 함을 시사해 준다.

첫째, 데이터의 범위를 벗어난 X값에 기초하여 Y를 예측할 때 우선 그 신뢰성을 의심을 해야 한다. 왜냐하면, 표본에 근거한 조사는 X의 범위를 벗어난 곳에서의 통계적인 관계의 성질에 관해서는 아무런 증거도 제시해 주지 못하기 때문이다. 위의 예에서, 가장 낮은 교육수준은 4년이다. 따라서 여기에서 계산된 회귀식을 이용하여 무학력자의 임금을 설명하는 것은 위험스러운 것이다. 글자 그대로 절편을 해석하면, 우리의 경험영역을 벗어난 일반화를 하여 마치 실제에 있어서도 사실인 것처럼 해석하게 된다. 실제로 무학력자의 임금에 관심을 가지고 있다면 그들에 관한 자료를 수집하여 회귀식을 구하여 사용하는 것이 가장 바람직한 일이다.

두 번째 문제는, 절편이 음수인 경우에 발생한다. X가 0일 때 예언된 Y가 음수일 경우가 있지만, 현실세계에서 Y가 0보다 아래에 위치하는 것이 불가능한 경우가 종종 있다. 위의 예에서 절편 추정치 a의 값이 음수가 나온다고 해서 직원의 임금이 마이너스일 것이라고 예언하는 것은 잘못된 것이다. 사실상 임금이 마이너스일리는 없으며, 이러한 경우의 절편은 그 해석이 무의미한 것이 된다. 이때 절편의 활용은 예언이 올바르게 나왔다는 것을 확인하는 정도로 이용을 제한해야만 한다.

7 표준화 회귀계수

<표10-3>에서 "베타(Beta)"로 표시된 내용은 표준화 회귀계수(standardized regression coefficient)로써 아래의 공식으로 구한다.

$$\beta = b_1 \frac{s_X}{s_Y}$$

이 계수는 표준화라는 용어에서 알 수 있듯이 Z점수 단위로 전환된 회귀계수로 변수들의 비교에 사용된다. 이 표준화 회귀계수는 단순상관에서는 해석할 필요가 없으므로, 여기에서 설명하지 않을 것이며 자세한 내용은 중다회귀에서 진행된다. 참고로, 표준화된 변수 값으로 회귀선을 추정하면 그 회귀식의 절편은 0이 된다.

8 예언과 설명

절편과 기울기를 알면 주어진 X값에 대한 Y를 예언할 수 있다. H도시의 예에서, 10년의 정규교육을 받은 사람은 12,398달러의 임금을 받을 것이라고 예측할 수 있다.

$$\begin{aligned}\widetilde{Y} &= 5078 + 732X \\ &= 5078 + 732(10) \\ &= 5078 + 7320 \\ &= 12398\end{aligned}$$

지금까지의 회귀에 관한 논의에서 일차적인 관심은 설명이 아닌 예언에 두었었다. 즉, 연구 중인 종속변수의 원인이 되는 변수를 파악하는데 직접적으로 관여하지 않았다. 그 대신 종속변수의 값에 관한 정확한 추측을 할 수 있도록 변수들을 위치시키고자 하였다. 일반적인 경우, 예를 들어, 선거에 관한 연구를 할 때 특정 후보가 왜 승리했는지의 이유를 찾는 것이 아니라 어떤 후보가 승리할지를 예언하길 원할지도 모른다. 물론 예언적 모형과 설명적 모형이 완전하게 구분되지는 않는다.

상식적으로 생각해 봐도 훌륭한 설명적 모형은 꽤 잘 예언할 것이다. 유사하게 정확한 예언적 모형은 인과적 변수들 또는 그 대치적 변수를 기초로 하는 것이 통상적이다. 회귀모형을 도출하는 데 있어서, 연구자는 예언을 강조할 것인지 설명을 강조할 것인지의 여부를 연구문제(또는 가설)에서 진술한다. 경제학에서는 설명보다는 예언을 강조하지만, 그 외의 사회과학에서는 일반적으로 예언보다는 설명을 더 강조한다.

9 설명력: R^2

회귀모형이 산출되고 난 다음의 문제는 그 회귀모형의 설명력(또는 예언력)이 얼마나 되는가를 알아보는 것이다. 통계학적으로 표현하면, 그 회귀방정식이 종속변수의 변동량을 얼마나 잘 설명해 주는가를 알아보아야 한다. 그에 대한 기초적인 판단은 산점도를 관찰함으로서 이루어진다. 각 점수들이 회귀선에 가까울수록 그 회귀선의 회귀방정식이 자료에 더욱 적합한 것이다. 하지만 이처럼 산점도를 관찰하는 것이 회귀모형의 적합도(goodness of fit)를 결정하는데 필요한 첫 단계이긴 하지만, 보다 공식적인 측정치가 필요하며 그러한 목적으로 사용되는 지수가 바로 결정계수(coefficient of determination) R^2이다.

우선 Y를 예언하는 문제를 생각해 보자. 우리가 단지 Y에 관한 관찰치만 가지고 있다면, Y에 대한 최선의 예언은 Y의 평균일 것이다(평균은 각 원점수로부터의 편차제곱합이 최소가 되는 값이라는 사실을 기억하라. 따라서 최소제곱합이 되는 평균은 최선의 불편추정치가 된다). 그러나 평균을 모든 사례에 대한 추정치로 사용하는 것은 대부분의 경우에 있어서 매우 조악한 예측을 낳는다.

하지만, 변수 X가 Y와 관련되어 있고 그러한 사실을 알고 있다면, X값을 이용하여 Y에 대한 예언의 정확도를 향상시킬 수 있을 것이다. 그러면 다음의 문제는 X에 관한 정보가 Y에 대한 예언을 얼마나 향상시킬 수 있는가이다.

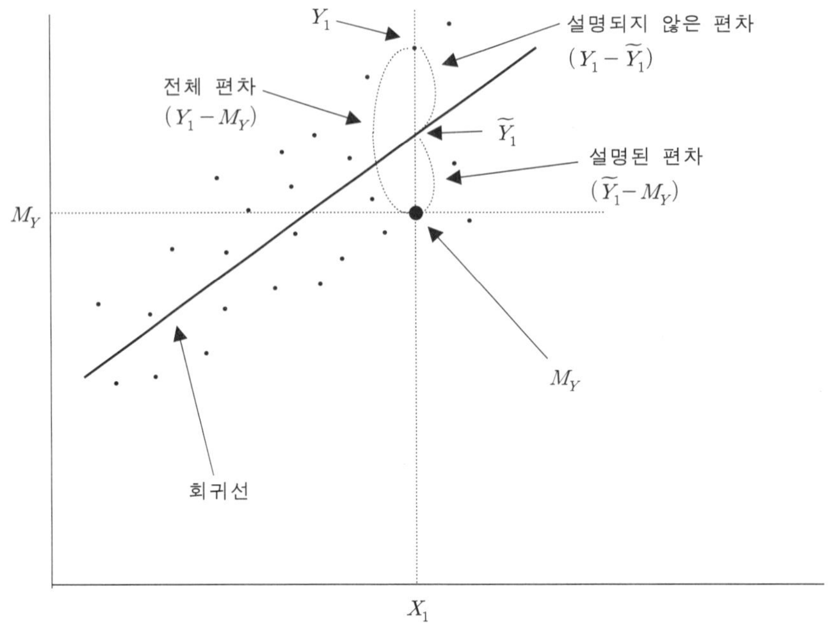

[그림10-5] Y변동의 구성부분

[그림10-5]를 보면, 각 점들 사이로 회귀선이 그어져 있다. 그 중의 한 사례, Y_1에 대한 예언을 고려해 보자. X값을 무시했을 때, Y_1값에 대한 최선의 예언은 평균 M_Y이다. 하지만 이 예언에는 오차가 포함되며, 이러한 사실은 실제점수 Y_1와 M_Y와의 편차 즉, $Y_1 - M_Y$로 나타낼 수 있으며 이는 오차량이 된다. 그러나, Y와 X의 관계에 관한 지식을 이용함으로써, 예언을 보다 정확하게 할 수가 있다. X의 특정한 한 값인 X_1에서, 회귀선으로 예언되는 Y_1값은 $\widetilde{Y}_1$이며, 이는 [그림10-5]에서 볼 수 있듯이 평균 M_Y보다는 실제의 값인 Y_1에 보다 접근하였다. 따라서 관찰치와 평균과의 편차를 설명하는데 회귀선을 이용하면 보다 정확한 예언을 할 수 있게 된다. 다시 말해서 회귀선은 평균으로부터의 편차에서 $\widetilde{Y}_1 - M_Y$ 만큼을 설명해 준다.

그렇지만 회귀에 의한 예언에도 불구하고, 그 예언 역시 완벽하지는 않다. 아직 설명하지 못하는 부분, 즉 $Y_1 - \widetilde{Y}_1$이 존재하는 것이다. 이 $Y_1 - \widetilde{Y}_1$은 회귀방정식에 의해서도 설명하지 못하는 나머지 부분으로서 e_i('이아이'라고 읽는다)로 표시하며 잔차(residual)라고 한다. 정리하면, 평균으로부터 Y_1까지의 편차는 아래와 같은 구성요소로 이루어진다.

$Y_1 - M_Y$: 평균 M_Y로부터 Y_1까지의 편차

$\widetilde{Y_1} - M_Y$: M_Y와 Y_1의 편차에서 회귀선으로 설명되는 부분

$Y_1 - \widetilde{Y_1}$: M_Y와 Y_1의 편차에서 회귀선으로 설명되지 못하는 부분

이제는 각 사례에 대한 이들 편차를 계산할 수 있다. 먼저 각 편차를 제곱하여 합을 구하면, 종속변수의 분산에 대한 전체적인 구성요소를 구하게 된다. 일반식으로 표시하면 아래와 같다.

$$\sum (Y_i - M_Y)^2 = \text{전체제곱합}(TSS)$$
$$\sum (\widetilde{Y_i} - M_Y)^2 = \text{회귀제곱합}(RSS)$$
$$\sum (Y_i - \widetilde{Y_i})^2 = \text{잔차제곱합}(ESS)$$

이것으로부터 아래의 방정식이 성립됨을 알 수 있다.

$$TSS = RSS + ESS$$
$$= \text{회귀제곱합} + \text{잔차제곱합}$$

TSS는 설명하고자 하는 종속변수의 총 변동량을 나타낸다. 이 총 변동량은 두 가지 부분으로 나누어 질 수 있다: 회귀방정식으로 설명되는 부분(RSS)과 회귀방정식으로 설명할 수 없는 부분(ESS; 최소제곱절차에 의해 이 오차부분을 최소로 하였다는 사실을 기억하라). 따라서, TSS에 비해 RSS가 클수록 설명력이 커질 것이라는 논리가 명백해 진다. 이러한 논리는 R^2측정치의 기초가 된다.

$$R^2 = \frac{RSS}{TSS} = \frac{\text{회귀제곱합}}{\text{전체제곱합}}$$

R^2는 결정계수라고 하며 단순회귀 모형의 설명력을 나타내는 지수로 사용된다. 다시 말해, 이것은 독립변수에 의해 설명되는 종속변수에서의 변동량의 비율을

의미한다. R_2 값은 +1에서 0까지 범위를 갖는다.

R^2=1일 때 독립변수로 종속변수의 변동을 완전하게 설명할 수 있다. 즉, 모든 관찰치들이 회귀선 위에 위치하므로 X를 알면 Y를 오류 없이 예언할 수 있다.

R^2=0일 때, 독립변수로 종속변수의 변동량을 전혀 설명할 수 없다. 다시 말해서, X를 아는 것은 Y를 예측하는 데 아무런 도움이 안 된다. 왜냐하면, 두 변수들이 전체적으로 상호 독립적이기 때문이다. 이때의 회귀선의 기울기는 0이 된다.

일반적으로 R^2은 1이나 0보다는 그 중간의 어떤 값이 나올 것이다. R^2값이 1에 가까울수록, 회귀선이 점수들에 더욱 적합한 것이 되고, X가 Y의 변동량 중 더욱 많은 부분을 설명한다. <표10-4>를 보면, H도시의 예에서의 R^2은 “R 제곱(R Square)”라는 표시 다음에 나와 있다. R^2=0.56이며, 이는 독립변수인 교육연한이 종속변수인 수입에 있어서의 변동량의 56%를 설명해 준다고 해석하게 된다. <표10-4>에서 “R”로 표시된 부분은 중다상관계수로서 단순회귀에서는 두 변수간의 Pearson의 적률상관계수 r과 동일하다. 또한 표본의 자료로부터 계산된 R^2은 회귀모형이 모집단에 얼마나 적합한지를 나타내는 추정치로써 사용되는 경향이 있다. 그러나 그 모형은 모형이 도출된 표본에는 적합하지만, 모집단에는 적합하지 않은 경우가 많다. 따라서 모집단내에서의 모형의 적합도를 보다 잘 반영하도록 R^2을 수정하여 사용하기도 하는데 이를 수정R^2라고 하며, <표10-4>에서는 “수정된 R제곱(Adjusted R Square)”로 표시되어 있다. 이 수정R^2(adjusted R^2)은 다음과 같은 공식을 이용하여 구하게 된다.

$$R^2{}_{adj} = \frac{R^2 - P(1 - R^2)}{N - P - 1}$$

$$1 =- \frac{\dfrac{\text{잔차제곱합}}{N - P - 1}}{\dfrac{\text{전체제곱합}}{N - 1}}$$

공식에서 P는 방정식에서의 독립변수의 수이다.

<표10-4>에서, 마지막 칸의 “수정값의 표준오차(Standard Error)”는 Y의 추정의 표준오차로서 그 해석은 다음에 따로 설명할 것이다.

<표10-4> 단순회귀의 R^2과 관련된 결과물

모형 요약

모형	R	R 제곱	수정된 R 제곱	추정값의 표준오차
1	.751(a)	.564	.550	2854.60

a 예측값: (상수), 교육기간

연구자는 회귀분석의 결과, R^2이 클수록 만족하게 되는데 왜냐하면 연구중인 현상의 변동량의 많은 부분을 설명할 수 있다는 것을 의미하기 때문이다. 더 나아가 예언을 정확하게 하려면, R^2이 커져야 할 것이다. 그러나 실제의 경우, 큰 R^2값(예를 들면, 0.9 정도)은 얻기가 힘들며, 따라서 양에 관심을 두는 사회과학자들은(경제학자들은 그렇지 않지만) 거의 예언을 하지 않는다. 그러나, R^2값이 크다고 해서 반드시 종속변수에 대한 인과적 설명력을 갖는 것을 의미하지는 않는다는데 주의해야 한다. 다시 말해서, R^2값은 단지 통계적인 설명력만을 제공한다. H도시의 예에서, 응답자의 전년도 수입을 독립변수로 놓고 금년도 수입을 종속변수로 하여 회귀분석을 하면 R^2은 대부분의 경우 0.9를 넘을 것이다. 그러나 이러한 높은 R^2이 의미하는 것은 금년도 수입의 원인이 전년도 수입이라는 것은 아니다. 비록 독립변수가 교육인 경우의 R^2이 0.56으로 0.9보다는 작지만 수입변동에 대한 보다 확실한 인과적 설명을 해준다. R^2이 작다고 해서 실망할 필요는 없다. 왜냐하면 R^2이 작다는 것은 두 변수의 관계가 선형적이라는 가정이 잘못되었을지도 모른다는 사실을 시사해 주기 때문이다. 이러한 경우에는 우선 두 변수의 산점도를 관찰하여 직관적인 해결책을 찾아야 한다. 다시 말해, 한 변수 또는 두 변수를 적절히 변환하여 선형적 관계라는 회귀의 가정을 만족시키고 나서 회귀분석을 다시 실시해 보는 것이 바람직하다.

R^2의 또 다른 사용법이 있다. 두 모집단에서 각각 하나씩의 표본을 추출하여 두 집단에 대한 단순회귀 모형을 추정한다고 해보자. 이때 두 모형의 모수추정치가 정확하게 같을 경우가 있는데, 그런 경우에도 R^2은 달리 나올 수가 있다. 이처럼 회귀식의 모수추정치가 동일한데도 불구하고 R^2이 다르다는 사실은 변수들의 구조적인 관계성은 같을지라도 그 예언력에는 차이가 있을 수 있음을 의미하는 것이다.

10 R^2 대 r

결정계수 R^2과 상관계수 r간의 관계성은 선형적이다. 즉,

$$R^2 = r^2$$

이다. 이 방정식은 연합 강도의 측정치로서 일반적으로 애용되는 r을 해석하는 데 있어서 범하기 쉬운 오류를 지적해 준다. 결론부터 말하자면, r은 두 변수 X와 Y사이의 관계성의 강도를 과장시킬 수 있다. 예를 들어, r=0.5는 Y의 1/2이 X에 의해 설명되는 것처럼 보일 수 있다. 왜냐하면, 완전상관이 1.0이기 때문이다.

그러나 r^2=0.25이므로 r=0.5는 X가 Y의 변동의 1/4만을 설명해 준다. r은 극단치, 즉 r=±1 이거나 0일 때에만 R^2과 같아진다. 이러한 이유로 인해서, R^2보다 r에 의존함으로써 Y에 관한 X의 영향이 더 과장될 수 있는 것이다. 따라서 독립변수와 종속변수사이의 관계성의 강도를 평가하는데 R^2을 사용하는 것이다. 마지막으로 R^2의 값은 회귀선의 기울기 b에 관한 크기의 척도는 아니라는데 주의해야 한다. 즉, R^2의 값이 크다고 해서 회귀선 기울기의 경사가 급해지는 것은 아니다.

11 단순회귀의 가정과 추론

H도시의 연구결과인 회귀식이 표본(n=32)에 근거한 것이라는 사실을 회상하자. 그 연구자의 관심은 단지 표집된 32명에게 있는 것이 아니라 표본을 추출한 모집단에 있는 것이다. 표본으로부터 계산된 통계치를 이용하여 모집단의 절편과 기울기에 관한 정확한 추론하기 위해서는 몇 가지의 가정이 만족되어야 한다. 모집단에서의 단순회귀 모형은 다음과 같다.

$$Y_i = \alpha + \beta X_i + \epsilon_i$$

여기에서 그리스문자는 모수치임을 의미하며, 아래 첨자 i는 i번째 관찰을 지칭

한다. 그러나 우리가 계산한 절편과 기울기는 표본을 기초로 한 것이며, 앞에서 살펴본 바와 같이 표본의 단순회귀 모형은 아래와 같다.

$$Y_i = a + bX_i + e_i$$

이들 통계치 a와 b로부터 모수치인 α와 β를 정확하게 추론하기 위해서는 다음과 같은 가정이 만족되어야 한다(연구자의 관심이 표본에게만 있다면 이들 가정의 대부분이 필요 없게 된다).

〈회귀 가정들〉

(1) 변수선정의 오류가 없다.

a. X_i 와 Y_i간의 관계는 선형적이다,

b. 관련된 독립변수가 회귀식에서 배제되지 않았다.

c. 관련 없는 독립변수가 회귀식에 포함되지 않았다.

(2) 측정의 오류가 없다.

a. 변수 X_i와 Y_i는 정확하게 측정되었다.

(3) 오차항, 즉 e_i에 관련된 가정은 아래와 같다.

a. 오차의 평균은 0이다.

i. 각 관찰에 대해 오차항의 기대값은 0이다.

b. 동변량성(homoskedasticity)

i. 오차항의 분산은 모든 X_i값에 대해 일정하다.

c. 자기상관(autocorrelation)이 없다.

i. 오차항들은 서로 상관되지 않았다.

d. 독립변수는 오차항과 상관되지 않았다.

e. 정상성(normality)

i. 오차항 ei는 정상적으로 분포되어 있다.

가정1에서 3d까지가 충족되면, 모집단 모수 α와 β에 대한 바람직한 추정치를 얻게 된다. 기술적으로 말하자면, 그들은 "최량 선형 불편 추정치"(Best Linear Unbiased Estimates), 즉 BLUE가 될 것이다. 최량 선형 불편 추정치란 모든 추정치중에서 관찰치들의 선형결합으로 이루어진 추정치이어야 하며 불편성을 만족하고 최소의 분산을 갖는 추정치를 말한다.

정상성 가정(3e) 또한 만족된다면, "최량 불편 추정치"(Best Unbiased Estimates)를 구할 수 있게 되며, 모집단 모수치가 0과 차이가 날 확률이 얼마인지를 결정하기 위한 유의도 검증을 할 수 있다. 가정이 위배되었다는 증거가 나타날 때는 한두 가지 전략을 취할 수 있다.

가중최소제곱(weighted least square)같은 대안적인 모형을 구상하거나 현 모형이 보다 더 적절해지도록 변수들을 수정할 수 있다. 예를 들면, 로그나 제곱근 또는 역수로의 변환을 이용해 분산을 고정시키고 정상성을 이루며 관계성을 선형적으로 만들 수 있다. 이제 각 가정이 위배되었을 때의 결과와 그 대응책을 고려하기로 하자.

첫번째 가정, 즉 변수선정에 오류가 없다는 가정은 반드시 만족되어야 한다. 이 가정이 위배되면 방정식으로 표현된 이론적 모형이 정확하다는 것을 확신할 수 없게 된다. 다시 말해서, 부적절하게 배제되거나 포함된 변수가 아무것도 없어야하며, 관계성의 함수적 형태가 실제로 선형적이어야 한다. 만일 두 변수의 관계가 선형적이 아니라면 선형적으로 만들기 위해서 독립변수나 종속변수 또는 둘 다를 변환시킬 수 있을 것이다. 독립변수의 척도를 변경시키면, 종속변수의 분포에 아무런 영향을 미치지 않고 선형적으로 변환할 수가 있다. 따라서 각 X값에 대해 종속변수의 분산이 일정한 가운데 정상적으로 분포되면 종속변수는 변동 없이 그대로 남아있게 된다. 종속변수를 변환시킬 때에는 그 분포가 변화되므로 그 새로운 분포가 회귀분석의 가정을 만족시켜야 한다. 예를 들어, 종속변수에 로그를 취한다면 $Log(Y)$ – 본래의 Y가 아닌 – 는 동분산성의 가정을 만족시키는 동시에 정상적으로 분포되어야 한다.

자료를 어떻게 변환시킬 것인가는 심사숙고 끝에 결정해야 한다. 하지만 대부분의 경우에 있어서 두 변수간의 관계성을 지배하는 실재모형의 형태를 알면, 어느 정도 적절한 변환의 형태를 파악할 수 있다. 예를 들어, $\widetilde{Y} = AC^X$이 적절한 모형이라고 여겨지면, 방정식 양변에 로그를 취할 수 있다.

$$Log(\widetilde{Y_i}) = Log(A) + Log(C)X_i$$
$$[B_0] \qquad [B_1]$$

결과적으로 로그Y는 X에 선형적인 관계로 전환된다.

실재 모형을 모르면, 산점도를 검사해서 전환방법을 선택해야만 한다. 자료의 대부분은 거의 선형적이지만 마지막 부분에 가서는 곡선적으로 나타나는 경우가 종종 발생한다. 이러한 경우에는, 종속변수에 로그를 취하면 보다 선형적인 관계를 이루게 된다. 곡률을 제거하는 다른 전환방법으로 Y의 제곱근을 이용한 전환이나 $-\frac{1}{Y}$(역수)로의 전환 등이 있지만, 어떤 방법을 사용할지는 곡선의 양상에 따라 달라지게 된다.

H도시의 예에서 R^2=0.56이라는 정보 외에 산점도의 형태에 대한 관찰을 하면 관계성이 본질적으로 선형적임을 알 수 있을 것이다([그림10-4]). 그러나 관련된 변수들이 배제된 것처럼 보인다. 왜냐하면 교육 이외의 요인들이 틀림없이 수입에 영향을 미치기 때문이다. 교육의 순수한 영향력을 평가하고, 나아가 보다 완전한 설명을 하기 위해 이러한 다른 변수들을 찾아내어 방정식에 포함시켜야만 할 것이다.

변수선정 오류의 마지막 측면으로, 관련 없는 변수가 포함되지 않았다는 가정은 교육이 실제로 수입과 관련되어 있지 않을지도 모른다는 반박을 받게 만든다. 그러할 가능성을 평가하기 위하여, 통계적 유의도에 대한 검증을 실시하게 될 것이다.

측정오류가 없다는 두 번째 가정에 대한 만족은 두말할 필요가 없다. 다시 말해서, 측정이 부정확하다면 그 추정치 역시 부정확할 수밖에 없다. H도시의 예에서, 교육변수를 측정하는데 있어서 응답자들이 실제로 학교에 다닌 횟수보다는 학교에 다니고 싶어 한 횟수를 보고하는 경향이 있다고 가정해 보자. 그 측정결과를 학교에 다닌 실제의 횟수를 나타내는 것으로 사용한다면, 많은 오차가 포함되고 결과적으로 회귀계수는 수입에 관한 실재의 교육의 영향을 정확하게 반영하지 못하게 된다. 연구자가 측정의 오류가 있을 가능성을 만족스럽게 제거하지 못할 때, 추정에서 발생하는 문제의 심각성은 오류의 본질과 위치를 좌우한다. 단지 종속변수의 측정에만 오류가 있었다면, 최소제곱 추정치는 불편적으로 남아 있고, 무선 오차로 간주될 수 있다. 그러나 독립변수의 측정에 특정한 오류가 포함된다면 최소제곱 추정치는 편파될 것이다. 이 상황에서 모든 해결책은 불확실한 것이다. 가장 종종 인용되는 접근법은 도구적 변수추정(instrumental variables estimation)이지만, 이것이 모수에 대한 불편추정을 약속하는 것은 아니다.

세 번째 가정들은 회귀식의 오차항에 관련된 것들이다. 오차의 평균이 0이라는 처음의 가정은 거의 신경 쓰지 않아도 된다. 왜냐하면, 어찌됐든 기울기의 최소제곱 추정치는 변화되지 않기 때문이다. 그러나 이 가정이 충족되지 않는다면 절편 추정치가 편기될(biased) 것이다. 절편의 추정은 사회과학 연구에서는 종종 부차적인 관심대상이기 때문에 대부분의 연구자는 이 문제를 그다지 중요하게 생각하지 않는다.

동변량성(homoskedasticity)의 가정이 위배되는 것은 보다 심각한 문제를 일으킨다. 최소제곱 추정치는 불편적으로 유지되는 반면에 유의도 검증과 신뢰구간이 잘못될 것이다. [그림10-4]를 관찰해 보면, 동분산성의 가정이 충족되는 듯 하다. 왜냐하면 예언오차의 분산이 X변수가 증가하는데 대하여 다소 일정하게 분포되어 있다. 다시 말해, 점들이 회귀선 상하로 거의 동일한 폭의 띠를 형성하고 있다. 만일 그렇지 않고 각 점들이 X값이 증가함에 따라(혹은 감소함에 따라)회귀선에서부터 확산된다면 동분산성의 가정은 충족되지 않는 것이다. 이 가정의 위배에 대한 대책으로서 추천할만한 것이 가중최소제곱이다.

자기상관(auto-correlation)이 없다는 가정은 한 관찰에 관련된 오차가 다른 관찰에 대한 오차와 상관되지 않는다는 것을 의미한다. 자기상관이 있을 때, 최소제곱 모수추정치는 아직 불편성을 유지하게 된다. 그러나 유의도 검증과 신뢰구간은 타당하지 않게 된다. 일반적으로 자기상관이 없다는 가정이 위배되었을 때의 유의도 검증결과는 실제로 계수가 통계적으로 유의미하지 않아도 유의미한 것으로 나오기가 쉽다. 자기상관은 횡단적(cross-sectional)인 변수보다도 시계열(time-series) 변수(동일한 시간간격에 맞추어 동일한 측정 단위로 관찰을 반복하여 구성된 변수로, 매일 아침 7시에 측정한 입원환자의 체온이나 매일의 주식시세 등이 이에 속한다)에서 자주 나타난다. 시계열 자료에서 자기상관이 없다는 가정은 이전 관찰에서의 오차가 이후 관찰에서의 오차와 상관이 없다는 것을 의미한다. 방정식에서의 오차항을 회귀모형에서 이탈한 독립변수의 일부분이라고 한다면, 자기상관이 없다는 가정은 1년째의

Y에 영향을 미치는 효과가 2년째의 Y에 영향을 미치는 효과와 상호독립적이라는 것을 의미한다. 이 가정은 중요하지만 종종 만족시키기가 어렵다.

독립변수가 오차항과 상관이 없다는 그 다음의 가정은 비실험적 연구에서는 충족되기가 어렵다. 비실험적 연구에서는 실험에서처럼 X값을 자유롭게 설정(set)할 수 없으며, 따라서 단지 사회에 존재하는 X값을 관찰하는 것이 전형적이다. 이 관찰된 X값이 오차항과 상관되어 있다면, 최소제곱 모수 추정치가 편기될 것이다.

이 가정이 위배되었는지를 검사하기 위한 가장 간단한 방법은 X 변수와는 상관되어 있지만 회귀식에서 제외된 설명변수의 집합체로써 오차항을 평가해 보는 것이다. 예를 들어, H도시의 경우에 있어서 오차항에는 응답자의 수입의 결정요인으로서 성별(Sex)과 같은 교육연한 이외의 다른 결정요인이 포함된다. 교육이라는 설명변수가 성별이라는 다른 설명변수와 상관되어 있으며 후자의 변수가 회귀방정식에서 제외되었다면, 단순회귀에서 교육변수에 대한 기울기 추정치가 편기될 것이다. 사실상 이 경우의 b, 즉 직선방정식의 직선기울기 b는 과장되게 된다. 왜냐하면 교육변수가 실제로는 성별변수의 결과인 수입 변동량까지도 다소 설명해 버리기 때문이다. 여기에 대한 확실한 치유책은 누락된 설명변수를 분석모형에 포함시키는 것이다. 어떤 이유로든 그 설명변수가 모형에 포함될 수 없다면, 그것이 오차항의 일부분이며 모형내의 설명변수과는 실제로 상관되어 있지 않다고 가정해야만 한다.

마지막 가정은 오차항(잔차)이 정상적으로 분포되었다는 것이다. Y_i와 e_i의 분포가 같으므로(이 둘은 단지 평균이 다르다), Y_i의 분포를 고려하는 것이 이해를 도울 것이다. 정상분포곡선의 형태를 만족하는 변수의 빈도분포는 관찰치의 95%가 평균으로부터 ± 2 표준편차이내에 해당되며 좌우대칭의 종 모양을 이룬다. H도시의 예를 고려하면, 수입변수(Y_i)에 관한 각 관찰치들을 히스토그램으로 그렸을 때 정상분포를 이루고 있는지를 알아볼 수 있을 것이다. 또 다른 간이형의 검토방법으로 평균보다 위 또는 아래에 해당하는 관찰치를 세어보아 양 방향으로 거의 절반씩 나뉘는지를 알아보는 방법이 있다. 빈도분포의 모든 정보를 설명하는 공식적인 측정치로는 편포도(skewness)가 있다(기술통계 참조). 분포가 정상적이라면 편포도는 0에 가깝게 나온다. H도시의 예에서, 수입변수의 편포도는 −0.02로써 분포가 거의 정상적인 것으로 나타났다.

회귀분석이나 다른 통계적 절차에서 기본적인 가정 중 한 두 가지가 위배되지 않는 경우는 거의 없는 것이 현실이다. 그러나 이러한 사실이 가정을 무시하는 것을 정당화시켜 주지는 못한다. 필수적인 가정을 위배해도 문제가 되지 않는다는 생각하에 무분별하게 회귀를 사용해서는 안 된다. 유의미 수준, 신뢰구간 또는 그 밖의 다른 결과치는 각기 특정 형태의 가정의 위배에 민감하며 위배정도가 심각하다면 통상적인 방식으로 해석할 수 없게 되어버린다. 회귀의 가정에 대한 위배가 실제로 얼마나 심각한지는 통계문헌마다 약간씩의 차이가 있다. 한 극단의 연구자들은 회귀분석이 '강건'(robust)하므로 모수 추정치가 가정의 위배에 의해서 중대한 영향을 받지 않는다고 주장한다. 반면에 다른 극단의 연구자는 가정의 위배가 회귀의 결과를 거의 무용지물로 만들어버린다고 주장한다.

확실히 어떤 가정은 다른 것보다 강건하다. 일 예로, 표본의 크기가 충분히 크다면 정상성 가정이 무시될 수 있는데 그 이유는 표본의 크기가 크다면 중앙집중한계정리가 적용되기 때문이다. 반면에 관련 있는 변수가 제외되는 변수선정상의 오류가 있다면, 그 제외된 변수를 모형에 도입해야만 회복될 수 있는 보다 심각한 문제를 일으키게 된다.

12 신뢰구간과 유의도 검증

사회과학 자료는 거의 대부분이 표본을 대상으로 구해지기 때문에 모집단의 회귀계수가 사실상 0이 아닌지를 의심해야 한다. 특히, "기울기 추정치가 0과 통계적으로 유의미하게 차이가 있는가?"를 알아보아야 한다. 물론, 모수 추정치가 0이 아닌 어떤 특정한 값과 유의미하게 차이가 있는가를 검증할 수도 있다. 그러나 그 특정한 값을 제시할 정도로 충분하게 알지 못하고 있는 것이 일반적이므로 모수치가 0과 유의미하게 차이가 있는가를 검증하게 된다. 이때의 영가설은 X가 Y와 관련되지 않았다는 것이다. 따라서 '모집단 기울기 β는 0이다'가 영가설이 된다. 대립가설은 X가 Y와 관련되어 있다는 것이며, 따라서 '모집단 기울기 β는0이 아니다'가 대립가설이 된다. 이를 요약하면 아래와 같다.

$$H_0 : \beta = 0$$

$$H_1 : \beta \neq 0$$

이 가설을 검증하기 위해, 기울기 추정치 b에 대한 신뢰구간을 설정할 수 있다. 가장 광범위하게 사용되는 것은 양방의 95% 신뢰구간이다.

$$(b \pm s_b \cdot t_{n-2;0.975})$$

이 구간 내에 0이 포함되지 않는다면 영가설을 기각하고 95%의 신뢰도를 갖는 대립가설을 채택하게 된다. 달리 표현하면, 기울기 추정치 b가 α=0.05 수준에서 0과 유의미하게 차이가 있다고 결론을 내리게 된다.

신뢰구간을 적용하기 위해서는 위의 공식을 이해해야만 한다. 공식에서 s_b는 기울기 추정치 b의 표준편차 추정치로서 표준오차(standard error)라고 한다. 이 계수는 기울기 추정치의 산포(dispersion)에 관한 유용한 측정치로서 이를 구하는 공식은

$$s_b = \frac{\dfrac{\sqrt{\Sigma(Y - M_Y)^2}}{n-2}}{\Sigma(X - M_X)^2}$$

이다. s_b가 추정치이므로 (실제로는, 기울기 추정치의 표준오차를 거의 알지 못하고 연구를 하게 된다). β에 관한 신뢰구간을 설정하는데 정상분포곡선을 사용한다는 것은 기술적으로 부적절하며, 이 경우에는 자유도가 n–2인 t-분포를 이용하게 된다. 공식에서 마지막 구성요소는 아래첨자로 표시한 숫자 0.975이다. 이 숫자가 의미하는 바는 단지 양방검증의 95% 신뢰구간을 사용한다는 것이다(1–0.975=0.025로 분포에서 양방향을 고려하면 0.025×2=0.05가 된다). 양방검증은 Y에 미치는 X의 영향에 대한 가설이 양방향적이라는 것을 의미한다. 따라서 위의 대립가설 H_1은 b가 부적으로 유의미하거나 정적으로 유의하면 지지된다. H도시의 예에서, 회귀방정식과 그 계수들의 표준오차를 제시하면 다음과 같다(<표10-5>의 결과물에 나타난 "표준오차(SE B)"값의 소숫점 이하를 반올림하였다).

$$Y = 5078 + 732X$$
$$\quad (1498) \quad (118)$$

괄호 안에 있는 숫자가 모수 추정치의 표준오차이다. 제시된 표본 크기는 32이므로, t-분포에서 자유도가 30일 때 0.975에 해당되는 t값을 구하면 2.042가 된다. 즉,

$$t_{n-2;0.975} = t_{32-2;0.975} = t_{30;0.975} = 2.042$$

이다. 위의 계산된 결과를 이용하여 모수 추정치에 대한 양방검증의 95%신뢰구간을 구하면 다음과 같다.

$$(b \pm s_b \cdot t_{n-2;0.975}) = 732 \pm (118)(2.04) = 732 \pm 241$$

이를 해석하면, 모집단 기울기 β가 491 $와 973 $사이에 있을 확률이 0.95 즉 95%가 된다. 이 구간 내에는 0이 포함되지 않으므로 영가설을 기각하게 된다. 따라서 기울기 추정치 b는 0.05수준에서 0과 유의미하게 차이가 있다고 결론을 내리게 된다(아래의 <표10-5>의 결과물에 제시된 값과 위의 계산된 값에 차이가 있다). <표10-5>의 "B에 대한 95% 신뢰구간(95% Confidence Intrvl B)"를 보면 492.39에서 972.41사이가 된다.

하지만 이 차이는 본문 중의 값을 제시할 때 계산하기 쉽도록 하기 위해 반올림하여 제시하고, 이를 계산에 이용함으로써 발생하는 반올림오차이다. 따라서 본문 중의 숫자보다는 결과표의 숫자가 더 정확하다는 사실을 주시하라.) 같은 방식으로, 절편 추정치 α에 대한 신뢰구간을 설정하면 다음과 같다.

$$(a \pm s_a \cdot t_{n-2;0.975}) = (5078 \pm 3059)$$

절편에 대한 양방검증의 95%신뢰구간에는 0이 포함되지 않는다. 따라서 영가설을 기각하고, 절편 추정치 α가 0.05수준에서 통계적으로 유의미하다고 주장할 수 있게 된다. 이를 기하학적으로 표현하자면, 회귀선이 원점을 통과할 가능성을 기각하는 것을 의미한다.

<표10-5> 모수 추정치의 신뢰구간에 관한 결과물

모형		비표준화 계수		표준화 계수	t	유의확률	B에 대한 95% 신뢰구간	
		B	표준오차	베타			하한값	상한값
1	(상수)	5077.512	1497.830		3.390	.002	2018.535	8136.490
	교육기간	732.400	117.522	.751	6.232	.000	492.388	972.412

a 종속변수: 년수입

신뢰구간은 유의도 검증을 하는 것 외에도 모수 추정치를 범위로써 제시하도록 해준다. 단순회귀 방정식에서 직선의 기울기인 b는 점 추정치(point estimate)이다. 즉, 특정한 값을 추정한 것이다. H도시의 예에서, β의 점 추정치는 732＄이다. 이것이 최선의 추정이지만 결과를 보고할 때, 교육연한의 1년 증가가 "732＄내외"의 연수입과 관련된다고 하는 것이 보다 나을지도 모른다.

이에 비해, 신뢰구간은 모집단의 기울기 β값이 해당되는 범위로써 구간 추정치(interval estimate)가 된다. 때로는 점 추정보다는 구간추정으로 결과를 보고하는 것이 바람직한 경우도 있다. 다시 말해서, 교육연한의 1년 증가가 491＄에서부터 973＄의 수입증가와 관련된다고 95%의 확률을 가지고 말할 수 있다.

13 일방검증

지금까지의 논의에서는 양방검증에 초점을 두었었다. 그러나 경우에 따라서는 연구 중인 현상에 대한 사전지식에 의해 기울기의 부호가 시사되기도 한다. 그런 상황에서는 일방검증이 양방검증보다 합리적일 것이다. H도시의 예에서 교육연한의 증가가 연 수입의 감소를 가져올 가능성은 없으므로 기울기가 마이너스(-)로 나올 가능성은 없다. 따라서 현실적인 대립가설은 다음과 같다.

$$H_0 : \beta = 0$$
$$H_1 : \beta > 0$$

95%의 신뢰구간에 대한 일방검증을 하면,

$$\beta > (b - t_{n-2;0.95} \cdot s_b) = 732 - 1.70(118) \\ = (732 - 201) \\ = 531$$

로서 신뢰구간의 하한계가 0보다 크다. 따라서 영가설을 기각하고, 기울기는 95%의 신뢰도를 갖고 정적이라는 결론을 내릴 수 있다. 신뢰의 수준(level)이 고정되었을 때, 양방검증에 비하여 일방검증이 통계적인 유의미성을 얻기가 쉽다. 왜냐하면, 일방신뢰구간에는 양방신뢰구간에 비해 0이 포함될 가능성이 작기 때문이다. H도시의 예에서, 양방검증과 일방검증의 하한계를 비교해 보면 각각 491$와 531$이다. 일방검증을 사용하느냐 또는 양방검증을 사용하느냐의 문제는, 연구자의 선험적인 지식에 의해 결정해야 하므로 다분히 직관적이 된다.

14 유의미성의 t-검정

앞 절의 β에 대한 신뢰구간을 이용한 가설검증 대신 t-분포를 이용한 가설검증을 할 수도 있다. 이에는 다음의 공식을 사용한다.

$$t = \frac{b - \beta}{s_b}$$

이 때 위의 t값은 자유도가 n-2인 t-분포를 이루며, 영가설이 β=0이므로, 실제로는 $t = \frac{b}{s_b}$에 의한 가설검증을 실시하게 된다.

모수 추정치 b를 표준오차 s_b로 나눈 결과가 t-분포의 임계값보다 크다면 영가설을 기각하게 된다. 다시 말해서, 영가설이 맞다고 가정하였을 때, $\frac{b}{s_b}$의 값이 t-분포에서 나타날 확률이 5% 이내에 위치하므로 β=0이라는 가설을 95%의 확신을 가지고 기각할 수 있게 된다. 따라서 $\beta \neq 0$이라는 대립가설을 채택하게 된다.

$$\widetilde{Y} = \underset{(3.39)}{5078} + \underset{(6.23)}{732X}$$

괄호 안의 숫자는 t값이며 df=30일 때, 0.05 유의미수준의 임계값인 2.04보다 크므로 a와 b가 0.05수준에서 통계적으로 유의미하다고 결론을 내릴 수 있다. <표 10-5>에서 각 모수 추정치의 t값이 제시되어 있으며, "유의확률(Sig T)"에는 해당 t값의 유의수준이 제시되어 있다.

사실상 절편 추정치 a에 관한 가설검증은 회귀분석에서 그다지 특별한 의미를 가지지 않는다. 다시 말해서, $Y=\alpha+\beta X+\epsilon$에서 β=0이라는 영가설이 채택되면 독립변수 X는 종속변수에 아무런 영향을 미치지 않은 것이 되므로 회귀식에서 독립변수로서의 기능이 상실되고, 따라서 다른 독립변수를 찾을 필요성이 생기게 된다. 그러나 α=0이라는 가설은 그것이 채택되더라도 독립변수의 선택에는 아무런 영향을 미치지 못하므로 대부분의 경우 절편 추정치에 대한 가설검증은 실제로 커다란 의미를 가지지 않게 된다.

15 분산분석

앞에서 설명한 것처럼, X와 Y사이에 선형적 관계성이 없다는 가설(영가설)은 몇 가지 방법(신뢰구간과 t-검정)으로 검증할 수가 있으며, F분포를 이용한 분산분석 또한 가설검증에 사용되고 있다. 단순회귀 모형에서는 분산분석(Analysis of Variance)이 그다지 커다란 의미를 지니는 도구로써 사용되지는 않지만 중다회귀에서는 중요한 검증방법이 되고 있으므로 그 논리를 여기에서 설명한다.

독립변수가 하나일 때 모집단 R^2이 0이라는 가설은 모집단 기울기가 0이라는 가설과 동일하다. 모집단의 R^2에 대한 가설검증은 대개 분산분석으로 행하게 된다. R^2의 논의에서 설명하였듯이, 종속변수내의 모든 관찰된 분산은 회귀에 귀인하는 분산(회귀 제곱합)과 그렇지 않은 분산(잔차 제곱합)의 두 요소로 나뉘어진다. 즉,

$$TSS = RSS + ESS$$
$$\Sigma(Y_i - M_Y)^2 = \Sigma(\widetilde{Y_i} - M_Y)^2 + \Sigma(Y_i - \widetilde{Y_i})^2$$

다시 말하면, 회귀제곱합은 분석에 사용한 모형으로 설명되는 변동량, 즉 체계

적 변동량이며, 잔차 제곱합은 그 모형으로 설명할 수 없는 변동량 즉 우연 변동량이 된다.

<표10-6> 분산분석의 결과물

분산분석(b)

모형		제곱합	자유도	평균제곱	F	유의확률
1	선형회귀분석	316481758.400	1	316481758.400	38.838	.000(a)
	잔차	244462446.475	30	8148748.216		
	합계	560944204.875	31			

a 예측값: (상수), 교육기간
b 종속변수: 년수입

<표10-6>에서 "제곱합(Sum of Squares)" 아래에 이들 두 제곱합이 제시되어 있다. "선형회귀분석"(Regression)이라고 표시된 줄의 제곱합이 바로 회귀 제곱합이며, "잔차"(Residual)라고 표시된 줄의 제곱합이 잔차 제곱합이다. 제곱합은 평균으로부터의 편차치를 제곱하여 더한 값이므로 사례수가 늘어나면 제곱합의 값도 늘어나게 된다. 다시 말해, 사례수에 의해 많은 영향을 받게 된다. 이러한 단점을 극복하기 위해서 각각의 자유도(DF)로 나누어주게 되는데 이는 결국 분산의 개념이 된다. 분산분석에서는 이를 평균제곱라고 하며, 위의 결과물에 "평균제곱"(Mean Square) 아래에 값들이 제시되어 있다. 여기에서 회귀 변동량의 자유도는 독립변수의 개수 p이며 여기에서는 독립변수가 한 개이므로 1이 되고, 우연 변동량의 자유도는 N-p-1로서 여기에서는 32-2=30이 된다.

회귀변동에 대한 평균 제곱합과 우연변동의 평균제곱합의 비(ratio)는 자유도 p와 N-p-1인 F-분포를 이루게 된다.

$$F = \frac{회귀의평균제곱합}{잔차의평균제곱합} = \frac{316481758.40}{8148748.21} = 38.83$$

이 F값은 회귀모형이 자료에 얼마나 적합한 지의 가설을 검증하는데 사용된다. 위의 <표10-6>에 계산된 F값이 표시되어 있으며, 해당 자유도에 대한 F분포 상에서의 확률이 제시되어 있다. 이 때 만일 계산된 F값의 확률이 작다면 R^2=0이라는 가설은 기각된다. 위의 유의미 수준은 0.00005보다 작다. 따라서 회귀모형이 적합하다는 결론을 내릴 수 있다.

독립변수가 하나일 때, 즉 단순회귀일 때 계산된 F값은 회귀계수 b에 관해 계산된 t값의 제곱과 동일하다. 즉, <표10-5>의 회귀계수 b에 관한 t값은 6.232로서 이를 제곱하면 38.83...이 되며, 이는 <표10-6>의 F값과 동일함을 알 수 있을 것이다. 자유도 k인 t값의 제곱은 자유도 1과 k인 F값과 동일하다. 따라서 단순회귀에서의 t값이나 F값은 b=0이라는 영가설을 검증하는 데 있어서 동일한 결과를 내게 된다.

16 Y의 추정의 표준오차

회귀분석에서, 종속변수의 한 관찰치와 예언치 간의 차이, 즉 $Y_i - \widetilde{Y}_i$는 그 사례에 관한 예언오차와 같다. 회귀선 주변의 이들 모든 관찰치에 대한 예언오차의 변동은 다음과 같이 추정될 수 있다.

$$s_e = \sqrt{\frac{\Sigma(Y_i - \widetilde{Y}_i)^2}{n-2}}$$

이 s_e를 Y의 추정의 표준오차(standard error of estimate of Y)라 한다. 즉, 예언된 Y와 실제의 Y 사이의 차이의 추정된 표준편차이다. 그러므로 Y의 추정의 표준오차는 Y를 예언할 때 발생하는 일종의 예언오차의 평균이다. 게다가 이 값은 주어진 특정한 X값에 대한 Y의 신뢰구간을 설정하는데 사용될 수도 있다. <표10-5>에서 "표준오차(Standard Error)"로 표시되어 있으며, 이는 또한 잔차의 평균제곱합의 제곱근과 동일한 값이다.

표본의 크기가 얼마만하든 t값이 2이상이라면 양방검증의 95% 신뢰수준에 거의 해당된다. 따라서 이 지식을 이용하면 주어진 X에 대한 Y의 신뢰구간을 간단하게 계산할 수 있다(하지만 이 방법은 간편법으로 정확성이 떨어지므로 주의를 요한다).

$$(\widetilde{Y} \pm 2s_e)$$

H도시의 예에서 교육연한이 10년인 사람의 수입을 예언하면,

$$\widetilde{Y} = 5078 + 732(10) = 12,398$$

이 된다. 이 예언이 얼마나 정확한가? X=10에 대해, 아래의 95% 신뢰구간 $s_e = 2855$를 갖게 된다.

$$12,398 \pm 2(2855) = (12,328 \pm 5710)$$

이 신뢰구간에 의하면, 교육연한이 10년인 사람은 년 수입이 6688＄와 18,108＄사이일 확률이 0.95이다. 하지만 이것은 범위가 넓은 편이다. 즉, 최고 예상치가 최저 예상치의 거의 3배가 된다. 따라서 이 단순회귀모형으로 특정한 X값에 대한 Y를 아주 정확하게 예언할 수는 없다고 결론을 내릴 것이다.

이런 결과는 당연하다. R^2=0.56이므로 모형이 Y변동의 1/2만큼만 설명한다는 것을 상기하자. 실제적으로 예언오차를 줄이기 위해서는 R^2가 더욱 클 필요가 있다. 위의 계산공식은 간편형의 계산공식이며, 보다 정확한 값을 원한다면 t값을 2 대신에 t분포 표에서 $t_{(n-2);(.975)}$인 값을 찾아 대입하여 계산해야만 한다.

표준오차 s_e를 이용하는 개별적 신뢰구간은 일종의 "평균적" 신뢰구간이다. 실제에 있어서는, X값이 평균에서 멀어질수록 실제적인 Y의 신뢰구간이 커지는 경향이 있다. 따라서 극단적인 X값에 대해서는 위의 신뢰구간이 평균보다 넓게 퍼질 것이다. 이처럼 각 X값에 대한 신뢰구간을 하나의 그래프에 표시하게 되면, [그림10-6]과 같은 모양이 될 것이다. [그림10-6]의 신뢰대를 보면, X의 중심이 가장 좁고 양극단으로 갈수록 신뢰대가 넓어짐을 알 수 있을 것이다.

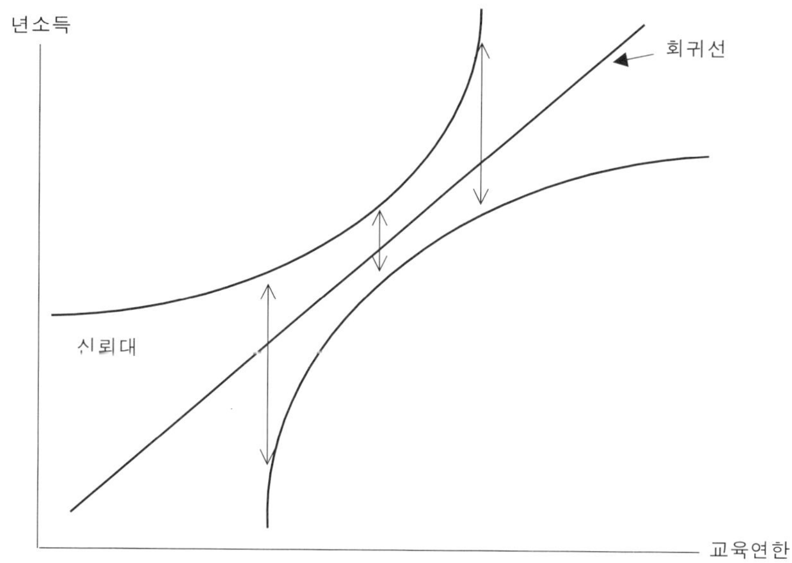

[그림10-6] 전형적인 신뢰대의 한 예

이 같은 사실은 s_e 를 이용하여 극단적인 X값에 대한 신뢰구간을 구하여 해석하는데 많은 주의가 필요하다는 것을 보여주고 있다.

17 모수 추정치가 유의미하지 않는 이유

모수 추정치가 유의미하지 않게 되는 데에는 많은 이유가 있다. 따라서 논의의 범위를 좁히기 위해, 자료를 무선 표집하였으며 변수가 정확하게 측정되었다고 가정하자. 이 상황에서 직선기울기 b가 유의미하지 않은 가장 명백한 이유는 X가 Y의 원인이 아니라는 것이다. 그러나 이 같은 직선적인 결론을 의심한다면, X가 Y와 사실상 관련되어 있어도 통계적으로 유의미하지 못한 경우가 있는데 이에 대한 몇 가지 이유를 아래에 제시하였다.

① 부적절한 표본의 크기

② 제II종 오류

③ 변수선정의 오류

④ 제한된 X의 분산

아래에서 위의 네 가지 가능성에 대한 평가를 할 것이다(다섯 번째 이유는 높은 다중공선성(multicolinearity)으로서 이는 중다회귀에서 다루게 될 것이다). 표본의 크기가 커짐에 따라 계산된 계수는 유의미하게 될 가능성이 커진다.

일 예로, H도시에 관한 단순회귀에서 사례수가 5라면 b값은 유의미하지 않았을 것이지만 n=32일 때 유의미하게 나타났다. 이러한 사실은 연구자가 가능한 한 관찰을 많이 해야 함을 시사해 준다. 왜냐하면, 모집단에서 X와 Y간의 관계성이 존재할 때 사례수가 커질수록 그것을 간파하기가 더욱 쉽기 때문이다. 사실상 표본이 아주 크다면 b가 아주 작더라도 통계적으로 유의미한 것으로 나온다. 예를 들어, 1000명 이상을 대상으로 하는 선거조사와 같은 아주 큰 표본에 대한 통계적 검증의 유의미성은 사실상 "너무 쉽게" 얻어진다. 왜냐하면 계수가 작더라도 통계적으로는 유의미하기 때문이다. 이 같은 상황에서의 연구자는 계수의 중요성에 대한 어느 정도 임의적인 판단을 해야 할 것이다.

표본크기가 고정되어 있다고 가정하고, 제II종 오류와 관련하여 유의도 수준을 선택하는 문제로 들어가자. 원리상, 유의미수준은 0과 1사이의 어떠한 값이라도 된다. 하지만 실질적으로 대부분의 사회과학자들은 0.05수준 또는 0.01수준을 사용한다. 또한 임의적 또는 편파적이라는 비난을 피하기 위해서 일반적으로 분석이 시작되기 전에 이러한 관례적 기준 중에 하나를 선택하게 된다. 예를 들어, 조사에 앞서서 0.01의 유의도 수준을 사용하기로 결정했다고 가정하자. 분석결과, b가 0.01수준에서는 유의미하지 않은 것으로 나왔지만 0.05수준에서는 유의미한 것으로 나왔다. 이론과 선행연구에 의하면, X가 Y에 영향을 미치는 것으로 나타났기 때문에 이러한 경우의 연구자는 0.01 유의도 검증의 결과를 따라 영가설을 채택하길 주저할지도 모른다. 기술적으로 말해서, 잘못된 영가설을 채택하는 제II종 오류(type II error)를 범할 것을 염려한다. 연구자는 결국 0.05 검증결과를 채택하게 될 것이다. 이 같은 특수한 경우에는, 기존의 이론과 선행연구에 의해 처음부터 0.05수준으로 유의도 검증을 하기로 결정하였어야 한다.

제II종 오류 외에도, 방정식에서 X와 Y간의 관계성을 잘못 선정하여 b가 유의미하지 않게 될 수 있다. 아마도 그 관계성은 회귀모형에서 가정한 것처럼 직선이라기보다는 아마도 곡선일지도 모른다. 우선, 곡선적 관계는 산점도를 통해서 쉽게 찾아낼 수 있다. 곡선적 관계에 직면해서 관계성의 통계적 유의도를 검증하기 위해서 회귀분석을 계속 적용할 수도 있지만, 이 경우에는 변수들을 적당한 형태로 변환시켜서 회귀분석을 실시하는 것이 좋다(변수의 변환에 관해서는 잔차의 분석에 관한 절을 참조하기 바란다).

마지막으로, X의 분산이 제한을 받기 때문에 모수추정치가 유의미하지 않을 수 있다. b의 표준오차 즉 s_b에 대한 공식을 살펴보면,

$$s_b = \frac{\sqrt{\frac{\sum(Y-M_Y)^2}{n-2}}}{\sum(X-M_X)^2}$$

이다. X의 평균에 대한 X의 분산이 감소함에 따라 분모의 값이 작아지며, 따라서 b의 표준오차가 커진다는 것을 알 수 있을 것이다. 다른 것이 동일하다면, t-비 공식에서 알 수 있는 바와 마찬가지로 표준오차가 클수록 통계적 유의미성을 얻기가 어렵게 된다. 이러한 사실이 시사하는 바는 단지 X에서의 분산이 작기 때문에 b가 유의미하지 않게 될 수 있다는 것이다. X에서의 변동의 정도는 X의 표준편차를 통해 쉽게 알 수 있다. X의 분산이 제한된 상황에서 연구자는 X가 Y에 대해 관련되어 있는지에 관한 어떤 확고한 결론을 내리기 이전에 보다 극단적인 X값을 갖는 관찰치들을 수집해야 할 것이다.

18 잔차의 분석

1) 잔차도(residual plot)

선형회귀와 같은 모형이 수집된 자료에 적절한지는 미리 알 수 없다. 따라서 필

요한 가정이 위배되었는지에 대한 증거를 조사하기 위해 잔차에 주의를 집중할 필요가 있다.

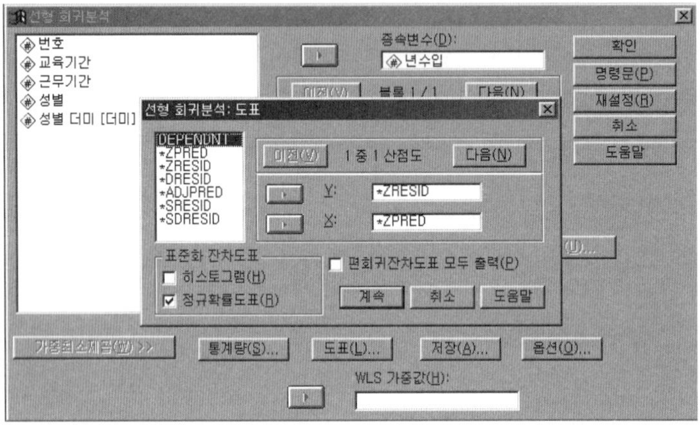

회귀모형에 의한 예언의 오차 $Y_i - \widetilde{Y}_i$ 즉 잔차를 분석하면 회귀의 가정에 대한 위배를 검토할 수가 있다. 우선 잔차의 산점도가 [그림10-7]에 있는 것과 비슷한 형태라면 이는 매우 바람직하다. [그림10-7]에서 각 점들은 회귀선을 중심으로 상하 거의 같은 넓이로 고정된 범위에 무선적으로 산포되어 있으며 그래프 전체에서 어떤 일정한 형태를 찾을 수 없을 것이다.

$$Yi = \alpha + \beta Xi + e_i$$

회귀분석에서 실재 오차인 e_i는 평균이 0이고 분산이 σ^2으로 고정된 외에 다른 항들과 상호 독립적이며 정상적인 분포를 이루는 값으로 간주된다. 만약 모형이 자료에 적합하다면, 실재 오차 e의 추정치인 관찰된 오차 e 역시 유사한 특징을 지녀야만 한다.

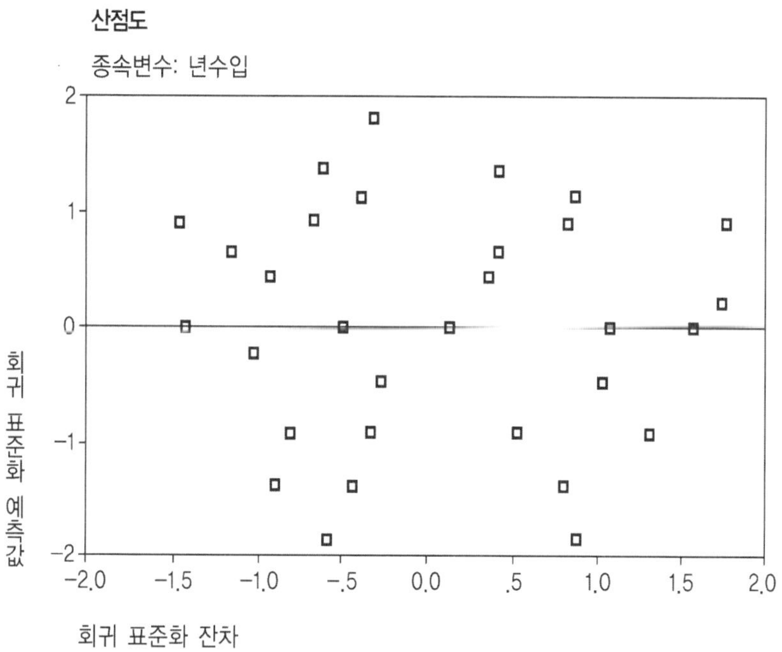

[그림10-7] H도시의 자료에서의 잔차의 산점도

만약 방정식에 절편이 포함된다면 잔차의 평균은 항상 0이 된다. 따라서 오차의 실재 평균에 대한 정보를 제공하지 못한다. 또한 잔차의 합은 0으로 강요되어 지기 때문에(나머지 하나가 자동적으로 결정되므로) 완전하게 독립적이지 못하다. 그러나 이 같은 잔차의 비독립성 문제는 독립변수의 개수와 비교하여 관찰치의 수가 많으면 모형의 타당성 검증에 영향을 별로 주지 않으므로 무시할 수 있다.

잔차를 그 표준편차의 추정치로 나누면 상대적 크기에 대한 판단을 쉽사리 할 수 있게 된다. 그 계산결과를 표준화 잔차(standardized residuals)라고 하는데, 평균 위나 아래의 표준편차 단위로 표시된다. 표준화라는 단어에서 알 수 있듯이, 표준화 잔차는 평균이 0이고 표준편차가 1인 Z점수형태로 표시된다. 예를 들어, 어떤 관찰치의 잔차가 -5198.1이라는 사실은 그 자체로는 아무런 정보도 제공해 주지 못하는 것이다. 그러나 표준화된 형태가 -3.1이라는 것을 알면, 관찰 값이 예언 값보다 적다는 것을 알 수 있을 뿐만 아니라 그 잔차가 절대값에 있어서 나머지 대부분의 잔차 보다 크다는 것을 알 수 있다. 위의 [그림10-7]은 H도시의 예에서, 수입변수의 표준화 잔차(Y축)와 예언 값(X축)에 대한 잔차의 산점도(이후에는 잔차도(residual plot)라고 할 것이다)이다.

표준화 잔차 외에도 다른 형태의 변형된 잔차들이 있다. 그 중의 하나가 스튜던트화 잔차(Studentized residuals)로써, 대개의 경우에 있어서 표준화 잔차와 그 값에 있어서 비슷하지만 항상 같지는 않다. 스튜던트화 잔차는 각 X점에 따른 실재 오차 분산에 있어서의 차이를 표준화 잔차보다 정확하게 반영해 준다.

잔차도는 통상적으로 독립변수나 종속변수 또는 예언 값을 X축에 놓고 표준화 잔차, 삭제된 표준화 잔차, 스튜던트화 잔차 등 잔차를 Y축에 놓는다. 그리고 잔차도는 아니지만 예언 값과 관찰 값의 산점도 역시 유용하다.

2) 회귀모형의 선형성

변수가 두개인 상황에서, 산점도는 회귀선이 데이터에 얼마나 적합한지를 판단하는 유용한 수단이 된다. 또 다른 편리한 방법은 [그림10-7]처럼 독립변수의 값에 대한 예언 값의 잔차도를 그려보는 것이다. 분산의 동일성과 선형성의 가정이 만족되면 예언 값과 잔차의 사이에 상관이 없어야 한다. 즉, 잔차도에서 어떤 특정한 형태가 관찰된다면 선형성을 의심해야 한다.

왜냐하면, 예언 값과 잔차 사이의 체계적인 형태는 선형적 가정의 위배가능성을 시사해 주기 때문이다. 가정이 만족되면 [그림10-7]에서의 잔차처럼 0을 지나는 수평선 주위에 대열을 지여 무선적으로 분포되어 있을 것이다. 잔차도를 관찰함으로써 변수의 관계가 비선형적일지도 모른다는 단서를 발견할 수도 있다. 예를 들어, 잔차도에서 잔차들이 전체적으로 U자형을 보여주고 있다면 두 변수가 곡선적인 관계라고 생각해야 한다. 회귀분석은 선형성을 가정하기 때문에 이 경우에 선형 추정치는 부적당한 것이 된다. 비선형적인 자료에서는 X에서의 한 단위 변화가 Y상에서 동일한 반응 폭을 이끌어 내지 않는다.

비선형적이라면 몇 가지 방식으로 다룰 수 있다. 예를 들면, 다항식(polynomial)의 회귀식으로 모형을 변경하거나 로그 전환이 응용되기도 한다. 물론, 선택된 접근

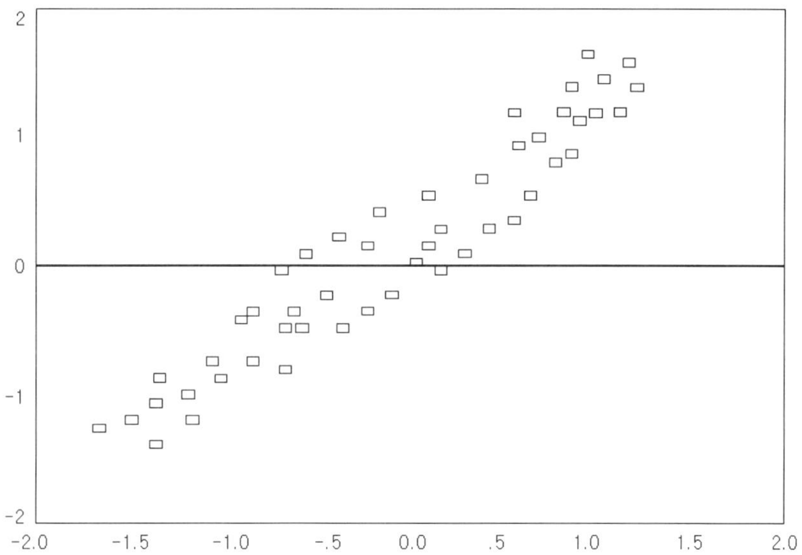

[그림10-8] 예언 값과 잔차의 비정상적인 관계에 대한 예

법은 부분적으로는 산점도의 특수한 형태에 좌우된다.

[그림10-8]의 잔차도는 잔차들과 예언된 Y값간의 선형적 관계성을 보여주고 있다. 특히, 예언된 Y값이 증가함에 따라 잔차의 부호가 부적에서 정적으로 이동하는 경향이 있다. 이러한 사실은 관련된 변수를 제외시킨 형태의 변수선정 오류를 시사해 준다. 예를 들면, 잔차가 매우 정적인 관찰치들은 기대된 Y보다 높은 위치를 갖게 하는 공통적인 요인을 가지고 있을 것이다. 그 공통요인을 식별하여 방정식의 독립변수로 추가하여야 할 것이다.

3) 오차항의 동분산성

앞에서 설명한 오차의 동분산성 가정이 위배되는지를 알아보는 데에도 잔차도를 사용할 수 있다. 만약 독립변수의 값이나 예언된 값이 증가하면서 잔차의 폭이 지속적으로 증가하거나 지속적으로 감소한다면 각각의 X값에 대한 Y의 분산이 일정하다는 가정에 의구심을 가져야 한다. [그림10-9]처럼 독립변수의 값이 증가됨에 따라 잔차의 폭이 확산되는 것은 교육수준에 따라 종속변수의 분산이 증가한다는 것을 뜻한다.

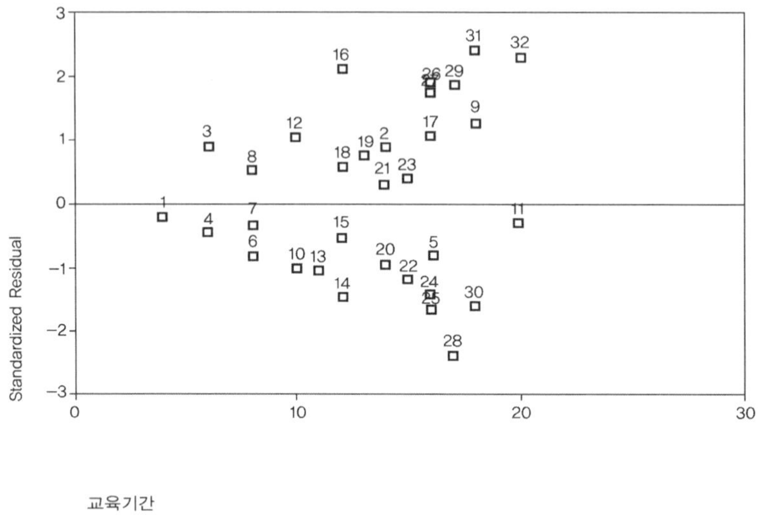

[그림10-9] 부채꼴 모양의 잔차도

이러한 현상은 다른 변수가 제한적인 영향을 미치거나 독립변수와 종속변수가 비선형적인 관계일 경우에도 나타난다. 따라서 독립변수와 종속변수간의 산점도를 검토해 보고 점수의 변환을 시도해 보아야 할 것이다.

잔차의 분산이 일정하지 않을 때 여러 가지 방법을 사용하여 동분산성의 가정을 만족시킬 수 있다. 그 중에서 자주 사용되는 몇 가지의 지침을 소개하면 아래와 같다.

① 분산이 주어진 X에서 Y의 평균과 비례할 때에는 모든 Y가 양수라면 Y의 제곱근으로 변환하라.

② 표준편차가 평균에 비례한다면 로그로 전환하라.

③ 표준편차가 평균의 제곱에 비례할 때에는 Y의 역수를 사용하라.

④ Y가 비례나 비율로 변화될 때에는 아크사인(arc sine)으로 변환하라.

4) 오차항의 독립성(자기상관)

시간에 따라 자료가 연속적으로 수집되고 기록되었다면, 연속적인 변수에 대한 잔차도를 그려보아야 한다. 왜냐하면 비록 시간이 모형에서의 변수로 사용되지 않더라도 잔차에 영향을 미칠 수가 있기 때문이다. 예를 들어, 외과수술 후의 환자의 생존시간을 연구한다고 가정해 보자. 수술의 복잡성, 수혈량, 약의 복용량, 등등의 함수로서 생존시간을 예언할 수 있다. 하지만, 그런 변수 외에도 의사의 수술 실력은 수술을 많이 할수록 증진되며 생존시간은 전에 의사가 유사한 환자를 치료한 건수에 영향을 받을 가능성이 있을 것이다. 또 다른 예로, 특정작업의 수행을 측정할 때 매 시간당 10분씩 수행량을 측정하였다면, 그 수행량은 연구 중인 독립변수 외에도 시간이라는 (물론 작업에 따른 피로의 영향도 포함된다) 변수의 영향도 받을 것이다. 어찌됐든 연속적인 변수와 잔차가 독립적이라면 잔차도가 특정한 형태를 가지지 않는다.

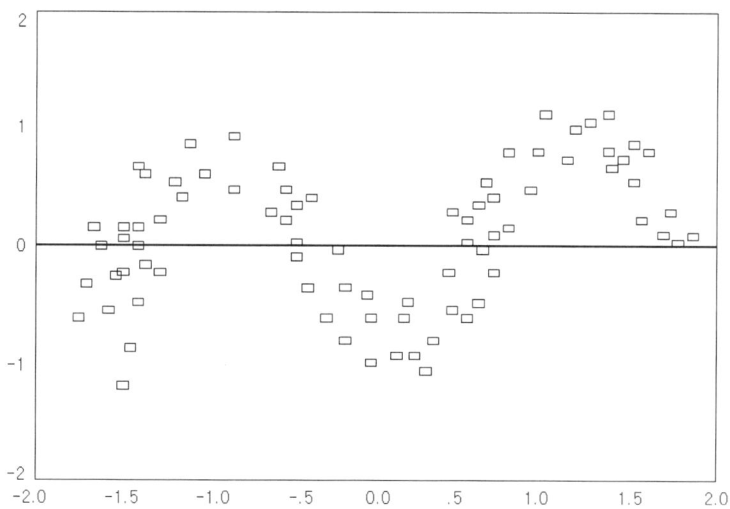

[그림10-10] 자기상관이 있을 때의 전형적인 잔차도

[그림10-10]은 오차항이 시간의 흐름에 따라 서로 상관을 갖는 경우의 전형적인 잔차도이다.

이웃하는 오차항에 대한 연속상관(자기상관)의 검증을 위한 계수로써 더빈-왓슨(Dubbin-Watson) 통계치가 있으며 아래의 식으로 계산한다.

$$D = \frac{\sum_{t=2}^{N}(E_t - E_{t-1})}{\sum_{t=1}^{N} E_t^2}$$

여기에서, $E_t = Y_i - \widetilde{Y}_i$이다.

연속적인 잔차간의 차이는 오차 항이 정적으로 상관됐을 때 작아지며, 오차 항이 부적으로 상관되었을 때 커지는 경향이 있다. 따라서 D값이 작다는 것은 정적상관을 가리키며 D의 값이 크다는 것은 부적상관을 의미한다. 유의미 검증의 기준이 되는 임계값을 알려면 Dubbin-Watson표를 사용해야 한다.

5) 오차항의 정상성

잔차의 분포는 실제로는 비정상적이 아닌 다른 이유, 예를 들면, 모형을 잘못 선정하였다거나, 분산이 동일하지 않다거나, 분석에 사용한 잔차의 수가 너무 적다거나 하는 등에 의해 정상적으로 분포하지 못할 수 있다. 따라서 몇 가지 탐구방법을 강구해야 할 것이다.

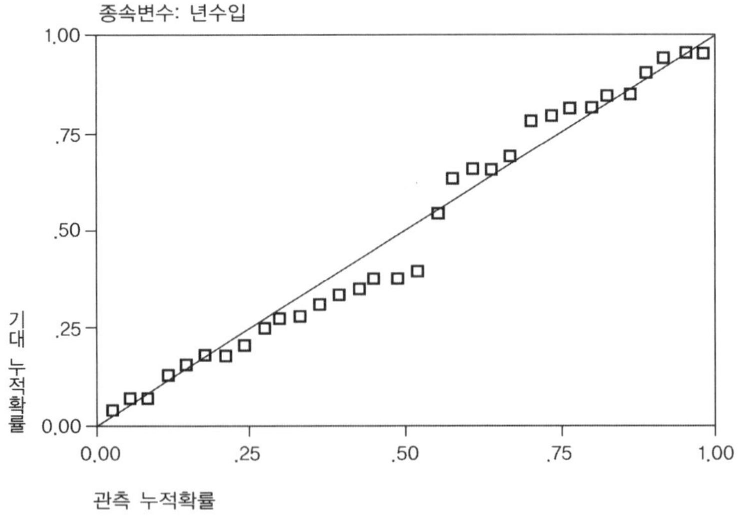

[그림10-11] 잔차의 누적확률도

정상성의 가정 하에서 잔차의 기대빈도에 대한 관찰된 빈도의 분포를 비교하는 방법 중의 하나가 일련의 점들에 대해 이 두 빈도의 누적확률도를 그려보는 것이다.

두 분포가 동일하다면 누적확률도 상의 각 점들은 대각선에 가깝게 나타난다. 이처럼 기대된 직선 주위에 점들이 어떤 양상으로 산재해 있는지 관찰함으로써 두 분포를 비교할 수 있다. [그림10-11]은 수입의 잔차에 대한 누적확률도이다. X축에서 0.5에 이를 때까지 잔차의 누적분포가 대각선위로 올라가고, 그 이후의 1.0까지는 대각선 아래로 내려간다면 그 분포는 정상분포보다 양 꼬리가 두터운 경우이다. 그 반대라면, 즉 기대된 누적확률인 대각선을 중심으로 S자를 그린다면 양 꼬리가 정상분포보다 얇은 경우이다.

잔차의 분포가 정적으로 편포된 경우라면, 종속변수에 대해 로그 변환을 시켜보는 것이 좋을 경우가 있다. 부적으로 편포된 분포에 대해서는 종속변수 값들을 제곱하는 것이 좋을 경우가 있다. 회귀방정식의 가설검증에 사용하는 F-검정은 정상성 가정으로부터의 이탈에 대해 영향을 받지 않는다는 사실을 명심해야 한다.

6) 이상치

회귀선에서 유난히 이탈되어 있는 점, 즉 잔차의 값이 큰 점을 이상치(outlier)라고 하며, 이상치가 존재하게 되면 최소한 선형모형의 적합도가 아주 낮아지게 된다. 실질적인 예를 살펴봄으로써 이상치의 영향을 더욱 상세히 조사해 보자. H도시의 예에서, 자료를 코딩하는데 실수를 하여 응답자 29와 30의 수입을 각각 30,018＄와 36,526＄로 입력하였다고 해보자. 이런 잘못된 값을 포함하는 산점도를 [그림10-12]에 제시하였다.

이 산점도의 회귀선을 살펴보면, 응답자 29와 30이 이상치임을 한눈에 알 수 있을 것이다. 일반적으로 산점도를 관찰하여 직선주위의 균형이 맞는지를 알아봄으로써 이상치가 있는지를 검토하게 된다. 즉, [그림10-12]의 산점도에서, 회귀선 상단에 있는 잔차는 12개이며 하단에는 20개가 있다. 이상치의 존재는 결과에 어떠한 영향을 미치는가? 이상치가 포함된 자료에서의 추정치와 원래의 추정치를 비교함으로써 이 문제에 대답하고자 한다.

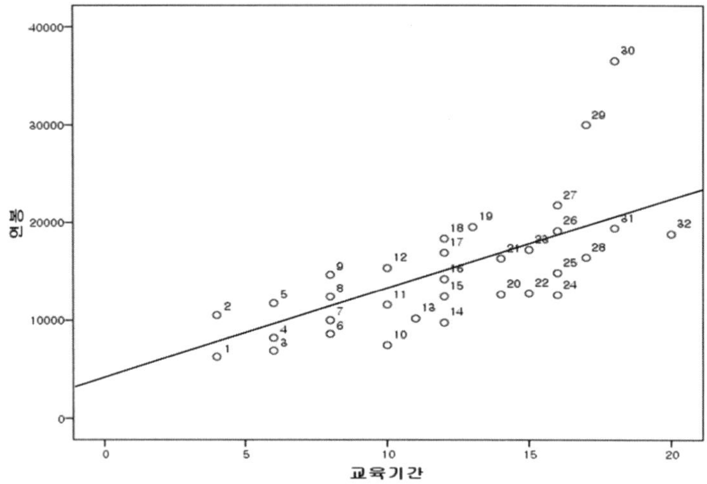

[그림10-12] 이상치가 포함된 산점도

$$\widetilde{Y} = 2557 + 1021X \text{ (이상치가 포함된 자료)}$$
$$(2438) \quad (191)$$

$$R^2 = .49,\ n = 32,\ s_e = 4647$$

괄호 안은 모수 추정치의 표준오차이다; R_2 =결정계수이고, n은 표본의 크기이며, Se는 Y의 추정의 표준오차이다.

$$\widetilde{Y} = 5078 + 732X \text{ (원래의 자료)}$$
$$(1498) \quad (118)$$

$$R^2 = .56,\ n = 32,\ s_e = 2855$$

첫째, 이상치들을 포함시켜 계산한 방정식의 기울기(1021)가 상당히 높음을 알 수 있을 것이다. 그러나 b의 표준오차를 비교해 보면, 이상치가 포함된 방정식의 기울기 추정치는 그 정확성에 있어서 신뢰도가 낮다. 또한 이상치가 포함된 자료의 회귀식이 적합도가 낮다는 사실도 R^2의 감소로써 알 수 있을 것이다. 이상치의 존재에 의해 유발된 예언의 난점은 Y에 관한 추정의 표준오차를 비교함으로써 알 수 있는데, 이 예에서 이상치가 포함된 회귀식의 예언오차가 이상치가 없을 때보다 1.5배나 크게 나타났다.

이러한 몇 가지 통계치들은 이상치가 Y에 대한 설명력을 약화시킨다는 사실을 확실하게 보여주고 있다. 일반적으로 이상치를 어떻게 수정할 수 있는가? 물론 여기에서 논의하는 수정방법은 위에서처럼 코딩의 실수에 의한 이상치를 수정하는 방법은 아니다. 코딩에 의한 이상치는 단지 그 실수를 찾아내어 원래의 값으로 변경하면 되므로 쉽게 수정이 가능하다. 코딩에 의한 것이 아닌 이상치가 포함된 자료를 회귀분석할 때 사용할 수 있는 대처방안으로 최소한 다음의 4가지를 들 수 있다.

① 이상치를 제외시킨다.
② 이상치가 포함된 회귀식과 이상치를 제외시킨 회귀식을 보고한다.
③ 값을 변환시킨다.
④ 추가로 자료를 보충한다.

위의 대처방안에는 각기 장단점이 있다. 방법1은 단순히 이상치를 분석에서 제외시키므로 간단하다. 그러나 이 방법에는 표집의 크기가 축소되고 정보의 상실을 가져오게 된다. 또한 뚜렷한 이상치의 원인이 밝혀지지 않았는데도 임의로 그 이상치를 제거하는 것은 바람직하지 않다. 방법2는 방법1을 사용했을 때 오는 정보의 상실을 막아준다. 그러나 표면상 같은 모형에 대해 두 개의 회귀식을 고려해야 하므로 번거로운 일이 된다. 방법3은 하나의 회귀식을 사용하며, 표집의 크기가 유지되고 이상치를 회귀선에 더욱 가깝게 끌어들이게 된다. 그러나 변수들이 원래의 단위로 측정되었을 때에나 가능한 직선적 해석을 못하게 된다. 방법4는 이상치가 예외적인 사례가 아니라 사실상 더욱 일반적인 형태, 아마도 비직선적 형태에 적합한 것이라는 사실을 증명해 줄지도 모른다. 하지만 이의 제한점으로, 일반적으로 비실험적인 사회과학연구에서는 관찰을 추가하는 것이 거의 불가능하다는 것이다.

이들 방법 중에서 어느 상황에나 적절한 방법은 없다. 그러한 방법을 찾는 것보다는 이상치 문제를 어떻게 수정할지를 고려할 때 연구문제와 산점도의 특징을 고려하여 대처방안을 찾는 것이 나을 것이다. 특히 방정식에 포함되지 않았지만 종속변수에 영향을 미칠지도 모르는 다른 변수와의 상호작용을 고려하여 그 이상치에 관한 대처방안을 고려해야 할 것이다.

7) 잔차도에서 이상치의 위치

이상치는 잔차의 히스토그램이나 잔차도에서 쉽사리 찾아낼 수 있다. 왜냐하면 이상치는 매우 큰 정적 또는 부적인 잔차를 갖는 사례이기 때문이다. SPSS에서 이를 찾기 위해서는 [그림10-13]과 같이 '통계량' 단추에서 '케이스별 진단'을 지정하면 된다.

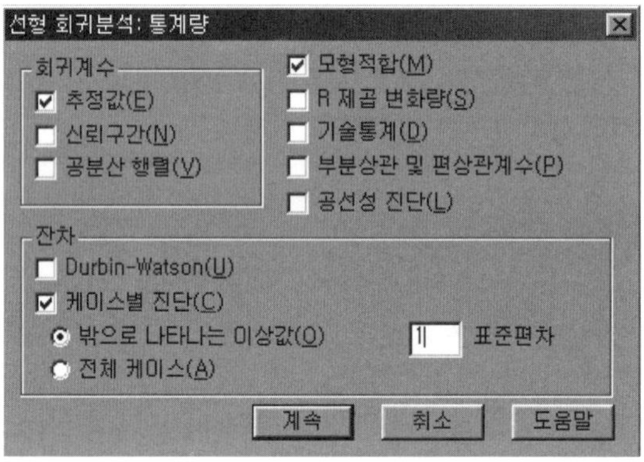

[그림10-13] 표준화 잔차의 케이스별 진단

케이스별 진단에서는 전체 케이스를 선택하거나 지정한 표준편차를 초과하는 케이스를 선택할 수 있다. 결과물에는 케이스의 수, 표준화 잔차, 종속변수, 예측값, 잔차가 제시된다. 케이스별 진단 결과에는 기준 값으로 표준편차 1.0을 사용하였다.

케이스별 진단[a]

케이스 수	표준화 잔차	년수입	예측값	잔차
9	1.306	14664	10936.71	3727.29
10	-1.727	7472	12401.51	-4929.51
12	1.028	15336	12401.51	2934.49
13	-1.033	10186	13133.91	-2947.91
14	-1.435	9771	13866.31	-4095.31
17	1.066	16908	13866.31	3041.69
18	1.570	18347	13866.31	4480.69
19	1.733	19546	14598.71	4947.29
22	-1.153	12772	16063.51	-3291.51
24	-1.470	12599	16795.91	-4196.91
27	1.746	21779	16795.91	4983.09

a. 종속변수: 년수입

8) 다른 흔치 않는 관찰치: 마하라노미스의 거리

독립변수에서 특이한 값을 가진 사례는 분석의 결과에 중요한 영향을 줄 수 있으므로 확인해야 한다. 독립변수의 평균값과 사례간의 거리에 관한 측정치 중의 하나가 마하라노미스의 거리(Mahalanobis' distance)로 단순회귀 방정식의 경우에는 표준화된 X값의 제곱이다.

$$D = [\frac{X_i - M_X}{s_X}]^2$$

독립변수가 하나 이상인 중다회귀의 경우에 마하라노비스의 거리는 매우 중요하며, 그 계산 또한 더욱 복잡해진다.

9) 삭제된 잔차와 Cook의 거리

일련의 자료에서 어떤 관찰치들 예를 들면, 이상치들은 모수치의 추정에 큰 영향을 끼칠 수 있다. 앞의 "6) 이상치" 절에서 살펴보았듯이 만약 그 관찰치가 계산에서 삭제되면 자료에서 얻어진 회귀선은 상당히 달라질 것이다. 영향력 있는 관찰치를 확인하기 위한 한 가지 방법으로 영향력 있는 사례가 방정식에 포함되었을 때와 포함되지 않았을 때, 그 사례에 대한 잔차를 비교하는 것이다. 영향력 있는 사례가 회귀선의 계산에 포함되지 않았을 때의 사례 i에 대한 수정 예언값(SPSS에서는 ADJPRED로 명명)은 아래의 식으로 계산된다.

$$Y_i^{(i)} = B_0^{(i)} + B_1^{(i)} X_i$$

위의 식에서 위첨자 i는 i번째 사례가 제외된 것을 의미한다. 한 사례가방정식에 포함되지 않았을 때 계산된 잔차를 삭제된 잔차(deleted residual)라고 하며(SPSS의 결과물에는 DRESID로 표시된다), 아래의 식으로 계산한다.

$$Y_i - \widetilde{Y}_i^{\,2}$$

위의 삭제된 잔차를 그 표준오차로 나누면 스튜던트화 삭제된 잔차(SPSS의 결과물에는 SDRESID로 표시된다)가 된다.

비록 특정 사례에 대한 삭제된 잔차와 본래의 잔차 사이의 차이가 그 사례의 영향력의 지표로서 유용하긴 하지만, 이 측정치는 i번째 사례가 삭제되었을 때 다른 관찰치에 있어서의 잔차 상의 변동을 반영해 주지 않는다. 사례i가 생략되었을 때 모든 잔차에서의 변동을 고려한 측정치로 Cook의 거리가 사용된다.

$$c = \frac{\sum_{j=1}^{n} (\widetilde{Y}_j^{(i)} - \widetilde{Y}_j)^2}{(P+1)s^2}$$

위의 식에서 P는 독립변수의 개수이다.

마하라노비스 거리는 X의 평균에서 멀리 떨어진 사례를 확인시켜주지만, Cook의 거리는 영향력 있는 점으로서의 사례를 확인시켜 준다.

잔차 통계량(a)

	최솟값	최댓값	평균	표준편차	N
예측값	8007.11	19725.51	13866.31	3195.17	32
표준화 예측값	-1.834	1.834	.000	1.000	32
예측값의 표준오차	504.63	1067.04	693.03	173.03	32
수정된 예측값	7599.62	19872.26	13868.49	3208.77	32
잔차	-4929.51	4983.09	2.27E-13	2808.18	32
표준화 잔차	-1.727	1.746	.000	.984	32
스튜던트화 잔차	-1.761	1.799	.000	1.011	32
삭제된 잔차	-5124.39	5291.97	-2.18	2964.90	32
삭제된 스튜던트화 잔차	-1.828	1.873	.002	1.028	32
Mahal. 거리	.000	3.363	.969	1.009	32
Cook의 거리	.000	.100	.028	.024	32
중심화된 레버리지 값	.000	.108	.031	.033	32

a 종속변수: 년수입

19 SPSS/Win 실습

더미.sav 파일을 불러온다.

분석 메뉴/회귀분석/선형 선택

종속변수로 '년수입', 독립변수로 '교육기간'을 선택한다.

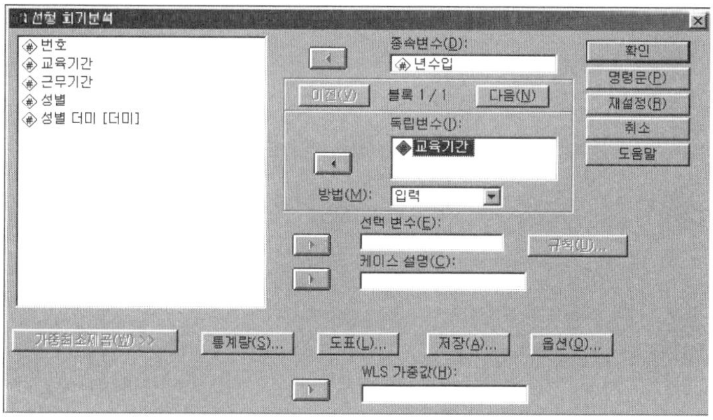

통계량에서 기술통계를 선택한다.

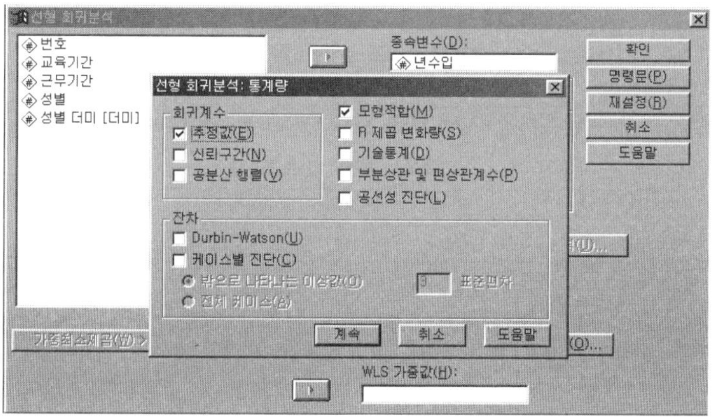

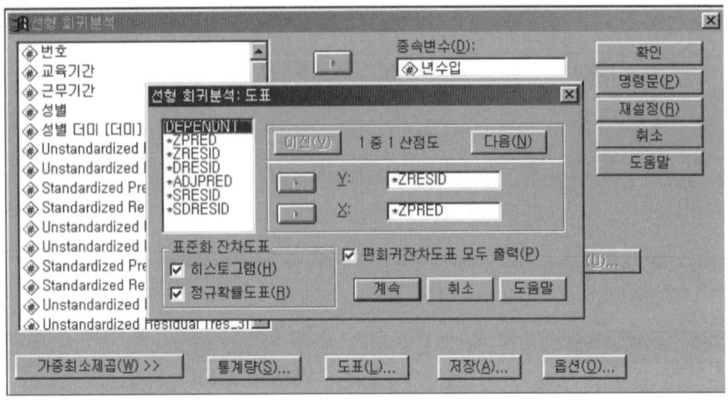

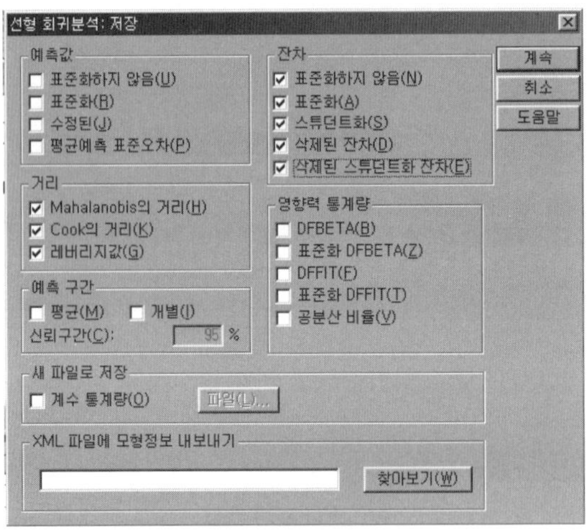

진입/제거된 변수(b)

모형	진입된 변수	제거된 변수	방법
1	교육기간(a)	.	입력

a 요청된 모든 변수가 입력되었습니다.
b 종속변수: 년수입

모형 요약(b)

모형	R	R 제곱	수정된 R 제곱	추정값의 표준오차	Durbin-Watson
1	.751(a)	.564	.550	2854.60	2.056

a 예측값: (상수), 교육기간
b 종속변수: 년수입

분산분석(b)

모형		제곱합	자유도	평균제곱	F	유의확률
1	선형회귀분석	316481758.400	1	316481758.400	38.838	.000(a)
	잔차	244462446.475	30	8148748.216		
	합계	560944204.875	31			

a 예측값: (상수), 교육기간
b 종속변수: 년수입

계수(a)

모형		비표준화 계수		표준화 계수	t	유의확률
		B	표준오차	베타		
1	(상수)	5077.512	1497.830		3.390	.002
	교육기간	732.400	117.522	.751	6.232	.000

a 종속변수: 년수입

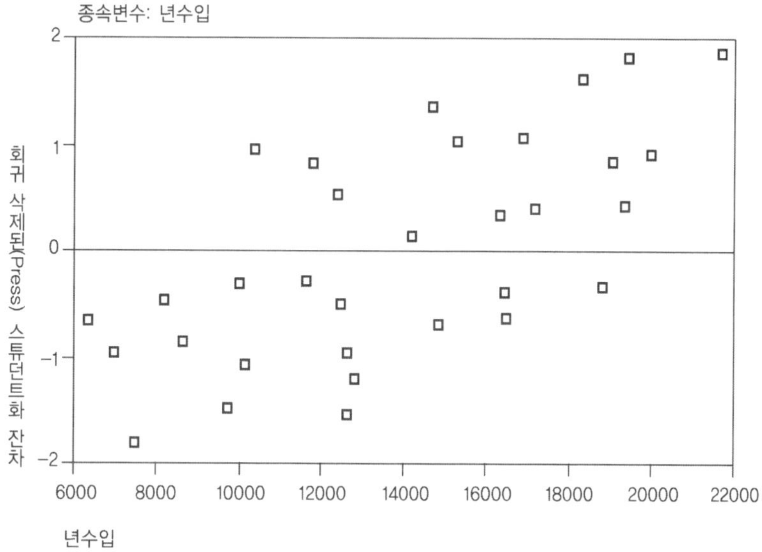

회귀식에서 독립변수의 선택방법

입력(ENTER) : 강제 투입. 지정한 변수들이 한꺼번에 방정식에 투입된다.

전진(FORWARD) : 독립변수의 전진투입. 투입기준에 근거하여 변수들을 한 단계에 하나씩 방정식에 투입한다. 이때 사용하는 투입기준은 PIN으로 방정식에 아직 투입되지 않은 변수들 중에서 가장 작은 F 확률값을 가지는 변수가 PIN보다 작다면 방정식에 투입된다.

후진(BACKWARD) : 독립변수의 후진제거. 지정한 모든 독립변수가 방정식에 투입된 다음 제거 기준에 근거하여 한 단계에 하나씩 제거된다. 이때 사용되는 제거기준은 POUT으로 POUT보다 큰 F확률 값을 가지는 방정식내의 변수들 중에서 가장 큰 F확률을 가진 변수가 제거된다. BACKWARD가 지정되었을 때 방정식 내에 변수가 없었다면 모든 독립변수가 일차로 검사대상이 된다.

단계 선택(STEPWISE) : 독립변수의 단계별 선택(투입과 제거). 각 단계에 독립변수들을 투입할 것인지 제거할 것인지에 대해 조사하여 투입하거나 제거한다. 방정식 내에 이미 독립변수가 있다면, 가장 큰 F확률 값을 가진 변수가 POUT보다 큰 값일 때 제거된다. 방정식은 그 제거된 변수가 제외된 채로 다시 계산되어 더 이상 제거되는 변수가 없을 때까지 계속된다. 다음으로 방정식에 없는 독립변수 중에서 가장 작은 F확률을 가지는 변수의 F확률 값이 PIN보다 작다면 그 변수가 방정식에 투입된다. 다시 방정식내의 모든 변수에서 제거될 것이 있는지 재평가를 한다. 이 같은 과정은 방정식 밖의 변수 중에서 투입대상이 없고 방정식내의 변수 중에서 제거될 변수가 없을 때까지 반복된다.

제거(REMOVE) : 강제 제거. 괄호 안에 지정한 변수들이 한 단계에서 한꺼번에 방정식에서 제거된다. 변수들을 지정해야 한다.

잔차의 분석에 사용하는 일시적 변수들

이들 변수를 이용하면 이상치(outliers)와 영향력 있는 자료점을 감지하고, 회귀가정의 위배에 대한 조사를 실시할 수 있다.아래에 있는 12개의 변수들은 잔차의 분석에 유용한 일시적 변수들로서, 자동적으로 만들어졌다가 다른 통계수행명령을 내리거나 혹은 다른 회귀분석모형을 지정하면 사라진다. 이를 데이터 파일에 추가하려면 '저장' 단추를 눌러 필요한 변수들을 지정해야 하며, 데이터를 반드시 보조기억장치에 저장해야 한다.

PRED ; 비표준화 예언값

ZPRED ; 표준화된(standardized) 예언값

SEPRED ; 예언값의 표준오차(standard error)

RESID ; 비표준화 잔차(residuals)

ZRESID ; 표준화 잔차(standardized residuals)

SRESID ; 스튜던트화(studentized) 잔차

MAHAL ; 마하라노비스(Mahalanobis)의 거리

ADJPRED ; 조절된(adjusted) 예언값

DRESID ; 수정(deleted) 잔차

SDRESID ; 삭제된 스튜던트화(Studentized) 잔차

COOK ; 쿡(Cook)의 거리

LEVER ; Leverage 값

제 11 장

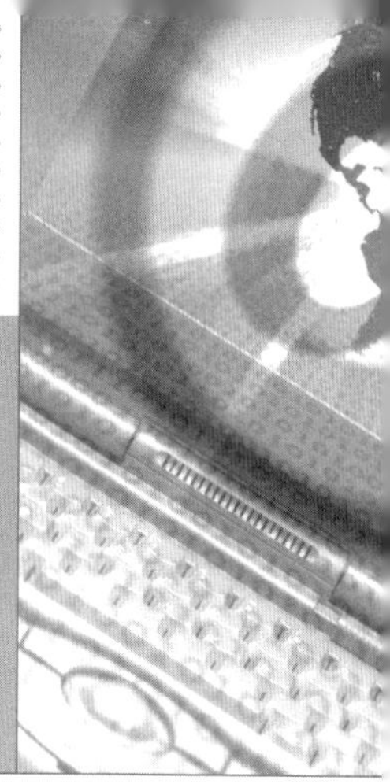

중다회귀분석

중다회귀분석(multiple regression analysis)은 둘 이상의 독립변수가 회귀방정식에 포함된 경우이다. 다시 말해서, 둘 이상의 독립변수로 하나의 종속변수를 설명하거나 예측하고자 하는 경우에 적용할 수 있는 통계적 기법이다. 단순회귀에서 주로 사용한 데이터는 정규교육기간이 독립변수이었으며, 연평균 수입이 종속변수였는데 여기에 새로운 독립변수로 성별을 추가시킨다면, 그 자료는 중다회귀분석의 대상이 된다.

중다회귀는 두 가지 면에서 단순회귀보다 유용하다. 첫째, 실제로 하나의 변수로 설명할 수 있는 현상은 거의 없기 때문에 단순회귀보다 중다회귀가 종속변수를 더욱 충분하게 설명할 수 있게 된다. 따라서 단순회귀보다 중다회귀에서의 설명력이 증가된다. 둘째, 하나의 독립변수로 종속변수를 설명하거나 예측하려 할 때에는 그 독립변수만의 영향력 외에 다른 가외변수들의 영향력도 같이 포함된다. 따라서 종속변수에 영향을 미치는 여러 개의 독립변수들을 회귀식에 포함시킴으로써 한 독립변수의 영향력에 대한 평가가 왜곡될 가능성이 줄어들기 때문에 특정한 독립변수만의 순수한 영향력을 보다 정확하게 알 수 있게 된다.

중다회귀의 분석절차는 단순회귀의 논리적인 확장이다. 즉, 모수의 추정과 그 해석은 단순회귀와 동일하며 유의도 검증과 R^2도 유사하다. 더 나아가서, 단순회귀의 가정들이 중다회귀의 경우에도 그대로 적용된다. 그러나 중다회귀분석법은 단순회귀보다 그 적용범위가 더 광범위하다. 그리고 이 방법에 익숙한 연구자는 어떠한 종류의 양적인 자료라도 이 방법을 이용하여 실제로 분석하는 것이 가능하다.

1 상관행렬과 중다회귀

독립변수가 여럿인 회귀식을 계산하는 일차적 단계 중의 하나가 모든 변수(독립변수뿐 아니라 종속변수까지 포함한)에 대한 상관행렬을 계산하는 것이다. 회귀분석은 변수들 간의 상관관계를 기초로 계산된다. 그러나 여기에서 강조하는 것은 회귀식의 계산에 필요한 기초자료로서의 상관행렬이 아니라 자료가 회귀분석의 기본 가정에 위배되는가의 여부를 알아보는 데 사용되는 상관행렬이다.

상관행렬에서 주목해야 할 점은 각 독립변수들 간의 상관관계이다. 왜냐하면 상호상관이 높은 독립변수들은 대체로 회귀분석의 결과에 좋지 않은 영향을 미치며, 심한 경우에는 회귀식의 계산을 불가능하게 만들기 때문이다. 독립변수간의 상관이 높다면, 예를 들어, r=0.90이라면 회귀식에 그 두 변수 모두 혹은 두 변수 중의 하나를 제외시키거나, 아니면 두 변수를 대신할 수 있는 새로운 변수를 도입하는 절차를 고려해 보아야 할 것이다. 이에 관련된 자세한 내용에 대해서는 '다중공선성 문제'를 다루는 절에서 자세한 설명이 될 것이다.

상관행렬에서 다음으로 특별히 주목해야 할 점은 상관행렬의 계산에 사용된 사례수이다. 여러 가지 이유로 인해 자료에는 결측값이 종종 포함된다. 예를 들어, 응답자가 불확실하게 반응하거나 또는 어떤 질문에 대해서는 응답을 거부한다. 동물실험의 경우에는 실험이 끝나기 전에 실험동물이 죽어버린다. 이처럼 자료에 결측값이 포함되어 있는 경우에는 어떤 변수의 결측값을 어떻게 처리해야 할 것인지를 미리 결정해야 한다. 가능하다면 분석계획을 고려하기 전에 결측값이 일정한 형태를 지니지 않으며 결측값의 발생이 무선적인지의 여부를 확인해야 한다.

다시 말해서, 한 변수의 결측값이 다른 변수와 일정한 관계를 지니고 있지는 않는가를 확인해야 한다. 예를 들어, 수입이 적은 사람은 수입이 많은 사람보다 자신의 재정적 위치에 대한 응답을 꺼릴 것이다. 이러한 현상은 특히 고학력이지만 가난한 사람에게서 더 뚜렷할 것이다. 수입이 많은 사람의 경우에도 혹시 이 응답결과가 세무서에 들어가서 자신에게 더 많은 세금이 부과되는 것은 아닌가라고 우려한다면 자신의 재정적 위치에 대한 응답을 꺼릴 것이다.

결측값의 양상을 파악하는 간단한 방법은 어떤 한 변수에 대해서 결측값만으로 구성된 집단과 결측값이 없는 집단으로 나누고 난 뒤, 나머지 변수의 분포들을 교대로 조사해 보는 것이다. 때로는 교차분할분석이나 t-검정 또는 일원분산분석 기법이 유용하게 사용될 수도 있다. 자료가 무선적으로 결측되었을지라도 분석을 시도할 때에 상당한 주의를 기울여야 한다. 특히 사례수가 적다면 만족할 만한 분석이 불가능할지도 모른다. 많은 변수에 결측값을 가지고 있는 사례를 분석에서 미리 제외시키는 것도 고려할 수 있다. 하지만 표본의 크기가 줄어든다는 단점은 피하기 어려운 일이다.

SPSS의 회귀분석에서는 기본적으로 '목록별(listwise) 결측값 제외' 방식을 적용한다. 즉, 회귀분석대상으로 지정된 변수 중에서 어느 한 변수라도 결측값을 가지고 있으면 그 사례를 분석대상에서 제외시킨다. 이러한 처리방식은 극단적인 경우에는 사례수가 너무 작아지는 사태가 발생하게 된다. 따라서 가능한 한 많은 사례를 수집하는 것이 좋지만 어쩔 수 없는 경우에는 결측값이 많은 변수를 분석에서 제외시키는 방법도 고려할 수 있다.

다음으로 적용할 수 있는 방법은 어떤 변수에 결측값이 포함되었든 관계없이 현재의 상관계수의 계산에 필요한 두 변수에서 완전한 정보를 가지고 있는 모든 사례를 기초로 하여 그 두 변수의 상관관계를 계산하는 것이다. 이러한 처리방식을 '대응별(pairwise) 결측값 제외' 방식이라고 한다. 예를 들어, 한 사례가 변수1, 3, 5에 대해서 결측값을 포함하고 있지 않다면 1과 3, 1과 5, 3과 5의 변수 쌍을 상관계수의 계산에 사용하는 것이다. 그러나 이 방법에도 몇 가지 문제점이 있다.

그 하나는 변수마다 결측값의 수가 달라서 발생하는 비일관성이다. 따라서 상관행렬에서 계수마다 사례수가 달라진다. 상관행렬을 계산할 때 각 쌍마다 사례수가 달라지면 현실적으로는 불가능한 일이지만 계수들 사이의 어떤 관계성이 있는 것으로 나타날 수도 있다. 예를 들어, 체격을 측정하는 여러 수치들은 크게 앉은 키, 신장, 팔 길이 등 길이와 관련된 것과 가슴둘레, 몸무게 등 부피와 관련된 것으로 분류된다. 그리고 신체의 길이는 신체의 부피와 정적인 상관을 갖는다. 그러나 상관행렬에서 계수들의 사례수가 다를 경우 이처럼 불가능한 변칙적인 결과가 발생할 수도 있다(특히, 회귀분석과 마찬가지로 상관행렬을 기초로 하는 요인분석에서). 따라서 이 방

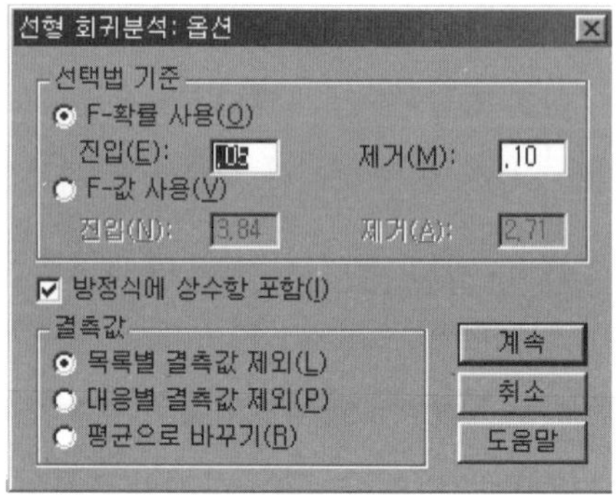

법을 적용한 회귀분석의 결과를 믿지 못하게 된다. 다음으로는 각 계수가 서로 다른 사례수를 기초로 하므로 단일한 표집 크기를 구하지 못한다는 점이다. 그 외에 '대응별 결측값 제외' 방법으로 구한 행렬을 기초로 한 분석에서 구해진 유의미 수준은 그 해석이 어려워진다. 왜냐하면 이런 상황에서의 가설검증에 관해서는 알려진 것이 거의 없기 때문이다.

중다회귀에서 결측값 처리를 위해 사용할 수 있는 다른 방식은 '평균으로 바꾸기'이다. 이는 결측값을 평균으로 대치하여 상관행렬의 계산에 사용하는 것이다. 따라서 사례수가 적어진다거나 계수마다 사례수가 달라진다는 문제는 해결되지만, 결측값을 평균으로 대치하는 것이 올바른 것인지는 새로운 문제거리이다.

2 중다회귀의 일반식

일반적인 중다회귀에서 종속변수는 둘 이상 되는 독립변수의 선형함수로서 아래와 같은 회귀모형으로 표현된다.

$$Y = A_0 + b_1X_1 + b_2X_2 + \ldots + b_kX_k + e$$

위의 식에서 아래첨자는 각각의 독립변수를 구분하기 위해 사용한 것이다.

독립변수가 두개인 경우가 가장 기본적인 회귀모형이며 다음과 같이 표시할 수 있다.

$$Y = A_0 + b_1X_1 + b_2X_2 + e$$

위의 회귀모형에서 원점수 Y가 X_1과 X_2, 그리고 오차항 e의 합에 의해서 결정됨을 시사해 주고 있다.

단순회귀에서와 마찬가지로 회귀식의 각 계수를 구하기 위해 예언오차의 제곱합

(sum of square of the prediction error: SSE)을 최소로 하는 최소제곱원리를 사용한다.

$$SSE = \sum (Y - \widetilde{Y})^2$$

독립변수가 2개인 모형이므로 최소제곱의 방정식은 다음과 같다.

$$Y = a_0 + b_1X_1 + b_2X_2 + e$$

계수들(a_0, b_1, b_2)에 대해 최소제곱원리를 적용한 결합은 다른 어떤 가능한 값의 결합보다 작은 예언오차를 산출한다. 따라서 최소제곱 방정식은 어떤 다른 선형 방정식보다도 관찰치들에 더 적합하다. 하지만, 단순회귀에서처럼 더 이상 이차원적 산포도에 적합한 단순한 직선으로 변수들 간의 관계성을 제시할 수가 없게 된다.

이제는 점들이 3차원을 지나는 최적의 평면등식으로 예언된다. 물론 이 평면의 위치는 계산에 의해 구해진 a_0, b_1, 그리고 b_2의 수치로 알 수 있지만, 우리 대부분은 변수가 3개 이상인 방정식에 적합한 평면의 시각화가 불가능하다. 실제로 독립변수의 개수가 k개인 경우라면 (k+1)차원의 공간에서 점수들의 분포를 지나는 k차원의 초월평면(hyper-plane)을 상상해야만 한다.

3 중다회귀 자료의 예

설명의 편의를 위해 단순회귀에서 사용한 H도시의 연구를 확장하기로 하자. 선행연구를 기초로 하여 직원의 연봉이 정규교육기간과 관련되어 있다고 믿고 있지만, 교육기간이 연봉에 영향을 미치는 유일한 요인은 아니라는 사실도 알았다고 가정해 보자. 또 다른 요인은 의심할 여지없이 근무기간(seniority)이 될 것이다. 대부분의 직장에서 근무기간이 오래된 사람이 더 많은 보수를 받고 있으며, H도시의 경우에도 이 같은 사실이 적용될 것이다. 따라서 근무기간이라는 새로운 변수를 회귀방정식에 도입시킴으로써 단순회귀 모형은 중다회귀 모형으로 전환되며 연봉차이에 대한 설명력이 더욱 향상될 것이라는 기대를 할 수 있을 것이다. 새로 도입된 변수인 근무기간을 추가시킨 조사결과는 <표11-1>과 같다(이 표에서 성별변수는 다음에 사용하기 위해 도입한 더미(dummy) 변수이다). 교육기간과 연봉에 대한 자료는 앞에서와 동일하다.

<표11-1> H도시 직원의 정규교육기간, 근무기간 및 1년수입의 가상적 자료

일련번호	교육기간(년)	연봉(달러)	근무기간(년)	성별(여성=0, 남성=1)
01	04	6281	6	0
02	04	10516	12	0
03	06	6898	3	0
04	06	8212	5	1
05	06	11744	11	0
06	08	8618	9	0
07	08	10011	7	0
08	08	12405	8	1
09	08	14664	9	1
10	10	7472	3	0
11	10	11598	4	1
12	10	15336	11	0
13	11	10186	5	0
14	12	9771	7	0
15	12	12444	5	0
16	12	14213	4	0
17	12	16908	7	1
18	12	18347	10	1
19	13	19546	6	1
20	14	12660	4	0
21	14	16326	7	1
22	15	12772	6	0
23	15	17218	4	1
24	16	12599	5	0
25	16	14852	5	1
26	16	19138	4	1
27	16	21779	8	1
28	17	16428	3	0
29	17	20018	7	1
30	18	16526	5	1
31	18	19414	7	0
32	20	18822	5	1

4 중다회귀 계수의 산출

근무기간을 도입한 회귀식의 구조적 모형은 아래와 같다.

$$Y = a_0 + b_1 X_1 + b_2 X_2 + e$$

여기에서 Y는 연봉, X_1은 교육기간, X_2는 근무연한 그리고 e는 오차가 된다.

$$연봉 = a_0 + b_1(교육기간) + b_2(근무연한) + e$$

<표11-1>의 자료를 이용하여 구한 모수치에 대한 최소제곱 추정치를 <표11-2>의 결과물에 제시하였다.

<표11-2> 교육기간과 근무기간에 의한 수입의 회귀분석 결과물

계수[a]

모형		비표준화 계수		표준화 계수	t	유의확률
		B	표준오차	베타		
1	(상수)	-1469.731	2030.146		-.724	.475
	교육기간	887.256	103.086	.910	8.607	.000
	근무기간	742.807	184.156	.426	4.034	.000

a. 종속변수: 년수입

새로운 변수를 도입함으로 해서 회귀식이 변화되었음에 주목하라. <표11-2>에서 "B" 아래에 있는 숫자들이 기울기에 대한 모수 추정치이다. 이들을 소수점 이하에서 반올림하여 회귀식을 구성한다면 아래와 같다.

$$Y = -1470 + 887X_1 + 743X_2$$

위의 회귀식에서 X_1은 교육기간이며 X_2는 근무기간이다.

5 모수 추정치에 대한 해석

절편(회귀방정식에서는 상수이므로 <표11-2>의 결과물에는 "상수"(Constant)에 이 값이 제시된다)에 대한 해석은 단지 단순회귀의 절편에 대한 확장에 불과하므로 이 자리에서 자세하게 설명할 필요는 없을 것이다. 간단하게 언급하면 회귀식에 투입된 두 변수, 즉 교육기간과 근무기간이 0일 때의 Y값의 평균을 의미한다. 더욱이 이미 설명했듯이 절편이 음수이므로 이 경우에는 해석이 불필요하다. 그러나 기울기의 해석에는 더욱 주위를 기울여야 한다. b_k는 다른 독립변수들이 일정하게 유지될 때 X_k의 한 단위의 변화와 관련된 Y의 평균변화량이다. 이 같은 통제수단, 즉 다른 독립변수들을 일정하게 유지시킴으로써 다른 독립변수로부터의 영향에 의해 왜곡되지 않는 X_k 자체의 영향을 분리시킬 수 있게 된다. 이는 단순회귀에서의 회귀계수 B와는 다르다는 것을 의미한다. 이처럼 중다회귀에서의 기울기를 부분기울기(partial slope) 또는 부분회귀계수(partial regression coefficient)라고 한다.

<표11-2>에서 근무기간의 부분기울기인 b_2는 교육기간이 일정하다고 가정했을 때 1년의 근무기간 변화가 평균 743$의 임금상승과 관련되어 있다고 추정하게 만드는 근거가 된다. 다시 말해, H도시의 직원은 교육기간의 향상에 대한 어떤 개인적인 노력과는 관계없이 근무를 계속하는 한 매년 743$의 봉급인상을 기대할 수 있다. 반면에, 교육기간인 b_1에 의하면 근무기간이 길어지는 것과는 관계없이 교육기간이 1년씩 증가할수록 887$의 수입증가가 예상된다. 즉, 교육기간의 증가는 근무기간에 의한 수입증가 외에도 평균 887$의 수입증가를 보장하게 될 것이다.

부분기울기를 완전하게 해석하려면 중다회귀에서 다른 독립변수를 어떻게 "일정하게 유지하는가?"를 이해해야만 한다. 먼저, 이것은 "실험적 통제"가 아닌 "통계적인 통제"라는 사실을 알아야한다. 예를 들어, H도시의 연구에서 실험통제가 가능하다면 모든 사람의 교육기간을 일정한 값으로 유지하고, 예컨대 10년으로 유지하고 응답자의 근무기간을 차이 나게 할당함으로서 수입에 대한 영향을 기록한다. 수입에 미치는 교육기간의 영향을 평가하기 위해서도 유사한 실험이 수행될 수 있다. 이 같은 실험조작이 실제로 가능하다면, 각 실험에 하나씩, 모두 두 가지의 분리된 단순회귀을 함으로써 근무기간과 교육기간의 영향을 각기 분석할 수 있게 된다. 그러나 사실상 이 같은 실험통제는 전혀 불가능하므로, 중다회귀가 제공하는 통계적 통제에 의존해야만 한다.

부분기울기를 구하는 공식을 살펴보면, 다른 독립변수들이 하나의 독립변수에 미치는 영향을 분리시키기 위해 통계적 통제가 어떻게 작용하는지를 알 수 있다. 독립변수가 두개인 모형을 고려해 부분회귀계수에 대해 이해하고 나면 그 과정을 독립변수의 개수가 k개인 중다회귀모형의 부분회귀계수에 일반화할 수 있다. 따라서 독립변수가 두 개인 경우로 이를 설명하기로 한다.

$$Y = a_0 + b_1X_1 + b_2X_2 + e$$

먼저, 회귀모형에서 b_1추정치를 살펴보기로 하자. 두 독립변수 간에는 상관이 있다고 가정함으로써, 즉, $r_{1\,.\,2} \neq 0$이라고 가정함으로써, 각 독립변수는 최소한 부분적이나마 다른 독립변수에 의해서 설명될 수가 있을 것이다. 다시 말해서, 한 독립변수를 다른 독립변수의 선형함수(즉, 회귀식)로 표현할 수 있다. 예를 들면, X_1은 아래와 같이 X_2의 선형함수로 표시될 수 있다.

$$X_1 = c_1 + c_2X_2 + u$$

X_1이 X_2에 의해 완전하게 예측된다고는 할 수 없으므로 새로운 회귀식에는 오차 즉, u가 있게 된다. 그러므로 관찰된 X_1은 예측된 X_1에 오차를 합한 것으로 표현될 수 있다.

$$X_1 = \widetilde{X_1} + u$$

여기에서 $\widetilde{X_1} = c_1 + c_2X_2$이다. 오차, 즉 u는 X_1에서 다른 독립변수 X_2가 설명할 수없는 부분을 의미한다. 위의 식을 u에 관해서 정리하면 아래와 같다.

$$u = X_1 - \widetilde{X_1}$$

따라서 u는 Y에서 X_2와 완전하게 분리되는 X_1의 일부분으로써 X_1으로만 설명될 수 있는 부분이 된다.

동일한 단계를 거쳐서 X_2와 선형적으로 독립적인 Y의 부분을 분리해 낼 수 있다.

$$\begin{aligned} Y &= d_1 + d_2X_2 + v \\ &= (d_1 + d_2X_2) + v \\ &= \widetilde{Y} + v \end{aligned}$$

오차 v는 Y에서 X_2에 의해 설명할 수 없는 부분이다.

$$v = Y - \widetilde{Y}$$

따라서 이 구성요소 v는 Y에서 X_2와 관련되어 있지 않는 부분이 된다. 이들 두 가지의 오차 구성요소 u와 v를 이용하여 b_1에 대한 다음과 같은 공식이 구성될 수 있다.

$$b_1 = \frac{\Sigma(u)(v)}{\Sigma u^2} = \frac{\Sigma(X_1 - \widetilde{X_1})(Y - \widetilde{Y})}{\Sigma(X_1 - \widetilde{X_1})^2}$$

위의 공식을 말로 표현하면, b_1은 X_2로부터의 어떠한 선형적 영향으로부터도 벗어난 Y값과 X_2값에 의해 결정된다. 이 같은 방식으로 하여 X_1의 영향이 X_2의 영향으로부터 분리되어 진다. 동일한 방식으로 X_2의 효과는 X_1의 효과로부터 분리되어 질 수 있게 된다. 단순회귀에서 이미 기울기의 공식을 보았기 때문에 어떠한 부분 기울기에 대해서도 일반적으로 적용할 수 있는 아래의 공식에도 친숙할 것이다.

$$b = \frac{\Sigma(X - M_X)(Y - M_Y)}{(X - M_X)^2}$$

중다회귀에서의 통계적 통제가 실험적 통제보다 약하긴 하지만, 그래도 나름대로의 커다란 가치를 지닌다. 즉, 회귀방정식에 다른 변수들을 첨가하는 것은 결과에 더 큰 신뢰감을 갖도록 만들어 준다. 예를 들어, H도시의 단순회귀 모형은 교육이 수입의 결정인자임을 시사해 준다. 그러나 그 결론은 반박의 여지가 많이 있다. 이처럼 단순한 결과는 잘못될 수 있으며, 상관관계의 장에서 이미 언급했듯이, 제3의 변수가 교육과 수입 모두에 영향을 주어 생긴 것일 수도 있다.

일예로, 관찰된 이원적인 관계성이 실제로는 제3의 변수, 즉 근무기간에 기인한다고 볼 수도 있다. 왜냐하면, 그 직업에 종사한 횟수가 많을수록 더욱 많은 임금을 받을 뿐만 아니라 더욱 많은 교육을 받은 사람이 될 가능성이 높은 것이다. 이것이 의미하는 바는 경력이 "일정하게 유지되면", 교육은 수입에 아무런 영향도 주지 않는다는 것이 된다. 중다회귀는 이 같은 가설을 검증할 수 있도록 해준다. 위의 최소제곱 추정치에서, 근무기간의 영향을 설명한 후에도, 교육이 명백한 영향을 미친다는 사실을 발견하게 된다. 따라서 이 세 가지 변수를 방정식에 사용함으로써 의심스러운 가설을 배제할 수 있게 되고, 교육기간이 수입에 영향을 미친다는 신념을 강화시키게 된다.

6 신뢰구간과 유의도 검증

신뢰구간과 유의도 검증에 관한 절차 역시 단순회귀와 동일하다. 변수가 세 개인 H도시의 연구에서, 교육기간에 대한 부분기울기 추정치인 b_1이 0과 유의미하게 차이가 있는지의 여부를 알고 싶어한다고 가정해 보자. 다시 말해서, 모집단에는 관계성이 없다는 것이 영가설이고 모집단에는 관계성이 있다는 것이 대립가설이다. 이 가설들을 검증하기 위해, 부분기울기 추정치 주위의 양방향으로 95%신뢰구간(즉, 구간추정을 하는 것임)을 구성할 수 있다.

$$(b_1 \pm t_{n-3;0.975} \cdot s_b)$$

위의 공식과 단순회귀에서의 공식 간에는 단지 자유도에서만 차이가 난다. 여기에서의 자유도는 단순회귀의 (n−2) 대신에 하나 작은 (n−3)이 된다. 자유도가 하나 줄어드는 이유는 독립변수가 하나 더 늘어났기 때문이다. 일반적으로, k개 변수에 대한 자유도는 (n−k−1)이 된다. 여기에서 n은 표집 크기이며, k는 독립변수의 개수이다. <표11-2>에서 교육기간의 부분기울기와 그 표준오차를 공식에 적용하면 아래와 같다.

$$(887 \pm t_{29;0.975} \cdot s_b) = 887 \pm 2.045(103) = 887 \pm 211$$

모집단의 부분기울기 값이 676$와 1098$ 사이에 있을 확률이 95%이다. 이 95% 신뢰구간 내에 0이 포함되지 않으므로 영가설은 기각된다. 다시 말해서, 교육기간에 대한 부분기울기 추정치인 b_1이 0.05수준에서 유의미하게 차이가 있다고 결론을 내리게 된다.

새로 도입한 변수인 근무기간에 대해서도 동일한 과정을 거쳐서 양방검증의 95% 신뢰구간을 찾아낼 수가 있을 것이다.

$$(742 \pm t_{29;0.975} \cdot s_b) = 742 \pm 2.045(184) = 742 \pm 376$$

<표11-3>의 결과물을 보면, "B에 대한 95% 신뢰구간"(95% Confidence Interval of B)에 신뢰구간이 제시되어 있다. b_1에 대한 유의도를 검증하는 두 번째 방법은 t-비를 조사하는 것이다.

$$t = \frac{b_1}{s_{b1}} = \frac{887}{103} = 8.61$$

이 t-비의 값이 t분포상에서 양방검증의 95% 임계값인 $t_{n-3;0.975} = 2.045$를 훨씬 넘는다는 것을 알 수 있다. 따라서 b_1이 0.05수준에서 통계적으로 유의미하다고 결론을 내린다. 다른 변수에 대해서도 동일한 방식으로 t-비를 계산하여 유의도를 검증할 수 있다. <표11-3>에는 t값들과 그 유의확률이 표시되어 있다.

<표11-3> 부분회귀계수에 대한 95%신뢰구간과 t-검정 결과물

분산분석[b]

모형		제곱합	자유도	평균제곱	F	유의확률
1	선형회귀분석	404340257	2	202170129	37.438	.000[a]
	잔차	156603948	29	5400136.1		
	합계	560944205	31			

a. 예측값: (상수), 근무기간, 교육기간
b. 종속변수: 년수입

계수[a]

모형		비표준화 계수		표준화 계수	t	유의확률	B에 대한 95% 신뢰구간	
		B	표준오차	베타			하한값	상한값
1	(상수)	-1469.731	2030.146		-.724	.475	-5621.847	2682.385
	교육기간	887.256	103.086	.910	8.607	.000	676.422	1098.091
	근무기간	742.807	184.156	.426	4.034	.000	366.165	1119.448

a. 종속변수: 년수입

7 결정계수와 모형의 적합도 검증

단순회귀에서와 마찬가지로 중다회귀 방정식의 적합성을 평가하기 위해 R^2을 사용하게 된다.

$$R^2 = \frac{\Sigma(\widetilde{Y} - M_Y)^2}{\Sigma(Y - M_Y)^2} \frac{\text{회귀(설명된)제곱합}}{\text{전체제곱합}}$$

중다회귀 방정식에서의 R^2은 회귀식 내의 모든 독립변수에 의해서 “설명되는” Y 분산의 비율을 의미한다. <표11-4>의 결과물을 보면, 근무기간이라는 독립변수가 추가된 H도시의 연구에서 R^2=0.72인데 이는 교육기간과 근무기간이 함께 수입의 변동량의 72%를 설명한다는 것을 나타낸다. 이 중다회귀 모형은 R_2 =0.56인 단순회귀 모형보다 연봉 차이에 대한 더욱 강력한 설명을 해준다.

<표11-4> 결정계수 R^2과 회귀모형의 적합도 검증 결과물

모형 요약

모형	R	R 제곱	수정된 R 제곱	추정값의 표준오차
1	.849[a]	.721	.702	2323.82

a. 예측값: (상수), 근무기간, 교육기간

분산분석[b]

모형		제곱합	자유도	평균제곱	F	유의확률
1	선형회귀분석	404340257	2	202170129	37.438	.000[a]
	잔차	156603948	29	5400136.1		
	합계	560944205	31			

a. 예측값: (상수), 근무기간, 교육기간
b. 종속변수: 년수입

높은 R^2은 연구되고 있는 현상에 대한 더욱 완전한 설명을 의미하기 때문에 연구자는 높은 R^2을 구하길 원할 것이다. 높은 R^2을 구하는 것이 유일한 목적이라면 회귀식에 독립변수를 추가시키기만 하면 된다. 다시 말해서, 독립변수를 회귀식에 새로이 추가시키는 것은 R^2을 낮추지 않으며 실제로는 최소한 어느 정도 R^2을 상승시키는 것이 확실하다. 사실상, 독립변수의 수가 n−1과 같게 될 때까지 추가되면, R^2=1.0이 된다. 하지만 이 "완전한" 설명은 물론 의미가 없으며, 단지 수학적으로, 자유도를 모두 써버렸기 때문에 일어나는 현상이다. 요약하면, R^2을 높이기 위한 목적으로 변수를 회귀식에 투입하기보다는 이론적인 고려에 의해서 변수를 회귀식에 투입할지를 결정해야만 한다.

<표11-4>에는 분산분석에 관련된 통계치들이 제시되어 있다. 이미 단순회귀에서 그 논리를 설명했으므로 여기에서는 자세한 내용을 언급하지 않겠다. F값은 회귀식(즉, 회귀모형)에 의해서 설명되는 분산 대 회귀식에 의해 설명하지 못하는 분산의 비를 의미하며 이 값이 이론적인 F분포에서 임계값보다 크다면 회귀모형이 적합하다는 결론을 내리게 된다. 여기에서 F는 37.4로 $P \langle 0.01$보다 작다.

단순회귀분석에서 지적했듯이 일반적으로 표집의 R^2은 모집단의 R^2을 과대평가하는 경향이 있다. 수정 R^2은 표본의 R^2의 낙관적인 편견을 수정하기 위해 만들어진 값이다. 수정R^2은 방정식에 부가의 변수가 첨가된다고 해서 반드시 증가되지는 않으므로 적합도의 측정치로써 선호된다.

비록 독립변수를 첨가하면 R^2이 증가하지만 이것이 반드시 추정의 표준오차를 감소시키는 것은 아니다. 방정식에 변수가 첨가될 때마다 잔차제곱합에서 하나의 자유도가 상실되고 회귀제곱합에서 하나가 더해진다. 잔차제곱합의 감소가 매우 미미하고 잔차제곱합에서의 자유도의 상실을 보충하기에 충분치 못할 때 표준오차는 증가한다. 회귀에 대한 자유도만큼 잔차제곱합이 빨리 증가하지 않을 때 전반적인 회귀의 검증을 위한 F값은 감소한다.

8 Y에 대한 예측

중다회귀방정식은 설명뿐만 아니라 예측에도 사용된다. 교육기간이 10년이고 5년 동안 근무한 직원이 받을 수입을 예측해 보면 아래와 같다.

$$\begin{aligned}\widetilde{Y} &= -1470 + 881X_1 + 743X_2 \\ &= -1470 + 881(10) + 743(5) \\ &= -1470 + 8810 + 3715 \\ &= 11115\end{aligned}$$

이 예측의 정확성에 대한 몇 가지 증거를 구하기 위해 Y의 추정의 표준오차를 이용한 예언의 신뢰구간을 설정할 수도 있다. <표11-4>의 "추정값의 표준오차" (Standard Error)를 보면 표준오차가 2323.82임을 알 수 있으며, 단순회귀분석에서처럼 t값이 2이상이면 양방검증의 95% 신뢰수준에 거의 해당된다는 간편법을 이용하면 간단하게 예언의 95% 신뢰구간을 구할 수 있을 것이다.

$$\widetilde{Y} \pm 2s_e = \widetilde{Y} \pm 2(2323.82) = 11115 \pm 4647.64$$

이 신뢰구간은 10년간 정규교육을 받고 5년의 근무기간이 있는 시청직원이 6,467$과 15,763$사이의 연봉을 받을 확률이 95%가 된다는 것을 나타낸다. 이 예측은 단순회귀 방정식에서 구한 것보다는 더 정확하긴 하지만 아직 완전한 것은 아니다. 이 모형은 경험영역을 넘어서서 예측하는 데에는 그다지 유용하지 않다.

확실히, 연구자는 X_1과 X_2에 어떤 값을 넣어서(대입하여) Y를 예측하는 데 사용할 수 있다. 하지만 자료 내에 있는 실제범위로 부터 X_1이나 X_2가 이탈됨에 따라 예측의 가치는 감소된다. 예를 들어, 2년 동안 정규교육을 받고 35년의 근무기간이 있는 직원의 수입을 예측하는 것은 위험하다. 왜냐하면, 그런 극단치는 자료에 없기 때문이다. 그런 극단치에 대해서는 선형적 관계성이 없을 수도 있는데, 이러한 경우에 선형모형에 근거하여 어떤 예측을 하는 것은 아주 잘못된 것이다.

9 상호작용 효과의 가능성

지금까지 설명한 중다회귀에서는 각각의 독립변수의 효과들이 누적적(additive)이라고 가정하였다. 다시 말해서, Y는 $X_1 \times X_2$가 아닌 $X_1 + X_2$에 의해서 부분적으로 결정된다고 가정했다. 이 누적성에 대한 가정은 회귀분석의 응용에서 논증되고 종종 증명되고 있다. 하지만 이 가정이 반드시 필수적인 것은 아니다. 예를 통해서 이를 살펴보자.

이 장의 초반부에서 H도시의 직원의 연봉을 결정할 수 있는 변수중의 하나로 응답자의 성별을 언급했었다. 여기에서 고려해야 할 문제는 성별변수가 누적적으로 개입되는지 또는 상호작용을 하는 것인지에 대한 것이다. 성별이 교육과 상호작용하여 관련된다고 할 수도 있다. 일반적으로, 상호작용효과는 한 독립변수의 효과가 다른 독립변수의 값에 의해 변화될 때 생긴다. 특히, 교육의 효과는 고용인의 성별에 따라 다르며 남성은 여성보다 투자한 교육비를 더 많이 회수한다. 이 같은 특정한 상호작용이 포함된 모형을 구조적으로 표현하면 아래와 같이 될 것이다(설명을 쉽게 하기 위해서 잠시 근무기간 변수를 무시하기로 하자).

$$Y = a_0 + b_1 X_1 + b_2 (X_1 X_2) + e$$

여기에서 Y는 수입, X%1은 정규교육기간, X_2는 응답자의 성별변수를 더미변수로 전환시킨 변수(0=여성, 1=남성), $X_1 X_2$는 X_1에 X_2를 곱하여 새로 만든 상호작용 변수이다. <표11-5>에 성별과 교육기간을 곱하여 만든 상호작용항을 회귀식에 투입한 결과를 제시하였다.

변환 메뉴/변수계산 : 대상변수 → 상호작용, 숫자 표현식 → 교육기간*더미

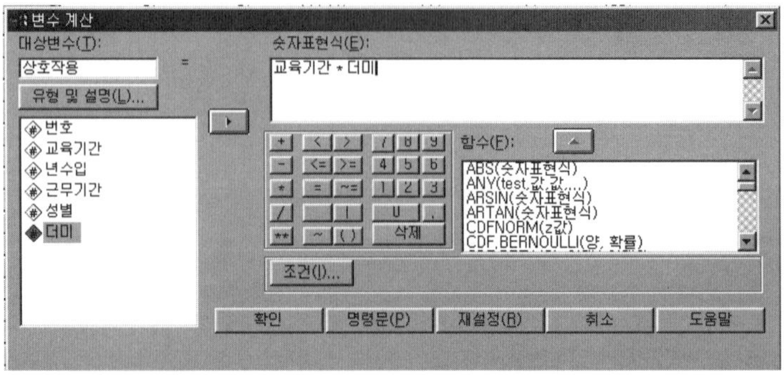

<표11-5> 회귀모형에 성별×교육기간을 투입한 결과물(상호작용 모형)

모형 요약

모형	R	R 제곱	수정된 R 제곱	추정값의 표준오차
1	.830[a]	.688	.667	2456.28

a. 예측값: (상수), 근무기간, 교육기간

분산분석[b]

모형		제곱합	자유도	평균제곱	F	유의확률
1	선형회귀분석	385978597	2	192989299	31.987	.000[a]
	잔차	174965608	29	6033296.8		
	합계	560944205	31			

a. 예측값: (상수), 근무기간, 교육기간
b. 종속변수: 연봉

계수[a]

모형		비표준화 계수		표준화 계수	t	유의확률	B에 대한 95% 신뢰구간	
		B	표준오차	베타			하한값	상한값
1	(상수)	6059.777	1320.922		4.588	.000	3358.187	8761.366
	교육기간	525.506	118.076	.539	4.451	.000	284.013	766.999
	근무기간	238.879	70.384	.411	3.394	.002	94.928	382.830

a. 종속변수: 연봉

<표11-5>의 결과물에서 모형에 대한 최소제곱 추정치를 정리해 보면 다음과 같다.

$$Y = 6060 + 526X_1 + 239(X_1X_2)$$
$$R^2 = 0.69(4.59)(4.45)(3.39)$$

여기에서 괄호 안에 있는 수자는 t-비이다(<표11-5>의 유의도 수준을 보아도 되지만 여기에서는 간단하게, 계산된 t값이 2보다 크면 95%의 양방검증의 임계값보다 크다는 사실을 이용하여 설명한다). 이 결과들은 남성과 여성의 수입이 교육기간이 증가함에 따라 증가하긴 하지만, 남성에겐 여성보다 더 큰 수입의 증가를 낳게 해준다는 사실을 증명해 준다. 이 같은 사실은 남성에 대한 예언방정식과 여성에 대한 예언방정식으로 분리시키면 더욱 명백해진다. 여성에 대한 예언방정식은 아래와 같다.

$$\widetilde{Y} = a_0 + b_1X_1 + b_2X_1(0)$$
$$= a_0 + b_1X_1$$

$$= 6060 + 526X_1$$

남성에 대한 예언방정식은 다음과 같다.

$$\widetilde{Y} = a_0 + b_1X_1 + b_2X_1(1)$$
$$= a_0 + (b_1 + b_2)X_1$$
$$= 6060 + 765X_1$$

교육기간 변수의 기울기들을 비교해 보면 남성에 대한 교육기간 변수의 기울기가 더 크다는 것을 알 수 있을 것이다. 게다가, 이 기울기의 차이는 통계적으로도 유의하다(b_2에 대한 t-비를 보라). 이와 대비되는 상가적 모형에 대해 회귀분석을 적용해보면 <표11-6>과 같다. 이 경우에 성별은 명목척도로 측정된 것이지만, 0과 1의 두 가지의 값으로 구성된 양분변수(dichotomy variable)이므로, 그대로 회귀식의 계산에 사용해도 된다. 이에 대한 자세한 내용은 가변수의 사용에서 설명할 것이다.

<표11-6> 회귀모형에 성별과 교육기간을 투입한 결과물(상가적 모형)

모형 요약

모형	R	R 제곱	수정된 R 제곱	추정값의 표준오차
1	.833[a]	.695	.674	2430.48

a. 예측값: (상수), 근무기간, 교육기간

분산분석[b]

모형		제곱합	자유도	평균제곱	F	유의확률
1	선형회귀분석	389634901	2	194817451	32.980	.000[a]
	잔차	171309303	29	5907217.4		
	합계	560944205	31			

a. 예측값: (상수), 근무기간, 교육기간
b. 종속변수: 연봉

계수[a]

모형		비표준화 계수		표준화 계수	t	유의확률
		B	표준오차	베타		
1	(상수)	4945.008	1275.845		3.876	.001
	교육기간	619.114	105.112	.635	5.890	.000
	근무기간	3182.798	904.449	.379	3.519	.001

a. 종속변수: 연봉

성별과 교육기간에 대한 상가적 모형은 아래와 같다.

$$\widetilde{Y} = a_0 + b_1 X_1 + b_2 X_2 + e$$

여기에서 사용된 변수들은 이미 전에 정의되었다(X_2는 성별변수이다). 이 모형에 대한 모수추정치를 표13-6에서 찾아 정리해 보면 아래와 같다.

$$\widetilde{Y} = 4945 + 619 X_1 + 3183 X_2$$
$$R^2 = 0.69 (3.88)(5.89)(3.52)$$

여기에서도 괄호 안에 있는 수자는 t-비이다. 이 추정치들은 교육과 성별이 연봉에 대해 유의미하고 독립적인 효과를 갖는다는 것을 시사해 준다. 이들 자료는 상호작용 모형과 상가적 모형 모두에 일관성이 있는 것으로 나타났다. 다시 말해서, 두 모형의 계수들은 모두 통계적으로 유의미하고 R도 거의 같다. 어느 모형이 더 적절한 것인가? 이에 대한 대답은 이론적 고려와 선행연구를 근거로 결정해야만 한다. 왜냐하면 계산을 통한 경험적 증거(R^2이 거의 같으므로)는 결정을 어렵게 만들기 때문이다.

상가적인 모형은 수입결정에 대한 "차별이론(discrimination)"에 더욱 알맞은 것 같다. 즉, 다른 것들이 동일할 때, 사회에서는 단지 여성이기 때문에 임금을 덜 준다. 상호작용 모형은 수입 결정의 "개인적 결함(individual failure)" 이론에 더 적합한 것처럼 보인다. 즉, 여성은 교육을 직업에서의 이점으로 덜 사용하기 때문에 임금을 덜 받는다. 선행연구나 이론을 기초로 한다면, "차별"이라는 해석이 더욱 옳은 듯하며, 따라서 성별변수를 수입에 대한 회귀식에 상가적인 것으로 투입하는 것을 선택하도록 할 것이다. 이와는 전혀 다른 해결책으로 성별변수가 상가적이면서도 상호작용적으로 작용하도록 회귀방정식에 투입하는 것이 될 수도 있다. 즉, 아래와 같은 구조적 모형을 생각할 수도 있다.

$$\widetilde{Y} = a_0 + b_1 X_1 + b_2 X_2 + b_3 (X_1 X_2) + e$$

하지만 불행하게도, 이 모형으로부터 구한 모수 추정치는 상호작용 모형에서는 일반적이지 않은 심각한 다중공선성의 문제 때문에 신뢰할 수 없게 되어 버린다.

10 다중공선성 문제

중다회귀에서 "최량선형 불편추정치(BLUE)"를 산출하기 위해서는 단순회귀의 가정에다 하나의 부가적인 가정을 해야만 한다. 즉, 완전한 다중공선성이 없어야 한다. 다시 말해서, 어떤 독립변수도 다른 독립변수와 완전하게 상관되어 있거나 다른 독립변수와의 선형결합을 이루어서는 안 된다. 예를 들면, 아래의 중다회귀모형에서

$$\widetilde{Y} = a_0 + b_1X_1 + b_2X_2 + e$$

다음과 같을 때 완전한 다중공선성이 있게 된다.

$$X_2 = c_0 + c_1X_1$$

왜냐하면 회귀식의 한 독립변수 X_2가 나머지 다른 독립변수 X_1에 의해 설명되는 완전한 선형함수관계이기 때문이다(즉, R_2 =1.0이 된다). 이처럼 완전한 다중공선성이 있을 때, 최소제곱 모수 추정치에 대한 하나의 해결책을 찾을 수가 없게 되므로 컴퓨터에 의하거나 혹은 수작업으로 계산하더라도 부분회귀계수를 계산할 수가 없게 된다. 따라서 완전한 다중 공선성이 있는지를 즉시 간파할 수가 있다. 하지만 실제로 완전한 다중공선성은 거의 일어나지 않는다. 그 대신 높은 다중공선성은 종종 연구자들을 당황시킨다.

비실험적 사회과학자료에서 독립변수들은 실제로 항상 상호상관되어 있다. 즉, 다중공선성이 거의 언제나 존재한다. 이 조건이 극단적이 될 때, 중대한 추정상의 문제가 종종 발생하게 된다. 가장 일반적인 난점은 모수 추정치를 신뢰할 수 없게 된다는 점이다. 현재의 표본에서 구한 부분기울기 추정치의 크기가 다음 표본에서 구한 부분기울기 추정치 크기와 상당히 차이가 나게 된다. 그러므로 부분기울기 추정치가 모집단에서 Y에 미치는 X의 영향을 정확하게 반영하는지에 대한 신뢰를 거의 할 수

없게 된다. 이 같은 부정확성 때문에, 독립변수의 효과를 판단하기 위하여 이 부분기울기 추정치를 회귀식의 다른 부분기울기 추정치와 비교할 수 없게 되는 것이다. 마지막으로, 추정된 회귀계수는 너무 불안정해서 심지어는 모집단에서 X가 Y와 실제로 관련되어 있을지라도, 통계적인 유의성을 얻지 못하게 만든다.

높은 다중공선성은 기울기 추정치에 대한 변량을 크게 만들고 결과적으로 큰 표준오차를 산출하기 때문에 이 같은 모수치 추정상의 문제를 일으키게 되는 것이다. 이를 알아보기 위해 우선, 신뢰구간에 대한 공식을 회상하여 보자(95%, 양방검증).

$$(b_1 \pm t_{n-k;0.975} \cdot s_b)$$

신뢰구간의 공식에서 표준오차, 즉 s_b가 크면 클수록 b가 취하는 수치의 범위가 더 넓게 될 것이라는 사실을 알 수 있다. t-비에 대한 공식을 회상하면,

$$t = \frac{b}{s_b}$$

가 된다. 여기에서 분모인 s_b가 크면 클수록 계산된 t값이 적어지므로 통계적 유의성을 얻기가 더욱 어렵다는 것을 알 수 있다.

이 변량의 공식을 살펴봄으로써 어떻게 큰 변량이 높은 다중공선성과 함께 발생하는지를 알아 볼 수가 있다.

$$b_i\text{의 변량} = s_{bi^2} = \frac{s_{u^2}}{V_{i^2}}$$

여기에서 s_{u^2}은 중다회귀 모형에서 오차항의 변량이고, V_{i^2}은 모형에서 나머지 다른 독립변수로 i번째 독립변수인 X_i를 회귀시킨 결과의 잔차제곱이다.

그러므로

$$V_i = X_i - \widetilde{X}_i$$

이 된다. 다른 독립변수들이 X_i에 대해 매우 예언적이면, X_i와 $\widetilde{X}_i$는 그 값이 매우 가

깝게 되고, 따라서 V_i는 작게 될 것이다. 그러므로 위의 변량공식에서 분모가 작게 되며.b_i에 관한 큰 분산추정치를 산출하게 된다. 물론, 연구자들은 부분회귀계수 B가 통계적으로 무의미할 때 높은 다중공선성을 구실로 그 결과를 기각해서는 안 된다. 그 같은 결론을 내리기 전에 우선 높은 다중공선성이 있음을 증명해야만 한다. 그러면 높은 다중공선성은 어떻게 확인하는가? 먼저 연구자에게 높은 다중공선성의 문제를 시사해 주는 공통적인 특징을 살펴보고 그 대처방안을 알아보기로 하자.

어느 정도 확실한 높은 다중공선성의 특징은 방정식의 R^2이 높지만 통계적으로는 유의미하지 않은 경우가 발생하는 것이다. 두 번째, 좀더 미약한 특징으로 독립변수들이 회귀방정식에 추가로 투입될 때 혹은 제거될 때(독립변수 투입방식으로 '단계별 선택'; STEPWISE, '전진'; FORWARD, '후진'; BACKWARD를 지정했을 때) 회귀계수들의 수치가 매우 심하게 변동되는 것이다. 세 번째, 여전히 다소 불확실하긴 하지만, 계수들의 크기에 대해 의심의 여지가 있을 때 높은 다중공선성의 문제를 살펴보아야 한다. 이때의 계수들은 회귀방정식의 다른 계수와 상대적으로 또는 자체로 논리적으로 예상될 수 있는 값보다 터무니없이 크거나 작은 값이 나온다. 이 경우에 회귀계수가 너무 크거나 작아서 무의미한 것으로서 취급되어 기각된다. 네 번째, 높은 다중공선성을 의심하게 하는 특징 중의 하나로 잘못된 부호를 가진 계수가 포함된다. 이 마지막 특징 역시, 어느 부호가 올바른지에 대한 지식을 갖기가 힘들기 때문에 확실히 파악하기가 어려운 일이다.

위의 특징들은 사려 깊은 분석자에게 다중공선성 문제를 시사해 준다. 그러나 그 자체로는 문제가 있다는 것을 확인할 수 없다. 이를 식별하기 위해서는 직접적으로 각 독립변수들 간의 상호상관을 직접 구해보아야 한다. 이 방법은 자주 사용되는 방법으로 독립변수들끼리의 상관관계를 조사하여 0.8이상인 것을 찾아보는 것이다. 아무 것도 찾을 수 없다면 다중공선성의 문제가 없다고 결론을 내릴 수가 있게 된다.

이 방법은 간단하기 때문에 권장할 만하지만 그다지 만족스러운 것은 아니다. 왜냐하면, 독립변수와 모든 다른 독립변수간의 관계성을 단순상관만을 가지고 설명할 수는 없기 때문이다. 예를 들어, 하나의 독립변수가 다른 독립변수들과의 거의 완전한 선형결합이 있을지라도 단순상관관계는 없는 것으로 나타나는 것도 가능하다

(제삼 혹은 제사의 변수가 그 두 변수의 변동의 일차적인 원인이 되는 경우를 생각해 보라). 이 같은 가능성을 완전히 배제할 수 없기 때문에 다중공선성을 점검하는 다른 방법이 선택되기도 한다. 즉, 각 독립변수에 대해 모든 다른 독립변수들을 회귀시켜 보는 것이다. 이들 시험적인 회귀식들 중에서 R^2이 1에 가까운 것이 있다면 높은 다중공선성이 있는 것이다. 사실상, 이처럼 큰 R^2은 다중공선성의 정도를 나타내는 지수로 사용할 수 있다. 실제로는 큰 R^2을 확인하기 위해 1-R^2을 사용한다. 이를 공치(Tolerancc)라고 한다.

이제 지금까지 살펴본 내용을 독립변수가 세 개인 H도시의 예에 적용시켜 보기로 하자.

$$Y = a_0 + b_1X_1 + b_2X_2 + b_3X_3 + e$$

Y는 년수입, X_1은 정규교육기간, X_2는 근무기간, X_3은 성별, e는 오차항이다.

$$\widetilde{Y} = -1008 + 773X_1 + 677X_2 + 2836X_3$$
$$(8.76) \qquad (4.51) \qquad (4.03)$$

$$R^2 = 0.82, \quad n = 32, \quad S_e = 1882$$

여기에서 괄호 안에 있는 수자는 t-비이고, R^2은 중다결정계수, n은 표집의 크기, s_e는 Y의 추정의 표준오차이다.

이 모형에 대한 추정치는 다중공선성 문제의 어떤 징후도 보이지 않는다. 즉, 절편을 제외한 계수들은 모두 유의미하고 계수들의 부호와 크기들이 타당하다. 그러므로 위에서 설명한 다중공선성의 검사를 실시하면 1보다 작은 R^2을 산출할 것으로 예상할 수 있다. 각 독립변수에 대해 모든 다른 독립변수를 회귀시킨 결과는 다음과 같다.

$$X_1 = 14.9 - 0.66X_2 + 2.58X_3 \quad R^2 = 0.23$$
$$X_2 = 8.79 - 0.23X_1 + 0.51X_3 \quad R^2 = 0.14$$
$$X_3 = -0.16 + 0.04X_1 + 0.02X_2 \quad R^2 = 0.10$$

이들의 R^2은 이들 독립변수들이 이 같은 유형의 자료에서 예상할 수 있는 정도의 상호상관을 보여주고 있다. 가장 큰 중다결정계수인 0.23은 1과는 상당한 차이를 보이고 있다. 따라서 H도시의 중다회귀모형에서 다중공선성의 문제는 없다고 결론을 내리게 된다.

하지만 이 같은 결론은 항상 쉽게 이루어지지 않는다. 만일 높은 다중공선성이 밝혀지면 어떻게 해야 하는가? 불행하게도 전적으로 만족스러운 가능한 해결책은 아직 존재하지 않는다. 일반적으로 최악의 사태에서 벗어나기 위해 노력해야만 한다. 표준적인 기법은 표집의 크기를 확장시킴으로써 정보량을 증가시키는 것이다. 앞 장에서 언급했듯이 다른 것이 동일하다면, 표본의 크기가 커질수록 통계적 유의성을 얻을 기회가 높아진다. 그러나 실제에 있어서는 표본의 크기를 늘리는 것이 거의 불가능하다. 또한 다중공선성은 사례수 n이 클지라도 안심할 수 없을 정도로 심각한 것이다.

표본의 크기가 고정되었다고 가정한다면, 다른 전략을 시도해야만 한다. 그 중의 한 가지는 매우 상호상관되어 있는 독립변수들을 단일 지수(즉, 새로운 변수)로 결합하는 것이다. 만일 이 접근법으로 만든 새로운 변수에 개념적인 의미를 부여할 수 있다면 상황은 매우 좋은 것이다. 예를 들어, 정치참여도(Y)를 수입(X_1), 인종(X_2), 라디오청취(X_3), TV시청(X_4), 그리고 신문구독(X_5)으로 설명하는 모형을 가정해 보자. 여기에서, 고도로 상호 상관되어 있는 X_3, X_4, X_5를 결합시켜 "매스미디어 참여"라는 새로운 변수로 사용하는 것은 논리상 크게 잘못되지 않는다. 하지만 수입과 인종변수는 실제로 매우 상호 관련되어 있을지라도 X_1과 X_2를 결합시켜 단일 지수로 사용하는 것은 그다지 현명한 일은 아니다. 변수들이 "사과"와 "자동차"라고 할 때 이들을 결합시키는 것은 비실제적인 해결책이 된다. 이러한 경우에는 높은 다중공선성의 문제에 직면해서도 변수들의 효과를 신뢰롭게 분리할 수 없는 것이다. 그래도 예언에 제한적으로 사용된다면 그 회귀방정식은 아직 가치가 있다. 다시 말해서, 모든 X의 주어진 일련의 값들로 Y를 예언하는 데 사용하는 것이다. 예를 들면, X_1이 2이고, X_2가 4이며, ... X_k가 3일 때 Y가 어떠하다는 식으로 회귀식을 사용하는 것이다. 하지만 이 경우에 한 독립변수 X의 수치가 변함에 따라 Y에 미치는 독립적인 효과로 해석하지는 못한다.

일반적으로, 이 같은 방식의 예측전략은 관심 밖이 된다. 왜냐하면 Y에 미치는 특정한 X의 일반적인 영향에 관해 설명하고자 하는 것이 대부분의 목적이 되기 때문이다.

다중공선성의 문제를 극복하기 위한 마지막 기법은 위배되는 변수들을 버리는 것이다. 예를 살펴보자. 다음과 같은 기본적인 중다회귀 모형을 구성한다고 가정하자.

$$Y = a_0 + b_1X_1 + b_2X_2 + e \quad \text{모형 I}$$

그러나 X_1과 X_2가 매우 높게 상호관련 되어 있어서(r=0.9), 각각의 효과를 신뢰롭게 평가하기 위한 최소제곱 추정치가 불가능하다는 것을 발견했다. 이 상황에서 대안적인 것은 회귀식에서 변수들 중의 하나, 말하자면, X_2를 버리고 나서 다음과 같은 모형을 추정하는 것이다.

$$Y = a_0 + b_1X_1 + e^* \quad \text{모형 II}$$

물론, 이 절차가 갖는 중요한 문제점은 변수선정의 오류(중요한 변수를 모형에서 제외시키는 것)를 고의적으로 범하는 것이다. 모형 1이 설명 모형으로서 적절하다고 간주한다면, 모형 II의 b_1에 대한 추정치가 편기될 것이라는 사실을 이미 알고 있다. 이 기술을 어느 정도 더 수용할 수 있게 만드는 방법은 위배된 다른 변수 즉 X_1을 버린 다른 방정식을 생각해 보는 것이다.

$$Y = a_0 + b_2X_2 + e^* \quad \text{모형 III}$$

모형 I에 더하여 모형 II와 모형 III이 평가된다면, 변수선정 오류에 의해 만들어지는 손상은 보다 충분하게 평가될 수 있다.

11 SPSS와 다중공선성

SPSS의 회귀절차에서는 연구자가 높은 다중공선성을 알 수 있도록 여러 단계에서 이에 관한 정보를 제공해 준다. 그 중의 하나가 상관행렬을 이용하는 것이다. 하지만 이미 앞에서 살펴보았듯이 상관행렬로는 높은 다중공선성을 완벽하게 알 수 없다. 그 다음으로 변수간의 상호의존성의 지수(indicator)로 자주 사용되는 공차(tolerance)를 계산해 준다. 공차란 $1-R^2$으로, 여기에서의 R^2은 회귀식의 계산에 사용되는 독립변수들 중 한 독립변수를 다른 나머지 독립변수들로 예언할 때의 중다상관의 제곱을 말한다.

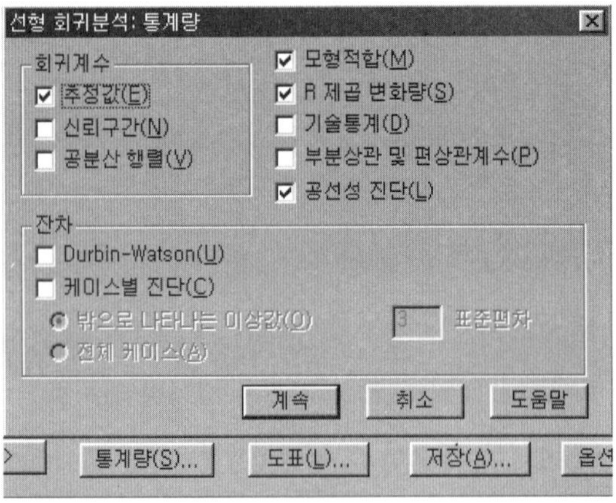

따라서 공차를 사용하여 높은 다중공선성을 확인할 수 있을 것이다. 다시 말해서, R^2이 크거나 공차가 작다면 다중공선성의 문제에 관해 고려해 보아야 할 것이다. SPSS는 새로운 독립변수가 방정식에 투입되기 전에 방정식에 투입되어 있는 기존의 다른 독립변수들에 의한 공차를 계산해 준다.

<표11-7> 연수입의 예언에 교육기간과 근무기간이 사용된 경우의 공차

계수(a)

모형		비표준화 계수		표준화 계수	t	유의확률	공선성 통계량	
		B	표준오차	베타			공차한계	VIF
1	(상수)	-1469.731	2030.146		-.724	.475		
	교육기간	887.256	103.086	.910	8.607	.000	.861	1.161
	근무기간	742.807	184.156	.426	4.034	.000	.861	1.161

a 종속변수: 년수입

위의 <표11-7>에서 변수 교육기간과 근무기간의 공차한계는 모두 0.86이상으로 만족할 정도로 크며, 따라서 현재로서는 다중공선성이 높지 않다는 결론을 내려도 무방할 것이다. 아직 방정식에 투입되지 않았지만 방정식에 투입해도 될 수 있는 공차 수준을 지닌 변수가 방정식에 투입되었을 때 방정식내의 변수의 공차가 기준값보다 작아지는 상황도 때로는 일어난다. 따라서 다중공선성의 문제를 확인하기 위해 방정식내의 모든 변수에 대한 공차가 매 단계마다 계산되어야 하며, 그 변수의 공차나 방정식 내에 있는 기존의 어떤 변수의 공차라도 그 발생확률이 0.01보다 작다면 경고가 표시되고 내정된 공차 기준이 변경되어야 그 변수가 방정식에 투입된다.

그 외에 다중공선선의 측정치로 분산증폭요인(Variance Inflation Factor: VIF)을 들 수 있다. VIF는 앞에서 설명한 공차의 역수로 정의된다. 즉, i번째 변수에 대한 VIF 값은 다음의 공식으로 계산한다.

$$VIF = \frac{1}{(1-R^2)}$$

이 값을 분산증폭요인이라고 하는 까닭은 i번째 회귀계수의 분산의 계산에 이 항이 포함되며, 이 VIF 값이 증가될 때 회귀계수의 분산이 증가되기 때문이다.

SPSS는 그 외에도 자료행렬에서 공선성을 알아보는 유용한 도구로서 표준화시키지 않은(uncentered) 교적행렬(cross-product matrix)의 고유값(eigenvalue)과 상태지수(condition index), 그리고 그 고유값에 대응되는 분산비율(variation proportion)를 제시해준다. 표준화시키지 않은 교적행렬의 고유값을 비교하여 다른 것보다 크다면 그 자료행렬은 상태가 나쁜(ill conditioned) 행렬이라고 말할 수 있으며, 이 경우 독립변수나 종속변수 값의 작은 변화가 그 해(解)에서의 큰 변화를 야기시킨다. 고유값을 이용하여 구하게 되는 상태지수는 다음과 같이 정의된다.

$$\text{condition index} = \sqrt{\frac{Eigenvalue_{\max}}{Eigenvalue_i}}$$

변수간의 상호의존성이 높을수록 상태지수는 커지게 된다. 따라서 그 값이 다른 고유값에 비해 유난히 작거나 유난히 큰 상태지수를 살펴보아야 한다. 상수항을 포함하여 각 회귀계수의 분산은 각 고유값과 관련된 요소들의 합으로 분해할 수 있다. 각 변수에 대해 고유값이 분해될 수 있으며 그 합은 1이 된다. 따라서 만일 둘 이상의 계수에서의 큰 분산비율이 하나의 고유값에 관련된다면, 이는 그 변수간의 상호의존성의 증거로 채택될 수 있을 것이다.

공선성 진단(a)

모형	차원	고유값	상태지수	분산비율		
				(상수)	교육기간	근무기간
1	1	2.808	1.000	.01	.01	.01
	2	.165	4.127	.00	.29	.34
	3	2.674E-02	10.248	.99	.70	.64

a 종속변수: 년수입

12 높은 다중공선성에 관한 예

높은 다중공선성의 영향을 더욱 완전하게 이해하기 위해 실제의 논문자료를 이용하여 보자. 사회학자 Gino Germani(1973)가 보고한 연구논문을 다중공선성의 관점에서 살펴보도록 하자. Germani는 1946년 아르헨티나의 대통령선거에서 후안 페론(Juan Peron)이 받은 지지표를 설명하려고 하였다. 그가 가진 특별한 관심은 페론이 노동자들과 국내이주자로부터 받은 지지를 평가하는데 있었다. 이를 위해, 그는 아르헨티나의 각 도시의 근로자와 국내 이주자들의 백분율을 조사하여 아래와 같은 추정치로 구성된 중다회귀 모형을 구성하였다.

$$\widetilde{Y} = 0.52 + 0.18X_1 - 0.10X_2 - 0.57X_3 - 3.57X_4 + 0.29^* X_5$$
$$(.43) \quad (.41) \quad (.43) \quad (2.54) \quad (.07)$$

$$R^2 = 0.24 \quad n = 181 \quad s_e = 0.11$$

여기에서 Y는 아르헨티나의 1964년 대통령 투표에서 페론에게 투표한 백분율, X_1은 도시의 육체노동자, X_2는 시골의 육체노동자, X_3은 도시 정신노동자, X_4는 시골의 정신노동자, X_5는 국내 이주자들의 백분율이다. 괄호 안에 있는 수치는 기울기 추정치의 표준오차들이며, *표는 0.05수준의 양방검증에서 통계적으로 유의미한 계수를 나타낸다. R^2은 중다결정 계수, n은 시민수가 최소한 5,000명이 넘는 도시를 가진 181개 주이며, s_e는 Y의 추정의 표준오차이다.

위의 결과는 단지 국내이주자들만이 유의미하게 페론의 당선에 영향을 미쳤다는 것을 시사해 주고 있다. 이는 노동자들이 후안 페론의 당선에 영향을 미친 요인이 아니라는 결론을 내리도록 만든다. 하지만 자료의 다중공선성을 조사해 본 뒤에 그 같은 결론이 잘못되었음을 알게 되었다. 다중공선성의 수준을 알아보기 위해 각 독립변수를 나머지 독립변수들의 회귀식으로 조사해 산출된 $R_{X_i^2}$을 크기 순으로 나열하였더니, $R_{X_2^2}$=0.99, $R_{X_3^2}$=0.98, $R_{X_1^2}$= 0.98, $R_{X_4^2}$=0.75, $R_{X_5^2}$=0.32로 나타났다.

이 같은 결과는 극단적으로 높은 다중공선성이 존재한다는 사실을 보여주는 것이다. 이것을 어떻게 교정해야 하는가? 더 이상 자료들을 추가로 수집할 수는 없다. 몇 개의 변수들을 단일 지수로 결합시키는 것도 의미가 없다. 이 회귀방정식의 목적은 예측이 아니다(설사 예측이 목적이라고 하더라도, R^2이 낮아서 그럴 수도 없다). 이제 취할 수 있는 마지막 전략은 변수를 버리는 것이다. $R_{X_i^2}$들 중에서 가장 큰 것은 $R_{X_2^2}$이다. 즉, 변수 X_2는 나머지 다른 독립변수들(X_1, X_3, X_4, X_5)과 거의 완전한 선형함수관계를 이루고 있는 것이다. 따라서 회귀식에서 X_2를 제거하고 다시 추정치를 구해 보았다.

$$\widetilde{Y} = 0.42 + 0.28^* X_1 - 0.47^* X_3 - 3.07^* X_4 + 0.30^* X_5$$
$$(0.07) \quad (0.10) \quad (1.41) \quad (0.07)$$

$$R^2 = 0.24 \quad n = 181 \quad s_e = 0.11$$

위의 회귀식에서의 각 항은 이전과 동일하다.

새로운 추정치들에 의하면, 모든 변수들이 통계적으로 유의미한 것으로 나타났다. 따라서 이전의 결론과는 상반되게, 노동자들이 페론의 당선에 기여한 것으로 결론을 내릴 수 있게 되었다. 이 새로운 추정치를 어떻게 신뢰할 수 있는가? 한 가지 검사방법은 다중공선성의 수준을 재계산해 보는 것이다. 수정된 방정식에서 각 독립변수를 나머지 다른 독립변수들로 회귀시켜 본 결과 $R_{X_3^2}$=0.38, $R_{X_5^2}$=0.30, $R_{X_1^2}$= 0.29, $R_{X_4^2}$=0.20으로 나타났다. 결국 모든 $R_{X_i^2}$이 1에서 멀어지게 되었으며 다중공선성의 문제가 해결되었음을 알 수 있다. 결과적으로 수정된 모수 추정치는 회귀식에 X_2를 포함하고 있는 것보다는 더욱 신뢰롭게 되었다.

13 독립변수의 상대적 중요성: 베타 가중치

연구자는 때때로 Y에 영향을 미치는 독립변수들의 상대적인 중요성을 알고자 한다. 이를 위해 먼저 주목할 수 있는 것은 부분기울기 B의 크기를 비교하는 것이다.

그러나 이 같은 방법은 종종 독립변수의 측정단위와 변량이 다르기 때문에 어려움이 있다. 왜냐하면, 계수들 간의 직접적인 비교는 측정단위와 분산이 동일한 경우에만 가능하기 때문이다. 변수들의 측정단위가 본질적으로 다르다면, 계수의 폭은 독립변수들의 상대적 중요성에 대해 아무런 정보도 제공해 주지 못한다. 예를 들어, 개인의 연령과 소득의 함수로서 정치적 헌금의 액수를 예언하는 다음과 같은 중다회귀 방정식을 산출했다고 해보자.

$$\widetilde{Y} = 8 + 2X_1 + 0.010X_2$$

여기에서 Y는 정치헌금액수($), X_1은 연령, X_2는 소득이다. 유세 기부금에 미치는 소득과 연령의 상대적인 영향력은 그 측정단위가 달러와 연도이므로 직접적으로 비교하기가 어렵다. 이를 위한 한 가지 해결책은 변수들을 표준화하여 새로운 회귀식을 추정하고 나서 비교하는 것이다. 즉, 모든 변수의 점수들을 Z점수로 변환하고 나서 회귀식을 다시 추정하고 회귀식의 계수들을 비교하는 것이다.

위의 변수들을 표준화시키기 위해서 다음과 같은 공식을 이용한다(분석 메뉴/기술통계량/기술통계→'표준화 값을 변수로 저장'에 표시를 하면 Z점수를 데이터 파일에 추가할 수 있다).

$$Y^* = \frac{Y - M_Y}{s_Y} \qquad X_1^* = \frac{X_{1_i} - M_{X_1}}{s_{X_1}} \qquad X_2^* = \frac{X_{2_i} - M_{X_2}}{s_{X_2}}$$

표준화공식에서 별표는 표준화되었다는 것을 표시한다. 위의 정치헌금액수에 관한 예측에 사용된 모든 변수들을 표준화시켜 다시 추정한 회귀식은 아래와 같이 나타났다. 아래의 회귀식에도 별표는 표준화된 변수가 사용되었음을 나타낸다.

$$\widetilde{Y^*} = \beta_1 X_1^* + \beta_2 X_2^*$$

표준화된 점수들로 회귀식을 추정하면 절편이 0이 됨에 주의해야 한다. 표준화된 부분 기울기 계수는 종종 β로 표시하고, 이를 베타가중치(beta weight) 또는 베타계수(beta coefficient)라고 한다(이 β는 모집단 기울기 β와 기호가 동일하므로 서로 혼동하기 쉽다).

베타 가중치는 종속변수의 표준편차에 대한 독립변수의 표준편차의 비이며 비표준화된 부분 기울기를 수정한다.

$$\beta_i = b_i \frac{s_{X_i}}{s_Y}$$

단순회귀 모형의 특별한 경우에만, 베타 가중치는 두 변수간의 단순상관과 동일하다. 즉, $Y = a + bX + e$인 모형에서

$$\beta = b\frac{s_X}{s_Y} = r$$

이 된다.

그러나 이 같은 β=r의 등호관계는 중다회귀 모형에서는 성립되지 않는다(단지 다중공선성이 전혀 없는 특별한 상황에서만 중다회귀 모형에서 β=r이 된다). 표준화된 부분기울기 추정치 또는 베타 가중치는 다른 독립변수가 일정하게 유지될 때 X에서의 표준편차의 한 단위의 변화와 관련된 Y의 평균적인 표준편차 변화량를 의미한다. 정치헌금에 대한 방정식의 베타 가중치는 다음과 같다.

$$Y = 0.15X_1^* + 0.45X_2^*$$

예를 들어, β_2=0.45가 의미하는 바는 연령이 일정하게 유지될 때 1 표준편차 단위의 수입변화가 유세 기여도에 평균 0.45 표준편차 단위의 변화와 관련된다는 것이다. 이 해석의 의미를 더욱 충분히 고려해 보면 다음과 같다. X_2가 정상분포를 이룬다고 가정했을 때, 소득에 있어서 1 표준편차 단위만큼 상승한다면, 말하자면, 평균소득에서 고소득자로 된다면 이들 보다 소득이 더 많은 사람들은 단지 전체의 16%밖에 안 된다(정상분포곡선에서 +1표준편차 이상에 해당되는 면적은 0.16이하라는 사실을 기억하라). 하지만 X_2의 큰 변화가 Y의 변화에 그대로 반영되지 않는다는 사실도 알아야만 한다. X_2와 곱해지는 β_2가 0.5정도에 불과하기 때문에 둘을 곱한 결과는 원래보다 작아지기 때문이다.

그래도, 소득에서 1 표준편차 단위의 증가는 정치헌금액의 거의 1/2 표준편차 단위만큼 증가시키는데 기여를 한다. 반면에 연령에서의 큰 증가는(예를 들어, 1 표준편차상승) 헌금액수에 아주 미미한 정도의 상승을 의미할 뿐이다(단지 0.15 표준편차 단위만큼만 상승시킨다).

이 같은 과정을 통해 두 독립변수의 상대적 중요성에 대한 평가를 할 수 있게 된다. 정치헌금에 대한 위의 회귀식에서 표준편차 단위로 측정된 소득의 영향과 표준편차 단위로 측정된 연령의 영향을 비교해 보면, 정치헌금액수에 미치는 소득의 영향력은 연령의 영향력보다 거의 3배나 된다(0.45/0.15=3).이제 원래의 예로 돌아가서, H도시 직원의 연수입에 미치는 교육기간과 근무기간의 상대적 중요성을 평가해 보자.

<표11-8> 수입에 대한 근무기간과 교육기간의 표준화 회귀계수

분산분석[b]

모형		제곱합	자유도	평균제곱	F	유의확률
1	전형회귀분석	404340257	2	202170129	37.438	.000[a]
	잔차	156603948	29	5400136.1		
	합계	560944205	31			

a. 예측값: (상수), 근무기간, 교육기간
b. 종속변수: 년수입

계수[a]

모형		비표준화 계수		표준화 계수	t	유의확률
		B	표준오차	베타		
1	(항수)	-1469.731	2030.146		-.724	.475
	교육기간	887.256	103.086	.910	8.607	.000
	근무기간	742.807	184.156	.426	4.034	.000

a. 종속변수: 년수입

<표11-8>의 결과물에서 "베타(Beta)"에 있는 값이 표준화된 부분기울기, 즉 베타 가중치이며 "표준오차(SE Beta)"에 있는 것은 그 표준오차이다. 이 표에서 베타가중치의 상수항, 즉 "상수(Constant)"에 아무 값도 없는 이유는 표준화된 변수로 회귀식을 추정하게 되면 절편 즉 상수항이 0이 되기 때문이다.

<표11-8>에 의하면, 근무기간 변수의 베타 가중치는 0.42644이며 교육기간 변수의 베타 가중치는 0.90995로 나타났다. 따라서 H도시 직원의 년 수입의 결정요인으로 교육기간은 근무기간보다 두 배 이상의 영향력을 행사하고 있는 것으로 보인다.

연구자가 한 회귀식에서 독립변수의 효과의 상대적 크기에 관심이 있을 때, 표준화된 회귀계수, 즉 베타가중치를 비교함으로써 문제점이 해결된다. 그러나 여러 표본에서 동일한 회귀모형을 구하여 비교하고자 할 경우에는 새로운 어려움이 있게 된다. 여러 개의 표본을 대상으로 동일한 변수로 회귀식을 추론하는 데 있어서 베타가중치는 비표준화 기울기 값과는 달리 단지 X의 변량에 따라 변화할 수 있기 때문이다. 사실상 다른 것이 동일하다면, X에서의 변량이 크면 클수록(작으면 작을수록) 베타 가중치는 더욱 커진다(작아진다). 이를 이해하기 위해서 다시 베타가중치의 공식을 살펴보자.

$$\beta_i = b_i \frac{s_{X_i}}{s_Y}$$

위의 공식에서 알 수 있는 것처럼 다른 것이 동일할 때 분자 s_{X_i}가 커질수록 β_i의 크기가 커지게 된다.

정치적 헌금에 관한 앞의 예에서의 회귀모형이 미국에서 표집한 자료로부터 개발되었다고 하였을 때 이 회귀모형을 스웨덴에서 검증하려 한다고 해보자. 스웨덴의 정치헌금에 대한 자료를 표준화시켜 구한 회귀식이 아래와 같다고 하자.

$$tlde\, Y^* = 0.18X_1^* + 0.22X_2^*$$

여기에서 변수들은 앞에서와 동일하다. 이때 $\beta_{2;미국}$=0.45를 $\beta_{2;스웨덴}$=0.22와 비교한다면, 정치헌금에 미치는 스웨덴에서의 소득의 효과는 미국에서의 소득의 효과의 약 1/2이라는 결론을 내리게 된다. 그러나 미국에서의 소득의 표준편차가 스웨덴에서의 소득의 표준편차보다 크다는 사실이 주어지면, 이 추론은 잘못된 것이 된다. 즉, 미국에서의 소득의 범위가 넓을수록 양 국가에서 1단위의 소득의 변화가 실제로 갖는 효과가 더욱 다를 것이다. 즉, $\beta_{2;미국} \neq \beta_{2;스웨덴}$이 된다.

이 같은 가능성을 알아보기 위해서는 스웨덴에서의 비표준화 부분기울기를 조사해야만 한다. 스웨덴의 표본에서 구한 비표준화 부분기울기가 다음과 같다고 가정해 보자.

$$\widetilde{Y} = 9 + 1.7X_1 + 0.012X_2$$

이러한 비표준화된 스웨덴에서의 회귀계수들을 비표준화된 미국에서의 회귀계수와 비교할 때, 정치적 헌금에 관한 소득의 효과가 본질적으로 양 국가들에서 거의 같다고 볼 수 있다(0.010≒0.012). 일반적으로, 표본에 따라 X의 변량이 달라진다면 특정 효과에 대한 표본간의 비교에는 비표준화 부분기울기를 이용하는 것이 좋다.

14 독립변수의 상대적 중요성: 편상관계수와 부분상관계수

독립변수의 상대적 중요성을 평가하는 다른 방법은 다른 독립변수를 포함하고 있는 방정식 내에 새로운 변수가 투입될 때의 R^2의 변화량, 즉 증가량을 고려하는 것이다. 이 증가량은 아래의 식으로 간단히 구할 수 있다.

$$R_{change^2} = R^2 - {R_{(i)}}^2$$

여기에서 ${R_{(i)}}^2$는 회귀식에서 i번째 변수를 제외한 나머지 모든 독립변수가 회귀식에 있을 때의 중다상관계수의 제곱이다. 따라서 i번째 변수가 회귀식에 포함되었을 때의 R^2의 변화량을 알 수 있으며, 이를 통해 i번째 변수의 상대적 중요성을 평가할 수 있게 된다.

한 변수가 회귀식에 새로이 투입될 때 R^2 변화량이 크다는 것은 종속변수에 대해 다른 독립변수들이 제공해 주지 못하는 나름대로의 독특한 정보를 그 변수가 제공해 준다는 것을 의미한다. 증가량의 제곱근에 부호가 붙으면 부분상관계수(part correlation)가 된다. 부분상관계수는 다른 독립변수의 선형적 효과가 X_i로부터 제거되었을 때의 Y와 X_i간의 상관을 의미한다. 모든 독립변수가 서로 간에 상관되지 않았다면, 변수가 방정식에 투입되었을 때 일어나는 R^2 변화는 단지 그 변수와 종속변수간의 단순상관계수의 제곱이 된다.

단순회귀분석에서 1년 소득을 예측하는데 정규교육기간만을 사용하였을 때의 R^2이 0.56이었고 새로운 독립변수로 근무기간을 추가한 결과인 <표11-4>의 R^2은 0.72이므로 근무기간을 추가시킴으로써 일어난 R^2변화량은 0.72−0.56=0.16이 된다.

아래의 <표11-9>의 결과물에서 모형요약의 'R 제곱 변화량'(R Square Change)을 보라. 모형 2에서의 R 제곱 변화량은 0.157(반올림한 값이며 원래는 0.156663)이며, 이의 제곱근을 구하면 0.39576이 된다. 이는 근무기간과 연소득의 부분상관계수가 된다. 이 값은 <표11-9>의 계수(a)에서 모형 2의 근무기간 변수에서 "부분상관'(Part Correlation)에 제시되어 있다.

<표11-9> 연소득을 예측하기 위해 교육기간, 근무기간, 그리고 성별더미가 사용되었을 때의 편상관과 부분상관에 대한 결과물(독립변수의 선택방법은 단계 선택;stepwise)

<표11-9> 편상관과 부분상관에 대한 결과물

진입/제거된 변수(a)

모형	진입된 변수	제거된 변수	방법
1	교육기간	.	단계선택(기준: 입력할 F의 확률 <= .050, 제거할 F의 확률 >= .100).
2	근무기간	.	단계선택 (기준: 입력할 F의 확률 <= .050, 제거할 F의 확률 >= .100).
3	성별 더미	.	단계선택 (기준: 입력할 F의 확률 <= .050, 제거할 F의 확률 >= .100).

a 종속변수: 년수입

* 회귀식을 구성하기 위해 세 독립변수가 차례로 사용되었음을 보여준다. 첫 번째는 교육기간, 두 번째는 근무기간, 세 번째는 성별 더미가 투입되었으며 표의 오른쪽에는 그에 사용한 기준을 보여준다.

모형 요약

모형	R	R 제곱	수정된 R 제곱	추정값의 표준오차	통계량 변화량				
					R 제곱 변화량	F 변화량	자유도1	자유도2	유의확률 F 변화량
1	.751(a)	.564	.550	2854.60	.564	38.838	1	30	.000
2	.849(b)	.721	.702	2323.82	.157	16.270	1	29	.000
3	.907(c)	.823	.804	1882.06	.102	16.212	1	28	.000

a 예측값: (상수), 교육기간
b 예측값: (상수), 교육기간, 근무기간
c 예측값: (상수), 교육기간, 근무기간, 성별 더미
* 각 단계별(즉, 모형)로 R, R 제곱, 수정된 R 제곱 등이 제시되어 있다.

분산분석(d)

모형		제곱합	자유도	평균제곱	F	유의확률
1	선형회귀분석	316481758.400	1	316481758.400	38.838	.000(a)
	잔차	244462446.475	30	8148748.216		
	합계	560944204.875	31			
2	선형회귀분석	404340257.227	2	202170128.613	37.438	.000(b)
	잔차	156603947.648	29	5400136.126		
	합계	560944204.875	31			
3	선형회귀분석	461764165.545	3	153921388.515	43.454	.000(c)
	잔차	99180039.330	28	3542144.262		
	합계	560944204.875	31			

a 예측값: (상수), 교육기간
b 예측값: (상수), 교육기간, 근무기간
c 예측값: (상수), 교육기간, 근무기간, 성별 더미
d 종속변수: 년수입
* 각 모형의 적합도를 검증하기 위해 각 단계마다 F-검정을 실시하며 그 결과물이 제시된다.

제외된 변수(c)

모형		진입-베타	t	유의확률	편상관	공선성 통계량
						공차한계
1	근무기간	.426(a)	4.034	.000	.599	.861
	성별 더미	.379(a)	3.519	.001	.547	.906
2	성별 더미	.338(b)	4.026	.000	.606	.895

a 모형내의 예측값: (상수), 교육기간
b 모형내의 예측값: (상수), 교육기간, 근무기간
c 종속변수: 년수입
* 각 단계에서 회귀식에 아직 진입되지 못하였거나 제거된 변수들에 관련된 통계치들이 제시되어 있다.

계수(a)

모형		비표준화 계수		표준화 계수	t	유의확률	상관계수		
		B	표준오차	베타			0차	편	부분
1	(상수)	5077.512	1497.830		3.390	.002			
	교육기간	732.400	117.522	.751	6.232	.000	.751	.751	.751
2	(상수)	-1469.731	2030.146		-.724	.475			
	교육기간	887.256	103.086	.910	8.607	.000	.751	.848	.844
	근무기간	742.807	184.156	.426	4.034	.000	.088	.599	.396
3	(상수)	-1008.324	1648.202		-.612	.546			
	교육기간	772.579	88.214	.792	8.758	.000	.751	.856	.696
	근무기간	677.060	150.039	.389	4.513	.000	.088	.649	.359
	성별 더미	2836.784	704.552	.338	4.026	.000	.574	.606	.320

a 종속변수: 년수입
* 각 단계별 모형의 회귀계수 및 표준화 계수, 유의도 검정을 위한 t, 0차(즉, 단순상관), 편상관, 부분상관이 제시되어 있다.

❖ 위의 같은 결과를 얻기 위해서는 선형회귀분석 대화창에서 종속변수로 '년소득', 독립변수로 '교육기간', '근무기간' 그리고 '성별'(더미변수)을 지정하고 변수 선택창의 아래에 '입력'(ENTER) 대신 '단계 선택'(STEPWISE)을 지정해야 한다. 또한 편상관과 부분상관을 계산하기 위해서는 '통계량' 단추에서 'R 제곱 변화량(S)'과 '부분상관 및 편상관계수(P)'를 선택해야 한다.

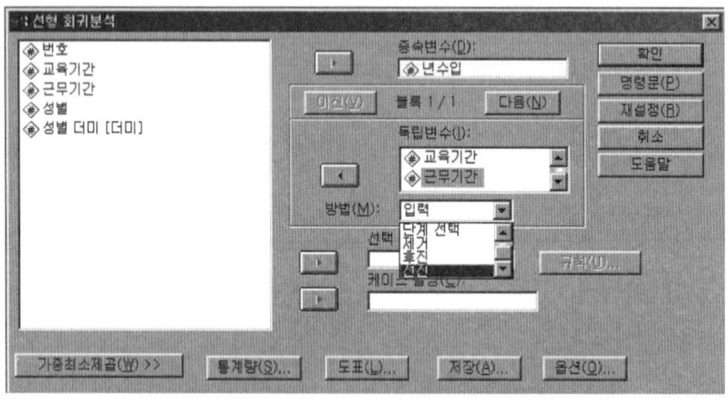

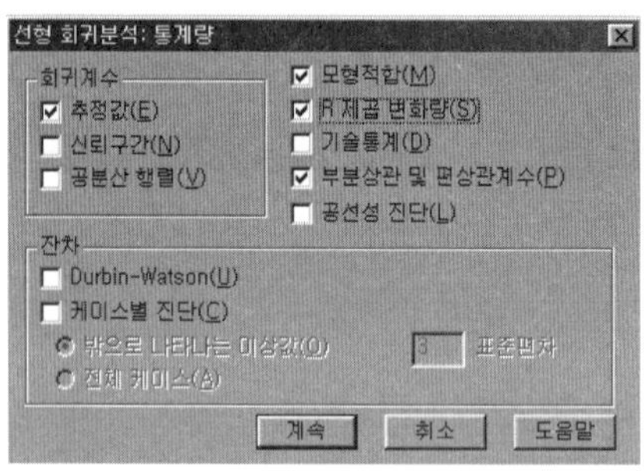

부분상관계수의 제곱(0.39577^2), 즉 R^2 변화는 단지 새로운 변수가 회귀식에 첨가되었을 때 R^2이 얼마나 많이 증가 또는 감소하였는지 만을 나타내 준다. 다시 말해서, 이 계수는 설명되지 않은 나머지 분산 중에서 그 증가량이 얼마만한 비율을 차지하는지에 대해서는 아무것도 알려주지 못한다. 만약 다른 변수에 의해 이미 Y분산의 대부분이 설명되어 졌다면, 나머지 변수가 설명할 수 있는 부분은 매우 작게 되며, 따라서 부분상관계수의 값도 작아지게 된다. 그러므로 이 같은 경우에는 부분상관계수들을 비교하여 독립변수의 상대적 중요성을 평가하기가 곤란해진다. 이 같은 부분상관계수의 단점을 보완하기 위해 분산의 비율적 감소라는 개념이 사용되며, 이를 이용하여 구하게 되는 계수는 다음의 공식을 취한다.

$$Pr_i^{\ 2} = \frac{R^2 - R_{(i)}^{\ 2}}{1 - R_{(i)}^{\ 2}}$$

위의 식에서 분자는 R^2변화량, 즉 부분상관계수의 제곱이다. 분모는 i번째 변수를 제외한 모든 변수가 회귀식 내에 있을 때 설명되지 않는 변량의 비율이다. 이 $Pr_i^{\ 2}$의 제곱근에 부호가 있으면 편상관계수(partial correlation coefficient)가 된다. 이 계수는 다른 독립변수의 선형적 효과가 X_i 와 Y 모두로부터 제거되었을 때 i번째 독립변수 X_i 와 종속변수 Y 사이의 상관으로 해석되어질 수 있다. $Pr_i^{\ 2}$의 분모는 항상 1이하이기 때문에 부분상관계수는 그 절대값이 편상관계수보다 절대로 클 수가 없다. <표11-9>에서 계수(a)의 모형2에 있는 근무기간의 편상관(Partial)을 보면 0.599임을 알 수 있을 것이다. 편상관계수는 각 독립변수가 공유하는 설명변량을 비율적으로 각 독립변수에 나누어줌으로써 회귀식에 투입되는 순서에 의한 영향을 덜 받게 만들어 주므로 독립변수의 상대적 중요성을 평가하는데 자주 사용된다.

15 독립변수의 상대적 중요성: 독립변수의 분산에 대한 고려

추정된 회귀계수의 변산도는 독립변수의 상대적 중요성을 평가함에 있어서 반드시 고려되어야 한다. 변산도, 즉 표준오차가 큰 변수로부터 구한 계수는 신뢰성이 없고, 따라서 표본에 따라 현저한 차이가 나게 마련이다. 그러므로 단지 유의미한 개개의 t값만을 기초로 하여 한 변수를 예언에 중요한 것으로 판단하는 것은 위험한 일이다.

독립변수간에 상관이 있다면 모수 추정치간에도 역시 상관이 있다. 이미 언급했듯이 변수간의 높은 상호상관은 여러 면에서 회귀추정치에 영향을 미칠 수 있으며, 회귀계수의 추정된 분산에도 영향을 미치게 된다. i번째 독립변수에 대한 회귀계수의 추정된 분산은 아래의 식으로 구한다.

$$s_{bi}^{\ 2} = \frac{s}{(1 - R_i^2)\,(n-1)s_i^2}$$

위의 공식에서 R_i^2은 i번째 독립변수가 종속변수이고, 그 변수와 나머지 다른 독립변수사이의 회귀방정식이 계산되었을 때의 중다상관의 제곱 즉 R^2이다. R_i^2가 크다는 것은 i번째 독립변수가 다른 독립변수와 거의 선형적 함수관계이거나 선형조합인 것을 의미한다. 따라서 $1-R_i^2$은 다른 변수에 의해 설명되지 않은 변산도의 비율이 된다. 이 값은 앞에서 설명했듯이 변수의 공차(tolerance)이다.

위의 식에서 알 수 있는 것처럼 표집의 크기와 표준오차가 고정되었을 때 공차가 작을수록 계수의 표준오차가 커지게 된다. 공차가 작으면 회귀에 의한 해결에 계산 상의 문제점을 야기 시킬 수 있음은 이미 언급한 바 있다. 회귀식을 계산함에 있어서 각 변수의 회귀계수에 대한 분산은 물론 상관관계를 살펴보는 것이 필요하다. 아래의 <표11-10>에 아래 부분의 표, 상관계수에 독립변수들의 상관행렬과 분산-공분산 행렬이 제시되어 있다. 윗부분은 상관계수이고 아랫부분은 공분산행렬로 대각선에는 각 변수의 변량이 있으며 나머지 칸은 공분산으로 교육기간과 근무기간의 공분산은 7070.103이다.

<표11-10> 연소득을 예언하기 위해 교육기간과 근무기간이 사용되었을 때 회귀계수의 변량-공변량, 상관행렬에 대한 결과물

계수[a]

모형		비표준화 계수		표준화 계수	t	유의확률
		B	표준오차	베타		
1	(상수)	-1469.731	2030.146		-.724	.475
	교육기간	887.256	103.086	.910	8.607	.000
	근무기간	742.807	184.156	.426	4.034	.000

a. 종속변수: 년수입

상관계수[a]

모형			근무기간	교육기간
1	상관계수	근무기간	1.000	.372
		교육기간	.372	1.000
	공분산	근무기간	33913.503	7070.103
		교육기간	7070.103	10626.710

a. 종속변수: 년수입

16 회귀모형의 확장 : 가변수의 사용

지금까지의 회귀분석에 대한 대부분의 설명에서 독립변수와 종속변수가 등간 이상의 척도로 측정되었다고 가정하였다. 이 같은 변수의 예가 바로 소득이나 교육기간이다. 각 개인은 소득의 양에 따라 서열을 매길 수 있다. 따라서 갑의 소득이 12000$이라면 6000$인 을의 소득보다 많다고 말할 수 있으며, 두 배나 된다고 말할 수도 있다. 하지만 언제나 이처럼 정확하게 비교가 가능한 척도수준으로 변수들이 측정되지는 않는다. 이처럼 등간 이상의 척도로 측정되지 않은 변수이라도 회귀분석에 사용할 수 있다. 성별변수를 회귀식에 사용한 '상호작용효과의 가능성'의 절을 상기하라. 그 절에서 등간 이하의 척도로 측정된 성별변수가 어떻게 사용되는지에 대한 원리를 알아보았다. 이처럼 원래의 변수가 명목이나 서열변수라면 가변수(dummy variable)로 변환하여 회귀식에 사용할 수가 있다.

많은 비등간 변수는 양분변수(dichotomy variable)로 간주할 수 있다. 예를 들면, 성별(남, 여), 인종(흑인, 백인), 결혼여부(미혼, 기혼), 또는 대입합격여부(합격, 불합격) 등이 있다. 이처럼 양분변수일 경우에는 회귀추정치가 그 바람직한 속성을 잃어버리도록 만드는 원인이 되지 않는다. 왜냐하면 이들 변수는 두 범주를 가지므로 마치 두개의 값을 갖는 등간변수로 취급하여 등식에 투입시킴으로써 최소제곱의 책략을 유지할 수 있기 때문이다. 예를 들어, 단순회귀에서 한 개인의 소득이 인종이라는 변수에 의해 예언될 수 있다고 가정해 보자.

$$\widetilde{Y} = a + bX$$

여기에서 Y는 소득, X는 인종(0은 흑인, 1은 백인)이다. 만일 X=0이라면, 즉 흑인이라면

$$\widetilde{Y} = a$$

로서 흑인에 대한 평균소득의 예측이 된다. 만일 X=1이라면, 즉 백인이라면

$$\widetilde{Y} = a + b$$

로서 백인에 대한 평균소득의 예측이 된다. 따라서 기울기 추정치 b는 흑인과 백인의 평균소득의 차이를 보여준다. 이 경우에도 앞에서와 마찬가지로 b의 t-비, 신뢰구간 추정, 또는 F비로 그 통계적 유의도를 추정한다. 성별이 포함된 회귀식에서 이미 가변수의 사용을 본 바 있으며 그 때의 독립변수로 성별(0=여성, 1=남성)을 사용하였었다. 그 때의 부분회귀계수 b_2는 교육수준의 영향이 설명된 후에도 남아있는 남녀간의 평균소득의 차이를 보여주고 있다. 이미 주지하였듯이 그 차이는 통계적으로도 충분하게 유의미하였다.

물론 비등간변수가 모두 양분변수는 아니다. 범주가 다수인 비등간 변수는 두 가지 기본적 유형으로 나뉜다. 즉, 서열과 명목변수이다. 서열변수인 경우에는 그 사례를 측정한 속성의 양에 의해 서열화할 수 있지만 이웃한 단위 간에 동일한 간격이 유지되지 않는다. 사회과학에서 자주 사용하는 태도변수가 일반적으로 여기에 속한다. 예를 들어, 선거조사에서 응답자는 정치적 관심의 정도를 '관심 없다', '어느 정도 관심 있다', 또는 '매우 관심 있다'에 표시하도록 요청 받는다.

한 응답자가 '매우 관심 있다'에 표시하였다면, 그는 '관심 없다'에 표시한 응답자보다 정치에 더 관심을 갖고 있다고 말할 수 있다. 그러나 그 관심의 정도를 얼마나 그러한지 숫자로 정확하게 표현할 수는 없다. 종교적 소속이라는 변수는 명목변수의 좋은 예이다. 기독교, 천주교, 불교라는 범주는 의미 있는 서열을 매길 수 없는 각각의 속성을 대표하는 것이다.

다수의 범주를 갖는 비등간 변수는 서열이든 명목이든 가변수화 기법을 통하여 중다회귀 모형에 사용할 수가 있다. 예를 들어, 정치적 헌금액수가 앞에서 정치적 관심이라는 서열변수의 함수라고 가정해 보자. 그러면 다음의 모형이 구성될 것이다.

$$Y = a_0 + b_1X_1 + b_2X_2 + e$$

여기에서 Y는 정치헌금액수, X_1은 '어느 정도 관심 있다'는 1로 그리고 그 외의 반응은 0으로 채점한 가변수 1, X_2는 '매우 관심 있다'는 1로, 그리고 그 외의 반응은 0으로 채점한 가변수 2가 되며 e는 오차이다.

정치적 관심의 삼분적 변수를 단지 두 개의 가변수 만으로 대신한다는 점에 주의하라. 이는 나머지 변수인 X_3은 다른 변수 X_1과 X_2의 완전한 선형함수가 될 것이라는 것을 의미한다. 다시 말해서, X_1과 X_2의 값을 알면 세 번째 변수인 '관심 없다'는 1이며 그 밖의 반응은 0으로 채점한 X_3을 알 수 있게 된다. 예를 들어, X_1이 0이고 X_2가 0이라면 당연히 X_3은 1이 되며 X_1이 0이고 X_2가 1이라면 X_3은 0이 된다. 이러한 사실은 가변수 X_3이 회귀식에 포함된다면 모수치의 추정을 할 수 없는 다중공선성이라는 상황에 빠진다는 것을 보여주는 것이다. 이 같은 빠지기 쉬운 한정을 피하기 위해서는 다음의 규칙을 기억해야 한다. 비등간 변수에 G개의 범주가 있을 때 그것을 대표하는 가변수는 G-1개이어야 한다. 정치적 관심에 대한 응답을 '관심 없다'는 1, '어느 정도 관심 있다'는 2, 그리고 '매우 관심 있다'는 3으로 코딩하여 입력하였을 때 이의 가변수화를 정리해 보면 다음의 <표11-11>과 같다. 가변수에서 '어느 정도 관심 있다'는 X_1이며, '매우 관심 있다'는 X_2이다.

<표11-11> 삼분적 변수의 가변수화

정치적관심	X_1	X_2
X_1	0	0
X_2	1	0
X_3	0	1

이제 제기될 수 있는 문제는 제외된 집단, 즉 '관심 없다'에 응답한 응답자 집단에 대한 유세 기여도를 어떻게 추정할 것인가이다. 이들의 평균적인 유세기여도는 회귀식의 절편에 의해 추정된다. 즉, '관심 없다'에 응답한 사람에 대한 예언 방정식은 다음과 같다.

$$\widetilde{Y} = a_0 + b_1 X_1 + b_2 X_2$$

$$= a_0 + b_1(0) + b_2(0)$$

$$= a_0$$

따라서 이 회귀식에서의 절편은 정치에 '관심 없다'라고 응답한 사람의 평균적 유세 기여도를 대표한다.

'관심 없다'라는 범주에 대한 이 추정된 평균적 기여 정도는 다른 범주의 정치적 흥미의 효과를 비교하는 기초로써 작용한다. '어느 정도 관심 있다'라는 범주에 속한 사람에 대한 예언 방정식은 다음과 같다.

$$\widetilde{Y} = a_0 + b_1X_1 + b_2X_2$$
$$= a_0 + b_1(1) + b_2(0)$$
$$= a_0 + b_1(1)$$

따라서 b_1은 '관심 없다'는 범주와 '어느 정도 관심 있다'는 범주간의 헌금액의 평균적 차이를 의미한다. 마지막 범주인 '매우 관심 있다'에 대한 예언 방정식은 다음과 같다.

$$\widetilde{Y} = a_0 + b_1X_1 + b_2X_2$$
$$= a_0 + b_1(0) + b_2(1)$$
$$= a_0 + b_2(1)$$

따라서 부분기울기 추정치 b_2는 '관심 없다' 범주와 '매우 관심 있다' 범주간의 헌금액의 평균적 차이를 보여준다. 여기에서 정치적 관심이 높으면 헌금액이 높다는 가설이 주어진다면 $b_1 < b_2$라고 예상할 있을 것이다. 가변수를 사용한 예를 하나 더 들어보면 이해가 더욱 확실해 질 것이다.

H도시의 예에서, 직원의 연소득이 고용인이 수료한 교육훈련의 종류에 따라 부분적으로 결정된다고 가정해 보자. 교육훈련은 1)컴퓨터 교육, 2)관리자 교육, 3)기타교육으로 나누었다. 이 경우에 이들 변수에 적합한 모형은 다음과 같다.

$$Y = a_0 + b_1X_1 + b_2X_2 + b_3X_3 + b_4X_4 + e$$

Y는 소득, X_1은 교육기간, X_2는 근무기간, X_3는 컴퓨터 교육수료가 1이고, 그 외의

값은 0인 가변수 1, X_4는 관리자 교육수료가 1이고 그 외의 값은 0인 가변수 2이다. e는 오차이다.

교육훈련수료 변수는 범주가 셋인 변수이다. 따라서 G-1 규칙이 적용되어 3-1=2개의 가변수가 만들어진다. 여기에서 기타의 교육훈련은 기본 범주가 되며, 컴퓨터 교육 수료여부는 X_3이 되고 관리자 교육 수료여부는 X_4가 된다. 어느 범주를 기본범주로 사용할지는 전적으로 연구자가 결정해야 할 문제이다.

일반적으로 가장 적은 효과를 가지는 것으로 예상되는 범주를 기본범주로 사용한다. 왜냐하면 그 기본범주의 효과는 절편에 포함되어 버리기 때문이다. 최소제곱을 적용하여 구한 추정치를 대입한 모형은 아래와 같이 구성되었다.

$$\widetilde{Y} = 5496 + 382X_1 + 250X_2 - 572X_3 + 386X_4$$
$$(3.90)\ \ (2.74)\ \ \ (2.78)\ \ (-0.48)\ \ (0.41)$$

$$R^2 = 0.73 \quad n = 32 \quad s_e = 2403$$

괄호 안은 t-비이며 R^2은 중다결정계수, n은 사례수, s_e는 Y의 추정의 표준오차이다. t비를 보면 교육기간, 근무기간의 효과가 일정하게 고정된 상태에서 기타의 교육수료자의 평균적 소득은 컴퓨터교육 수료자의 평균적 소득과 유의미한 효과를 보이지 않는다. 달리 표현하면, b_3는 절편 a_0에 통계적으로 유의미하게 추가되지 않는다. 비슷하게, 관리자 교육훈련 수료자는 기타의 교육수료자와 유의미하게 차이나지 않는다. 따라서 교육훈련 수료여부는 연소득에 영향을 미치지 않는다는 결론을 내리게 된다.

가변수화 기법의 적용을 통해서 비등간 변수를 회귀식에 투입하는 것이 아무런 문제가 되지 않는다는 사실을 알았다. 어떤 연구자는 이러한 변수들이 가변수로 전환되지 않고 바로 회귀식에 투입될 수도 있다고 주장하고 있다. 그 논쟁점은 범주간의 거리가 동일하지 않더라도 서열변수는 그대로 회귀식에 사용될 수 있다는 것이다. 이러한 주장에 대해 반박하는 연구자도 물론 있다. 서열변수가 회귀식에 그대로 투입될 수 있다는 주장을 하는 사람의 논거는 첫째, 실제로 가변수를 사용한 결과와 서열수준의 통계치를 사용한 결과가 대부분의 경우에 동일하다는 것이다.

두 번째의 논거는 중다회귀분석이 매우 강건하므로 오류의 위험을 흡수한다는 것이다. 이 자리에서 어느 주장이 옳은지를 가릴 수는 없다. 여기에도 연구자의 판단에 따르는 것이 가장 적절한 듯하기 때문이다.

17 회귀모형의 설정

종속변수를 예언하기 위해 선택되는 변수들은 어느 정도는 임의적이다. 다시 말해서, 관련 있는 모든 변수들이 확인되고 측정되지는 않게 되는 것이 현실이다. 따라서 관련 있는 어떤 변수들이 배제되었다는 것에는 의심의 여지가 없으며 반면에 회귀식에 포함된 변수는 종속변수의 수준을 결정하는 중요한 결정요인이 아닐지도 모른다. 이러한 상황은 특수한 것이 아니다. 어찌되었건 연구자는 유용한 자료가 방대하거나 빈약하거나에 관계없이 현재 구해놓은 자료로부터 모형을 설정하려고 시도하게 된다. 모형 설정에 대한 몇 가지 공식적인 절차를 고려하기 전에 회귀식에 변수를 첨가하거나 삭제한 결과를 조사해야 할 것이다. SPSS는 회귀식에 없는 변수에 대한 통계치를 결과물에 제시해준다.

1) 독립변수의 투입과 제거시의 SPSS의 결과물

<표11-9>에서의 첫 단계는 교육기간이 단독 독립변수이고 임금이 종속변수일 때의 방정식과 요약통계치를 보여준다. 같은 표에서 두 번째 단계는 다른 변수, 즉 근무기간이 추가되었을 때의 결과이다. 모형요약의 둘째 단계에서 "R 제곱 변화량(R Square change)"에 제시된 값은 근무기간이 첨가되었을 때의 R^2변화량이다.

실제 모집단에서의 R^2변화량이 0이라는 영가설은 아래의 식으로 검증된다.

$$F_{change} = \frac{(R_{change}{}^2)(N-P-1)}{q(1-R^2)}$$

위의 식에서 N은 방정식에서의 사례수이고, p는 독립변수의 개수이고, q는 현

단계에서 투입된 변수의 수이다. 이것을 부분 F-검정이라고 한다. 실재 변화량이 0이라는 가설 하에서 F_{change} 값의 유의도는 자유도가 q와 $N-P-1$인 F분포로부터 구할 수 있다. <표11-9>의 결과물 중 모형요약에서 두 번째 단계의 F변화량(F_{change}) 값은 16.27로서 그 확률은 0.0005보다 작다. 따라서 두 번째로 투입된 변수인 근무기간이 회귀식에 사용되는 통계적 근거가 마련되었다.

R^2에서 실재 변화가 0이라는 가설은 모수치 β를 이용해서 구할 수도 있다. i번째의 변수만이 한 단계에서 투입될 때 R^2에서의 변화가 0이라는 가설은 β_1이 0이라는 가설과 같다. R^2에서의 변화량에 대해 제시된 F값은 계수의 검증을 위해 제시된 t값의 제곱이다. 예를 들어, <표11-9>에서 제시된 근무기간에 대한 t값은 4.034이다. 이를 제곱한 값, 즉 16.27이 F_{change} 값과 동일함을 알 수 있을 것이다. q개의 독립변수가 단일 단계에서 투입될 때, R^2=0에 대한 검증은 모든 q개의 변수의 계수가 0이라는 동시적 검증과 동일하다. 예를 들어, 교육을 포함하는 회귀식에서 성별과 나이가 한 단계에 첨가되었다면 R^2 변화에 대한 F-검정은 $F_{성별}=F_{연령}=0$이라는 가설에 대한 F-검정과 동일할 것이다.

2) 방정식에 투입되지 않은 변수에 관한 통계치

방정식에 투입되지 않은 독립변수가 있을 때, 그 독립변수가 다음 단계에 투입된다면 어떤 일이 발생할지를 미리 알아볼 수 있다. 이 변수에 대한 통계치가 <표11-9>에 나타나 있다. 변수가 다음 단계에 방정식 안으로 투입될 때 일어날 표준화 회귀계수가 제외된 변수 (c)에서 진입변수(Beta In)이라는 칼럼에 표시된다. t-검정과 유의미 수준은 그 계수가 0이라는 가설에 대한 것이다. 그 가설에 대한 부분 F-검정과 t-검정이 동일하다는 사실을 기억하라. 종속변수에 대한 부분 상관계수는 방정식 내에 이미 있는 변수들에 의해 조정된다.

방정식에 투입되지 않은 변수에 대해 계산된 여러 가지 통계치를 통해서 다음 단계에 어떤 변수가 투입되어야 할지를 결정할 수 있게 된다. 아래의 <표11-12>는 위의 <표11-9>의 결과물에서 단계1과 단계2 사이에 있는 것을 따로 설명하기 위해 분리해 낸 것이다. <표11-12>의 모형 1은 현재까지 회귀식에 투입되지 않고 있는 두 독립변수들에 관련된 여러 가지 통계치들을 보여주는 것으로 근무기간 변수가 편상관이나 공차 그리고 t값과 그 확률을 보았을 때 다음에 투입될 후보가 된다. 그래서 <표11-12>의 모형 2에서 변수가 회귀식에 투입되었다.

<표11-12> 방정식에 투입되지 않은 변수에 대한 통계치

제외된 변수(c)

모형		진입-베타	t	유의확률	편상관	공선성 통계량
						공차한계
1	근무기간	.426(a)	4.034	.000	.599	.861
	성별 더미	.379(a)	3.519	.001	.547	.906
2	성별 더미	.338(b)	4.026	.000	.606	.895

a 모형내의 예측값: (상수), 교육기간
b 모형내의 예측값: (상수), 교육기간, 근무기간
c 종속변수: 년수입
* 각 단계에서 회귀식에 아직 진입되지 못하였거나 제거된 변수들에 관련된 통계치들이 제시되어 있다.

3) '최적의' 독립변수의 개수

회귀모형에서 독립변수를 많이 포함시키는 것은 그들 모두가 포함되어야 한다는 타당한 이론적인 또는 논리적인 전제조건이 없는 한 결코 좋은 연구전략이 될 수 없다. 왜냐하면, 이미 설명했듯이 관련 없는 변수라도 회귀식에 첨가되면 회귀식의 설명력, 즉 R^2이 증가되지만 R^2의 증가가 반드시 모집단에서의 모형에 더 적합하다는 것을 의미하지는 않기 때문이다. 더욱이 부적절한 변수를 회귀식에 첨가시키는 것은 예언을 증가시키기보다는 모든 추정치의 표준오차를 증가시키는 부작용을 낳는다. 또한 많은 변수가 사용된 모형은 해석이 어렵다는 단점도 있다. 한편, 관련 있는 독립변수를 배제시키지 않는 것 역시 중요한 일이다. 가장 좋은 방법은 논리적인 혹은 이론적인 근거에 의해 독립변수를 결정하고 이들을 회귀모형에 사용하는 것이다. 다음 절에서는 회귀모형에 포함되어야 할 변수를 선택하는 여러 가지 절차를 설명하고 있지만, 그 목표는 좋은 예언능력을 갖춘 간결한 모형을 설정하는 데 있다.

18 SPSS의 독립변수선택 절차

동일한 세트의 변수들로부터 다양한 회귀모형을 구성할 수가 있다. 예를 들어, 3개의 독립변수로는 7개의 다른 방정식을 구성할 수 있다. 즉, 한 독립변수에 관한 방정식 3개, 두 독립변수에 관한 3개, 세 독립변수에 관한 1개이다. 만일 독립변수의 수가 증가한다면 잠재적인 모형의 수도 증가된다. 예를 들어, 독립변수가 10개이면 모두 1023개의 회귀식이 구성될 수 있다. 모든 가능한 회귀방정식을 계산해야 하는 경우도 있지만, 많은 계산을 요하지 않는다는 이유로 보다 빈번하게 사용되는 몇 가지 방법이 있다. 이들은 통계 패키지프로그램에 채택되어 자주 사용되는 것으로 전진선택(forward selection), 후진제거(backward elimination), 단계별 선택(stepwise selection) 방법이 있다.

이들 중에서 어떤 것도 절대적 의미에서 '완벽한' 변수선택 절차는 없다.이들 세 개의 절차는 항상 같은 방정식을 산출하지는 않는다. 이들 중에서 어느 절차를 이용하여 산출된 회귀모형이든 간에 회귀가정을 위배하고 있는지를 조심스럽게 살펴보아야 한다. 경우에 따라서는 여러 개의 채택 가능한 모형을 개발한 후 해석 가능성, 변수 획득의 용이성, 절약성(parsimony) 등등에 기초하여 이들 방법중의 하나를 선택하는 것이 바람직할 것이다.

1) 전진선택

전진선택이란 후보가 되는 독립변수 중에서 가장 큰 값으로 기준을 통과하는 변수를 단계별로 하나씩 회귀식에 투입해나가는 방법이다. 따라서 이 방법은 계속적으로 회귀식의 변수를 증가시켜나간다. SPSS의 전진선택에서, 방정식에 투입되기 위한 최초의 후보는 종속변수와의 상관이 가장 큰(정적이든 부적이든) 독립변수이다. 후보가 선정되면, 투입된 변수의 회귀계수가 0이라는 가설에 대한 F-검정이 실시된다. 즉, 그 변수가 투입될지를 결정하기 위하여 계산된 F값과 설정된 기준을 비교한다. 이때 계산된 F값의 발생확률이 0.05이하이면 회귀식에 투입된다.

SPSS의 전진선택에서 사용되는 이 같은 기준은 '투입을 위한 F확률'이라고 하며 키워드는 PIN이다. 투입을 위한 F확률 값을 변경할 수 있으며 변경하지 않았을 때에는 0.05가 디폴트 값으로 사용된다. SPSS의 회귀분석에서 사용할 수 있는 다른 기준으로 '투입을 위한 F값'이 있다. 이 기준이 사용될 때, 계산된 F값이 정해진 값 이상이 된다면 회귀식에 투입된다. 이때의 키워드는 FIN이며 F값을 지정하지 않았다면 3.84가 사용된다. 다시 말해서, 후보가 되는 독립변수가 회귀식에 투입되었을 때의 회귀계수에 대해 계산된 F값이 3.84이상이라면 회귀식에 투입된다.

이 두개의 투입기준이 반드시 동일한 결과를 내는 것은 아니다. 독립변수가 방정식에 투입됨에 따라 회귀식의 자유도가 증가하는 반면에 잔차 제곱합과 관련된 자유도는 감소한다. 따라서 F값이 고정되었을 때 현재의 회귀방정식내의 변수의 수에 따라 유의미 수준이 달라지게 되며, 결과적으로 고정된 F값을 사용하는 것은 F확률을 사용하는 것과 결과가 달라지게 된다. 하지만 이 같은 차이는 표본이 크다면 무시할만한 정도가 된다.

또한 F값에 대한 실질적인 유의미 수준은 여러 개의 투입후보가 되는 독립변수들의 F값 중에서 가장 큰 값의 유의미 수준이 선택되기 때문에 고정된 F분포에서 얻어지는 것처럼 그 값이 하나가 아니다. F의 유의미 수준은 사례수와 변수의 수에 좌우될 뿐 아니라 독립변수 사이의 상관에도 좌우되기 때문에 계산이 어려워지게 된다.

만약 투입후보로 선정된 첫 번째 변수가 투입 기준에 부합되어 회귀식에 투입되고 나면, 전진선택 절차가 계속 진행된다. 그렇지 않으면, 회귀방정식 내에 변수를 갖지 못하므로 이 절차가 종결된다. 일단 한 변수가 회귀식에 투입되고 나면 다음후보가 되는 변수를 찾기 위해 방정식에 투입되지 않은 변수들에 관한 통계치를 검사한다. 방정식 내에 있는 독립변수들의 영향력이 통제된 상태에서 방정식에 투입되지 않은 독립변수와 종속변수 사이의 부분상관이 검사된다. 부분상관이 가장 큰 변수가 다음의 투입후보이다. 부분상관의 절대값이 가장 큰 변수를 선택하는 것은 F값이 가장 큰 변수를 선택하는 것과 동일한 결과를 낸다. 이와 같은 단계를 거쳐 기준에 부합되는 변수는 차례대로 회귀방정식에 투입되고 변수선택 과정이 반복된다. 이 절차는 투입 기준에 충족되는 변수가 없을 때 중지된다. 만일 회귀식에 사용되는 독립변수의 수를 고정시키길 원한다면 이를 지정할 수도 있다. 방정식내의 독립변수의 개수를 지정하기 위해서 단계의 수를 지정하게 되며, 단계의 수가 지정되면 SPSS는 투입 조건에 부합되는 것 중에서 첫 n개까지만 변수를 선택한다. 또한 SPSS에서는 변수의 투입에 앞서 언제나 투입될 변수의 공차를 검사한다.

2) 후진제거

전진선택은 방정식 내에 아무런 독립변수 없이 시작하여 계속 변수를 투입하는 반면에, 후진제거는 방정식 내에 지정한 모든 변수가 포함된 상태로 시작하여 계속하여 독립변수들을 제거시킨다. 따라서 방정식에 포함될 변수를 선정하는데 있어서 투입기준 대신에 제거기준이 지정되어야 한다. SPSS에서는 사용할 수 있는 제거 기준은 두 가지 종류가 있지만 달리 지정하지 않았다면 변수가 방정식 내에 남아있기 위해 지녀야만 하는 최소한의 F값(키워드는 FOUT)이 사용된다. 이때 기준이 되는 F값인 2.71보다 적은 F값이 나오는 변수는 방정식에서 차례로 제거된다. 그 외에 사용할 수 있는 기준으로 제거를 위한 F확률(키워드는 POUT)이 있는데 이 기준이 사용될 때 내정된 POUT 값은 0.10이다.

후진제거를 사용하여 나온 결과는 전진 선택의 결과와 대부분 같지만 항상 그렇지는 않다. 다시 말해서, 투입기준과 제거기준을 동일하게 사용하여 회귀식을 산출하더라도 전진선택과 후진선택은 서로 다른 결과를 낼 수 있다.

3) 단계별 선택

독립변수의 단계별 선택은 실제로는 진진, 후진 절차의 조합이며, 아마도, 가장 흔히 쓰이는 방법이 될 것이다. 이 방식이 사용되면 회귀식에 독립변수가 하나도 없는 상태에서 시작하여 첫번째 변수가 전진 선택에서와 같은 방법으로 선택된다.

만약 그 변수가 투입 조건(FIN이나 PIN)을 충족시킬 수 없다면, 방정식 안에 독립변수 없이 절차가 종결된다. 그 변수가 기준을 통과하면 부분상관이 가장 큰 변수가 회귀식에 투입될 다음 후보로 선택된다.

첫 번째 변수가 방정식에 투입되고 나서부터 전진선택과 이 단계별 선택이 달라지게 된다. 단계별 선택에서는 후진제거 방식에서처럼 첫 번째 변수가 제거기준

(FOUT또는 POUT)을 통과하는지를 검사한다. 다음으로 방정식에 없는 변수 중에서 투입될 변수가 있는지를 조사한다. 독립변수가 투입되는 매 단계마다 이미 방정식 안에 있는 변수들 중에서 제거될 것이 있는지를 검사 받는다. 이때 제거될 변수가 있다면 제거기준을 충족시켜주는 변수가 없을 때까지 변수들이 제거된다. 이처럼 단계별 선택과정에서는 회귀식에 독립변수가 투입되고 제거되는 과정이 반복된다. 따라서 한 변수가 반복해서 투입되고 제거되는 것을 방지하기 위해서는 투입기준, 즉 PIN이 제거기준 즉 POUT보다 작아야(FIN은 FOUT 보다 커야)한다. 더 이상 투입기준이나 제거기준을 충족시키는 변수가 없을 때 변수선택과정이 종결된다.

19 선택되지 않은 사례에 대한 통계치

앞에서 지적했듯이, 도출된 회귀모형은 모집단보다는 그것이 도출된 표본에 더 적합한 것이 일반적이다. 가끔, 그 모형이 모집단에 얼마나 적합한가를 평가하는 전략의 일환으로 표본을 무선적으로 둘로 나누어 보는 것도 효과적이다. 이 경우에 일부 사례는 회귀모형을 추정하는데 사용되고, 다른 사례는 도출된 회귀식의 적합도를 검증하기 위해 사용된다.

때로는 일정한 특성에 따라 자료를 나누는 것이 흥미로울 때도 있다. 이 경우의 예를 들면, 남성에 대해 소득의 회귀방정식을 개발시킨 후 그것을 여성의 임금에 대해 적용시켜 얼마나 적합한지를 알아볼 수 있을 것이다.

제 12 장

타당도와 신뢰도

우리는 태어나면서부터 측정의 대상이 된다. 병원에서 아기를 출산하는 경우, 산부인과 의사는 신생아가 태어나면 몸무게 등 여러 가지 신체상태를 측정하여 기록한다(태아일 때 이미 초음파 등을 통해 추정 몸무게를 측정한다). 우리가 측정의 대상이 되는 일은 평생 동안 지속된다. 학창시절에는 수많은 시험을 치르면서 학업성취 정도를 측정한다. 몸이 아파 병원에 가면 대부분 혈압이나 맥박 등을 측정한다. 우리의 여러 가지 특성을 측정할 때 반드시 어떤 종류가 되었든 측정도구를 이용하게 된다. 몸무게를 측정하기 위해서는 체중계(또는 저울)을 이용한다. 키를 측정하기 위해서는 자를 이용한다. 지능을 측정하기 위해 지능검사를 이용한다. 이러한 측정도구는 크게 직접적인 것과 간접적인 것으로 나눌 수 있다. 저울이나 자처럼 물리적인 내용을 측정하는 경우 그 결과가 직접적이며 직관적이다. 그러나 지능이나 성격처럼 심리적인 특성을 재는 측정도구의 경우 그렇지 않다. 이런 이유로 간접적인 것을 측정해야 하는 심리적인 측정도구의 경우에는 타당도와 신뢰도를 확보해야만 하는 것이다.

심리적인 측정도구의 경우 타당도와 신뢰도를 점검해야 하는 또 다른 이유가 있다. 대부분의 경우 물리적 특성을 측정하는 도구의 경우는 직접적이며 안정된 결과를 내기 때문에 신뢰도가 높다. 그리고 한 두 차례의 측정으로 족하다. 그러나 심리적인 특성의 경우에는 그렇지 않은 경우가 많다. 예를 들어, 지능이라는 심리적인 특성을 측정하는 경우 하나의 요인을 측정하기 위해 한 두 개의 문항[3]이 아니라 다수의 문항을 이용하게 된다. 한 문항으로 지능을 알 수 없으며, 따라서 지능을 측정할 수 있을 것으로 간주되는 수 만 가지의 문항 중에서 합당하고 대표적인 문항들을 표집하여 지능검사의 문항으로 사용하는 것이다. 중 고등학교에서 일정기간 동안 진행된 영어수업을 얼마나 잘 알고 있는지를 평가하기 위해 치루는 영어시험을 생각해 보라. 한 문항이 아니라 다수의 문항으로 영어의 학업성취 정도를 측정한다. 이처럼 문항들의 모집단에서 추출된 문항들의 표본을 검사에 이용함으로써 측정의 오차가 포함되고, 따라서 타당도와 신뢰도를 알아볼 필요가 있는 것이다.

1 타당도와 신뢰도

타당도(validity)란 검사가 측정하고자 하는 목적에 부합하는 지의 여부를 말한다. 산수문제를 이용하여 어휘력을 검사한다면 누가 보아도 타당하지 않은 검사가 될 것이다. 신뢰도(reliability)는 그 검사가 얼마나 일관된 결과를 보여주는가이다. 특정 검사를 이용하여 측정할 때마다 그 결과가 크게 변동된다면 그 결과를 신뢰할 수 없을 것이다. 예를 들어, 고무줄에 눈금을 새겨 허리둘레를 잰다면 그 고무줄을 얼마나 당기는가에 따라 결과가 달라질 수 있기 때문에 그다지 신뢰롭지 못한 결과를 얻을 것이다.

누구든 신뢰로운 자동차의 바람직한 특성을 알고 있다. 자동차는 언제, 어디서, 그리고 누구를 위해서든 작동된다. 즉, 그것은 광범위한 환경에서도 동일하게 작동된다. 반복될 수 있다. 신뢰로운 측정도구 역시 유사하게 작용한다. 그 검사는 다른 사람이 그 검사를 수행했을 때에도 유사한 결과를 산출하며, 대응되는(유사한) 유형이 사용되었을 때에도 그렇다. 측정을 하기 위한 조건이 바뀌었을 때에도 그 검사결과는 변동이 적어야 한다.

한 검사가 유용하기 위해서는 신뢰로워야 한다. 하지만 그것은 검사에 있어서 신뢰롭기 위한 충분조건은 아니다. 검사는 신뢰롭기 이전에 반드시 타당해야만 한다. 이 말은, 그 측정도구는 그것이 측정하고자 목적했던 바를 측정해야만 한다는 것

3) 문항 item을 SPSS에서는 항목으로 번역하여 사용하고 있으나, 전체적인 맥락에서 보았을 때 항목보다는 문항이 더 적절하다고 판단되어 본문 속에서 문항이라는 용어를 사용할 것이다.

이다. 일예로, 몸무게를 알기 위해서 줄자로 가슴둘레를 재었다면 그다지 타당하지 않을 것이다.

신뢰도와 타당도는 대부분 같이 언급되는 경향이 있다. 이 두 가지는 모두 검사를 평가하는 방법들이기 때문이다. 그러나 그 우선순위는 다르다. 그 원리상 신뢰도보다는 타당도가 우선한다. 즉, 재고자 하는 바를 달성하지 못한다면 특정한 검사가 아무리 신뢰롭다고 하더라도 목적에 맞지 않기 때문에 엉뚱한 것을 측정하고 있는 것이 된다. 예를 들어, 지능을 알기 위해 몸무게를 재었다면 신뢰도는 높지만 타당하지 않기 때문에 좋은 측정이라고 말할 수 없다. 따라서 타당도가 우선적으로 확보된 다음에 신뢰도를 평가해야 한다.

2 타당도

다시 반복하지만, 검사의 타당도란 그 검사가 원래 측정하려고 했던 바를 실제로 잘 측정하고 있는 정도를 말한다. 타당도를 분석하는 방법에는 여러 가지가 있으며, 학자들마다 제시하는 내용이 차이가 나서 혼란스러울 정도다. 그러나 학자들이 제시하고 있는 타당도를 분류한다면 크게 나누어 내용타당도, 구성타당도, 그리고 준거관련타당도의 세 가지 부류로 구분할 수 있다.

1) 내용타당도

내용타당도(content validity)는 검사문항들이 측정하고자 하는 내용영역을 얼마나 잘 대표하는지의 정도를 평가하는 방법이다. 이에 대한 평가는 논리적인 분석과정으로서 관련 전문가의 주관적인 판단에 의존하게 된다. 예를 들어, 직무 스트레스 검사를 개발한다고 하였을 때 스트레스 관련 전문가들이 문항들의 내용을 분석한 후에 주관적인 판단에 의하여 내용타당도가 있는지의 여부를 결정하게 된다. 따라서 누가 내용타당도를 평가하는가에 따라 결과가 달라질 가능성이 있다. 비록 동일한 분야의 전문가라고 할지라도 학자에 따라 특정한 주제에 대한 정의가 다를 수 있기 때문이다.

내용타당도를 평가할 때 일반적으로는 개별적인 문항들에 대해 평가를 진행하지만 경우에 따라서는 특정 주제에 해당하는 영역을 구분하여 해당 문항이 특정 영역을 측정하는 문항으로서 타당한지를 평가하기도 한다. 예를 들어, 영어능력검사를 평가하려고 한다면 특정 문항이 영어능력에 해당되는 내용들, 즉 독해, 작문, 듣기, 말하기, 발음, 어휘력 등에 포함될 수 있는지를 평가한다. 그러므로 대부분의 검사문항들이 내용영역의 범주 내에 속하지 않는다면 그 검사는 내용타당도가 없는 것이며, 또 대부분의 문항들이 내용영역의 범주 내에 포함되다 하더라도 특정범주에만 국한된다면 그 검사 역시 내용타당도가 높다고 볼 수 없다는 결론을 내리게 된다.

내용타당도와 유사하게 사용되는 용어로 안면타당도(face validity)가 있으나, 이는 검사문항을 전문가가 아닌 일반인들이 읽고, 그 검사가 얼마나 타당해 보이는지를 평가하는 방법이다. 예를 들어, 어휘능력을 측정하는 검사문항으로 산수문제가 나왔다면 일반인의 눈에도 이 검사는 타당하지 못한 검사라고 판단할 가능성이 높으며, 이 경우 다른 타당도 추가분석은 할 필요가 없을 것이다. 따라서 최소한의 타당도가 있는지를 알아보고자 할 때 사용하는 방법으로서 대부분의 경우 검사문항들이 특정한 특성을 측정할 때 자주 접해 본 문항인지의 여부에 의해 결정되는 경향이 있다. 비전문가에 의한 타당도 검사로서 과학적이지 못하므로 최근에는 사용하지 않는 경향이 있다.

2) 구성타당도

구성(construct) 또는 구인이란 심리적 특성이나 행동 양상을 설명하기 위하여 존재를 가정하는 심리적 요인을 말한다. 달리 표현하면, 가상적 구성개념을 말한다. 예를 들어, 지능이 무엇으로 구성되어 있는가는 학자들마다 견해차이가 있지만, 지능의 구인에 대한 조작적 정의를 부여한 후 제작된 검사가 그러한 구인을 제대로 측정하고 있는지를 평가하는 것을 구성타당도(construct validity) 또는 구인타당도라고 한다. 창의성 검사를 개발할 때 창의성은 민감성, 이해성, 도전성, 개방성, 자발성, 그리고 자신감의 구성으로 이루어져 있다는 조작적 정의에 근거하여 검사를 제작 실시하여 그 검사도구가 이와 같은 구성들을 제대로 측정하고 있다면 그 검사는 구성타당도를 가지고 있다고 한다.

구성타당도를 분석하는 방법에는 우선 상관분석이 있다. 상관분석은 연구자가 개발한 검사와 다른 검사와의 상관을 구해서 개발한 검사의 구성타당도를 평가하는 방법이다. 이 때 어떤 유형의 검사와 비교를 하는지에 따라서 수렴타당도(convergent validity)와 변별타당도(discriminant validity)로 구분해 볼 수 있다. 전자는 연구자가 새로 개발한 검사를 동일하거나 유사한 특성을 측정하는 기존의 검사들과 비교해서 두 검사간의 상관을 구하는 것이다. 만약 새로운 검사의 구성타당도가 높다면, 이미 신뢰도와 타당도가 입증된 기존의 유사 검사들과 상관계수가 높게 나올 것이다. 이 때 유의해야 할 점은 새로운 검사와 비교되는 기존 검사의 신뢰도와 타당도가 반드시 높아야 한다는 점이다. 기존 검사에 문제가 있다면, 그 때문에 두 검사간의 상관계수가 낮게 나타날 가능성이 있기 때문이다. 한편, 후자는 새로운 검사와 이와는 다른 특성을 측정하는 기존 검사와의 상관계수를 구해서 분석하는 방법이다. 만약 새로운 검사의 구성타당도가 높다면, 다른 특성을 측정하는 검사와의 관련성이 낮아야 한다는 가정을 세울 수 있다. 이 가정이 입증되었을 경우 새로운 검사의 변별타당도가 높다는 결론을 내릴 수 있다. 물론 여기서도 새로운 검사와 비교되는 기존 검사의 신뢰도와 타당도가 높다는 것이 사전에 입증되어야 한다.

검사의 구성타당도를 평가하는 또 다른 방법은, 요인분석을 실시하는 것이다. 요인분석을 통하여 검사개발자는 검사개발시 가정했던 이론적 구성개념이 얼마나 정확하게 나타나는지를 분석할 수 있다. 예를 들어, 검사개발자가 지능이라는 추상적 개념은 크게 수리적 능력과 언어적 능력으로 구성된다고 가정한 후 문항을 만들었을 경우, 요인분석을 통한 분석결과 지능검사가 수리력과 어휘력의 두 가지 요인으로 나타난다면 이 검사의 구성타당도는 높다고 할 수 있다. 반면에 처음에 가정한 두 가지 요인이 제대로 나타나지 않는다면, 이는 만들어낸 문항들이 검사개발자가 가정한 가상적 개념을 제대로 대표하지 못한다는 의미이므로 이 검사의 구성타당도는 좋지 못한 것이 된다.

3) 준거관련타당도

준거관련타당도(criterion-related validity)란 검사와 특정한 행동상의 준거와의 관련성을 분석하는 방법이다. 준거란 검사를 평가하기 위한 기준을 의미한다. 검사 개발 연구자는 응답자의 검사점수를 통하여 그 사람이 다른 행동준거에서 어느 정도의 수행을 보일 것인지를 예언하는데 관심을 가지고 있다. 예를 들어, 대입수능시험을 개발한 연구자들은 그 시험성적이 대학에서 학생들의 학업성취 정도를 얼마나 잘 예언해줄 수 있는지에 관심을 가지고 있다. 또 적성검사를 사용해서 신입사원을 선발하는 조직에서는 그 적성검사점수가 신입사원이 들어와서 얼마나 일을 잘 할 수 있는지를 예언하는 데에 관심을 가지고 있다. 대부분의 현실적인 경우, 검사를 사용하는 주된 이유는 검사에서 높은 점수를 받은 사람이 준거에서도 높은 점수를 받을 수 있다고 생각하기 때문이다. 그러므로 검사의 타당도가 높다면 검사에서 높은 점수를 받은 사람은 직무에서 요구되는 기준이나 적성을 갖고 있는 셈이며, 이러한 기준이나 적성을 가진 사람은 조직에 들어와서 맡은 일을 잘 해낼 수 있을 것이라고 예측할 수 있다. 이와 같이 검사와 준거 간의 관계를 분석해서 검사의 타당도를 평가하는 방법이 준거관련타당도이다. 준거관련 타당도는 준거를 미래 기준으로 하느냐, 아니면 현재 기준으로 하느냐에 따라 예언타당도(predictive validity)와 공인타당도(concurrent validity)의 두 가지 방법으로 구분할 수 있다.

예언타당도는 측정도구의 검사결과가 응답자의 미래의 행동이나 특성을 얼마나 정확하게 예언할 수 있는가에 의해 결정된다. 예를 들면, 회사에서 신입사원 선발을 위해 개발한 적성검사의 예언타당도를 분석한다고 가정할 때, 이 검사를 응시자 집단에게 실시한 후 각 개인의 점수를 통해 선발한다. 그리고 이들이 들어온 후 6개월이나 1년 정도 지난 다음 이들의 직무수행점수를 얻는다. 만약 세일즈맨과 같이 직무수행량을 판매량으로 계산한다면, 이것이 바로 직무수행점수가 될 것이다. 여기서 둘 간의 상관이 높게 나온다면, 적성검사의 예언타당도가 높음을 의미하며 적성검사 점수가 높을수록 판매량도 높을 것임을 예견할 수 있다. 그러나 여기서 고려해야 할 점은 새로운 적성검사를 통해서 사람을 선발하는 것이 아니라, 이 새로운 검사는 그냥 실시해서 개인의 점수만 알아두고 실제 선발은 이미 타당도가 입증된 기존의 검사를 가지고 한다는 점이다. 왜냐하면 타당도가 검증되지 않은 검사를 가지고 사람을 직접 선발하는데 사용될 수 없기 때문이다. 또한 대상자들이 회사에 입사한 후 그 조직에 적응해서 자신의 능력을 발휘하는 데는 어느 정도의 시간이 필요하다는 점, 그리고 회사에 선발된 사람들이 일반응시자를 얼마나 잘 대표할 수 있는지, 즉 전체 응시자(전체모집단)를 잘 대표한다고 말하기는 어렵다는 단점이 있다.

이와 같은 단점, 특히 오랜 시간을 기다려야 검사의 타당도계수를 구할 수 있는 예언타당도 방법의 단점을 보완하기 위하여 공인타당도 방법이 사용된다. 공인타당도 방법은 좀 더 빨리 타당도계수를 구할 수 있는 방법이다. 예를 들면, 적성검사를 현재 회사에 근무하고 있는 현직자들에게 실시하고, 바로 이어서 현직자들이 지금까지 수행했던 직무수행점수를 얻은 다음 이 두 점수간의 상관계수를 구하면 된다. 이 타당도계수의 값이 크면 검사의 공인타당도가 높음을 의미한다. 즉, 적성검사점수가 높으면 판매량도 많음을 의미한다. 그러나 이러한 방법은 오랜 시간을 기다리지 않아도 된다는 장점이 있으나, 입사응시자가 아니고 이미 선발되어 근무하고 있는 현직자들을 대상으로 자료를 모은다는 단점이 있다. 또한 실제 적성검사를 받을 모집단의 사람들은 일반응시자들이지, 현재 회사에 근무하고 있는 사람이 아니라는 점, 그리고 현직자들은 일반응시자들보다 능력 면에서 더 우수한 사람들이 있을 수 있기 때문에 자료를 얻은 표집이 모집단을 잘 대표하기 어렵다는 점, 즉 현직자들을 대상으로 얻어진 타당도계수를 일반응시자들에게 그대로 적용할 수 있느냐는 문제점이 제기될 수 있다.

3 타당도 검증을 위한 요인분석

요인분석(factor analysis)은 다수의 측정변수들을 공통적인 요인으로 요약하여 단순화하고자 하는 목적으로 실시하는 분석방법이다. 예를 들어, 사과, 고등어, 참치, 바나나, 갈치, 배, 포도 등이 있을 때 이들 각각을 나열하는 것 보다는 사과, 바나나, 배, 포도를 과일로 고등어, 참치, 갈치를 물고기로 요약하여 활용하는 것이 편리할 것이다. 이러한 요약의 기본에는 서로 간에 관련성이 높은 것들을 하나로 묶는다는데 있다.

요인분석은 기본적으로 문항들 간의 상관을 이용하여 유사한 내용을 측정하는 문항끼리 묶어서 요약하는 목적으로 사용하는 분석방법이다. 심리검사의 경우 한 가지 특성을 측정하기 위해 여러 개의 문항을 이용하는데, 이들 문항들은 유사한 내용을 묻기 때문에 서로 간에 상관이 높을 것으로 예상할 수 있다. 반면에 동일한 검사에 포함되어 있지만, 다른 특성을 측정하기 위한 문항들과는 상관이 낮거나 없을 것으로 예상할 수 있다. 이러한 경향을 이용하여 다수의 문항들을 소수의 요인으로 요약하는 요인분석의 이러한 기능 때문에 많은 연구자들이 심리검사를 개발할 때 구성타당도를 점검하기 위한 목적으로 요인분석을 많이 활용한다.

요인분석을 통해 적절한 요인으로 묶이지 않는 문항은 해당 요인을 측정하는데 타당하지 못한 것으로 간주하며, 따라서 제거하거나 수정하게 된다. 이 경우 연구자는 검사에 사용한 문항들이 어떻게 묶일 것인지에 대해 잘 모르고 요인분석을 진행하기 때문에 이를 탐색적 요인분석(exploratory factor analysis; EFA)이라고 한다. 선행연구나 논리적인 결론을 통해 연구자가 가정한 구성들과 요인분석의 결과가 일치하는지를 알아보기 위해 진행하는 요인분석을 확인적 요인분석(confirmatory factor analysis; CFA)이라고 한다. 여기에서는 탐색적 요인분석을 중심으로 진행할 것이다.

더 진행하기 전에 성공적인 요인분석의 특징에 대해 고려해 보기로 하자. 요인분석은 일련의 변수들 간의 관계성을 동시에 표현하는 것이 하나의 목표이다. 다시 말해서, 가능한 한 적은 수의 요인을 이용하여 관찰된 상관관계를 설명하고 싶은 것이다. 만일 요인이 많아진다면, 단순화나 요약이라는 목적은 달성하질 못한 것이다. 또한 연구자는 그 요인들이 의미가 있기를 바라고 있다. 따라서 좋은 요인분석 결과는 단순성과 해석가능성 모두를 충족시켜야 한다. 요인들을 해석할 수 있을 때, 새로운 통찰이 가능하다. 예를 들어, 술의 선호도가 달콤함과 독특한 향 같은 요인들로 표현될 수 있다면 마케팅 전략에 이를 반영할 수 있다.

4 요인분석의 단계

요인분석은 통상 네 단계를 거쳐 이루어진다. 첫째, 모든 변수들에 대한 상관행렬이 계산된다. 다른 변수들과 관련성이 낮은 변수들은 상관행렬표에서 그리고 관련된 통계치들에서부터 확인할 수 있을 것이다. 요인분석 모형의 적절성 역시 이 단계에서 평가될 수 있다. 이 단계에서 몇몇 변수들의 값에서 누락치를 포함하고 있는 사례들을 어떻게 처리해야 할 것인지를 결정할 수 있다.

두 번째 단계에서, 요인의 추출과 관련된 사항들이 결정되어야 한다. 이에는 데이터를 대표하기 위해 필요한 적절한 요인의 개수와 이들의 계산방법이 포함된다.

세 번째 단계에서, 일차적으로 추출된 요인들은 해석하기가 쉽지 않기 때문에 이 단계에서 해석하기 좋도록 요인들을 변환시키는 데 중점을 두어 요인들을 회전시킨다.

네 번째 단계에서, 각 사례별로 요인점수(factor score)를 계산한다. 이렇게 계산된 요인점수는 다른 여러 가지 추가적인 분석에 사용될 수 있다.

요인분석이 완료된 후에는 연구자가 그 결과물을 해석해야 하며 필요한 경우 문항을 제외할 것인지 아니면 수정할 것인지의 여부를 결정해야 한다. 제외하거나 수정하는 문항이 없는 경우 가장 중요한 절차는 아마도 추출된 요인들의 내용을 살펴보아 그 요인을 명명하는 일이 될 것이다.

5 요인분석의 실시

데이터 파일들에서 '요인분석자료.sav' 파일을 불러온다. 이 파일에 들어있는 데이터는 유치원 교사가 유아들의 사회적인 행동을 관찰하여 평정한 결과이다. 유아들의 사회적 행동에 대해 1~3점까지로 평정하였으며, 3점은 관찰대상 유아가 해당 행동을 자주 보여주는 경우이며 1점은 거의 없는 경우이다.

[그림12-1] 데이터의 요인분석자료를 불러들인 결과화면4)

데이터의 '요인분석자료.sav' 파일을 불러온 다음, 분석(Analysis) -> 데이터 축소(Data Reduction) -> 요인분석(Factor Analysis)을 선택한다.

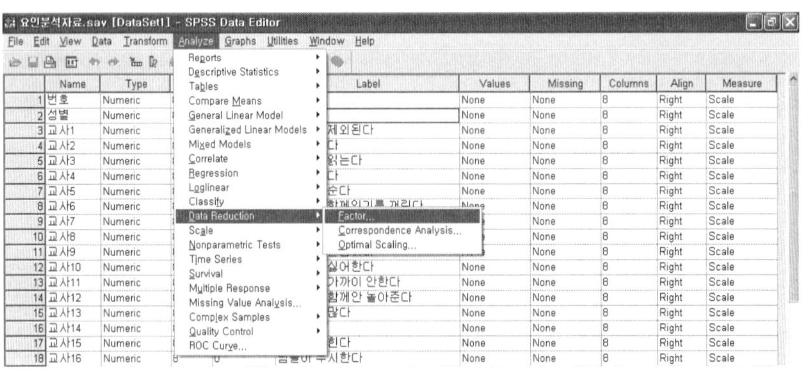

[그림12-2] 요인분석을 지정하는 화면

필요한 변수들을 선택하여 오른쪽 창으로 이동시킨다. SPSS/WIN의 요인분석 대화상자는 요인분석의 단계에 맞게 되어 있으므로 대화창의 아래에 있는 단추들을

4) 데이터의 사례가 많기 때문에 여기에서는 표시하지 않을 것이며, 실제 데이터는 데이터 파일을 참조하기 바람.

왼쪽에서 오른쪽으로 이동하며 필요한 내용을 선택하면 된다. [그림12-3]은 분석할 변수들을 이동한 후 기술통계[Descriptives..] 단추를 선택한 결과이다. 여기에서 필요한 기술통계들을 선택할 수 있다.

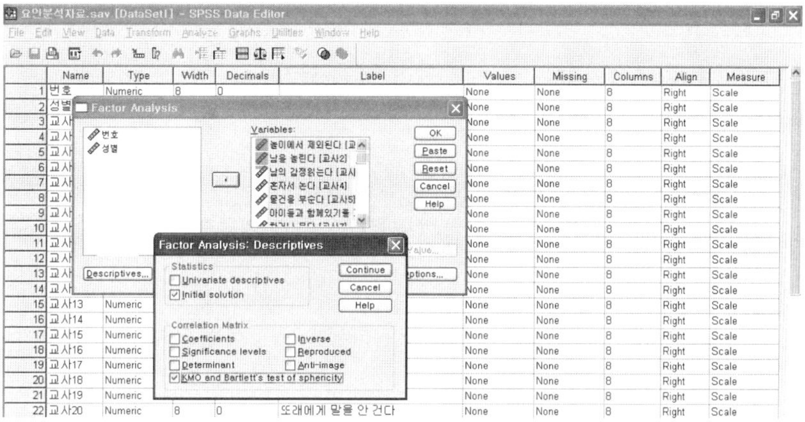

[그림12-3] 변수 지정 후 기술통계[Descriptives..] 단추를 선택한 화면

다음 단계로 요인추출[Extraction..] 단추를 클릭하여 필요한 옵션들을 선택한다. 방법[Method:]은 가장 중요한 부분으로 어떤 방법을 이용하여 요인을 추출할 것인지를 결정할 수 있으며, 기본적으로는 주성분분석[Principal components]이 기본설정값이다.

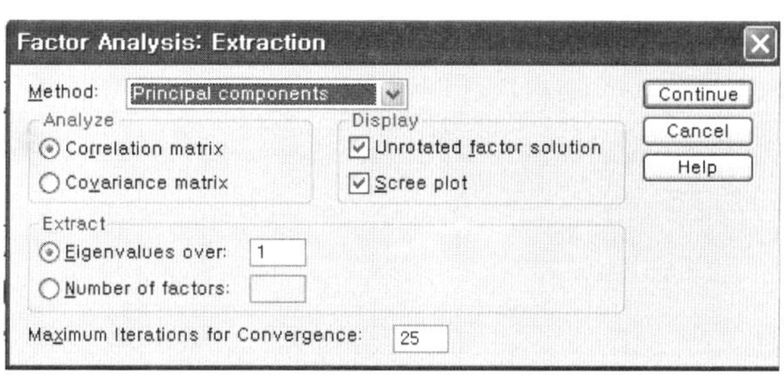

[그림12-4] 요인추출[Extraction..]의 대화창

주성분은 관찰된 변수들의 선형결합이 이루어진다. 첫 번째 주성분은 표본에서

분산의 가장 많은 양을 설명하는 결합(combination)이다. 두 번째 주성분은 첫 번째 주성분과 상관이 없으면서 나머지 분산 중 다음으로 가장 많은 양을 설명한다. 연속된 주성분들은 전체 표본분산의 작은 부분을 계속해서 설명하며, 모두 서로 간에 상관되지 않는 방식으로 추출된다. 이렇게 진행하면 변수의 개수만큼 많은 주성분을 계산해 내는 것이 가능하지만, 이럴 경우 변수의 개수만큼의 요인(주성분)이 있게 되므로 아무것도 얻는 것이 없게 된다. 그래서 연구자는 일정 기준에 의해 몇 개의 주성분을 추출할 것인지를 선택해야 한다.

일반적으로 많이 사용하는 기준은 고유값(Eigenvalue)이 1 이상인 요인들로 그 개수를 결정하는 것이다. 이 방법이 기본설정값으로 대화창을 보면, 추출[Extract] 상자에 '고유값 기준[Eigenvalues over:]'에 체크가 되어 있고, 오른쪽 입력란에 1이 입력되어 있다. 원한다면 기준 값을 바꿀 수 있다. 또 다른 방법은 필요한 요인의 개수를 지정하는 것으로 '요인의 수[Number of factors:]'를 선택한 후 그 개수를 지정하면 된다.

<표12-1> 최초의 고유값과 설명되는 전체분산에 대한 결과물

Component	Initial Eigenvalues			Extraction Sums of Squared Loadings			Rotation Sums of Squared Loadings		
	Total	% of Variance	Cumulative %	Total	% of Variance	Cumulative %	Total	% of Variance	Cumulative %
1	6.339	24.381	24.381	6.339	24.381	24.381	4.870	18.730	18.730
2	4.995	19.213	43.594	4.995	19.213	43.594	3.825	14.713	33.444
3	2.812	10.816	54.410	2.812	10.816	54.410	3.713	14.280	47.723
4	1.510	5.808	60.218	1.510	5.808	60.218	3.249	12.495	60.218
5	.963	3.703	63.921						
6	.875	3.364	67.285						
7	.815	3.133	70.418						
8	.693	2.665	73.083						
9	.674	2.591	75.674						
10	.614	2.363	78.037						
11	.557	2.141	80.178						
12	.521	2.004	82.182						
13	.484	1.861	84.043						
14	.441	1.694	85.737						
15	.406	1.560	87.298						

Component	Initial Eigenvalues			Extraction Sums of Squared Loadings			Rotation Sums of Squared Loadings		
	Total	% of Variance	Cumulative %	Total	% of Variance	Cumulative %	Total	% of Variance	Cumulative %
16	.377	1.449	88.747						
17	.368	1.416	90.163						
18	.361	1.389	91.551						
19	.341	1.312	92.864						
20	.332	1.275	94.139						
21	.306	1.176	95.315						
22	.290	1.116	96.431						
23	.271	1.044	97.475						
24	.236	.910	98.385						
25	.231	.889	99.273						
26	.189	.727	100.000						
Extraction Method: Principal Component Analysis.									

자료를 대표하기 위해 얼마나 많은 요인이 필요한가를 결정하기 위해서는 각각에 의해 설명되는 전체분산의 백분율을 점검해 보는 것이 도움이 된다. 전체 분산은 각 변수의 분산의 합이다. 간단히 말해, 모든 변수들과 요인들은 평균이 0이고 표준편차가 1인 표준화된 형태로 표현되며 현재 모두 26개의 변수가 있고 분산이 1이 되도록 표준화되었으므로 이 예에서 전체 분산은 26이 된다.

<표12-1>은 각 요인에 대한 최초 통계치를 포함하고 있다. 이 표에서 표는 크게 세 개의 칼럼으로 나뉘어진다. 각 성분(즉, 요인으로 현재는 각각의 변수들)에 의해 설명되는 전체분산은 초기고유값[Initial Eigenvalues] 이라는 칼럼에 나열되어 있다. 왼쪽의 전체[Total]을 보면, 1 이상인 성분[Component]은 4까지이다. 앞에서 고유값 1 이상으로 요인 추출의 기준을 설정하였으므로 4개의 요인이 추출될 것이다. 다음은 그 성분(요인)에 의해 설명되는 분산의 백분율, 그 다음은 누적백분율이다. 다음 칼럼은 추출 제곱합 적재값[Extraction Sums of Squared Loadings]으로서 추출된 4개의 요인이 설명하는 분산의 비율을 보여준다. 회전 제곱합 적재값[Rotation Sums of Squared Loadings]은 요인을 회전한 후에 나타난 최종 결과물이다. 예를 들어, 요인2는 전체 분산의 14.713%를 설명해주며 요인1과 함께 전체 분산의 33.444%를 설명하여 4개의 요인이 모두 전체분산의 60.218%를 설명해준다.

결과물에서 요인들은 설명되는 분산의 크기 순으로 배열되어 있다는 점에 주의해야 한다. 또한 변수명과 요인이 비록 같은 줄에 배열되어 있더라도 첫 번째 칼럼과 나머지 칼럼은 별개라는 점에 주의해야 한다. 첫 번째 칼럼은 개별적인 변수에 대한 정보를 제공해주며, 반면에 이후의 칼럼들은 요인들에 대한 정보를 제공해준다.

요인분석의 다음 단계는 요인을 회전시킬 것인가의 여부이다. 일반적으로 회전하지 않은 요인분석의 결과는 해석이 어렵기 때문에 해석을 용이하게 하기 위해 요인회전[Rotation]을 선택한다. 요인의 회전 방식은 크게 직교회전(orthogonal rotation)과 사교회전(oblique rotation)이 있다.

직교회전은 첫 번째 요인과 관련성이 없도록 두 번째 요인을 직각으로 회전시키고, 두 번째 요인과 관련성이 없도록 다음의 요인을 회전시키는 방식이다. 사교회전은 요인간의 관련성을 허용한 채 회전을 시키는 방식이다. 직교회전에는 베리멕스[Varimax], 쿼티멕스[Quartimax], 이쿼멕스[Equamax]가 있으며, 사교회전에는 직접오블리민[Direct Oblimin]과 프로멕스[Promax] 방식이 있다. 기본 설정값은 '지정않음[None]'이며, 여기에서는 직교회전 중의 하나인 베리멕스[Varimax]를 선택한다.

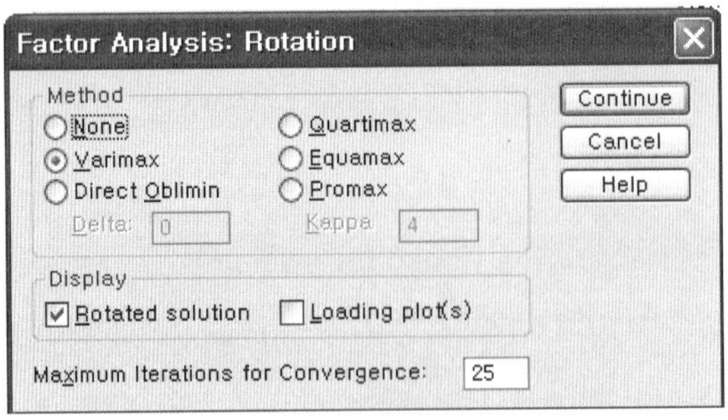

[그림12-5] 요인회전 여부를 설정하는 대화상자

요인회전을 지정하였으면, 다음 단계로 요인점수[Factor Scores]를 계산할 것인지를 결정해야 한다. 요인분석을 완료한 후 각 요인의 적재량이 계산되었으므로 이를 이용하여 각각의 개별 사례에 대해 요인점수를 계산할 수 있는데, 이를 데이터에 포함시킬지의 여부를 결정해야 한다. '변수로 저장[Save as variables]을 선택하면 요인분석을 완료한 후 데이터 파일의 끝 부분에 요인점수가 계산되어 입력된다. 이렇게 계산된 요인점수를 이용하면, 적은 수의 요인을 이용하여 부가적인 분석을 진행할 수 있게 된다. 여기에서는 요인점수를 선택하지 않는다.

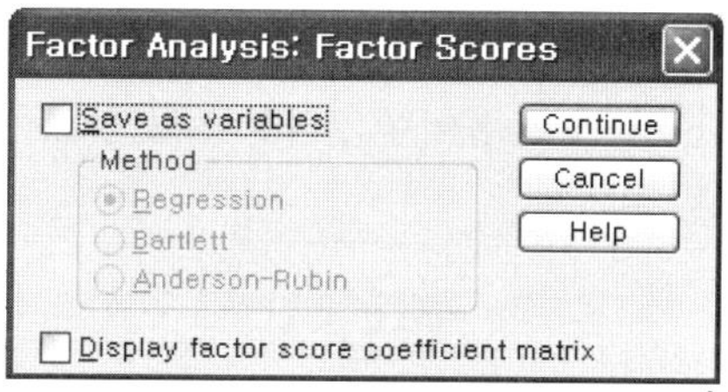

[그림12-6] 요인점수의 계산여부를 설정하는 대화상자

사실상 요인점수의 계산 여부까지를 결정하고 나면 요인분석의 절차가 마무리되지만, 보다 해석을 용이하게 하기 위해서 마지막 단추인 옵션[Options]을 설정하는 것이 도움이 된다. 옵션 대화상자로 결측값[Missing Values]의 처리에 관한 내용과 결과물의 표시에 관련된 내용을 결정할 수 있다. 변수들의 순서가 유지될 필요가 있을 경우에는 '크기순 정렬[Sorted by size]'을 선택하지 않아야 하지만, 일반적으로는 요인적재량 계수의 크기 순으로 정렬하는 것이 추출된 요인들의 해석에 도움이 된다. 여기에서는 이를 선택하였다. 또한 해석을 용이하게 하기 위해 회전을 하였더라도 결과물 안에 많은 수의 계수들이 표시되면 해석에 어려움이 발생할 수도 있다. 이를 방지하려면 그다지 의미가 없는 계수들을 표에서 제거하면 된다. 이를 위해서는 '다음 값보다 작은 절대값 출력않음[Suppress absolute values less than:]'을 선택한 후 필요한 값을 입력해 주면 된다. 통상적으로 0.3 이하의 값들은 의미가 없으므로 여기에서는 0.3으로 입력하였다.

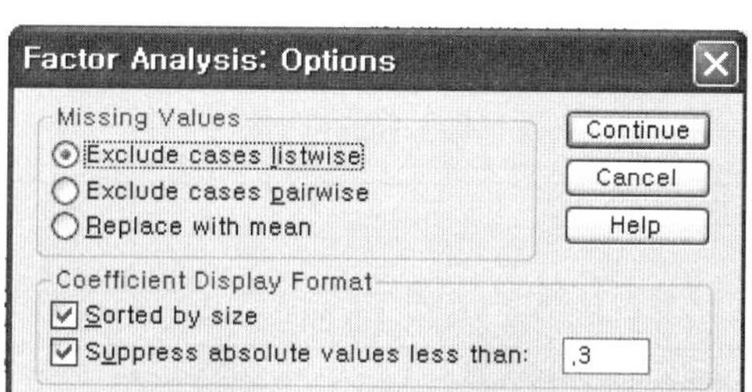

[그림12-7] 옵션 대화상자

<표12-2>는 회전을 시킨 후의 요인분석 결과물이다. 각 변수(즉, 문항)별로 4개의 요인부하량(또는 요인적재량, factor loading)이 제시되어 있다. 계수의 절대값이 0.3 이하인 값들을 결과물에서 제거하라고 하였으므로 표에서 빈칸은 0.3 보다 작은 값이다. 또한 크기순 정렬을 지시하였으므로 계수들의 크기 순으로 각 변수들이 정렬되어 있으므로 해석하기가 훨씬 용이한 결과물이 되었다.

<표12-2> 회전된 요인행렬 결과물

Rotated Component Matrix(a)

	Component			
	1	2	3	4
남을 괴롭힌다	.839			
물건을 부순다	.825			
싸운다	.775			
움직임이 많다	.742			
남을 놀린다	.740			
차거나 문다	.725			
말다툼을 한다	.695			
고함을 지른다	.663			
남들이 무시한다		.770		
놀이에서 제외된다		.761		
아이들이 가까이 안한다		.737		
아이들이 싫어한다	.380	.693		
놀 대상으로 선택 안한다		.684		.393
아이들이 함께 안 놀아준다		.683		
고립된다		.637		.449
남을 도와준다			.864	
일을 함께 한다			.850	
위로해 준다			.801	
친절하다			.800	
남의 감정을 읽는다			.718	
옳은 일을 알려준다			.476	
또래에게 말을 안 건다				.799
혼자서 논다				.747
아이들과 함께 있기를 꺼린다				.724
놀이에 무관심하다				.705
무심히 쳐다본다				.656

Extraction Method: Principal Component Analysis.
Rotation Method: Varimax with Kaiser Normalization.

a Rotation converged in 5 iterations.

요인부하량은 각 문항 또는 변수의 가중치를 나타내는 것으로 요인간의 상관이 없다고 가정했을 때 각 문항 또는 변수와 요인간의 상관관계로 해석하면 된다. 일반적으로 절대값이 0.3 이상인 경우 요인과의 상관이 의미가 있다고 해석한다. 각 문항들을 살펴보면, '남을 괴롭힌다'부터 '고함을 지른다'까지의 8개 문항은 유아가 보여주는 공격적 행동을 보여주므로 '공격성'이라고 명명하는 것이 나을 것이다. '남들이 무시한다'부터 '고립된다'의 7개 문항들은 다른 유아들로부터 배척당하는 내용에 해당되므로 '배척', '남을 도와준다'부터 '옳은 일을 알려준다'의 6개 문항들의 내용은 타인에 대한 배려 또는 친절한 행동을 의미하므로 '배려', 그리고 마지막의 요인에 해당하는 '또래에게 말을 안 건다'부터 마지막의 '무심히 쳐다본다'의 5개 문항은 '외로움'으로 명명할 수 있을 것이다. 요인행렬표에서 여러 다른 요인과 상관이 높은 문항이나 변수는 특정한 요인과 관련이 없으므로 적합한 문항이라고 할 수 없기 때문에 수정하거나 검사에서 제외하는 것이 좋을 것이다.

6 신뢰도

신뢰도(reliability)란 안정성(stability), 일관성(consistency), 그리고 예측가능성(predictability) 등과 관련이 있는 개념으로서 같은 검사를 동일대상에게 두 번 이상 실시했을 때 그 결과가 얼마나 일관성 있는가를 보여 주는 것을 의미한다. 그러므로 검사가 어떤 대상을 일관성 있게 측정한다면 그 검사는 신뢰할 만하다고 볼 수 있다. 검사에 신뢰도가 높다면, 동일인을 대상으로 여러 번 검사를 실시해도 그 결과점수는 대체로 동일하게 유지될 것이다. 그러나 동일한 사람에게 동일한 검사를 실시한다 해도 검사점수는 일반적으로 어느 정도 변하게 된다. 이는 측정의 오차가 작용하기 때문이다. 이런 측정의 오차는 여러 가지 요인에 의해서 영향을 받게 되는데, 주로 검사자의 상태나 지시, 학습효과, 피검자의 검사 받는 시기, 장소, 기분, 건강상태, 그리고 검사문항 표집에 따른 오차 등이 중요한 요인들이다.

물리학이나 화학 등의 분야에서는 이러한 측정과정에서의 오차를 알아보기 위해서 동일한 대상을 반복측정하여 점수의 변산 정도를 나타내는 측정의 표준오차를 계산하여 측정과정이나 도구의 신뢰도를 구하고, 이런 오차의 한계를 고려하여 측정 결과를 해석한다. 하지만 인간을 대상으로 하는 경우에는 측정에 의해 인간이 지속적으로 변화(예를 들면, 학습이나 피로 등에 의해)되기 때문에 한 사람을 반복측정하는 대신에 여러 사람을 동시에 측정하여 오차의 정도를 추정할 수밖에 없다. 이때 오차는 측정대상이 되는 어떤 특정한 개인과는 관계없이 무선적으로 작용한다는 것을 가정하게 된다. 그러므로 신뢰도를 추정할 때 검사점수 분산 가운데 어느 정도가 측정오차에 의한 것이고, 어느 정도가 진점수의 분산에 의한 것인지를 알아내야 한다. 만약 검사의 신뢰도계수(reliability coefficient)가 0.75라면 관찰점수 분산의 75%는 진점수 분산에 의한 것이라는 해석이 가능하다. 그러나 정확한 진점수를 얻는 것은 불가능하기 때문에 측정오차가 어느 정도일지를 추정해서 신뢰도를 구하게 된다.

신뢰도를 검증하기 위해서 이용되는 척도는 간격척도나 비율척도, 이항(0 또는 1로 구성된)자료이어야 하며, 명목척도는 원칙적으로 불가능하지만 상황에 따라 가능하기도 하다. 예를 들어, 평정자간 일치도(5장. 교차분할분석 참조)를 이용하면 평정자간의 신뢰도를 구할 수 있다.

1) 검사-재검사법

검사-재검사법(test-retest method)은 새로 개발된 검사를 한 집단에게 실시하고, 일정한 시간이 경과한 후 동일한 집단에게 다시 실시한 뒤, 두 검사점수간의 상관을 구하여 계산한 신뢰도 추정치를 말한다. 이 상황에서 두 검사점수간의 상관이 낮게 나온다면 신뢰도가 낮다는 것을 의미한다. 이는 마치 고무줄에 눈금을 매긴 줄자를 이용하여 허리둘레를 측정하는 것과 같다. 매번 측정할 때마다 결과가 달라진다는 의미이기 때문이다.

이 방법은 서로 다른 시점에서 사람들이 얼마나 일관성 있게 반응하는지를 알아봄으로써 신뢰도 추정치를 구하는 방법이다. 그러므로 두 검사점수 사이의 차는 측정오차에 기인한다고 가정할 수 있다. 여기서 말하는 측정오차란 개인의 일시적인 기분상태, 환경 및 기후의 영향, 실수, 실시 상의 오류, 채점 등이 될 것이다. 그러나 이 방법에서 가장 고려해야 할 점은 과연 두 검사간의 시간간격을 어느 정도로 두느냐에 있다. 이 물음에 대한 명확한 답은 없으며, 검사의 목적에 따라 신중하게 고려되어야 한다. 일반적으로 검사간의 간격이 짧으면 신뢰도는 높아지고, 너무 길면 신뢰도는 낮아진다. 기간이 너무 짧아서 사람들이 답을 기억하게 되면, 첫 번째의 검사가 재검사에 영향을 미치게 되는 이월효과(carry-over effect)를 내게 된다. 반면에 시간 간격이 너무 길어서 성숙의 효과, 또는 측정대상의 속성이나 특성의 변화 등이 나타나서도 안 될 것이다.

2) 동형검사법

동형검사법(alternate form method)은 연구자가 개발한 새로운 검사와 여러 면(내용, 반응과정, 난이도, 통계적 특성 등)에서 유사한 기존의 다른 검사를 같은 집단에게 실시해서 두 검사점수간의 상관을 구하여 검사의 신뢰도를 알아보는 방법이다. 완전하게 동질적인 검사를 만들어냈다면, 사람들의 두 검사점수는 동일해야 한다. 그러나 만약 점수에 차이가 있다면 그것은 측정오차에 기인한 결과라는 결론을 내리게 되고, 측정오차가 어느 정도나 되는지를 추정함으로써 검사의 신뢰도를 구하게 된다. 예를 들어, 먼저 개발한 검사 A를 한 집단에게 실시하고, 동형의 검사 B를 응답자들이 피곤을 느끼지 않을 정도의 시간을 주고 동일집단에게 실시한 후, 두 검사점수 사이의 상관계수를 구하면 이 계수가 바로 신뢰도 추정치가 된다. 이 계수를 동등계수라고도 하며, 이 계수가 클수록 두 검사를 상호교환해서 사용할 수 있다. 한편, 검사를 두 번 실시할 때 발생할 수 있는 순서효과가 있는지를 알아보기 위해 전체응답자를 무선적으로 반으로 나눈 뒤, 첫 번째 집단에게서는 검사 A, 검사 B의 순으로 실시하고, 두 번째 집단에게는 그 반대로 검사 B, 검사 A의 순으로 실시하여 두 상관관계를 구하는 것도 바람직한 방법이다. 그러나 동형의 검사를 개발하는데 시간과 비용이 많이 들고, 그러한 검사를 개발하기가 쉽지 않으며, 또한 두 검사가 동질적이라는 보장을 하기가 어렵다는 단점이 있다. 바로 이러한 문제점을 해결하고자 고안된 것이 반분법이다.

3) 반분법

동형 검사법과 검사-재검사법은 검사의 신뢰도 추정치를 구하기 위해 동형검사의 재실시, 또는 동일검사를 재실시해야 한다는 현실적인 어려움이 있다. 따라서 검사를 한번만 실시하여 신뢰도 추정치를 구하고자 할 때 사용할 수 있는 방법이 반분법(split-half method)과 내적일관성 방법이다. 반분법은 먼저 검사를 한 집단에게 실시하고, 전체검사문항들을 반으로 나누어서 하위검사 1, 2로 만든 다음, 두 하위검사에서 얻은 점수 사이의 상관관계를 구하는 방법이다. 이 방법은 하위검사 2를 동형검사로 간주한다. 이 방법의 장점은 검사를 한 번만 실시하면 되기 때문에 시간과 비용면에서 많은 절약을 할 수 있지만, 전체문항들을 반으로 나누는데 많은 방법이 있으며, 각 방법에 따라 신뢰도 추정치가 달라진다는 단점이 있다. 또한 문항수가 많아질수록 반으로 나누는 방법도 많아지기 때문에 이것 역시 현실적으로 좋은 방법이라고 할 수는 없다. 참고로 전체문항수가 20개인 경우 이를 반으로 나누는 방법은 20×19/2 =190가지가 된다.

4) 내적일관성

반분법은 검사를 어떤 방식으로 나누는가에 따라 그 방식의 개수만큼 신뢰도 추정치가 많아진다는 문제점이 있다. 그래서 이러한 문제점을 제거하고 단일추정치를 계산해내기 위한 방법들이 모색되었는데, 이를 내적일관성 방법(internal consistency method)이라고 한다. 반분법은 반으로 나누어진 하위검사 2가 하위검사 1과 동형이라는 가정 하에 신뢰도계수를 구하기 때문에 동형법과 동일한 개념 하에서 이해할 수 있다. 마찬가지로 내적일관성 방법 또한 문항 하나하나를 검사로 생각하면 동형법과 같은 개념으로 이해할 수 있다. 만약 문항들이 동질적이라면 사람들이 각각의 문항에 얼마나 일관성 있게 답했는지를 파악함으로써 검사의 신뢰도를 추정할 수 있다. 이때 각 문항에서 사람들의 점수가 일관성 있게 나타날수록 그 검사의 신뢰도는 높을 것이다.

내적일관성 방법에 의해 신뢰도 계수를 추정하는 데는 여러 방법이 있는데, 가장 많이 사용되는 방법이 Cronbach(1951)가 만들어낸 α이다. Cronbach α는 Likert

식의 태도조사나, 또는 적성검사와 같이 정답/오답으로 양분되는 이항자료로 구성되는 검사 등 다양한 검사에 적용이 가능하다. 또한 α는 SPSS 같은 컴퓨터 프로그램을 이용해서 쉽게 구할 수 있기 때문에 대표적인 내적일관성 계수이다.

Cronbach(1951)는 α계수의 올바른 해석에 대하여 다음과 같이 논의하고 있다. 첫째, 검사의 α계수가 높으면, 이는 문항들간의 정적 상관이 높음을 의미한다. 따라서 내적일관성의 지표로만 사용될 뿐이지 검사점수의 안정성이나 동형검사에서 점수의 동등성에 관한 정보는 주지 못한다. 둘째, α계수는 모든 가능한 반분법으로 구한 신뢰도계수들의 평균과 같다. 셋째, α계수가 높다고 해서 검사문항들이 반드시 하나의 차원만을 측정하는 것은 아니다. α계수는 문항간 공분산의 영향을 받게 되는데, 문항간 공분산이 크다는 말은 하나 이상의 요인이 존재할 가능성이 있음을 뜻한다. 하나의 요인만이 존재할 경우 응답자의 각 문항에 대한 값은 일정하게 되고 따라서 문항간 공분산은 낮아진다.

한편, Cronbach α가 Likert식 척도나 양분채점 문항에 상관없이 사용될 수 있는 방법인데 반해서 Kuder-Richardson이 제안한 공식은 이분채점문항에만 사용될 수 있는 방법이다. 즉, 적성검사의 사지선다형에서와 같이 정답/오답이 있어 특정 문항에서 정답을 한 경우는 1점, 오답을 한 경우는 0점으로 점수를 할당하는 경우의 내적일관성 계수를 구할 때 사용할 수 있다.

7 신뢰도의 계산

검사-재검사 신뢰도와 동형검사 신뢰도는 앞의 7장에서의 상관계수를 이용하면 되므로 여기에서 설명하지 않을 것이다. 또한 두 변수가 명목척도일 경우의 평정자간 일치도 역시 일종의 신뢰도로서 교차분할분석에서 설명하였으므로 언급하지 않을 것이다. 여기에서는 내적일관성 지수인 Cronbach α와 Kuder-Richardson의 계수를 중심으로 설명할 것이다.

1) 신뢰도를 계산하기 위한 데이터

내적일관성 계수인 Cronbach α를 이용하여 신뢰도를 점검하여 보기로 하겠다. 다음의 문항들은 직무 스트레스에 대한 반응을 알아보는 검사문항들의 일부이다. 직무 스트레스의 반응은 크게 신체적 긴장, 심리적 긴장, 그리고 직무상 긴장으로 나눌 수 있는데 다음의 문항들은 신체적 긴장에 관련된 문항들이다. 이들 문항에 대해 Likert 5점 척도로 측정한 결과의 일부를 다음의 데이터에 표시하였다. 데이터에는 변수명이 item 11~item 17까지가 아래의 문항에 대한 응답에 해당되며, item21부터는 연습을 위한 것으로 해당 문항의 내용은 데이터를 참조하기 바란다.

1) 뒷골이 땡기고 아프다
2) 머리가 자주 아프다
3) 종종 어깨나 목덜미가 뻣뻣하다
4) 아침에 일어난 후에도 잔 것 같지 않다
5) 까닭없이 피곤할 때가 있다
6) 아무도 모르는 곳에 가서 혼자 쉬고 싶다
7) 종종 팔다리가 떨리거나 쥐가 난다

신뢰도 분석을 진행하기 위해서는 다음의 순서를 따라하면 된다.

<표12-3> 신뢰도 분석을 위한 데이터

번호	item11	item12	item13	item14	item15	item16	item17	item21	item22	item23	item24	item25	item26
1	4	3	3	4	5	1	3	1	1	1	1	1	3
2	2	2	5	4	3	5	1	1	3	3	1	2	2
3	3	2	2	3	4	4	2	1	1	1	1	1	2
4	2	4	3	4	5	5	2	2	1	3	3	5	1
5	3	3	5	5	4	1	2	1	1	1	1	1	2
6	5	4	5	5	4	5	3	3	3	4	3	3	3
7	1	1	1	1	2	1	1	1	1	1	1	1	1
8	5	5	5	5	5	5	1	1	1	1	1	1	1
9	5	5	5	3	5	5	4	4	3	4	2	4	4
10	2	2	2	3	3	1	1	1	1	1	1	2	1
11	3	3	3	3	4	3	3	4	5	3	3	2	2
12	5	5	5	3	4	5	2	2	4	3	1	2	5
13	1	1	1	2	4	1	1	1	1	1	1	1	1

번호	item11	item12	item13	item14	item15	item16	item17	item21	item22	item23	item24	item25	item26
14	5	5	4	4	5	5	4	4	4	4	3	5	4
15	1	1	1	4	4	4	1	1	1	2	1	4	1
16	1	1	2	1	2	3	1	1	2	1	1	1	1
17	1	1	1	1	1	1	1	1	1	1	1	1	1
18	3	3	4	3	4	3	2	3	3	3	2	1	3
19	1	1	1	1	2	1	1	1	1	1	1	1	1
20	4	4	1	1	5	1	3	1	1	3	2	1	2
21	1	1	3	1	3	2	1	1	1	1	1	1	1
22	1	1	2	1	2	1	1	1	1	1	1	3	1
23	3	2	3	2	3	1	1	1	1	1	1	3	1
24	2	2	1	1	2	5	1	1	1	1	1	1	1
25	5	5	5	5	5	5	1	1	1	1	1	1	5
26	5	4	5	4	4	5	4	1	1	1	1	1	1
27	1	1	1	1	3	2	1	2	1	3	1	1	1
28	2	2	3	4	5	3	1	2	2	5	5	2	2
29	1	1	2	2	1	1	1	1	1	1	1	1	1
30	1	1	1	1	1	1	1	1	1	1	1	1	1
31	1	2	3	2	1	1	1	1	1	1	1	2	1
32	1	1	2	3	4	1	1	1	1	1	1	3	2
33	1	1	2	1	2	2	1	1	1	1	1	3	1
34	4	3	5	5	3	5	2	2	2	2	2	4	2
35	2	2	2	2	2	2	2	2	1	2	2	2	2
36	3	2	4	3	4	4	2	2	2	2	2	4	2
37	2	1	2	1	3	1	1	1	1	1	2	2	1
38	1	1	2	2	4	2	2	1	1	1	1	2	1
39	3	3	4	4	4	4	1	1	4	4	4	5	1
40	3	3	5	2	4	3	4	1	1	1	1	1	1
41	1	1	2	2	3	2	1	2	1	1	1	2	1
42	1	1	1	1	1	1	1	1	1	1	1	1	1
43	1	1	1	1	2	1	1	1	1	1	1	1	1
44	3	3	2	2	3	5	5	5	5	5	5	5	4
45	5	4	4	5	5	5	4	1	1	1	1	1	1
46	1	1	4	2	2	5	2	2	1	1	1	2	2
47	2	2	2	2	3	2	1	1	1	1	1	1	1
48	2	2	3	2	3	2	1	2	1	2	2	2	1

1) 신뢰도 분석을 위해 reliabl.sav 파일을 불러온다.

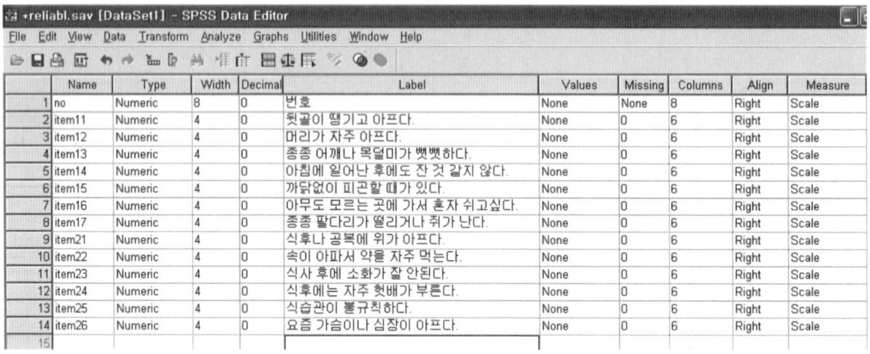

[그림12-8] reliabl.sav 파일의 내용

2) 분석[Analyze] -> 척도화분석[Scale] -> 신뢰도분석[Reliability Analysis...]을 선택한다.

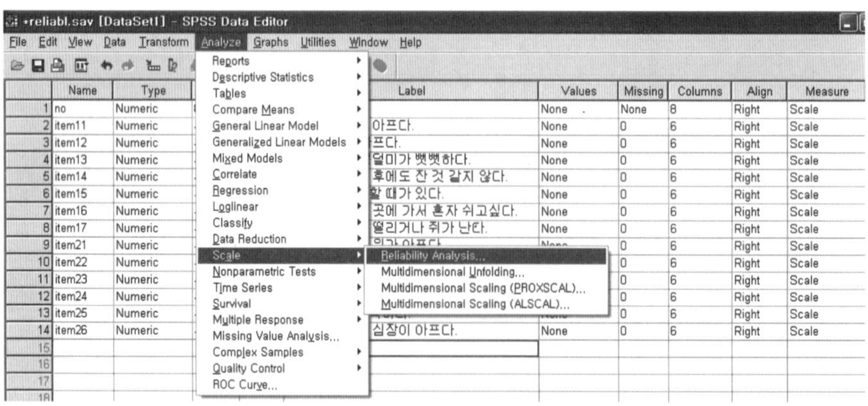

[그림12-9] 신뢰도분석을 선택한다.

3) 대화창에서 item11~item17까지의 변수를 선택하여 오른쪽으로 이동시킨다.

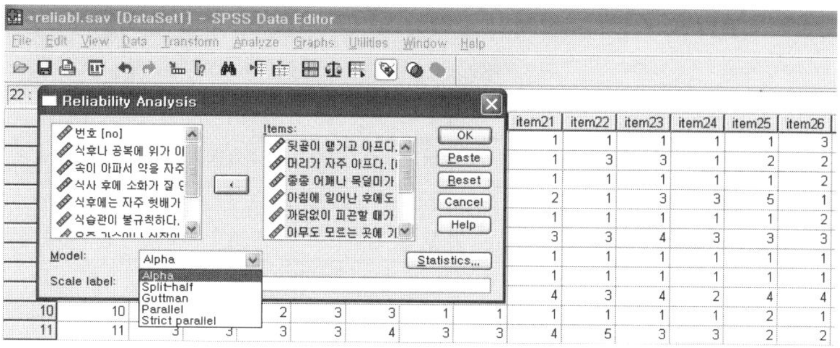

[그림12-10] 신뢰도 분석을 위한 변수들의 선택

왼쪽 아래의 모델[Model]에는 Alpha가 기본설정 값으로 지정되어 있지만, 오른쪽에 있는 화살표를 클릭하면 SPSS에서 선택할 수 있는 모델들이 나타나 필요한 모델을 지정할 수 있다. 여기에서는 기본설정인 알파[Alpha]를 선택한다.

- 알파[Alpha] : 기본설정값으로 Cronbach α와 문항들을 표준화한 후의 Cronbach α를 계산해준다.
- 반분계수[Split-half] : 반분계수로 반분 신뢰도를 계산한다. 척도의 문항들을 전후로 나누어 반분하며 짝수의 경우 전반과 후반으로 나누며, 홀수의 경우 가운데에 해당하는 문항을 전반에 포함하여 신뢰도를 계산한다.
- Guttman : 신뢰도에 대한 Guttman의 하한값을 계산해준다.
- 동형[Parallel] : 각 문항의 분산이 동일하다는 가정 하에 최대우도 추정치를 계산해준다.
- 절대동형[Strict parallel] : 각 문항들의 분산과 평균이 동일하다는 가정 하에 최대우도 추정치를 계산해준다.

4) 대화창의 오른쪽 상단에 있는 확인[OK] 단추를 눌러 결과를 확인한다. 필요시 대화창 오른쪽 아래의 Statistics.. 단추를 눌러 필요한 통계량들을 선택할 수 있다.

<표12-4> 신뢰도분석의 요약값 및 Cronbach's α 결과물

Case Processing Summary

		N	%
Cases	Valid	48	100.0
	Excluded(a)	0	.0
	Total	48	100.0

a Listwise deletion based on all variables in the procedure.

Reliability Statistics

Cronbach's Alpha	N of Items
.919	7

<표12-4>의 결과물을 보면, 첫 번째 표에는 신뢰도 계산을 진행하기 위해 몇 명의 데이터가 사용되었는지를 요약한 내용이 들어 있다. 여기에서는 48명의 데이터가 사용되었으며 누락치가 없어서 계산에서 제외된 사례가 없었고, 따라서 전체 48명이 그대로 분석에 사용되었음을 보여주고 있다. 아래의 신뢰도 표에서 Cronbach's Alpha 값을 보면, 내적일관성 계수가 0.919로서 매우 양호한 것을 알 수 있으며, 그 오른쪽에는 이를 계산하기 위해 사용한 문항이 7문항이라는 표시가 되어 있다.

Cronbach's Alpha는 여러 가지로 해석할 수 있다. 알파는 현재 검사 또는 척도와, 동일한 수의 문항으로 구성되어 있는 다른 모든 가능한 검사나 척도간의 상관으로 볼 수 있는데 그 검사나 척도는 관심 특성을 측정하는 문항들의 가상적 모집단으로부터 구성될 수 있다. 예를 들어, 직무스트레스 반응 척도에서 척도를 구성하기 위해 실제로 사용된 일곱 개의 문항들은 많은 가능한 문항들의 모집단에서 추출된 하나의 표본으로 볼 수 있다. 머리가 자주 아픈지, 까닭 없이 피곤함을 느끼는지의 여부 외에도 직무 스트레스에 대한 반응으로 수많은 다른 반응들을 물어볼 수 있을 것이다. Cronbach's Alpha는 현재의 척도와 동일한 내용을 측정하는 모든 다른 7개 문항으로 구성된 척도간의 상관을 얼마로 예상할 수 있는지를 알려준다.

Cronbach's Alpha의 다른 해석은 특정 척도 상에서 한 개인이 획득할 수 있는 점수(관찰 점수)와 문항들의 모집단에서 가능한 모든 문항을 물었을 때 얻으리라 예상되는 점수(실제 점수)간의 상관자승(squared correlation)이다.

알파는 상관계수처럼 해석될 수 있기 때문에 그 범위는 0에서 1까지의 값을 갖는다. 부적인 알파 값은 문항들이 서로 간에 정적으로 상관되어 있지 않거나 신뢰도 모형에서 위배되어 있을 경우에 발생할 수 있다.

Cronbach's Alpha는 척도에서 사용한 문항의 개수, 그리고 척도내의 문항간의 상관에 좌우된다는 점을 기억해 두어야 한다. 예를 들어, 10개 문항으로 구성된 척도에서 문항들 간의 평균상관이 .2라면 알파는 .71이 된다. 그러나 문항수가 25개로 늘어난다면 .86이 된다. 따라서 척도에 사용된 문항의 개수가 충분히 많다면 평균적인 문항간 상관이 작을 때라도 신뢰도 계수 알파는 커지게 된다.

2) 내적 일관성 평가에 필요한 통계량들의 계산

우리가 척도를 요약할 때, 우리는 개별적인 문항의 특성, 전반적인 척도의 특성, 그리고 개별적인 문항과 전체 문항과의 관계 등에 대해 고찰해보길 원한다. 이를 위해서는 오른쪽 아래에 있는 Statistics.. 단추를 눌러 필요한 옵션을 선택하면 된다. 아래의 [그림12-11]을 보면, 4개의 상자에 주로 필요한 옵션들이 있음을 알 수 있을 것이다. 왼쪽 상단[Descriptives for]은 기술통계량들이 필요할 때 선택할 수 있는 옵션들이 있으며, 오른쪽 상단[Inter-Item]은 문항들 간의 상관이나 공분산을 구할 때 사용한다. 왼쪽 아래의 요약값[Summeries]은 각 문항과 나머지 전체와의 관계를 알고자 원할 때 사용하는 것으로 척도의 문항을 선별하고자 할 때 유용하다. 오른쪽 아래의 상자는 분산분석을 진행하고자 할 때 선택한다.

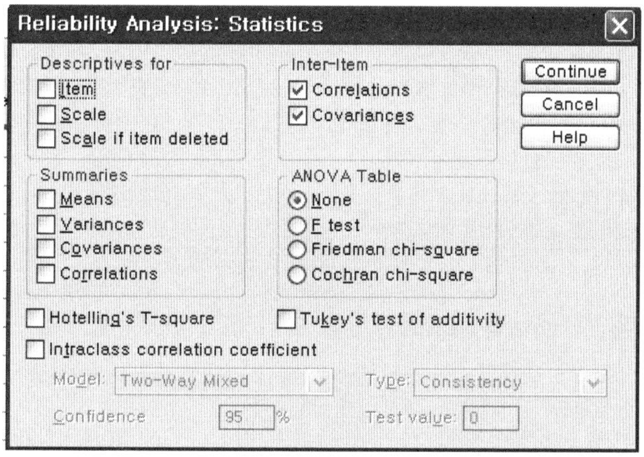

[그림12-11] 신뢰도분석의 통계량 선택상자

기술통계량을 구하고 싶으면, 왼쪽 위의 옵션들을 선택한다. 이 옵션들을 선택하면 개별적인 문항의 기술통계량, 척도 전체의 기술통계량, 특정 문항이 제외되었을 경우의 기술통계량과 알파값을 제공해준다.

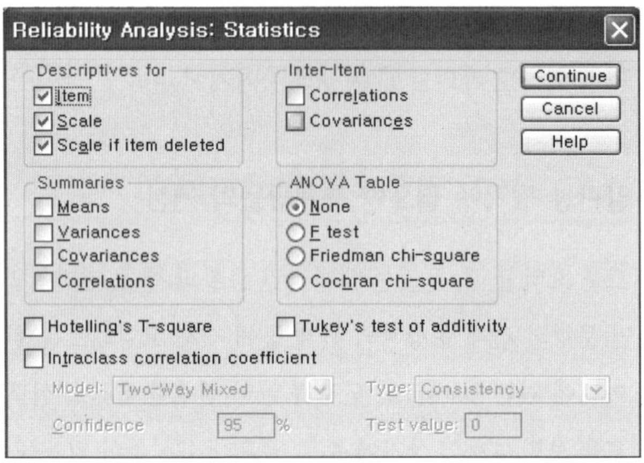

[그림12-12] 신뢰도분석의 통계량에서 기술통계량을 선택

<표12-5>는 기술통계량을 선택하여 계산된 각 문항별 기술통계량의 결과물이다.

<표12-5> 각 문항별 기술통계량 결과물

Item Statistics

	Mean	Std. Deviation	N
뒷골이 땡기고 아프다	2.416667	1.485151	48
머리가 자주 아프다	2.291667	1.367687	48
종종 어깨나 목덜미가 뻣뻣하다	2.8125	1.468191	48
아침에 일어난 후에도 잔 것 같지 않다	2.583333	1.396551	48
까닭 없이 피곤할 때가 있다	3.270833	1.267257	48
아무도 모르는 곳에 가서 혼자 쉬고 싶다	2.791667	1.687984	48
종종 팔다리가 떨리거나 쥐가 난다	1.770833	1.115454	48

<표12-5>의 각 문항별 기술통계량을 살펴보면, 7번째 문항인 '종종 팔다리가 떨리거나 쥐가 난다'는 평균이 1.78로 가장 낮은 값이면서 표준편차도 작은 것으로 나타났으며, 5번째 문항인 '까닭 없이 피곤할 때가 있다'는 평균이 가장 높은 것으로 나타났다.

<표12-6> 척도 전체에 대한 기술통계 결과물

Scale Statistics

Mean	Variance	Std. Deviation	N of Items
17.9375	65.37899	8.085728	7

<표12-6>은 척도 전체의 평균과 분산, 표준편차를 보여주고 있다.

<표12-7> 각 문항이 제거되었을 때의 기술통계 및 α에 대한 결과물

Item-Total Statistics	Scale Mean if Item Deleted	Scale Variance if Item Deleted	Corrected Item-Total Correlation	Cronbach's Alpha if Item Deleted
뒷골이 땡기고 아프다	15.52083	45.44637	0.885286	0.891699
머리가 자주 아프다	15.64583	46.957	0.883016	0.893053
종종 어깨나 목덜미가 뻣뻣하다	15.125	47.64362	0.768682	0.904656
아침에 일어난 후에도 잔 것 같지 않다	15.35417	48.61658	0.760565	0.905501
까닭 없이 피곤할 때가 있다	14.66667	50.95035	0.708779	0.910878
아무도 모르는 곳에 가서 혼자 쉬고 싶다	15.14583	46.63785	0.689297	0.916136
종종 팔다리가 떨리거나 쥐가 난다	16.16667	54.52482	0.583366	0.921872

<표12-7>을 보면, 각 문항이 제거되었을 때의 기술통계량 및 α값이 제시되어 있다. 이 결과물을 이용하여 특정 문항이 해당 척도에 적합한지의 여부를 판단할 수 있다. 예를 들어, '종종 팔다리가 떨리거나 쥐가 난다'는 문항이 제거되었을 때 α값이 0.922로 약간 상승하는 것으로 나타났다. 따라서 7개의 문항 중 하나를 제거해야 된다면 이 문항을 최우선적으로 제거해야 할 것이다.

<표12-7>의 첫 번째 칼럼은 각 문항에 대해서, 척도에서 그 문항이 제외되었을 경우의 평균점수가 어떻게 변화될 것인지를 보여주고 있다. 예를 들어, <표12-6>에서 척도의 평균은 17.9라는 것을 알 수 있었다. 만일 문항1 이 척도에서 제외된다면 평균값은 15.5가 될 것이다. 이 값은 척도의 평균에서 그 문항의 평균값을 뺀 값이다. 다음 칼럼은 척도에서 그 문항이 제외되었을 경우의 척도의 분산을 보여준다. CORRECTED ITEM-TOTAL CORRELATION 이라는 레이블이 붙은 칼럼은 개별 문항의 점수와 그 나머지 문항의 점수의 합간의 Pearson 상관계수이다. 예를 들어, 문

항7과 문항1에서 문항6까지의 합계간의 상관은 0.583이다. 이는 일곱 번째 문항과 나머지 여섯 문항 간의 상관이 그다지 높지 않다는 것을 보여주고 있다. 반면에 문항1은 다른 문항간의 상관이 0.885로 매우 높은 편이다.

제13장

비모수검정

1 비모수통계 분석에 대한 개요

1) 모수통계와 비모수통계

지금까지 이 책에서 알아 본 내용의 대부분(t-검정에서 중다회귀분석까지)은 모수통계 방법에 해당된다. 다시 한번 언급한다면, 모수통계 방법(parametric statistical test)은 표본을 추출하는데 있어 모집단에 대한 몇 가지 조건(또는 가정)들을 전제로 하고 있는 통계방법이다. 예를 들어, 모집단이 정상분포를 이루고 있다고 가정하고 있으며 또한 자료가 최소한 등간척도로 측정되었을 때 적용할 수 있다. 모수적 통계 기법들은 이러한 가정들이 타당하다는 전제를 기초로 하여 결과의 유의미성을 결론짓는다. 하지만 모수통계 방법을 적용하기 위해 필요한 여러 가지 조건들이 언제나 만족되는 것은 아니다. 예를 들어, 명목척도나 서열척도로 측정된 자료를 이용해야 할 경우도 있다. 또는 모집단의 분포가 정상분포가 아닌 경우도 있으며 표본의 크기가 작은 경우도 있다.

그러한 경우에 교차분할분석에서 살펴 본 χ^2검정을 적용할 수 있다(χ^2 역시 비모수통계에 해당되며 가장 많이 사용되는 비모수검정 방법이다). 이처럼 모수통계가 지니는 여러 가지 기본가정이나 전제조건들을 자료가 만족할 수 없을 때 사용할 수 있는 통계방법이 필요하며, 이러한 상황에 사용할 수 있는 통계적 방법이 비모수검정(non-parametric statistical test)이다. 대부분의 비모수통계 방법은 자료들의 분포에 대한 가정을 요구하지 않는다. 이 같은 의미에서 비모수통계적 절차들을 분포로부터 자유로운(distribution-free) 통계절차라고 부른다.

비모수적 통계방법은 매우 일반적인 조건들만 충족하면 되며, 표집분포에 대한 어떤 가정도 필요하지 않다. 즉, 모집단이 정상분포를 이루어야 하거나, 모집단은 동일한 변량을 가져야 한다는 가정을 요구하지 않으며, 또한 자료가 등간척도에 의해 측정되지 않아도 된다. 비모수적 방법은 서열척도나 명목척도로 측정된 자료를 분석하는데 유용하게 쓰인다(실상은 더 적절한 방법이다).대부분의 비모수적 통계방법을 적용하는데 필요한 가정 중의 하나가 관찰치들이 독립적이어야 한다는 것이나, 이 가정 역시 모수적 방법에 비해 훨씬 미약하다. 또한 앞으로 보겠지만, 비모수적 절차들은 모집단에 대한 가설이 모수적 방법과는 다른 방식으로 이루어진다.

SPSS/WIN에서 비모수통계를 실시하는데, 사용하는 비모수검정(NPAR TEST) 메뉴에는 모두 18가지의 방법이 포함되어 있다(<표13-1> 참조).

2) 비모수통계 방법의 장점

이미 앞에서 언급했듯이, 이 장에서 다루는 비모수적 방법들은 주로 명목척도나 서열척도로 측정된 자료들에 적용시킬 수 있는 방법이며 모수통계 방법에 비해 아래와 같은 여러 가지 장점을 지니고 있다. 그러한 이유로 때로는 등간 이상의 자료를 서열이나 명목형 자료로 변환하여 비모수통계 분석을 적용할 수도 있을 것이다.

① 표본의 크기가 작고, 모집단이 "정확하게 알려져" 있지 않다면, 비모수검정을 사용하는 것이 최선의 방법이 된다.

② 비모수검정은 자료에 대한 가정이 모수검정보다 더 적으며, 구체적인 상황에 더 응용력이 있다(가설검정이 모수검정보다 더 적절할 경우가 많다).

③ 비모수검정은 서열이나 유목으로 되어 있는 자료를 분석하는데 훨씬 적절하다. 특히 사회과학분야에 있어 자료의 속성을 더 잘 반영하는 적절한 가설검정이 가능하다. 왜냐하면 사회과학에서의 대부분의 변수는 사실상 등간의 속성보다는 서열의 속성을 지니고 있기 때문이다. 예를 들어, 불안을 측정하였다고 했을 때, A라는 피험자는 B라는 피험자보다 더 불안을 느낀다고 말

할 수는 있지만 정확하게 "얼마만큼 더" 불안하다고 말할 수 없는 것이다. 이처럼 자료가 순위의 속성을 갖거나 +나 -(더 많은/ 더 적은, 또는 더 좋은/ 더 나쁜)로 부호화 될 수 있다면, 비모수검정을 적용할 수가 있다. 반면 서열자료나 유목자료는 모수검정의 기본 가정에 위배되기 때문에 비현실적인 가정을 하지 않고는 이러한 자료를 처리할 수 없다.

④ 비모수검정은 단순한 유목적인 관찰치들로 구성된 표본을 분석하는데 적절하다. 반면, 모수검정에서는 번거로운 계산과정을 거치지 않고는 이러한 자료들을 적절히 다루지 못한다.

⑤ 비모수검정 방법은 모수검정 방법보다 배우기 쉽고 적용하기 쉽다. 더욱이 검정결과의 해석이 모수검정에서보다 더 직접적이고 간편하다.

3) 비모수통계 방법의 단점

만약 자료들이 모수통계의 가정을 충족하고 있다면, 비모수검정 방법은 그다지 가치가 없다. 왜냐하면 일반적으로 비모수검정은 모수검정에 비해 검정력이 약하기 때문이다. 비모수검정 방법은 모수검정을 부적절하게 사용하는 것 보다는 나은 방법이지만, 다음과 같은 단점이 있다.

① 일반적으로 모수검정 방법에 비해 검정력이 약하다. 따라서 자료가 모수통계에 대한 가정들을 만족하고 있다면, 그에 맞는 모수통계 기법을 사용하는 것이 더욱 좋다.

② 비모수적 검정방법의 계산공식들이 때로는 다소 모호하여 비모수검정 방법 자체가 비체계적인 것으로 보이게 한다. 그러나 이러한 지적이 어느 정도 사실이기는 하지만, 등간 이상의 척도로 측정한 자료를 서열 자료로 변환시켜 비모수검정을 한 결과와 모수검정을 한 결과를 비교해보면 그 결과에 그다지 큰 차이가 없는 것으로 밝혀졌다. 따라서 이 문제는 그다지 고민하지 않아도 될 듯하다.

4) SPSS/WIN으로 이용 가능한 비모수적 검정방법

다음 절부터 다루는 비모수검정 방법들은 주로 명목척도나 서열척도로 측정된 자료에 대한 가설검정 방법을 기술한 것이다. 때로는 등간 이상의 자료를 서열형 자료나 범주형 자료로 변환하여 분석에 사용하기도 할 것이며, 비모수검정 방법을 최대한 활용할 수 있도록 범위를 확대하여 서술할 것이다. 또한 교차분할분석에서 설명한 χ^2검정 역시 가장 많이 사용되는 비모수검정방법이지만 이미 설명하였으므로 여기에서는 단일 표본의 경우에만 설명을 한다.

<표13-1> 측정의 수준과 표본의 개수 및 특성에 따른 SPSS/WIN의 비모수검정 방법

측정수준	1표본 (one sample)	2-표본		k-표본	
		대응 2-표본 (related two samples)	독립 2-표본 (two-independent samples)	대응 k-표본 (several related samples)	독립 k-표본 (several independent samples)
명목척도	카이제곱 검정 이항(Binomial) 검정	멕네마(McNemar) 검정	카이제곱 검정 (교차분할 참조)	코크란(Cochran) Q 검정	카이제곱 검정 (교차분할 참조)
서열척도	1표본 런(Runs) 검정 1표본 K-S (콜모고로프-스미노프) 검정	부호(Sign) 검정 윌콕슨(Wilcoxon signed rank) 부호순위 검정	맨-휘트니(Mann-Whitney) U 검정 K-S(콜모고로프-스미노프)검정 왈드-올포비츠(Wald-Wolfowitz run) 검정 모지스(Moses) 검정 (등간척도에도 적용 가능)	프리드만(Friedman) 검정 캔달(Kendall)의 일치도 W 검정	k 표본 중위수 (Median) 검정 크루스칼-월리스 (Kruskal-Wallis) 검정 Jonckheere-Terpstra test
등간이상	1표본 t-검정	대응표본 t-검정	독립표본 t-검정	2원 분산분석	1원 분산분석

* 위의 표에서 대응표본은 본문 속에서 상관 또는 종속집단을 의미한다. 따라서 위의 표에서 표본은 집단의 의미로 해석해야 할 것이다.

SPSS/WIN에서 채택하고 있는 비모수통계 방법을 측정의 수준과 표본의 특성에 따라 정리하면 <표13-1>과 같다. 이 표에서 “등간 이상”의 측정수준에 제시된 통계방법은 모수통계방법과 비교할 수 있도록 하기 위해 제시한 것이다.

5) SPSS/WIN의 비모수검정

SPSS/WIN의 비모수검정 메뉴는 크게 1표본(카이제곱, 이항, 런, 일표본 K-S)을 위한 검정과 독립 2-표본, 독립 K-표본, 대응 2-표본, 대응 K-표본으로 나뉜다. 이들 각각에 해당되는 검정방법은 이후에 개별적으로 설명될 것이다.

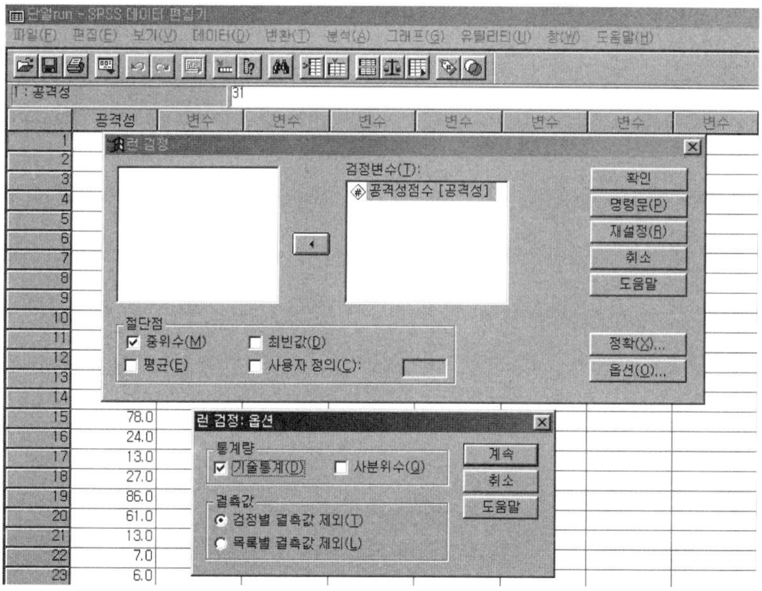

각 검정방법에는 '옵션' 단추가 있는데, 이를 선택하면 결과물에 기술통계와 사분위수를 포함시킬 수 있다. 그리고 결측값 처리방식을 지정할 수 있다. 기술통계에는 평균, 최댓값, 최솟값, 표준편차, 비결측 케이스 수 등이 포함되며 사분위수를 지정하면 25, 50, 75 백분위수에 해당하는 값이 결과물에 포함된다.

2 단일표본의 비모수검정

단일표본의 가설검정은 표본이 특정 모집단으로부터 무선적으로 추출되었는지의 여부를 주로 검정하는데 사용된다. 이러한 의미에서 이들 방법들을 종종 적합도 검정(goodness of fit)이라 한다. 이러한 가설검정의 전형적인 예는 특정 분포와 특성을 가진 모집단으로부터 표본이 무선적으로 추출되었는가를 알아보는 것이다. SPSS/WIN에서 사용할 수 있는 단일표본 가설검정방법으로는 단일표본 χ^2검정, 이항검정(binomial test), 콜모고로프-스미노프(Kolmogorov-Smirnov) 검정, 연(連; run) 검정이 있다.

1) 단일표본 χ^2 검정

① 단일표본 χ^2검정의 논리

많은 실험상황에서 연구자들은 관찰된 빈도와 이론적인 빈도를 비교하고자 한다. 관찰된 빈도는 직접적인 관찰이나 실험에 의해 경험적으로 얻어지며, 이론적인 빈도는 몇몇 가정을 기초로 만들어진다. χ^2(Chi-Square) 검정은 이러한 종류의 연구에 적합하며, 각 유목에 속하는 관찰된 빈도와 영가설에 의해 기대되는 빈도 사이에 유의미한 차이가 있는가를 검정한다는 점에서 적합도 검정(goodness-of-fit)의 일종이다. 즉, χ^2는 관찰빈도와 기대빈도간의 일치도를 검정하는 방법이라고 말할 수 있다. χ^2를 계산하는 공식과 그 논리는 이미 교차분할분석에서 설명하였으므로 여기에서 다시 언급할 필요는 없을 것이다.

② 단일표본 χ^2검정의 예

모 라면회사의 마케팅 관리자는 자신의 회사에서 생산하는 여섯 가지 종류의 라면이 소비자들에게 어떻게 인식되고 있는가에 대해 궁금해 하였다. 이를 알아보기 위해 300명의 가정주부들을 무선적으로 표집하여 그 회사에서 생산되고 있는 라면(A, B, C, D, E, F) 중 어느 라면을 가장 좋아하는지를 질문하여 각 라면이 선호되는 빈도수를 얻었다. 이 문제에서 알고자 하는 것은 기대되는 빈도와 관찰빈도간의 차이가 실제적인 것인지 아니면 우연에 의한 것인지의 여부이다.

따라서 영가설은 "A상품과 B상품, 그리고 각각 C, D, E, F 상품에서 기대되는 빈도는 동일하다"는 것으로, 다시 말해서, 소비자들은 그 회사에서 생산하고 있는 여섯 가지의 라면을 선호하는 정도는 차이가 없을 것이라는 진술이 된다. 반면에 대립가설은 "각 상품의 이론적 기대빈도는 다를 것이다"로 진술할 수 있다. 이때의 유의수준으로는 α=.05를 사용하였다.

데이터는 여섯 종류의 라면을 각각 1에서 6까지의 유목으로 하여 그 라면을 선호한다고 대답한 주부의 수를 입력하였다. 이때 선호한다고 응답한 주부의 빈도수를 가중치로 사용하여(WEIGH명령문) 300명에 대한 자료를 축약하여 입력하였다.

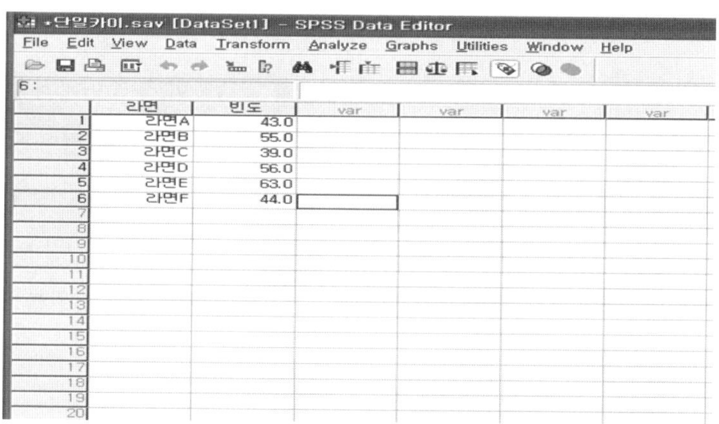

* 주의 : 데이터/가중케이스(W)...를 이용하여 가중치를 부여해야 함.

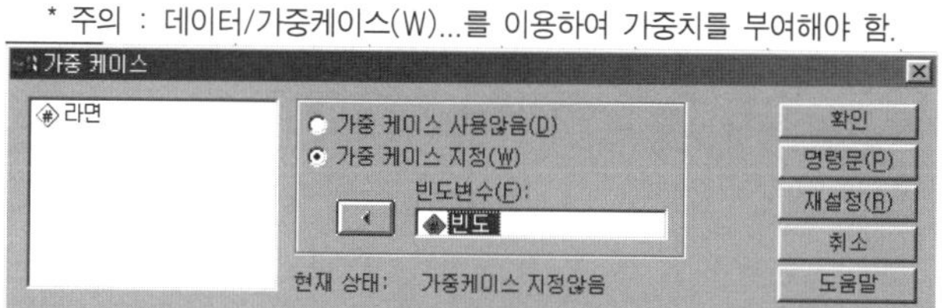

[그림13-1] 단일표본 χ^2 검정을 위한 데이터(파일명: 단일카이.sav)

데이터 메뉴/가중 케이스 → 가중 케이스 지정(W) 라디오 버튼을 선택한 다음 '**빈도**' 변수를 '**빈도변수(F):**'로 이동시킨다. 확인을 누르면 가중치가 부여된다.

분석 메뉴/비모수검정/카이제곱(C)...

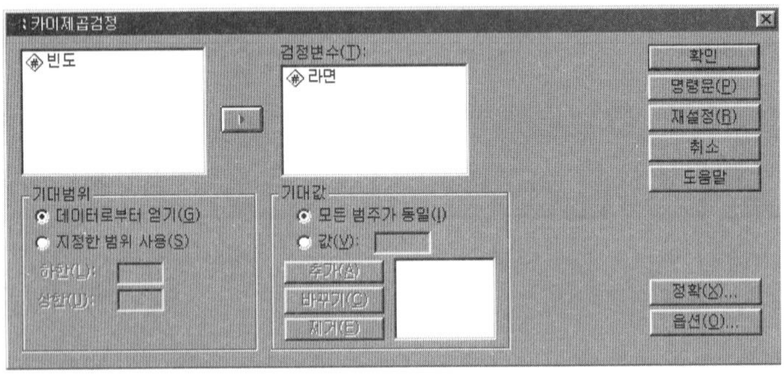

카이제곱검정의 대화상자에서 검정변수로 '라면'을 이동시킨다.

지금은 필요 없지만, 지정한 변수의 모든 값을 검정할 범주로 사용하지 않을 경우 대화상자의 아래에 있는 기대범위에서 '지정한 범위 사용(S)'의 버튼을 선택하고 분석하려는 범주의 상한값과 하한값을 지정하면 된다. 이때 주의할 점이 있다. 변수의 범위가 지정되었을 때, 그 범위내의 정수 값만을 인정하며 정수 이외의 값은 버리게 된다. 예를 들어, 하한 값을 1로 상한 값을 4로 지정하였을 때 실제 입력된 값에 1.5가 있다면 이는 분석에 사용되지 않으므로 1로 사용되므로 주의해야 한다(이러한 상황이 우려되면 미리 **변환 메뉴/코딩변경(R)**을 이용하거나 **변환메뉴/자동코딩변경(A)...**을 이용하여 정수 값으로 변환시켜 놓아야 한다). 또한 지정한 범위를 벗어나는 값은 분석대상에서 제외된다.

다음으로, 모든 범주의 기대값이 동일하지 않을 경우에는 검정하려는 기대빈도를 지정할 수 있다. 기대빈도를 지정하고자 하는 경우에는 각 범주의 크기 순으로 그에 해당하는 기대빈도를 입력하고 '추가' 단추를 누른다.

라면

	관측수	기대빈도	잔차
라면A	43	50.0	-7.0
라면B	55	50.0	5.0
라면C	39	50.0	-11.0
라면D	56	50.0	6.0
라면E	63	50.0	13.0
라면F	44	50.0	-6.0
합계	300		

검정 통계량

	라면
카이제곱a	8.720
자유도	5
근사 유의확률	.121

a. 0셀(.0%)은(는) 5보다 작은 기대빈도를 가집니다. 최소 셀 기대빈도는 50.0입니다.

[그림13-2] 단일표본 χ^2검정의 결과물

[그림13-2]의 결과물에는 각 라면(A-F)의 관측수와 기대빈도, 그리고 관측수에서 기대빈도를 뺀 결과인 잔차(Residual)이 제시되어 있다. 아래의 검정통계량에는 카이제곱(Chi Square)값이 제시되어 있는데, χ^2=8.720으로 영가설 하에서 자유도 df가 5일 때의 유의수준이 0.121로서 앞에서 설정한 유의수준 α=.05보다 크므로 영가설을 기각할 수 없게 된다. 따라서 각 라면에 대한 소비자들의 선호에는 통계적으로 차이가 없다고 결론지을 수 있다.

2) 이항검정

① 이항검정(Binomial Test)의 논리

세상의 많은 사상들은 두 개의 유목으로 구성되어 있다. 예를 들어, 남자와 여자, 기혼자와 미혼자, 정답과 오답, 찬성과 반대, 문맹과 비문맹, 회원과 비회원, 성공과 실패 등등이 그러한 변인들이며, 이처럼 두 개의 유목으로 양분되는 변수의 분포를 이항분포(binomial distribution 혹은 dichotomous distribution)라고 한다. 이항분포는 이항모집단에서 추출된 표본으로부터 관찰되는 가능한 결과의 확률을 결정하는데 사용되며, 이항검정은 양분변수의 관찰된 분포가 특정 이항분포에서 기대되는 것과 동일한지의 여부를 검정한다. 즉, 이항검정은 두 유목의 표본비율(또는 빈도)이 가설화된 모집단으로부터 추출된 것인가를 검정하는 것이다.

표집의 크기가 N인 표본에서, 한 유목에서 k개의 사상을 얻고 다른 유목에서 N-k개를 얻을 확률은 다음과 같은 이항분포 공식에 의해 얻어진다.

$$P[Y=k] = [\,{N \atop k}\,]P^{k}q^{N-k} \qquad k=0,1,\ldots\ldots,N$$

p는 한 유목에서 기대되는 관찰치들의 비율이며 q는 1-p로 다른 유목에서 기대되는 관찰치들의 비율, 그리고 $[\,{N \atop k}\,]$는 $\frac{N!}{k!(N-k)!}$ 이다.

예를 들어, 주사위를 다섯 번 던졌을 때, 6이 두 번 나올 확률은 얼마인가를 계산하는 문제를 생각해 보자. 여기서 N=5이고, k=2, 그리고 p=1/6 이며, q=5/6이다. 이를 공식에 대입하면, p=0.16이 된다. 즉 주사위를 다섯 번 던져 6이 두 번 나올 확률은 16%이다. 그러나 이항분포의 가설검정은 일반적으로 "자료가 특정한 절차에 의해 얻어졌을 때 관찰된 값보다 더 극단적인 값이 나올 확률을 얼마인가?"라는 물음에서 시작된다. 다시 말해, 관찰된 결과들의 확률에다 더 극단적인 가능성의 확률의 값을 더함으로써 오류의 가능성을 확률적으로 진술할 수 있게 하는 절차이다.

이항검정이 적용되는 예를 들어 보면, 어떤 사람이 특수한 초능력을 갖고 있다고 주장할 때 한 심리학자가 이를 검정하고자 한다고 가정해 보자. 이를 실험하기 위해 심리학자는 그 사람을 의자에 앉혀놓고 세 가지 물건의 이름을 알려준 뒤 그 사람의 등 뒤에 어느 한 물건을 제시하고 그 이름을 물었더니 여섯 번 중 다섯 번을 정확하게 맞추었다고 할 때, 정말 그에게 초능력이 있다고 결론을 내릴 수 있을 것인가? 또한 그가 초능력을 가졌다고 결론을 내렸을 때, 오류를 범할 확률은 얼마나 되는가? 이를 계산하여 보면 p=.016이며, 더 극단적인 확률 즉 6번 모두 맞출 확률을 계산하여 보면 p=.001이 나온다. 결국 5번 이상 맞출 확률은 p=.017이 나오며, 이는 실험의 결과를 기초로 하여 그가 특수한 초능력을 갖고 있다고 결론을 내렸을 때, 이러한 진술이 오류를 범할 가능성은 약 1.7%정도가 되는 것이다. 이때 만일 유의수준을 0.05로 결정하였다면 그 사람에게 초능력이 있다는 결론을 내려야 할 것이다.

② 단일표본 이항검정(/BINOMIAL)의 예

스트레스의 효과에 대한 실험에서 연구자는 무선적으로 표집된 18명의 대학생을 두 집단으로 나누어 매듭을 묶는 두 가지의 방법을 가르쳤다. 피험자중의 절반(9명)은 A방법을 먼저 배우고 B방법을 나중에 배웠으며, 나머지 절반(9명)은 B방법만을 훈련받았다. 그 후 피험자들은 4시간 동안의 기말고사를 치르고 난 뒤 한밤중에 매듭을 매도록 요구받았다. 여기서 한밤중에 매듭을 매는 것은 스트레스 요인이 되며, 따라서 연구자는 스트레스가 매듭 묶는 방식을 회귀시킬 것이라는 예측을 하였다. 다시 말해서, 피험자들은 스트레스 하에서 매듭을 묶을 때 두 번째 방법보다는 처음 배운 방식으로 매듭을 묶을 것이라는 예언을 하였다. 이때의 영가설은 이항분포에서 기대되는 빈도와 관찰되는 빈도가 같을 것(즉, $p=0.5$)이라는 진술이 되며 이에 대한 대립가설은 $p \rangle q$가 된다. 이때 유의수준은$\alpha=0.01$로 결정하였다. 아래의 <표13-2>에는 이 연구에 사용한 18명의 데이터가 있다.

<표13-2> 이항검정을 위한 예제 데이터(파일명: 이항.sav)

번호	매듭 묶는 방식(1=첫 번째 방식, 2=두 번째 방식)
1	1
2	1
3	1
4	2
5	1
6	1
7	1
8	1
9	1
10	1
11	1
12	1
13	1
14	1
15	1
16	2
17	1
18	1

분석 메뉴/비모수검정(N)/이항(B)...

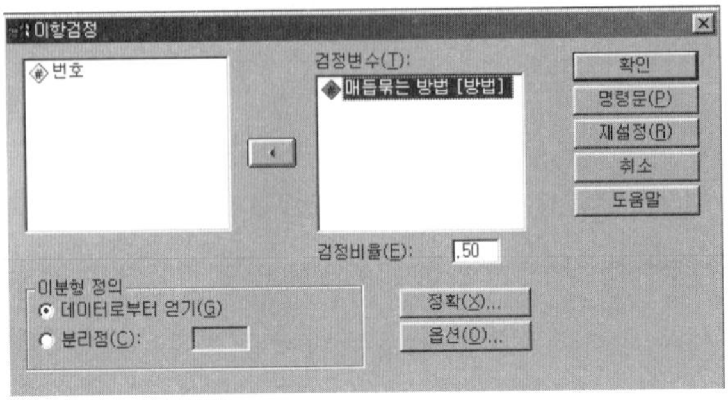

이항검정을 실시하려는 변수들을 '검정변수(T):' 창으로 이동시킨다. 여기에서는 '방법' 변수를 검정변수 창으로 이동시키면 된다. 이때 지정이 가능한 변수는 숫자변수이며, 이분형 변수라야 한다. 만일 지정한 변수가 이분형 변수라면 따로 이를 정의할 필요가 없다. 그러나 만일 지정한 변수가 이분변수가 아니라면 이분형으로 변환을 시켜야 한다. 즉, 이분형으로 정의해야 한다. 그럴 경우 대화상자 아래의 '이분형 정의'에서 '분리점(C):'을 선택한 다음 분리점으로 사용할 값을 입력하면 된다. 분리점 값이 입력되면 작은 값에서부터 입력된 값까지가 첫 번째 집단에 속하게 되며 나머지 값들은 두 번째 집단에 속하게 된다. 그리고 만일 이항검정을 실시하고자 하는 변수가 숫자변수가 아니라면, 먼저 **변환메뉴/자동 코딩변경(A)..**을 이용하여 숫자변수로 변환시킨 후에 사용할 수 있다.

검정비율은 .50이 내정된 값이며 이를 변경하려면 '검정비율(E):' 창에 그 비율 값을 입력하면 된다. 입력된 비율은 첫 번째 집단에 대한 검정비율로 사용된다. 따라서 두 번째 집단의 검정비율은 1에서 입력된 비율을 뺀 값이다. 이때 주의할 점이 하나 있는데, 검정비율이 내정된 값, 즉 0.5라면 양방검정확률이 제시되며, 0.5가 아닌 다른 확률값이 지정되면 일방검정에서의 확률이 제시된다. 하지만 결과물에는 양방검정(즉, 양쪽)이라고 제시되므로 주의해야 한다.

이항검정

		범주	N	관측비율	검정 비율	정확한 유의확률(양쪽)
매듭묶는 방법	집단1	첫 번째 방법	16	.89	.50	.001
	집단2	두 번째 방법	2	.11		
	합계		18	1.00		

[그림13-3] SPSS/WIN의 이항검정결과물

위의 결과물 [그림13-3]에서 집단 1의 사례수는 16이고 집단 2의 사례수는 2이며, 검정비율(기대확률)은 .50이고 관측비율은 .89이다. 이때의 유의확률(양쪽)은 p=.001로 나타나 미리 설정한 α=.01보다 작으므로 영가설을 기각하고 대립가설을 받아들이게 된다. 즉, 스트레스 하에서 피험자들은 두 가지의 매듭 묶는 방식 중 첫 번째 배운 방식으로 회귀하는 경향을 보이고 있는 것으로 나타났다.

3) 단일표본 콜모고로프-스미노프 검정

① 콜모고로프-스미노프 검정의 논리

콜모고로프-스미노프(Kolmogorov-Smirnov) 검정은 단일표본 χ^2검정과 더불어 표본 값들의 집합과 특정한 이론적 분포간에 일치하는 정도를 검정하는 일종의 적합도 검정방법이다. 즉, 표본의 점수들이 특정한 분포를 가진 모집단으로부터 추출되었는가를 검정하는데 사용되는 방법이다. χ^2검정과 콜모고로프-스미노프 검정의 차이는 그 기본적인 분포의 가정에 있다. 다시 말해서, χ^2검정은 자료가 이산적 분포임을 가정하지만 콜모고로프-스미노프 검정은 연속적인 확률분포를 가정한다는 점에서 다르다. 따라서 콜모고로프-스미노프 검정은 χ^2검정에 대응되는 방법이지만, 특히 소 표본의 경우에는 χ^2 검정보다 통계적 검정력이 우수하며 적용과 계산이 간편하다. 하지만 자료의 연속성 가정이 만족되지 않는 경우에는 통계적 검정력이 약화되므로 주의해야 한다.

이 검정은 H_0하에서 기대되는 이론적 분포의 누적빈도분포와 관찰치의 누적빈도분포를 비교함으로써 분포의 동질성을 검정한다(SPSS/WIN의 비모수검정에서는 정규 분포, 포아송 분포, 균등분포, 지수함수 분포를 이용한다). 또한 콜모고로프-스미노프 검정은 검정에 사용되는 변수가 누적빈도를 계산할 수 있는 연속적인 변인임을 가정(즉, 연속 확률분포를 이루고 있다는 것을 가정)하므로, 등간이상(최소한 서열)으로 측정된 변수의 적합도를 검정하는데 적절하다.

χ^2검정은 표본크기가 작다면 기대빈도 역시 작아지기 때문에 인접하는 범주들을 결합하여 기대빈도를 적절히 크게 해야 한다. 하지만 이 같은 절차를 이용해 변수들을 집단으로 묶는 것이 간편하긴 하겠지만 범주를 결합함으로써 정보의 손실을 가져오는 것이 일반적이다. 따라서 표본이 작을 경우 χ^2검정을 사용하는 것은 적절치 못하며, 이러한 경우 콜모고로프-스미노프 검정이 더욱 강력한 대안이 된다(표본의 크기가 커지면 χ^2값과 콜모고로프-스미노프 검정에서 사용하는 D값은 유사해진다). 또한 원리적으로도 χ^2검정을 서열변수에 적용할 수는 있으나 검정의 효율성을 고려해 볼 때, 콜모고로프-스미노프 검정을 적용하는 것이 χ^2검정을 적용하는 것보다 더 명확한 검정을 수행한다.

콜모고로프-스미노프 검정의 통계적 절차를 이해하기 위해, 그 논리를 알아보기로 하자. 연속적인 변수의 모집단 분포가 하나 있다고 했을 때, 그 모집단 분포를 이용하여 누적빈도분포(cumulative frequency distribution)를 만들 수가 있을 것이다. 이러한 모집단으로부터 일정한 사례수 N의 크기를 가진 표집을 계속하여 표본의 누적빈도분포를 만들어 이것과 모집단의 누적빈도분포와의 차를 비율로 계산하여, 이 중 차이가 가장 큰 것을 D라고 하면 이 D의 표집분포를 생각할 수 있을 것이다. 이 표본분포가 한 표본에서 얻어진 D를 얻을 수 있는 확률을 결정하는 근거가 된다. 표본의 크기에 따라 얻어진 D가 주어진 모집단분포와 단순한 표집의 오차에 의해 차이가 나는지를 결정하기 위해 각 α수준에서 요구되는 최소한의 D와 비교한다. 따라서 검정과정은 연구자가 선정한 한 이론적 분포의 누적빈도분포를 작성하고 한 표본에서 얻어진 자료를 가지고 누적빈도분포를 작성하여, 이 두 분포의 차이 중 최대의 차를 구하여 이를 통계적으로 유의미한 최소한의 차이인 D와 비교하는 과정이 된다(이때 차이의 방향 즉 +나 −는 무시하고 절대값을 사용한다).

② 단일 표본 콜모고로프-스미노프 검정의 예

많은 연구자들이 파업이나 전쟁과 같은 일련의 사건들의 지속기간에 대해 끊임

없이 연구해 왔다. 일부의 연구자들은 그러한 사건들의 지속기간을 예측하기 위해 수학적인 모델을 통해 검정하려고 하였다. 물론 수학적인 모델이 관심의 촛점이 되는 것이 아니라 실제자료와 모델의 예측이 어느 정도나 일치하는가를 알아보기 위한 것이다. 이러한 분석에 단일표본 콜모고로프-스미노프 적합도검정이 가장 적절한 도구가 될 것이다.

1965년 영국에서의 파업에 대한 지속기간을 수학적인 모델을 통해 분석, 예측하려는 시도가 있었다(여기서의 수학적 모델은 정규 분포와 균일 분포를 말한다). 영가설은 “파업 기간의 분포는 수학적 예측 모형을 따를 것이다”이며 대립가설은 “관찰된 파업기간은 수학적 모델에 따라 예측되는 파업기간과 다를 것이다”가 된다. 유의수준은 α=.05이며 사례수 N=840(1965년에 영국에서 발생한 파업의 수)이었다.

<표13-3> 콜모고로프-스미노프 검정을 위한 데이터(파일명: k-s.sav)

* 데이터에서 첫 번째 변수는 파업이 지속된 기간이며 두 번째 변수는 그 빈도이다. 20일이 넘는 파업기간은 범주의 수를 줄이기 위해 5일을 급간으로 하여 묶었다.

01	203
02	352
03	452
04	523
05	572
06	605
07	634
08	660
09	683
10	697
11	709
12	718
13	729
14	744
15	750
16	757
17	763
18	767
19	771
20	788
26	804
31	812
36	820
41	832
51	840

파업의 지속기간이 1일에서부터 51일 이상일 때 그에 대한 파업 횟수를 콜모고로프-스미노프 단일표본 적합도 검정을 통해 이론적인 모형과 비교하고자 한다. 이

검정에서 사용한 이론적인 모형은 정규 분포와 균일 분포의 두 가지이다. 따라서 파업기간에 따른 빈도(변수 duration: 파업횟수의 누적빈도)가 정상분포에 따르는지 아니면 균등 분포에 따르는지를 검정할 수 있다.

분석 메뉴/비모수검정/일표본 K-S...

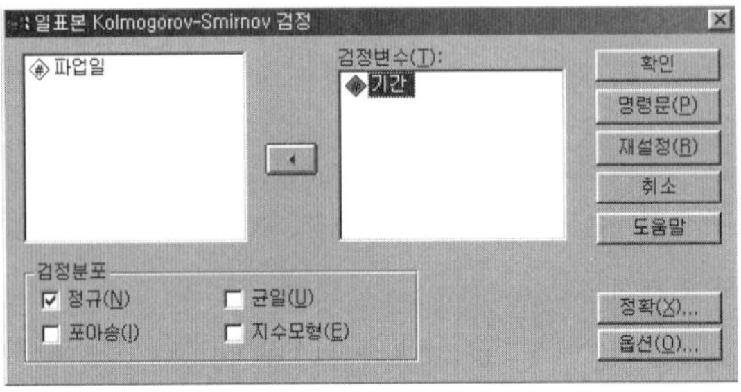

이 검정방법은 무작위로 추출된 표본이 특정분포를 따르는지의 여부를 확인하는데 사용한다. 이때 표본의 누적분포함수(cumulative distribution function)와 가설로 설정한 특정 분포의 누적함수를 비교하는 방법이 사용된다. 이를 위해 우선 검정하고자 하는 변수를 검정변수(T) 창으로 이동시킨다.

일표본 콜모고로프-스미노프 검정으로 검정할 수 있는 분포의 형태는 모두 네 가지로 정규(normal) 분포, 균일(uniform) 분포, 포아송(poisson) 분포, 지수(exponential) 함수 분포이다. 위의 목적에 따라 '검정분포'에서 정규(N)과 균일(U)에 체크를 한 다음 확인을 누른다.

일표본 Kolmogorov-Smirnov 검정

		기간
N		25
정규모수[a, b]	평균	679.4000
	표준편차	156.3860
최대극단차	절대값	.189
	양수	.152
	음수	-.189
Kolmogorov-Smirnov의 Z		.946
근사 유의확률(양쪽)		.333

a. 검정 분포가 정규입니다.
b. 데이터로부터 계산.

[그림13-4] 콜모고로프-스미노프 검정의 결과물1

[그림13-4] 결과물은 파업기간에 따른 횟수(누적빈도)가 정규 분포를 따르는지를 검정하는 것으로 평균(579.4), 표준편차(156.39), 누적빈도의 사례수(25)가 제시되어 있고, 관찰 누적빈도(.189)와 K-S 임계치(.946)가 제시되어 있다. K-S검정은 χ^2의 분포와는 다르게 연속적인 확률분포를 가정하기 때문에, 이 예에서 정상분포에 대한 검정과 이항분포에 대한 검정을 실시한 것은 모두가 타당하다.

위의 결과물에서 K-S Z값의 양방확률이 0.333으로 미리 결정한 유의수준 α =0.05보다 크므로 영가설을 기각할 수 없다. 따라서 1965년도 영국에서 발생한 파업기간에 따른 횟수(누적빈도)는 정규 분포를 따른다고 결론을 내릴 수 있다.

일표본 Kolmogorov-Smirnov 검정

		기간
N		25
균일모수[a, b]	최솟값	203.00
	최댓값	840.00
최대극단차	절대값	.437
	양수	.040
	음수	-.437
Kolmogorov-Smirnov의 Z		2.187
근사 유의확률(양쪽)		.000

a. 검정 분포가 정규입니다.
b. 데이터로부터 계산.

[그림13-5] 콜모고로프-스미노프 검정의 결과물2

[그림13-5]의 결과물은 파업횟수가 균일 분포에 따르는지를 검정한 결과로, 누적빈도의 범위(203-840), 관찰된 절대값의 최대차(.437), K-S Z(2.187)가 제시되어 있다.

K-S Z값 2.187의 양방확률은 0.0005보다 작으므로 영가설을 기각하고 대립가설을 받아들이게 된다. 즉, 파업기간의 분포가 수학적 예측모델 중의 하나인 균일 분포를 따르지 않는다고 결론을 내리게 된다. 따라서 앞의 두 검정결과에 의해 '1965년도 영국에서 발생한 파업기간에 따른 횟수(누적빈도)는 정규 분포를 따른다'고 결론을 내리게 된다.

4) 단일표본 연(runs) 검정

① 단일표본 연 검정의 논리

대부분의 통계적 추론은 표본추출의 독립성을 가정하고 있다. 그러나 표본의 각 사례가 독립적으로 추출되었는지를 어떻게 확신할 수 있을 것인가의 문제가 제기될 수 있을 것이다. 예를 들어, 첫 번째로 뽑힌 사례가 두 번째로 뽑힌 사례에 영향을 준다면 표본에 어떤 양상이 나타날 것인가에 주목할 수가 있다. 남녀가 각각 50%를 차지하고 있는 모집단에서 각 10명씩의 표본을 세 개 추출하였을 때, 뽑힌 순서대로 이들을 나열해 보았더니 다음과 같은 결과가 나왔다(남: M, 여: F)

표본1 : M M M M M F F F F F
표본2 : M F M F M F M F M F
표본3 : M F M F M M F F M F

이 세 개의 표본 모두는 남녀의 비율 50% 즉, 5: 5를 반영하고 있긴 하지만 표본1이나 표본2는 그 표집의 순서를 보았을 때 아무래도 공정성(즉, 무선성)이 의심된다. 다시 말해서, 표본1은 계속해서 다섯 번이나 남성이 추출되고 나서 다음으로 여성이 추출되었으며 표본2는 남녀가 교대로 추출되었다. 이러한 양상은 표본추출에 있어서 무선적이지 않다는 의심을 갖게 만들어 준다. 위의 예를 통해 직관적으로 알 수 있듯이 표본추출의 순서를 고려하는 유사한 과정을 통해서 표본이 모집단으로부터 무선적으로 추출되었는지를 검정할 수 있다.

즉, 분포에 대한 관심보다는 표집이 단지 독립적으로 혹은 무선적으로 추출된 것인지를 알고자 하며 어떠한 경향이나 추세 그리고 표집 과정의 조작이 있었는지를 검정할 수 있는 것이 단일표본 연(連; runs) 검정이다. 연이란 같은 성질을 갖는 사례(또는 기호)가 다른 성질의 사례와 섞이지 않은 연속을 의미한다. 예를 들어, HHHTHHHHTTTTTT라는 배열에서의 연은 HHH, T, HHHH, TTTTTT가 있어서 모두 4개가 있게 된다. 위의 표본에서는 표본1은 2개의 연을 가지고 있으며 표본2는 10개 그리고 표본3은 8개의 연을 가지고 있다. 이같이 연의 수를 따져보면 표본의 배열에서 연의 개수가 너무 많거나 너무 적은 경우 그 표집의 무선성을 의심할 수 있게 되는 것이다. 결국 연 검정(runs test)은 사건의 빈도를 통해 검정하는 것이 아니라 일어난 사건의 "순서"에 의해 무선성을 검정하는 방법이 되는 것이다.

연 검정을 위한 통계적 방법은 한 사건 m과 또 다른 사건 n의 연의 수 r을 구하는 것이다. 반복되는 임의표본으로 부터 우리가 기대할 수 있는 r의 값들의 표집분포가 알려져 있다. 이러한 표집분포를 이용하면 어떤 관찰된 표본이 임의표본에서 발생할 수 있는 기대되는 連의 수보다 많은지 혹은 적은지를 결정할 수 있게 된다.또한 다른 비모수적 검정에서와 마찬가지로 표본의 크기가 커지면 연의 수 r의 분포는 점차 정규분포를 따른다(이러한 이유로 연 검정을 손으로 계산할 때에는 보통 이분변수의 각 사례가 20을 넘는 대표본, 20이하인 소표본의 경우로 나누어 달리 계산하게 된다).

② 단일표본 연 검정의 예

아동의 공격성을 연구하는 연구자가 통제된 놀이장면에서 여러 쌍의 아동들을 관찰하였다. 이때 피험자인 24명의 아동들은 같은 유치원에 다니기 때문에 매일 함께 놀이를 하였지만 여건상 하루에 한 쌍의 아동(2명)만을 관찰하였기 때문에, 실험자는 이미 실험에 참여했던 아동들과 나중에 참여할 아동 간에는 실험에 대한 말들이 오가고 논의가 있을 가능성을 배제할 수 없었다. 다시 말해서, 실험에 대한 아동들의 상호작용은 공격성 점수의 무선성에 영향을 줄지도 모른다는 우려가 들었다. 이 같은 경우에 연 검정을 이용하여 표본의 무선성을 검정을 할 수 있으며, 아동들의 공격성 점수를 중위수를 중심으로 +나 -로 변환시키고 나서 관찰한 아동의 순서대로 배열을 한 다음 +, -의 연속을 단일표본 연의 검정을 실시하였다.

이때의 영가설은 +, -는 무선적 순서로 발생한다는 것이 된다. 즉, 공격성 점수는 중위수를 중심으로 무선적으로 분포되어 있다는 것이다. 대립가설은 +, - 의 순서는 무선적으로 배열되어 있지 않다는 것이다. 유의수준은 α=0.05로 설정하였다.

<표13-4> 단일표본 연검정을 위한 데이터(파일명 : 단일run.sav)

31	23	36	43	51	44	12	26	43	75
02	03	15	18	78	24	13	27	86	61
13	07	06	08						

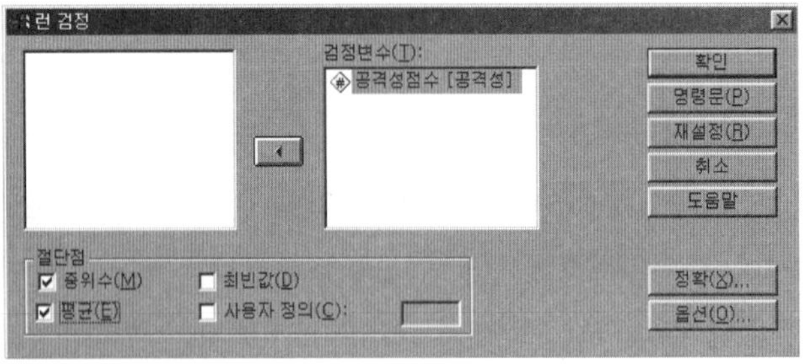

위의 대화상자를 보면 검정변수로 '공격성'이 지정되어 있으며 절단점으로 중위수와 평균이 선택되어 있다. 따라서 이를 통해 중위수에 의한 연 검정과 평균에 의한 연 검정을 실시하여 두 분석 간의 차이를 살펴보는 것이 목적임을 알 수 있다.

연 검정은 양분화된 변수값의 연속이 무선적인지를 검정하는 데 사용한다. 특히, 연 검정은 독립 2집단의 맨-휘트니(Mann-Whitney) 검정방법을 대신하여 사용되기도 한다. 즉, 두 독립표본을 통합하여 가장 작은 것에서부터 큰 것으로 재배열하고, 그 연의 수(r)를 계산하면 두 표본의 무작위성을 검정할 수 있다.

기준점은 목록에 있는 변수들을 양분하는데 사용되며, 변수가 처음부터 둘로 나누어져 있더라도 이 값을 지정해 주어야 한다. 예를 들어, 단지 0과 1의 값만을 가지는 변수의 경우 기준점은 1이 된다. 이때 기준점으로 입력된 값 이상과 미만으로 변수가 양분된다. 기준점은 일정한 값을 지정해도 되지만 표본의 평균이나 중위수, 또는 최빈값을 사용하도록 지정할 수도 있다. 기준점으로 사용할 수 있는 키워드는 다음과 같다.

런 검정

	공격성 점수
검정값[a]	25.000
케이스 < 검정값	12
케이스 >= 검정값	12
전체 케이스	24
런의 수	10
Z	-1.044
근사 유의확률(양쪽)	.297

a. 중위수

런 검정 2

	공격성 점수
검정값[a]	31.042
케이스 < 검정값	15
케이스 >= 검정값	9
전체 케이스	24
런의 수	9
Z	-1.228
근사 유의확률(양쪽)	.219

a. 평균

[그림13-6] 단일표본 연 검정의 결과물

위의 [그림13-6]의 결과물의 상단을 보면, 연(runs)의 개수(10)와 중위수(25.0), 중위수 보다 큰 사례수(12)와 작은 사례수(12)가 표시되어 있다. 중위수에 의한 연 검정 결과물에 있는 양방확률 p는 0.2967로서 유의미수준 α=0.05보다 크므로 아동의 공격성 점수가 무선적이라는 영가설을 기각할 수 없게 된다. 평균으로 양분한 결과 역시 양방확률이 0.2194로써 유의미 수준보다 크므로 영가설을 기각할 수 없다. 따라서 이미 실험에 참여한 아동과 앞으로 참여할 아동의 상호작용은 실험에서의 공격적 행동에 영향을 미치지 않았다고 결론을 내리게 된다.

3 대응 2집단의 비모수검정

사회과학 분야, 특히 심리학이나 교육학에서는 동일한 피험자가 여러 번의 실험처치를 모두 받는 실험설계를 필요로 한다. 이러한 경우의 측정치들은 반복측정치들이며, 이러한 자료들은 서로 상관된다. 예를 들어, 한 연구자가 두 가지 교육방식의 효과를 연구하기 위해 동일한 피험자에게 A라는 교육방식과 B라는 교육방식을 모두 실시하였다고 가정해보자. 여기서 종속변수 측정치는 학업성적이다. 이 경우 한 피험자가 두 가지의 처치(두 가지의 교육방식)를 모두 받기 때문에 종속변수 측정치는 두 처치조건에 대해 독립적이지 않다.

때로는 특정한 조건에 의해 두 표본의 점수들간에 대응되는 관계가 이루어지는 경우도 있다. 예를 들어, 결과에 영향을 미칠 것으로 여겨지는 가외변수에 의해 실험대상자들을 둘씩 대응시키는 절차를 적용하는 경우도 있다. 경우에 따라서는 표집절차의 특성상 상관이 예상되는 경우도 있다. 예를 들어, 특정 현상에 대한 남편과 아내의 평가는 서로 관련성이 있을 가능성이 높다. 왜냐하면 그 두 사람은 부부이므로 많은 것을 공유하고, 따라서 그것이 평가에 영향을 미치기 때문이다.

이미 t-검정에서 언급하였듯이 이 같은 표집방법을 통 털어 종속표집이라고 하며, 종속표집의 경우에는 독립표집과는 다른 통계방법을 적용해야 한다. 이때 만일 종속변수가 등간 이상의 척도로 측정되었고 또한 정상분포를 가정할 수 있는 모집단에서 표본이 추출되었다면 대응표본의 t-검정을 이용하는 것이 적당하지만, 서열이나 명목척도로 측정된 것이라면 이 절에서 소개하는 비모수검정 방법을 적용해야 된다. 또한 등간 이상의 척도로 측정된 자료라고 할지라도 t-검정의 기본가정이 만족되는지를 확신할 수 없거나 검정결과의 일반화를 확장하기 위해 이 절에서 설명하는 비모수검정을 적용하기도 한다.

1) SPSS/WIN의 대응 2집단 비모수검정

SPSS/WIN에서는 상관 2집단의 비모수검정을 대응 2-표본이라고 표현하고 있다. 대응 2-표본을 위한 SPSS/WIN의 비모수검정 방법은 모두 네 가지로 멕네마(McNemar) 검정, 부호(Sign) 검정, 윌콕슨(Wilcoxon) 부호순위 검정, 그리고 주변 동질성 검정이다. 이는 대응 2-표본 비모수검정의 대화상자에서 오른쪽 아래의 '검정 유형'에서 확인할 수 있다.

분석 메뉴/비모수검정/대응 2-표본(L)...

대응 2-표본 비모수검정을 실시하기 위해서는 변수 쌍을 지정해야 한다. 이를 위해 대화상자 왼쪽의 변수목록에서 대응되는 변수를 차례로 선택하면 왼쪽 아래에 '현재 선택' 상자에 그 내용이 표시된다. 이렇게 선택된 쌍은 오른 쪽의 '검정 대응변수' 창으로 이동시킨 다음 원하는 검정방법을 지정하면 된다.

2) 멕네마 검정

① 멕네마 검정의 논리

멕네마 검정(McNemar test)은 시간의 경과에 따라 범주형 자료(서열자료도 가능) 상에서의 변화가 발생하는지를 알아보는데 유용하게 사용된다. 예를 들어, 어떤 대통령 후보에 대한 유권자들의 선호가 시간이 흐름에 따라 어떻게 변화하는지를 분석할 수 있을 것이다. 특히, 특정 사건(예를 들면, 정견발표나 TV연설 등)을 중심으로 하여 유권자들의 선호도가 변화하였는지의 여부를 알아보는데 유용하다. 따라서 멕네마 검정은 "사전-사후 설계(Before and After Design)"에 적합한 비모수적 검정 방법이 된다.

예를 통해 그 논리를 알아보기로 하자. 한 대통령 후보자의 TV연설을 중심으로 하여 유권자들의 태도변화가 일어났는지의 여부를 알아보기 위한 사전-사후 설계를 한다면, 다음의 <표13-5>와 같을 것이다.

<표13-5> 태도변화에 대한 사전-사후 설계

		사후관찰(연설후의 선호도)	
		−	+
사전관찰 (연설전의 선호도)	+	A	B
	−	C	D

위의 <표13-5>는 유권자들의 지지를 +와 −의 기호로 표시한 것으로 +는 지지를 −는 비지지를 의미한다. TV연설에 의해 지지로 돌아선 후보자들의 사례수는 연설전의 −와 연설후의 +가 교차되는 칸 즉 D에, 인기의 하락은 연설전의 +와 연설후의 −가 교차되는 칸, 즉 A에 표시될 것이다. 다시 말해서, A칸은 처음에는 지지하다가 연설을 시청한 뒤 비지지로 돌아선 경우이며, D칸은 처음에는 지지하지 않았으나 연설을 시청한 뒤 한 뒤 지지로 돌아선 경우이며, B와 C칸은 TV연설의 영향을 받지 않은 경우가 된다. 멕네마 검정에서의 관심은 지지도의 변화이므로 교차분할된 각 칸 중에서 A칸과 D칸에 대해서만 주목하게 된다. 바로 이 점에서 멕네마 검정의 논리와

χ^2검정의 논리에 있어서 차이가 나게 된다(χ^2검정은 교차분할된 모든 칸에 주목한다). 멕네마 검정의 논리적 확장은 이 장의 뒷부분에서 설명할 k개의 상관된 집단을 분석하는 코크란 Q 검정이다.

멕네마 검정에서의 영가설은 각 방향에서 변화의 수가 동일할 것이라는 진술로 A칸의 발생확률 P(A)는 D칸의 발생확률 P(D)와 1/2로 동일하다는 것이 된다. 따라서 영가설 H_0이 참일 때 두 칸의 기대빈도는 각각 (A+D)/2가 된다. 이의 통계적 검정은 기대빈도와 이론적 빈도와의 차이에 의해 실시하게 되며 그 차이의 정도를 χ^2분포를 통해 검정하게 된다.

$$\chi^2 = \frac{[A - \frac{A+D}{2}]^2}{\frac{A+D}{2}} + \frac{[D - \frac{A+D}{2}]^2}{\frac{A+D}{2}}$$

여기에서 (A+D)/2는 A칸과 D칸의 경우의 기대빈도가 되며 위의 공식을 정리하면 아래와 같이 된다.

$$\chi^2 = \frac{(A-D)^2}{A+D} \quad \text{자유도} = 1$$

하지만 χ^2분포를 통한 멕네마 검정은 연속성에 대한 교정(correction for continuity)을 거쳐야 더욱 명확한 검정이 된다(7장 참조). 연속성에 대한 교정을 하게 되면 아래와 같은 공식이 된다.

$$\chi^2 = \frac{(|A-D|-1)^2}{A+D} \quad \text{자유도} = 1$$

멕네마 검정에서 영가설을 검정하는 데 있어서 변화의 방향이 일방향적이거나 혹은 양방향적일 수 있지만 χ^2분포는 양방검정을 기본으로 하므로 일방검정의 경우 영가설을 기각하기 위한 임계값은 일방검정의 절반이 된다.

② 멕네마 검정의 예

SPSS에서의 멕네마 검정은 상관이 있는 이분변수의 쌍에 있어서 변화비율이 동일한지를 검정한다. 한 연구자가 정치후보로 나선 두 후보 갑이나 을에 대한 지지가 TV연설에 의해 어떻게 변화하는지를 알아보기 위해 70명을 무선표집하여 어느 후보를 더 지지하는지를 물어본 후, 갑과 을의 TV연설 이후에 다시 어느 후보를 더 지지하고 있는지를 이들에게 물어보았다. 만일 어느 한 후보자의 TV연설이 효과적이었다면(긍정적이든 아니면 부정적이든 태도변화를 일으켰다면), 이들 후보를 지지하는 유권자의 수가 변화될 것이라고 예상할 수 있을 것이다. 이때의 영가설은 지지하는 후보를 갑에서 을로, 그리고 을에서 갑으로 바꾼 유권자의 수가 동일할 것이라는 진술이 될 것이다. 달리 표현하면, PA = PB = 1/2이다. 대립가설은 '갑과 을의 TV연설의 효과가 다를 것이다'이다. 유의미 수준은 0.05로 설정하였다.

<표13-6> 멕네마 검정을 위한 데이터의 예(파일명: 멕네마.sav)

		TV 연설후	
		갑 후보	을 후보
TV 연설전	을 후보	13	28
	갑 후보	27	7

<표13-6>을 보면, 을에서 갑으로 태도를 바꾼 유권자는 A칸의 13명이며, 갑에서 을로 태도를 바꾼 유권자는 D칸의 7명임을 알 수 있다. 태도변화가 일어나지 않은 B칸은 28명, C칸은 27명이 있다. 이 자료를 이용하여 멕네마 검정을 실시하려면 칸 안의 숫자를 빈도 변수로 입력하고 그 변수를 이용하여 가중치를 먼저 부여해야 한다.

데이터 메뉴/가중케이스(W)...

검정을 실시한 변수는 각기 두 개의 값을 가지고 있는 이분변수라야 한다. 만일 이분변수가 아니라면 분석을 실시하기 전에 **변환 메뉴/코딩변경(R)...**을 이용하여 이분변수로 변환시켜야 할 것이다.

멕네마 분석을 실시하기 위해서는 분석 메뉴/비모수검정(N)/대응 2-표본(2 Related Samples:)을 선택하여 대화상자가 나타나면, 두 변수를 선택하여 '검정 대응변수:' 창으로 이동시킨다. 그리고 왼쪽 아래의 검정유형에서 McNemar에 표시를 하면 된다. 비모수검정의 '대응 2-표본'에서 내정된 검정방법은 Wilcoxon이므로 주의해야 한다.

SPSS에서 멕네마 검정을 하는 경우에 두 변수에서 값이 바뀐 사례(즉, A 칸과 D 칸)의 기대빈도가 10 미만이라면 관찰된 유의미수준을 계산하기 위해 χ^2분포가 아닌 이분분포(binomial distribution)를 사용한다. 그리고 A+D의 사례수가 10보다 작다면 이항검정이 더욱 적절하다.

McNemar 검정

교차표

TV 유세전 및 TV 유세후

TV유세전	TV유세후	
	1	2
1	27	7
2	13	28

검정 통계량[b]

	TV 유세전 및 TV 유세후
N	75
정확한 유의확률(양쪽)	.263[a]

a.이항분포를 사용함
b. McNemar 검정

[그림13-7] 멕네마 검정을 위한 SPSS 결과물

위의 교차표에서 TV 유세전과 유세후의 1은 <표13-6>의 '후보 갑'이며 2는 '후보 을'을 의미한다. 따라서 1과 1이 교차하는 칸의 사례수 27은 TV 유세와 관계없이 자신이 지지하는 후보를 바꾸지 않은 유권자의 수를 의미한다. 이처럼 교차표를 통해 유세 전과 유세 후의 갑과 을에 대한 지지와 비지지에 대한 빈도수를 알 수 있을 것이다.

2×2 분할표에서 멕네마 검정에 사용되는 칸은 연설 전의 후보 갑에서 연설 후에 후보 을로 이동한 칸의 13과 후보 을에서 후보 갑으로 이동한 칸의 7이 된다. 전체 사례수는 75이며 χ^2값의 양방확률은 0.263으로 나타나 유의미 수준인 0.05보다 크므로 변화의 정도가 동일할 것이라는 영가설을 기각하지 않게 된다. 다시 말해서, TV 연설에 의해 발생한 갑과 을 두 후보에 대한 유권자들의 태도변화는 통계적으로 차이가 없다고 결론을 내리게 된다. 다시 말해 두 후보는 TV 연설을 통한 유권자의 태도변화에 있어서 차이가 없다.

3) 부호 검정

① 부호 검정의 논리

부호 검정(sign test)은 비모수검정 절차 중에서 가장 오래되었고 계산이 간편하기 때문에 널리 사용되고 있다. 하지만 이처럼 사용범위가 넓은 반면에 검정력이 약하다는 단점을 가지고 있다. 이 검정은 양적 측정은 불가능하지만 관찰치의 쌍 중에서 '어느 하나가 다른 하나보다 크다'를 결정할 수 있는 경우라면 언제나 사용할 수 있다. 이는 매우 중요한 조건이다. 반복측정이 이루어지거나 아니면 관련된 외적 변수에 의해 짝지워진 쌍이어야 한다. 왜냐하면 관찰치의 쌍을 중심으로 어느 하나가 더 크다(아니면 작다)를 결정해야 하기 때문이다. 즉, 관찰치의 쌍을 중심으로 부호가 결정되어야 한다.

이 검정에서의 가정은 분석하려는 변수가 연속적 분포라는 것뿐이다. 이 검정은 분포의 형태에 관련된 어떠한 가정도 하지 않으며 모든 피험자들이 동일한 모집단에서 추출되었다는 가정도 필요없다.

부호 검정의 논리는 매우 단순하다. 대응되는 서열형 두 변수 A와 B가 있을 때 A에서 B를 빼면 그 부호는 +나 - 또는 0이 된다. 만일 A 변수의 값들이 체계적으로 크다면 (+) 부호가 많을 것이고, 체계적으로 작다면 (-) 부호가 많을 것이다. 두 변수가 차이가 없다면 (+) 부호와 (-) 부호의 개수는 차이가 적을 것이다. 이들 (+)나 (-)의 개수로 통계적 검정을 실시할 수 있게 된다. 이 경우에 차이 값이 0인 경우(즉, 동점인 경우)

는 그 사례 쌍을 분석대상에서 제외한다(보다 정확히 말하면 표본에서 제외한다). 이처럼 부호 검정은 대응된 두 변수의 차이의 방향에만 관심을 두는 검정방법이 된다.

부호 검정에서의 영가설은 +의 개수와 −의 개수는 동일하다는 진술이 될 것이다. 더 나아가 부호검정이 모든 X와 Y점수들의 차이의 방향에 관심을 두므로 영가설에 대한 또 다른 진술방법은 두 점수 X와 Y가 있을 때 X와 Y간의 중위수의 차이가 0이다($D = |X_{Mdn} - Y_{Mdn}| = 0$)가 된다. 즉, 영가설이 진일 때 관찰치 쌍의 차이의 절반은 +이고, 나머지 절반의 쌍은 −가 된다. 따라서 한쪽 부호(+이든 −이든)가 상대적으로 매우 적다면 H_0를 기각할 수 있다. 부호검정은 일방검정과 양방검정이 가능하며, 일방검정의 경우 + 혹은 −중 어느 한쪽 방향이 더 많을 것이라고 진술하고 양방검정의 경우에는 두 부호의 빈도가 다를 것이라는 진술을 한다. 또한 앞의 논의에서 짐작할 수 있듯이 부호 검정은 +와 −의 개수를 검정에 이용하므로 이항분포를 이용하여 가설검정을 실시하지만 차이의 개수가 25개를 넘는다면 Z분포를 이용하여 검정확률을 계산하게 된다.

② 부호 검정의 예

가전제품의 구매결정에 있어서 남편과 아내의 영향력을 알아보기 위해 가전제품의 구매결정에 영향을 미치는 정도를 17쌍의 부부에게 7점 척도 상에서 평가하게 하였다. 이때의 영가설은 "남편과 아내는 가전제품의 구매결정에 있어 동일한 영향력을 발휘한다고 생각하고 있다"이며, 대립가설은 "남편과 아내는 가전제품의 구매결정에 미치는 영향력이 다르다고 생각하고 있다"이다. 이 연구에서는 양방검정이 사용되며 유의미 수준은 0.05로 결정하였다.

<표13-7> 부호 검정을 위한 데이터(파일명: 대응2부호.sav)

번호	남편	아내	번호	남편	아내
01	5	3	10	4	3
02	4	3	11	5	2
03	6	4	12	4	2
04	6	5	13	4	5
05	3	3	14	7	2
06	2	3	15	5	5
07	5	2	16	5	3
08	3	3	17	5	1
09	1	2			

변수목록에서 대응되는 변수쌍을 차례로 선택한 다음 '검정 대응변수(T):' 창으로 이동시킨다. 그 다음에 '검정유형'에서 부호(S)를 선택한다.

분석 메뉴/비모수검정/대응 2-표본(2 Related Samples)

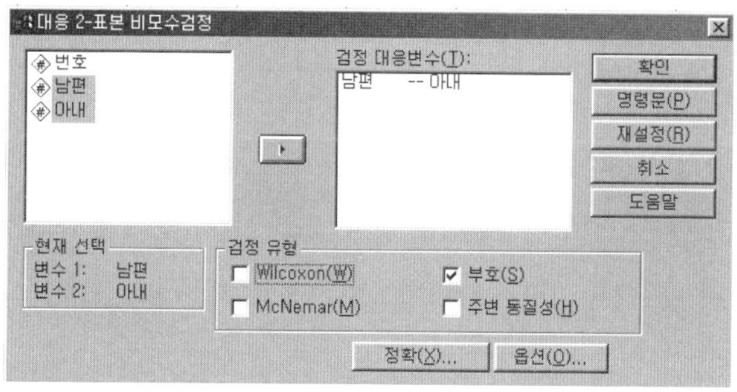

Frequencies

		N
아내 - 남편	Negative Differences [a]	11
	Positive Differences [b]	3
	Ties [c]	3
	Total	17

a. 아내 < 남편
b. 아내 > 남편
c. 아내 = 남편

Test Statistics [b]

	아내 - 남편
Exact Sig. (2-tailed)	.057[a]

a. Binomial distribution used.
b. Sign Test

[그림13-8] 부호 검정의 결과물

[그림13-8]의 결과물에서 차이가 -인 쌍의 수(아내 < 남편)가 11개이며, 차이가 +인 쌍의 수(아내 > 남편)가 3개이고, 동점인 경우의 수(아내=남편)가 3개임을 알 수 있다. 이 같은 차이의 개수에 대한 이항분포(검정통계량 아래의 a에 '이항분포를 사용함'(Binomial distribution ysed)으로 알 수 있다)에서의 확률은 0.057로 설정한 유

의미수준 α=0.05보다 크므로 영가설을 기각할 수 없다고 결론을 내리게 된다. 즉, 남편과 아내는 가전제품의 구매결정에 동일한 영향력을 행사하고 있는 것으로 생각한다는 결론을 내리게 된다.

4) 윌콕슨 검정

① 윌콕슨 검정의 논리

앞에서 설명한 부호 검정은 쌍의 차이의 방향만을 고려하고 그 차이의 정도를 무시(사실상 동일한 것으로 취급)하고 있다. 따라서 차의 방향과 차의 크기에 관한 정보를 이용할 수 있다면 보다 강력한 검정이 될 것이다. 윌콕슨 검정(Wilcoxon Sign-Rank test)이 바로 그러한 검정이다. 윌콕슨 검정은 부호 검정보다 검정력이 뛰어나며 대응표본 t-검정 대신 사용할 수 있는 대안으로 행동과학자들에게 매우 유용한 방법이다. 예를 들어, 부호 검정의 예로 사용한 가전제품을 구매하는데 있어서 부부 중에서 누가 더 영향력을 행사한다고 생각하고 있는지를 윌콕슨 검정을 통해 검정할 수 있을 것이다.

윌콕슨 검정의 논리는 간단하다. 먼저 부호 검정에서처럼 점수 쌍간의 차이의 방향(+와 −)을 구하여 이를 명시한다. 다음으로 차이에서 부호를 무시한 값(즉, 차이의 절대값)에 대해 작은 값부터 1, 2, 3, ...의 서열을 매긴다. 그 다음에는 차의 방향이 +인 서열의 합을 구하고 차의 방향이 −인 서열의 합을 각각 계산할 수 있을 것이다. 이때 +인 서열의 합을 T+, −서열의 합을 T-라고 할 때 그중 작은 값을 T라고 하면 두 표본이 동일한 모집단에서 추출되었다는 영가설하에서 T+와 T−가 동일할 것이라는 가설을 검정할 수 있을 것이다.

윌콕슨 검정에서는 차이의 절대값의 서열을 고려하므로 동점이 생기는 경우가 두 가지가 있게 된다. 그 하나는 쌍의 점수가 같아서 그 차가 0이 되는 경우와 차이의 절대값이 다른 차이의 절대값과 같아서 동점이 생기는 경우이다. 전자의 경우는 부호 검정에서와 같이 분석대상에서 제외시키며, 후자의 경우는 서열의 평균값을 각각에 할당한다(예를 들어, 차이 값이 −1, −1, 1인 경우 절대값은 각각 1, 1, 1이 되고, 이들 값에는 셋의 평균순위인 2를 부여한다). 그리고 그 다음 차이의 서열은 4가 부여

된다(1, 2, 3의 서열은 앞에서 이미 결정되었으므로).

T의 표집분포는 표본의 사례수가 8보다 크면 정상분포에 접근할 수 있다. 이때 T의 표집분포는 T의 기대값 N(N+1)/4를 중심으로 정상분포를 이루게 되며, 이 같은 관계를 이용하면 한 표본에서 얻어진 T에 해당하는 Z값을 구할 수 있게 된다. 이를 계산하는 공식은 아래와 같으며, 이때의 정상분포는 평균이 0이고 표준편차가 1인 단위 정상분포에 접근한다.

$$Z = \frac{T - \frac{N(N+1)}{4}}{\sqrt{\frac{N(N+1)(2N+1)}{24}}}$$

위의 공식을 이용하여 Z분포 하에서의 기각역을 설정할 수 있다. 즉, 영가설 H_0이 사실일 때 T의 발생확률을 구하여 가설검정을 실시하게 된다.

② 윌콕슨 검정의 예

분석 메뉴/비모수검정/대응 2-표본(L)...

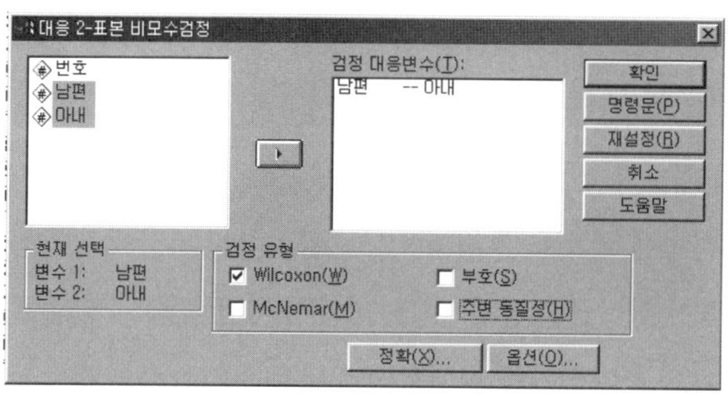

SPSS/WIN을 이용한 윌콕슨 검정은 앞의 부호 검정과 동일하다. 대응되는 변수쌍을 지정한 다음 대화상자 오른쪽 아래의 '검정유형'에서 Wilcoxon(W)에 표시를 하면 된다. 이해를 돕기 위해 앞의 부호 검정에 사용한 예(파일명: 대응2부호.sav)를 그대로 사용하여 윌콕슨 검정을 실시하기로 하자.

Wilcoxon 부호순위 검정

순위

		N	평균순위	순위합
아내-남편	음의 순위	11[a]	8.59	94.50
	양의 순위	3[b]	3.50	10.50
	동률	3[c]		
	합계	17		

a. 아내 〈 남편
b. 아내 〉 남편
c. 남편 = 아내

검정 통계량[b]

	아내-남편
Z	-2.667[a]
근사 유의확률(양쪽)	.008

a. 양의 순위를 기준으로
b. Wilcoxon 부호순위 검정

[그림13-9] 윌콕슨 검정의 결과물

[그림13-9] 결과물에는 부호 검정과 달리 +차이의 평균 순위와 –차이의 평균 순위가 제시되어 있다. 또한 Z값은 2.667로 양방확률이 0.008로 나타났다. 이는 설정한 유의미 수준인 0.05보다 작으므로 영가설을 기각하고 대립가설을 채택하게 된다. 이 점에서 부호 검정의 결과와 다르다는 점을 알 수 있다. 즉, 이 결과물을 얻기 위해 사용한 자료는 앞 절의 부호 검정에서와 동일하였지만 영가설의 기각을 위한 확률에서 차이가 난다. 이 결과와 부호 검정의 결과를 비교해 보면, 부호 검정에서는 영가설이 기각되지 못한 반면에 이 윌콕슨 검정에서는 영가설이 기각되어 윌콕슨 검정이 부호 검정보다 검정력이 뛰어남을 알 수 있다. 따라서 이 윌콕슨 검정의 결과에 따르면 남편과 아내가 생각하는 가전제품 구매결정에 미치는 영향력의 정도가 다르다고 결론을 내리게 된다.

4 독립 2집단의 가설검정

독립 2집단에 대한 가설검정의 경우도 상관 2집단에서와 같이 두 집단의 차이를 검정하며 그 기본적인 논리도 유사하다. 다만 이 절에서 설명하는 독립 2집단의 경우는 두 표본이 상호 독립적으로 표집되었다는 사실을 전제로 하고 있다는 점에서 다르다. 즉, 두 표본은 모집단으로부터 무작위로 추출되었고, 두 집단에 할당되는 과정도 무작위로 할당된다. 만약 이러한 가정을 만족할 수 없다면, 앞 절에서 언급한 상관 2집단의 검정방식을 이용해야 할 것이다.

이 절에서 설명하는 독립 2집단의 비모수검정 방법은 모수검정의 t-검정에 해당된다. 다시 말해서, 자료가 질적(명목이나 순위)이거나 t-검정의 기본 가정들을 만족시키지 못할 때 사용할 수 있는 대안이 된다.

SPSS/WIN에서 채택하고 있는 독립 2집단의 비모수검정을 위한 방법은 모두 4가지로, 맨-휘트니(Mann-Whitney) 검정, 콜모고로프-스미노프(Kolmogorov-Smirnov) 검정, 왈드-올포비츠 연(Wald-Wolfowitz run) 검정, 극단적 반응(extreme reactions)에 대한 모지스(Moses) 검정이다.

1) 독립 집단의 중위수 검정

① 중위수 검정의 논리

중위수 검정(median test)은 독립 2집단의 중위수가 동일한가를 검정한다(t-검정과는 두 집단의 평균이 동일한가를 검정한다는 점에서 다르다). 다시 말해서, 중위수 검정은 독립된 두 집단이 동일한 모집단으로부터 추출되었는가를 검정하는 방법으로 영가설(H_0)은 한 모집단의 중위수가 다른 모집단의 중위수와 같을 것이라는 진술이며, 이에 대한 대립가설(H_1)은 두 모집단의 중위수는 다를 것이다(양방검정)이거나 또는 한 모집단의 중위수는 다른 모집단의 중위수 보다 클(혹은 작을)것이라는 진술이다(일방검정). 이 검정은 자료가 최소한 순위척도로 측정되어야 한다는 가정을 하고 있지만, 두 집단의 사례수는 동일하지 않아도 된다. 중위수 검정은 두 집단의 경우뿐만 아니라 k개의 독립집단에 대해서도 그 논리가 그대로 확장된다. 따라서 이 절에서는 독립 2집단의 경우를 중심으로 설명을 전개하지만 k개 집단인 경우에도 변화없이 적용되므로, k개 집단인 경우에 대한 간단한 언급만으로 독립 k집단의 중위수 검정을 대신할 것이다.

먼저 비교하고자 하는 두 집단의 점수를 통합하여(k개 집단인 경우에는 k개 집단의 점수를 통합하여) 통합된 점수의 중위수(공통의 중위수)를 구하고, 그 중위수를 중심으로 각 사례에 중위수보다 크면 +, 작거나 같으면 –부호를 부여한다. 이때 만일 중위수가 동일한 모집단에서 두 독립표집이 추출되었다면 두 집단의 +(또는 –)의 사례수는 동일할 것이라고 기대할 수 있을 것이다. 이러한 절차의 결과를 정리하면 아래의 <표13-8>의 교차분할표가 될 것이다(아래의 분할표에서 집단의 수가 k개라면 집단3, 집단4,..., 집단k로 증가된다).

<표13-8> 중위수 검정을 위한 교차분할표

	집단1	집단2	계
+	n1+	n2+	N+
-	n1-	n2-	N-
계	N1	N2	N

<표13-8>과 같은 교차분할표가 완성되면, χ^2값을 계산하고 χ^2분포와 비교하여 가설검정을 실시하게 된다. 단 2×2 분할표의 경우에 있어서 전체의 사례수가 20 이하라면(즉, 각 칸의 기대빈도가 5이하라면), Fisher의 정확한 확률을 이용하는 것이 합리적이므로 이를 이용하는 것이 좋다(교차분석의χ^2 검정 참조). SPSS/WIN에서는 분할표의 전체 사례수가 30이하인 경우에 자동적으로 Fisher의 정확한 확률을 통해 검정을 실시한다.

② 중위수 검정의 예

가입이 까다로운 단체는 그렇지 않은 단체보다 단체의 활동에 대한 소속원들의 지지를 더 받을 것이라고 생각하는 사람이 있었다. 그는 자신의 생각이 맞는지를 검증하기 위해 성격과 특성이 유사하지만 입회요건이 다른 두 사회단체를 선정하고 그 단체의 소속원들에게 자신이 속한 단체가 벌이고 있는 사회사업들에 대한 전반적인 지지여부를 11점 척도에 표시하도록 하였다. 영가설은 '가입이 어려운 단체와 가입이 쉬운 단체의 소속원간에는 자신이 소속된 단체의 활동에 대한 지지정도에 차이가 없을 것이다'이며 대립가설은 '가입이 어려운 단체의 소속원이 자신이 속한 단체의 활동을 더욱 지지할 것이다'라는 진술이 된다(일방가설). 유의수준은 0.05로 결정하였다.

<표13-9> 중위수 검정을 위한 데이터(집단, 점수의 순서로 정리되었음)

2	11	2	4
2	9	2	4
2	9	2	2
2	7	1	7
2	7	1	6
2	6	1	4
2	6	1	4
2	5	1	2
2	4	1	1
2	2	1	1
2	0	1	1
2	7	1	6
2	6	1	4
2	8	1	4
2	8	1	3
2	7	1	2
2	6	1	1
2	6	1	1
2	5	1	0
2	8		

SPSS/WIN에서 중위수 검정을 실시하려면 '분석메뉴/비모수검정/독립 K-표본'을 선택한 다음 대화상자에서 중위수를 선택한다. 이 명령에 의해 독립변수로 구분되는 k개 집단의 중위수가 동일한지의 여부를 검정한다.

분석 메뉴/비모수검정/독립 K-표본(K)...

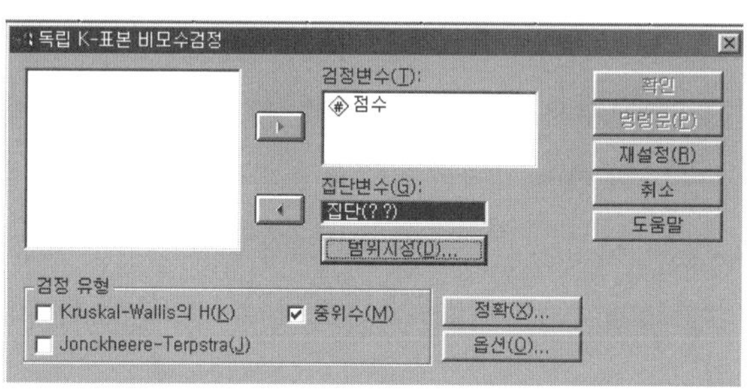

검정변수 창에 검정하고자 하는 변수(종속변수)를 지정해야 하는데 그 대상이

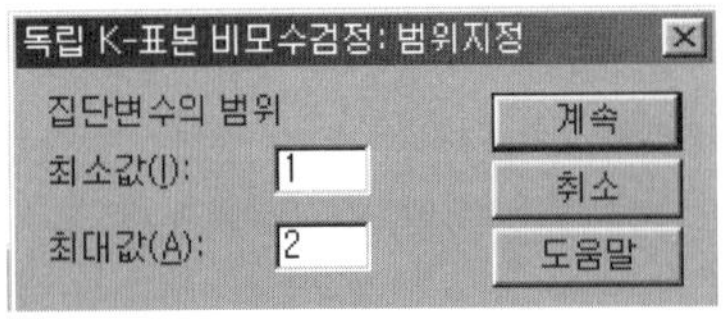

되는 변수는 순서화될 수 있는 숫자변수이어야 한다. 다음으로 독립변수를 '집단변수'로 지정한다. 이 때 독립변수(즉, 집단변수)의 범주의 범위를 지정해야 한다. 이를 위해 범위지정 단추를 눌러 범주의 범위를 입력한다. 이때 범주화의 기준값은 정수이어야 한다.

위 지정의 결과는 독립변수 '집단'의 값이 1인 집단과 2인 집단에 대해 '점수' 변수에 대한 중위수 검정을 실시한다.

중위수 검정

빈도분석

		집단	
		1	2
점수	〉중위수	3	15
	〈=중위수	13	8

검정 통계량[b]

		점수
N		39
중위수		5.00
카이제곱		8.198
자유도		1
근사 유의확률		.004
Yates의 연속 수정	카이제곱	6.435
	자유도	1
	근사 유의확률	.011

a. 집단변수: 집단

[그림13-10] 중위수 검정을 위한 비모수검정 결과물

위의 [그림13-10]의 결과물을 보면, 각 집단에 따라 전체 중위수를 기준으로 큰 사례의 빈도(〉중위수)와 작은 사례의 빈도(〈 중위수)가 분할표로 제시되어 있다.

이 분할표를 보면, 가입이 까다로운 단체에서 전체 중위수 보다 큰 값은 모두 15개이며 그렇지 않은 단체에서는 3개임을 알 수 있을 것이다. 아래의 표에서 전체 사례수는 39이며 검정에 전체 중위수로 5.00을 사용하였음을 알 수 있다. 이때 χ^2은 6.435로 영가설 하에서 χ^2값이 6.435 이상이 나올 확률은 0.011로 정해놓은 유의미 수준 0.05보다 작으므로 두 집단의 중위수에는 차이가 없을 것이라는 영가설을 기각하게 된다. 따라서 가입이 까다로운 단체의 소속원은 그렇지 않은 단체의 소속원 보다 자신이 소속된 단체의 활동을 더 지지하고 있다는 결론을 내리게 된다.

2) 맨-휘트니 U 검정

① 맨-휘트니 U 검정의 논리

상관되어 있는 두 집단의 차이를 검정하는 모수통계 방법인 종속 2집단의 t-검정에 대응되는 비모수통계 방법이 윌콕슨 부호순위 검정이라면, 독립된 두 집단의 차이를 검정하는 모수통계의 t-검정에 대응되는 전형적인 비모수통계 방법이 맨-휘트니(Mann-Whitney) U 검정이다. 이 검정은 윌콕슨이 이들 두 사람보다 2년 먼저 논리적으로 동일한 검정방법을 독립적으로 발표하였기 때문에 윌콕슨 순위합(rank sum) 검정 또는 2표본 윌콕슨 검정이라고 불리기도 한다. 이 같은 이유로 SPSS의 맨-휘트니 검정 결과물에는 맨-휘트니의 U값과 윌콕슨의 W값이 같이 제시된다.

이 검정방법은 자료를 서열화시킬 수 있고 표본크기가 작아도 되기 때문에 모수적 t-검정이 부적합한 경우에 사용할 수 있는 방법으로 t-검정만큼 검정력이 있는 유용한 기법이다.

맨-휘트니 U 검정은 독립된 두 표본점수의 순위를 이용하여 두 집단이 동일한 모집단에서 추출되었는가를 검정한다. N과 M의 두 독립표본이 있다고 했을 때, 이들 두 집단을 통합하여 그 크기에 따라 통합 순위를 배당하고 각 집단에 대해 이들 순위의 합을 계산할 수 있을 것이다. 만일 두 집단이 동일한 모집단에서 추출되었다면, 이들 각 집단에 배당된 순위의 합이 동일하거나 큰 차이를 보이지 않을 것이라고 예상할 수 있을 것이다(단, 두 집단의 사례수가 동일한 경우). 예를 들어, 집단 N이 9, 11, 15의 점수로 구성되어 있고 집단 M이 6, 8, 10, 16의 점수로 구성되었다면 다음과 같이 표현할 수 있다:

점수 :	6	8	9	10	11	15	16
집단 :	M	M	N	M	N	N	M
순위 :	1	2	3	4	5	6	7

여기서 순위의 합을 T라 하면, 집단 N에 속한 점수의 서열의 합 TN= 3+5+6= 14

가 되며, 집단 M에 속한 점수의 서열의 합 TM= 1+2+4+7= 14가 된다. 이 같은 절차를 통해 TN과 TM을 비교할 수 있게 된다. 그러나 실제로는 두 집단의 순위의 합인 TN과 TM의 기대치는 두 집단의 사례수가 각각 n1과 n2라고 했을 때 아래와 같은 공식으로 구한다.

$$E(TN) = \frac{n1(n1+n2+1)}{2} \quad E(TM) = \frac{n2(n1+n2+1)}{2}$$

그 다음으로는 한 표본에서 얻어진 TN이나 TM이 위의 기대치로부터 이탈될 확률이 얼마나 되는가를 알아볼 수 있다. 사례수 n1과 n2가 큰 경우(보통 각 집단의 사례수가 10보다 큰 경우)에는 기대치 E(TN)이나 E(TM)을 중심으로 하는 표집분포는 표준편차가 √[n1n2(n1+n2+1)/12]인 정상분포를 이룬다. 따라서 한 표본에서 구한 값, 예를 들어, TN에 해당되는 Z점수를 구할 수 있게 된다. 이를 이용하여 가설검정을 실시하게 되는 것이다.

맨-휘트니 검정의 경우에도 다른 순위를 이용한 검정방법과 마찬가지로 동점순위인 경우에 대한 처리방식에 대해 고려해 보아야 한다. 동점인 경우에는 그들 점수의 순위의 평균을 구해 동점인 점수들에 배당하여 Z값을 구하게 된다(단, 맨-휘트니 U 검정은 순위변수의 연속성을 가정하고 있으므로 동점순위가 많은 경우에는 이 가정에 위배되어 문제가 된다). 하지만 두 표본 중 큰 쪽의 사례수가 20보다 크고 두 표본의 사례수가 큰 차이가 없을 때에는 앞에서 말한 정상분포에 의한 접근에 무리가 없지만, 그렇지 않을 경우에는 정확한 표집분포에 해당되는 확률을 구해야만 한다.

일반적으로 맨-휘트니 U 검정은 중위수 검정보다 영가설을 기각하는데 있어서 검정력이 더 강하다. 이는 중위수 검정이 중위수를 중심으로 단순하게 순위를 배당하지만 맨-휘트니 U 검정은 각각의 관찰치에 순위를 정한 다음 그 합을 통해 순위의 평균이 계산되기 때문에 당연한 논리인 것이다. 따라서 두 검정을 똑같이 적용할 수 있는 자료라면 맨-휘트니 U 검정을 사용하는 것이 보다 낫다.

② 맨-휘트니 검정의 예

SPSS/WIN에서 맨-휘트니 U 검정은 두 집단의 통합된 순위를 이용하여 두 집단이 동일한 모집단에서 추출되었는가를 분석한다. 일반적으로 중위수 검정이 적용되는 자료는 맨-휘트니 U 검정을 실시할 수 있다. 따라서 앞 절의 중위수 검정에 사용한 자료들을 그대로 사용할 것이다. 이때 가설과 유의도 수준 역시 중위수 검정의 경우와 동일하다.

독립2 중위수.sav 파일을 연다. '점수' 변수를 검정변수 창으로 이동시키고 '집단' 변수를 집단변수 창으로 이동시킨다. 대화상자의 아래 검정유형에서 'Mann-Whitney의 U(M)'에 표시가 되어있음을 확인할 수 있다.

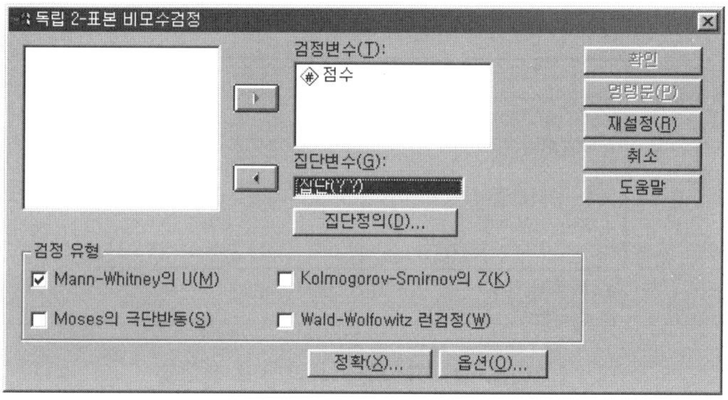

집단정의' 단추를 눌러 집단을 구분하기 위한 값들을 입력한다. 이때 집단 1은 1, 집단2는 2를 입력한다.

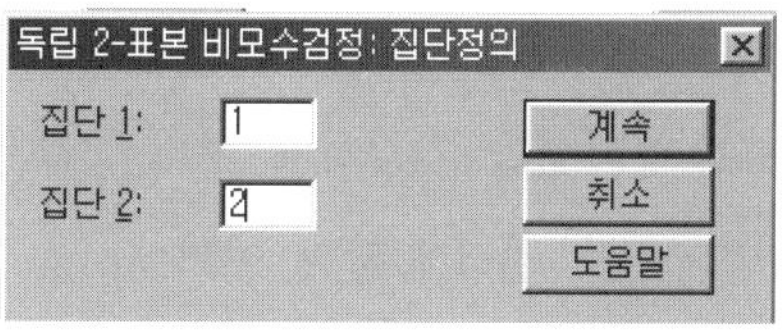

계속단추를 누른 후 대화상자에서 확인 단추를 누르면 분석과정이 진행되어 결과물이 나오게 된다.

사례수가 30보다 적으면 정확한 유의수준이 계산되고, 30보다 크면 정상분포된 Z값으로 변환된다. 또한 괄호 안에 포함되지 않은 값들을 가지고 있는 사례들은 분석대상에서 제외된다.

M-W 부명령의 결과물에는 각 집단의 평균순위, 맨-휘트니 U 통계치(집단1의

값이 집단2의 값보다 우선하는 횟수), 윌콕슨 W 통계치(작은 집단의 순위합)가 포함되며 이들 값들의 양방확률, Z값, 그리고 동점의 영향을 교정한 Z값의 양방확률이 제시된다.

Mann-Whitney 검정

순위

	집단	N	평균순위	순위합
점수	1	16	12.66	202.50
	2	23	25.11	577.50
	합계	39		

검정 통계량[b]

	점수
Mann-Whiteny의 U	66.500
Wilcoxon의 W	202.500
Z	-3.384
근사 유의확률(양쪽)	.001
정확한 유의확률 [2 * (한쪽유의확률)]	.000[a]

a. 동률에 대해 수정된 사항이 없습니다.
b. 집단변수: 집단

[그림13-11] 맨-휘트니 검정의 결과물

[그림13-11]의 결과물을 보면, 집단1에 배당된 순위의 평균은 12.66이며 사례수는 16, 집단2에 배당된 순위의 평균은 25.11이고 사례수는 23임을 알 수 있다. 이때 맨-휘트니의 U값은 66.5이고 윌콕슨의 W값은 202.5이며 양방확률은 0.0005로 유의미수준 0.05보다 작으므로 영가설을 기각하게 된다. Z값은 −3.384로 양방확률인 0.05보다 작으므로 동일한 결론을 내리게 된다. 여기에서는 사례수가 30보다 크므로 Z값을 해석하게 된다. 따라서 가입이 까다로운 단체의 소속원은 그렇지 않은 단체의 소속원보다 자신이 속한 단체의 활동을 지지한다고 결론을 내릴 수 있게 된다. 여기에서 중위수 검정 결과물의 확률이 0.0112인 점과 비교해 보면 맨-휘트니 U 검정이 더욱 검정력이 우수하다는 점을 확인할 수 있을 것이다.

3) 2집단 콜모고로프-스머노프 검정

① 2집단 콜모고로프-스머노프 검정의 논리

2집단 콜모고로프-스머노프(Kolmogorov-Smirnov) 검정은 단일표본의 콜모고로프-스머노프 검정을 확장한 것으로 두 표본이 동일한 모집단에서 추출되었는가를 검정하는데 사용된다. 이 검정에서 양방검정은 주로 집중(중심)경향이나 산포(dispersion), 또는 편포도(shewness) 등에서 차이가 있는 두 표본이 동일한 모집단에서 추출되었는가를 검정하는데 민감하고, 일방검정은 한 표본의 모집단 점수(실험집단)가 다른 표본(통제집단)의 모집단 점수보다 확률적으로 높을 것인지를 검정하는데 사용된다.

이 검정의 논리는 앞에서 소개한 단일표본의 콜모고로프-스머노프 검정의 논리와 유사하다. 단일표본의 경우 표본의 누적분포가 특정 확률분포의 누적분포와 동일한지를 검정하는 반면, 2집단의 경우에는 그 두 개의 표본의 누적분포가 동일한지를 검정하게 된다. 만일 두 표본이 동일한 모집단에서 추출되었다면 그 누적분포의 차이는 무선적인 편차(random deviations)만을 갖게 될 것이라고 기대할 수 있을 것이다.

이 검정은 동일한 구간을 적용하여 두 표본분포의 누적빈도분포를 작성한 다음 어느 한 표본의 단계함수(step function)와 다른 표본의 단계함수간의 차이들을 구하여 그중 가장 큰 편차를 이용하여 가설검정을 실시하게 된다.

이 검정은 자료의 연속성을 가정하므로 구간의 수가 작으면 정보의 손실이 커지게 되므로 가능한 한 구간의 수를 많이 사용하는 것이 좋다. 또한 표본크기가 작을 때 2집단 콜모고로프-스머노프 검정은 높은 검정력을 가지게 되지만 표본크기가 커지면서 검정력이 약간 하락하는 경향이 있다. 일반적으로 이 검정은 중위수 검정이나 χ^2 검정보다 강력하며 표본크기가 작을 경우에는 맨-휘트니 검정보다 우수하지만 표본이 커지면 맨-휘트니 검정이 우수하다.

② 콜모고로프-스머노프 2집단 검정의 예

한 연구자는 기억에 있어서의 초두효과(primary effect)가 연령에 따라 다른지에 관심을 가지고 있었다. 이를 알아보기 위해 일련의 연속된 기억과제에 있어서 처음에 제시된 기억과제를 중학생보다 고등학생이 더 잘 기억할 것이라는 가설을 세웠다. 이 가설을 검정하기 위해 중학생 10명과 고등학생 9명의 두 집단에게 연속된 기억과제를 제시한 다음 전체과제의 처음 절반에 대한 기억오류를 비교하였다. 따라서 영가설은 '두 집단에 오류의 비율이 동일할 것이다'라는 진술이 되며, 대립가설은 '고등학생이 중학생보다 오류가 적을 것이다'라는 진술이 된다. 유의수준은 0.05로 결정하였다.

위의 가설을 검정하기 위한 프로그램은 아래의 <표13-10>과 같다. 아래의 프로그램에서 종속변수 측정치는 전체 기억오류에 대한 전반부의 기억오류의 백분율로 소수점 첫째 자리까지를 입력하였다.

<표13-10> 콜모고로프-스머노프 검정을 위한 데이터(파일명: 독립2K-S.sav)

1	35.2	2	39.1
1	39.2	2	41.2
1	40.9	2	45.2
1	38.0	2	46.2
1	34.4	2	48.4
1	29.1	2	48.7
1	41.8	2	55.0
1	24.3	2	40.6
1	32.4	2	52.1
		2	47.2

1은 고등학생, 2는 중학생

비모수검정 메뉴/ 독립2표본을 선택한다.

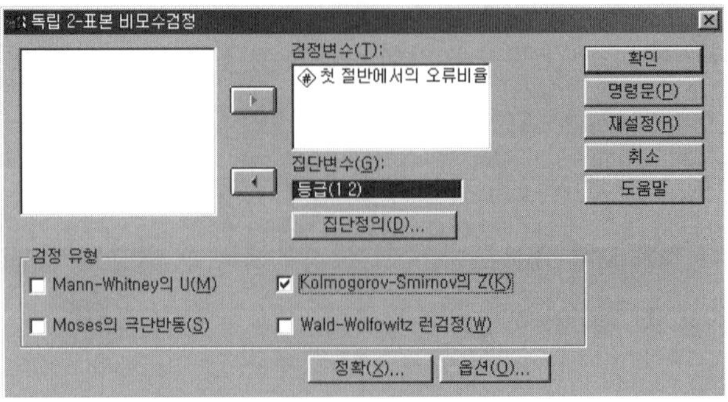

2표본 Kolmogorov-Smirnov 검정

빈도분석

		N
첫 절반에서의 오류비율	고등학교	9
	중학교	10
	합계	19

검정 통계량[b]

		첫 절반에서의 오류비율
최대극단자	절대값	.700
	양수	.000
	음수	-.700
Kolmogorov-Smirnov의 Z		1.524
근사 유의확률(양쪽)		.019

a. 집단변수: 등급

[그림13-12] 콜모고로프-스머노프 검정을 위한 SPSS/WIN의 결과물

[그림13-12]의 결과물을 보면, 단일표본 콜모고로프-스머노프 검정의 결과물과 유사함을 알 수 있다. 이 경우에 표본 크기가 작으므로(보통 m, n 〈 25인 경우)이므로 Z값은 무의미하나 영가설을 기각하기 위한 확률을 구하기 위해 사용할 수 있으며, Z=1.524이고 P=0.019이므로, α=0.05에서 H_0을 기각할 수 있다. 또한 연구가 방향을 예측하고 있으므로 기억오류가 적은 고등학생 집단이 중학생 집단보다 더 연속된 과제에 있어 초두효과를 나타낸다고 결론지을 수 있다. 그러나 일반적으로 K-S 2집단 검정은 표본크기가 작은 경우 그 사용이 부적절하게 되며, 이 같은 사실은 표본 크기가 작을 경우 결과물에 표본 크기가 작기 때문에 수표의 확률표를 참조하라는 경고문(WARNING-Due to.....)이 제시된다. 따라서 결과에 대해 확신하려면 통계 책에 제시된 수표를 확인해야만 할 것이다.

4) 왈드-올포비츠 연 검정

① 왈드-올포비츠 연 검정의 논리

왈드-올포비츠 연(Wald-Wolfowitz run) 검정은 독립적인 두 집단의 차이를 검정하는 것이지만, 특히 영가설은 두 집단이 동일한 모집단에서 표집된 것이고 대립가설은 두 집단이 어떤 특정한 면에 있어서든 같지 않다는 것일 때 유용하게 사용되는 검정법이다. 다시 말해서, 이 검정은 단일표본 연 검정의 논리적 확장으로 두 집단이 동일한 모집단으로부터 추출되었는가를 검정하는 데 있어서 평균뿐 아니라 변량, 편도(skewness) 등 어떠한 중심경향치상의 통계치들을 이용한다. 그리고 분포의 모양과 위치에서의 차이를 감지하는 일반적인 비모수검정절차, 두 표본의 누적분포함수간의 최대차이(절대값)를 이용하게 된다.

또한 이 검정은 변수가 연속적이라는 가정을 하고 있다. 단일표본의 연 검정에서 표집되는 순서를 고려하여 표본이 모집단으로부터 무선적으로 추출되었는가를 검정할 수 있다. 왈드-울포비츠 연 검정에서도 연을 이용하여 두 집단이 동일한 모집단에서 추출되었는가를 검정하게 된다. 다시 말해서, 두 집단의 크기를 각각 n1과 n2라고 했을 때 N=n1+n2의 모든 측정치들은 상호 독립적으로 그리고 무선적으로 추출된 것이라고 가정할 수 있을 것이다.

앞에서 설명하였듯이 연이란 같은 성질을 갖는 사례(또는 기호)가 다른 성질의 사례와 섞이지 않은 연속된 것을 의미한다. 단일표본의 연 검정에서와 마찬가지로 두 집단이 통합되었을 때의 연의 수를 이용하면 가설검정을 실시할 수 있게 된다.

이 검정의 논리를 이해하기 위해, 다음과 같은 두 집단 A(n1=5)와 B(n2=4)가 있다고 하자.

A집단: 15 19 22 24 29
B집단: 0 11 12 16

이처럼 연속적 점수로 구성된 두 집단이 있을 때 이들 두 집단을 통합하여 순위를 배당할 수 있다. 따라서 위의 두 집단 A와 B를 통합하여 순위를 배당하면 다음과 같이 된다.

서열 :	1	2	3	4	5	6	7	8	9
점수 :	0	11	12	15	16	19	22	24	29
소속집단:	B	B	B	A	B	A	A	A	A

이제는 순위의 연속에서 원래의 소속집단을 중심으로 하는 연이 몇 개나 되는지를 알아 볼 수 있게 된다. 위의 경우에는 BBB, A, B, AAAA의 연을 가지게 되어 모

두 4개의 연을 가진다. 만일 두 집단이 동일한 모집단에서 무선적으로 추출되었다면 A집단의 점수와 B집단의 점수가 잘 혼합되어 있을 것이다. 즉, 연의 수가 비교적 많을 것이다.

반면에 예를 들어, 중위수가 다른 두 모집단에서 두 집단이 표집되었다면 연의 수는 비교적 적을 것이 예상된다. 왜냐하면 어느 한쪽에 한 집단의 점수가 몰려있으므로 연의 수가 작아지게 되기 때문이다. 또한 변산도가 다른 모집단에서 두 집단이 표집되었을 경우에는 동질적인 집단은 한 곳에 몰리고 변산도가 큰 집단의 점수는 양극단에 몰리게 되므로 마찬가지로 연의 수가 작을 것이 예상된다.

왜도(skewness)나 첨도(kutosis)에 있어서 차이가 있는 모집단에서 두 집단이 추출되었을 경우에도 마찬가지의 논리가 적용된다. 이 같은 논리 하에서 단일표본의 연검정에서와 마찬가지로 연의 수에 대한 확률적 추론이 가능하게 되는 것이다.

이 검정은 변수의 연속성을 가정하는 다른 검정방법과 마찬가지로 두 집단의 점수에 있어서 동점이 많을 경우에는 순위를 배당하기가 어려워지기 때문에 문제가 발생하게 된다(SPSS에서 왈드-올포비츠 검정을 실시하면 동점은 분석대상에 포함시키지 않는다). 또한 이 검정방법은 다른 검정방법과 비교해 보아 검정력이 떨어진다는 단점도 가지고 있다.

② 왈드-올포비츠 연 검정의 예

공격성에 있어서 남녀의 성차가 있는지를 알아보기 위해 4세의 남아와 여아 각 12명씩 두 집단을 선발하여 놀이에서 노는 장면을 15분씩 관찰하여 그 시간 동안에 보여준 공격성의 정도를 평정하였다. 이때의 영가설은 '남아와 여아의 공격성에는 차이가 없을 것이다'이며 대립가설은 '남아와 여아의 공격성에는 차이가 있을 것이다'이었다. 유의수준은 0.05로 결정하였다.

<표13-11> 왈드-올포비츠 연 검정을 위한 데이터(파일명: 독립2WW.sav)

성별(1=남, 2=여)	공격성 점수	성별(1=남, 2=여)	공격성 점수
1	086	1	069
1	072	1	065
1	113	1	065
1	115	1	045
1	141	1	104
1	041	1	050
2	055	2	040
2	022	2	058
2	016	2	007
2	009	2	016
2	026	2	036
2	020	2	015

Wald-Wolfowitz 검정

빈도분석

		N
공격점수	남아	12
	여아	12
	합계	24

검정 통계량[b, c]

		런의 수	Z	정확한 유의확률(한쪽)
공격점수	정확한 런의 수	4[a]	-3.548	.000

a. 집단-내 동률이 없습니다.
b. Wald-Wolfowitz 검정
c. 집단변수: 성별

[그림13-13] 왈드-올포비츠 연 검정 결과물

[그림13-13]의 결과물에 각 집단(남아/여아)의 사례수 12가 제시되어 있다. 또한 연의 수가 4이고 전체 사례수 24인 집단에서 연의 수가 4일 때의 Z값은 -3.548이며 이의 발생확률은 0.0005보다 작다. 이 발생확률은 유의수준 0.05보다 작으므로 두 집단의 공격성에 차이가 없다는 영가설을 기각하게 된다. 따라서 남아와 여아의 공격성에는 차이가 있다는 대립가설을 받아들이게 된다.

5) 극단반응에 대한 모지스 검정

① 모지스 검정의 논리

행동과학에서는 실험처치가 한 피험자에게는 어떤 한 방향으로 영향을 미치고, 다른 피험자에게는 다른 방향으로 영향을 미치는 것이 기대되는 연구를 실시하는 경우가 종종 있게 된다. 즉, 실험처치에 의해 차별적인 영향이 예상되는 경우가 있다. 예를 들어, 학습결과에 따라 계속적으로 보상이나 처벌을 하게 된다면 실험이 진행될수록 학습능력이 뛰어난 사람은 높은 점수가 기대되지만 그렇지 않은 사람은 처벌을 많이 받게 되고, 따라서 학습을 포기하여 낮은 점수가 기대될 수 있다. 다시 말해서, 실험이 진행될수록 점수들의 분포는 상위 점수대와 하위 점수대에 많이 몰리는 양극화가 이루어 질 것이다. 반면에 통제집단은 중간적인 반응을 유지하게 된다. 이처럼 실험집단의 점수들은 어떤 특정 방향(주로 양극)으로 몰리는 반면, 통제집단의 점수들은 정상적인 경우의 가설검정을 위해 특별히 고안된 검정방법이 바로 극단적 반응에 대한 모지스 검정(Moses test of extreme reactions)이다.

모지스 검정의 핵심은 통제집단 점수들의 범위(span)에 있다. 통제집단의 사례수가 nC이고 실험집단의 사례수가 nE일 때 두 집단을 통합하여 순위를 배당할 수 있을 것이다. 이때 배당된 연속적인 순위에서 통제집단의 사례 중 가장 낮은 순위와 가장 높은 순위의 범위 s'를 구할 수가 있다. 만일 두 집단이 동일한 모집단에서 나왔다면 두 집단의 전체 순위는 전 범위에 걸쳐 골고루 섞여있게 되며, 따라서 통제집단 사례의 순위의 범위 s'가 어느 정도 충분히 클 것으로 기대할 수 있다. 만일 실험집단의 점수가 극단적인 범위에 편중되어 있다면 통제집단은 상대적으로 전 범위에서 차지하는 범위가 작을 것이다. 영가설하에서의 s'의 표집분포는 이미 알려져 있으므로 이를 구해진 s'와 비교하게 된다.

모지스 검정절차는 결국 nC + nE의 순위상에서 통제집단(nC)의 순위의 범위 s'를 구하고, H_0가 사실일 때 이 같은 범위가 우연하게 일어날 수 있는 사건인가를 결정하는 과정이다. 예를 들어, nC=6이고 nE=7인 두 집단을 통합하여 순위를 배당한 결과가 아래와 같다고 해보자.

통합된 순위:	1	2	3	4	5	6	7	8	9	10	11	12	13
소속집단 :	E	E	C	E	C	E	C	C	C	E	C	E	E

위의 경우에 전 순위에서 통제집단의 범위 s′=9(즉, 11−3+1)이다. 하지만 이 s′는 특히 표본의 크기가 클 때 통제집단의 표본을 추출하는 과정에서 발생할 수 있는 우연적 변동(즉, 통제집단의 표본추출에서 우연히 극단적인 사례가 추출되는 것)에 의해 크게 영향을 받게 되므로, 그다지 신뢰로운 지수가 되지 못한다는 비판을 받을 수가 있다. 모지스는 이 같은 문제를 해결하기 위해 통제집단 점수들의 순위의 범위에 있어서 일부를 s′의 계산에서 제외하는 절차를 제안하였는데 이때 통제집단의 범위의 계산에서 제외하는 기준을 절두범위(truncated spanish)라 한다.

절두범위는 연구자가 그의 자료를 수집하기 이전에 미리 결정해야 한다. 예를 들어, 위의 예에서 절두범위를 1로 결정하였다면 통제집단의 순위에서 양극의 하나씩을 제외시키므로 s′는 9−5+1=5가 된다.

모지스 검정에 대한 검정효율성에 대해서는 아직까지 알려진 바가 없다. 그러나 모지스 검정은 앞서 설명한 논리에서 알 수 있듯이 극단적 반응치들을 포함하는 연구에서는 다른 어떤 검정보다 적절하다. 그러나 만약 연구가 단순히 중위수나 다른 중심경향치에 의한 차이를 검정하는 경우라면 모지스 검정보다는 맨-휘트니 U검정이 더 적절할 것이다.

② 모지스 검정의 예

일련의 훈련과정에 있어서 엄격한 통과기준이 있을 때는 통과기준이 없을 때와 그 결과가 달라질 것으로 예상된다. 다시 말해서, 엄격한 통과기준이 있을 경우 성적은 상위와 하위로 편포될 것이다. 왜냐하면 기준을 통과할 가능성이 적다고 판단한 사람들은 아예 포기하여 성적이 낮은 쪽으로 몰릴 것이며, 통과할 가능성이 있다고 판단한 사람들은 더욱 노력하여 높은 점수 쪽으로 이동할 것으로 예상되기 때문이다.

한 산업훈련기관의 교관이 이 같은 생각을 검정하고자 동일한 훈련과정에 입소한 18명의 훈련원생들을 9명씩 두 집단으로 나누어 한 집단(실험집단)은 전체의 20% 이내에 든 사람에게만 수료증을 교부한다고 하였으며, 다른 집단(통제집단)은 그런 기준을 제시하지 않았다. 1주일 동안의 훈련기간 동안 매일 저녁 각 훈련원생의 그 날의 성적을 게시판에 공고하였으며, 종속변수 측정치는 마지막 3일간의 성적을 평균하여 사용하였다. 이때의 영가설은 두 집단의 성적은 동일하다는 것이 될 것이다. 유의미 수준은 0.05로 설정하였다.

<표13-12> 모지스 검정을 위한 데이터(파일명: moses.sav)

통제집단	점수	실험집단	점수
1	12	2	25
1	16	2	05
1	06	2	14
1	13	2	19
1	13	2	00
1	03	2	17
1	10	2	15
1	10	2	08
1	11	2	08

moses.sav 파일을 불러온다.

분석 메뉴/ 비모수검정 → 독립2-표본

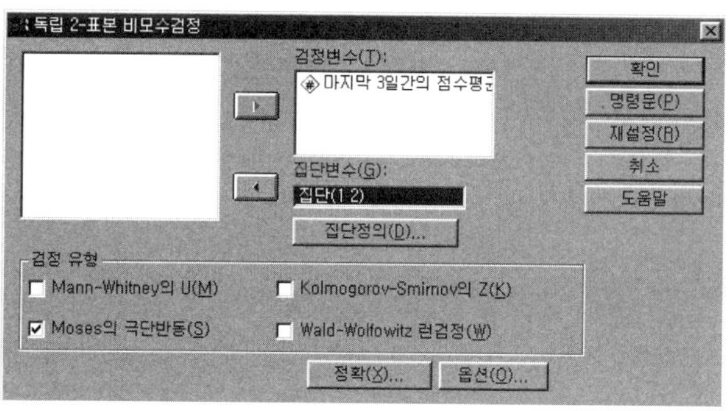

Moses 검정

빈도분석

집단		N
마지막 3일간의 점수평균	통제집단(통제)	9
	실험집단(실험접근법)	9
	합계	18

검정 통계량[a, b]

	마지막 3일간의 점수평균
관측된 통제집단 계산너비	14
유의확률(한쪽)	.147
절삭된 통제집단 계산너비	9
유의확률(한쪽)	.077
각 끝에서 절삭된 이상값	1

a. Moses 검정
b. 집단변수: 집단

[그림13-14] 모지스 검정의 결과물

[그림13-14]의 결과물에 각 집단의 사례수가 제시되어 있고, 전체 순위에서 통제집단의 순위가 차지하는 범위(14)와 그 발생확률 0.147이 있으며, 통제집단에서 극단적인 반응치를 갖는 사례가 제거된 다음의 순위의 범위(9)와 그 발생확률 0.077이 제시되어 있다. 이들 발생확률은 설정한 유의수준 0.05보다 크므로 영가설을 기각할 수 없게 된다. 따라서 두 집단의 성적이 통계적으로 다르다고 할 수 없다.

5 대응 k집단의 비모수검정

사회과학이나 행동과학에서 연구를 하는데 있어서 하나 혹은 두 집단을 이용하는 경우만 있는 것은 아니다. 때에 따라서는 둘이 넘는 집단의 차이를 알아볼 필요가 있게 된다. 이 같은 필요성에 대해서는 이미 앞(일원분산분석)에서 설명한 바 있으므로 더 이상의 언급 없이 설명을 전개해 나갈 것이다. 즉, 이 절과 다음 절에서는 모수통계의 분산분석에 대응되는 비모수통계 방법을 설명할 것이다.

일반적으로 k개의 표본을 가지고 집단들 간의 관계성을 연구하는 설계에는 두 가지가 있다. 그 하나는 동일한 크기를 가진 k개의 표본에서 관찰치에 영향을 줄 수 있는 변수를 어떤 특정한 기준에 따라 짝짓기(matching)시키는 것으로, 따라서 자동적으로 표본의 크기가 동일함을 가정한다. 두 번째는 k개의 독립적인 확률표본을 포함하는 설계로써 각 집단의 크기가 동일해야 함을 가정하지 않는다. 모수적 통계에서는 전자의 경우를 반복측정 분산분석, 또는 무선구획설계(randomizes blocks design)라고 하고, 후자의 경우를 일원분산분석이라고 한다.

본 절에서는 전자의 경우에 해당하는 비모수적 통계방법을 서술할 것이고, 다음절에서는 후자, 즉 독립 k집단에 적용되는 비모수적 통계방법을 기술할 것이다. 이 절과 다음 절에서 설명하는 내용들은 자료가 모수검정의 가정에 위배되거나 모수검정의 가정을 피하면서 결과를 보다 일반화시킬 필요가 있을 경우에 적용된다.

이 절에서는 대응(상관)된 k개 표본의 가설검정에 사용되는 통계방법 중에서 SPSS에 채택된 코크란(Cochran) Q 검정, 프리드만(Friedman) 검정, 그리고 캔달(Kendall)의 일치도 계수 W에 대해서 설명할 것이다.

1) 코크란 Q 검정

① 코크란 Q 검정의 논리

코크란(Cochran) Q 검정은 맥네마 검정의 확장이다. 따라서 맥네마 검정에서와 마찬가지로 반복측정되었으며 변수가 양분변수로 표현될 수 있을 때 특히 유용하게 사용되는 검정방법이다. 예를 들어, 맥네마 검정에서는 TV연설을 전후하여 정치후보에 대한 유권자들의 선호의 변화를 검정하였으나 이를 확장하여 1차 TV연설 전, 후 그리고 2차 TV연설 전후의 유권자의 태도변화를 측정하였다면 이는 코크란 Q 검정의 적용대상이 된다. 즉, k개(4개)의 상관된 조건에서 각각의 피험자들(N)이 다른 반응을 하는지를 검정하는데 사용된다. 이때 종속변수는 양분변수의 값들로 코크란 Q 검정을 통해 이들 양분변수의 값들의 분포가 동일한 모집단 분포를 따르는지를 검정하게 된다.

코크란 Q검정을 실시하기 위한 자료는 따라서 N개의 행(주로, 각각의 피험자)과 k개의 열(각 조건)로 구성된 표로 표현된다. 예를 들어, 신경증을 치료하기 위한 세 가지 치료방법(k=3)의 효과를 비교하기 위하여 어떤 정신과 병원의 신경증 환자

9명(N=9)을 대상으로 그 세 가지 치료방법을 모두 적용시켜 보았다고 해보자. 이때 순서효과를 통제하기 위하여 각 환자마다 치료방법의 적용순서를 무선적으로 결정하였으며 종속변수 측정치는 증세가 호전되었을 경우 1로 그렇지 않을 경우 0으로 코딩되었다면 아래의 <표13-13>과 같은 표가 될 것이다.

<표13-13> 맥네마 검정을 위한 자료의 예

피험자	행동치료	정신분석	약물치료	합계
1	1	0	1	2
2	1	0	0	1
3	0	0	1	1
4	1	1	0	2
5	1	0	0	1
6	0	0	1	1
7	1	0	1	2
8	1	1	0	2
9	1	1	1	3
합계	7	3	5	15

이때 각 치료방법간에 차이가 없다면, 각 행과 열의 조합에 증세의 호전과 비호전이 무선적으로 발생할 것이라고 예상할 수 있게 된다. 사례수가 너무 작지 않다면 이 같은 예상은 아래의 Q값을 통해 검정할 수 있게 된다.

$$Q = \frac{k(k-1)\sum_{j=1}^{k}(G_j - M_G)^2}{k\sum_{i=1}^{N}L_i - \sum_{i=1}^{N}L_i^2}$$

Gj = j번째 열에서의 선호의 합
Li = i번째 행의 선호의 합
MG = Gj의 평균

위의 공식에 의한 Q의 표집분포는 자유도가 k-1인 χ^2 분포에 가까워진다. 따라서 영가설을 기각하기 위한 Q의 임계치는 χ^2 분포를 이용하여 결정할 수 있게 된다.

② 코크란 Q 검정의 예

여론조사에서 면접원의 우호성(friendliness)이 응답자의 반응에 미치는 영향을 알아보기 위해 18명의 주부들을 3가지 면접조건, 즉 관심과 친근함을 보이는 조건

(면접1)과 공식적이고 예의를 갖추는 조건(면접2), 그리고 무관심하며 퉁명스러운 조건(면접3)에 차례로 노출시켰다. 이때 면접원들은 훈련받은 대학생들이었으며 면접조건의 순서는 무선적으로 결정하여 순서효과를 통제하였다.

종속변수는 그 면접원에게 성실하게 답변해주고 싶었는지의 여부이다. 이때의 영가설은 세 가지 면접유형에 있어서 "예(1로 코딩)" 반응에 차이가 없을 것이라는 진술이 되며, 대립가설은 면접유형에 따라 "예" 반응에 차이가 있을 것이라는 진술이 된다. 유의수준은 0.01로 결정하였다.

<표13-14> 코크란 Q 검정에 사용한 데이터(파일명: coch.sav)

주부	면접자1	면접자2	면접자3
01	2	2	2
02	1	1	2
03	2	1	2
04	2	2	2
05	1	2	2
06	1	1	2
07	1	1	2
08	2	1	2
09	1	2	2
10	2	2	2
11	1	1	1
12	1	1	1
13	1	1	2
14	1	1	2
15	1	1	2
16	1	1	1
17	1	1	2
18	1	1	2

(1＝예, 2＝아니오)

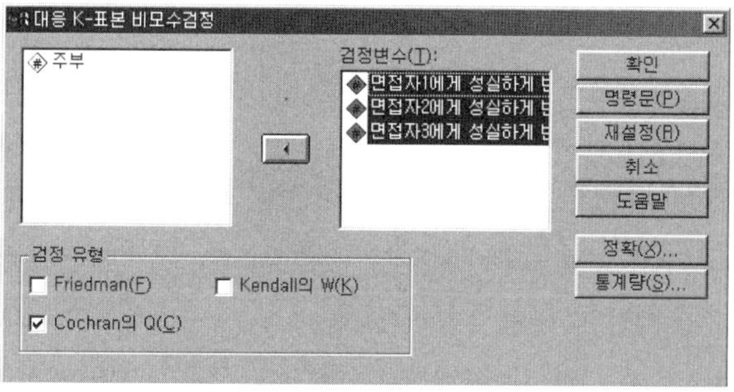

Cochran 검정

빈도분석

	값	
	1	2
면접사1에게 성실하게 반응하고 싶었는가	13	5
면접자2에게 성실하게 반응하고 싶었는가	13	5
면접자3에게 성실하게 반응하고 싶었는가	3	15

검정 통계량

N	18
Cochran의 Q	16.667[a]
자유도	2
근사 유의확률	.000

a. 2은(는) 성공한 것으로 처리됩니다.

[그림13-15] 코크란 Q 검정의 결과물

[그림13-15]의 결과물을 보면, 면접자1과 면접자2에 대해 '아니오(2)'로 답변한 사례는 각각 5이며 '예'(1)로 답변한 사례는 13임을 알 수 있다. 또한 면접자3에 대해 '아니오'는 15이며 '예'인 사례는 3이다. 전체의 사례수 N은 18이며 이때의 코크란 Q 값은 16.667로 자유도 2일 때의 유의수준이 0.0005보다 적다. 이 유의수준은 설정한 유의수준 0.01보다 작으므로 세 면접조건에서의 "예" 반응이 동일할 것이라는 영가설을 기각할 수 있으며, 따라서 면접자의 우호성에 따라 응답자의 반응에 차이가 있다는 결론을 내리게 된다.

2) 프리드만의 순위자료에 대한 이원분산분석

① 프리드만 검정의 논리

프리드만(Friedman) 검정은 모수통계에서 반복측정이 포함된 이원분산분석에 해당되는 비모수통계 방법이다. 이 검정은 상관된(대응) 2집단의 차이를 검정하는 윌콕슨 검정의 확장이라고 할 수 있으며, 앞 절에서 설명한 코크란 Q 검정과 유사한 형식으로 자료가 배열된다. 코크란 Q 검정에서의 자료는 양분변수이어야 하지만 프리드만 검정에서의 자료는 순위변수이어야 한다. 코크란 Q 검정에서와 마찬가지로 N명의 피험자가 k개의 다른 실험처치를 모두 받는 경우에는 프리드만 검정을 사용할 수 있다. 예를 들어, 코크란 Q 검정의 논리에서 사용한 <표13-14>의 자료가 양분변수가 아닌 순위변수라면 프리드만 검정을 적용할 수 있다. 예를 들어, 만일 신경증을 치료하기 위한 세 가지 치료방법의 효과를 서열화시켜 정리한다면 아래의 <표13-15>와 같은 표가 될 것이다. 피험자 1은 행동치료 〉 약물치료 〉 정신분석의 순서로 서열을 매겼으며 피험자 3은 약물치료 〉 행동치료 〉 정신분석의 순으로 서열을 배당하였다.

<표13-15> 프리드만 검정을 위한 자료의 예

피험자	행동치료	정신분석	약물치료
1	1	3	2
2	1	3	2
3	2	3	1
4	2	1	3
5	1	2	3
6	2	3	1
7	1	3	2
8	1	2	3
9	1	3	2
순위합	12	23	19

만일 동일한 모집단에서 각 집단이 표집되었다면 각 열(여기에서는 신경증의 치료방법)의 순위는 무선적으로 분포될 것이며, 따라서 각 열의 순위합은 동일할 것이라고 예상할 수 있을 것이다. 이 같은 논리로 각 집단의 순위의 합이 동일하다는 영가설을 검정할 수 있게 된다. 프리드만이 가설검정에 사용할 수 있도록 제안한 통계치는 아래의 공식으로 구하게 된다.

$$F_r = [\frac{12}{Nk(k-1)}\sum_{j=1}^{k} R]^2 - 3N(k+1)j$$

N = 행의 사례수(피험자 수)
k = 열의 사례수(실험조건 또는 변인)
Rj = j번째 열의 순위의 합

이 F_r의 표집분포는 χ^2분포에 근접하므로 χ^2분포를 이용하여 유의수준을 구할 수가 있다.

② 프리드만 검정의 예

프리드만 검정은 k개의 상관된 표본이 동일한 모집단에서 추출된 것인지를 검정하는데 사용한다. 분석할 대상으로 지정한 변수들은 최소한 순서척도로 측정된 것이어야 한다. SPSS는 지정된 k개의 변수에 대해 각 사례에서 1부터 k까지의 순위를 배당하고 전체 사례에 대한 순위의 평균을 계산하게 된다.

자동차의 안전도는 차량의 조건에 의해서도 차이가 나지만 운전자의 운전습관에 의해서도 달라지게 된다. 한 소비자 보호센터에서 차량의 만족도를 알아보기 위해 9명의 운전자가 동일한 순서로 세 종류의 자동차를 운전하여 각 차량의 만족도 점수를 채점하게 하였다. 차량의 만족도가 정상분포를 이루거나 혹은 만족도의 분산이 동일할 것이라는 가정을 만족할 수 없으며 또한 동일한 운전자가 세 종류의 차를 모두 운전하여 10점 만점으로 채점하였으므로, 비모수검정의 프리드만 검정이 가장 적절하다. 이 연구에서의 영가설은 "각 자동차의 만족도에는 차이가 없을 것이다"이며, 대립가설은 "각 자동차의 만족도는 다를 것이다"이다. 유의수준은 0.05로 설정하였다.

<표13-16> 프리드만 검정을 위한 데이터(파일명: fried.sav)

검사자	차량1	차량2	차량3
1	8	4	1
2	9	5	3
3	6	3	2
4	5	2	6
5	6	4	3
6	8	4	2
7	7	3	4
8	7	2	4
9	6	4	2

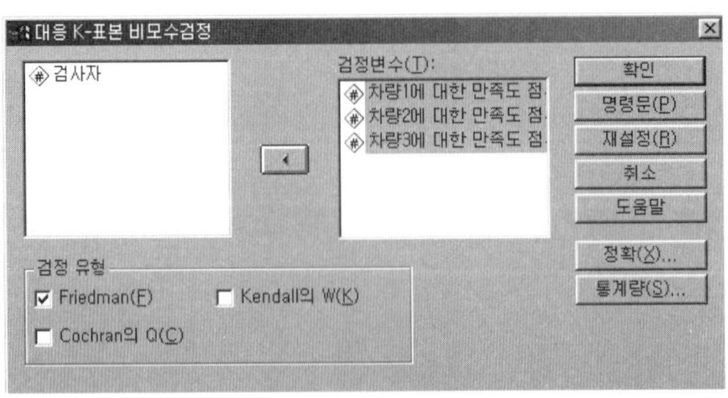

또한 이 연구에서 만족도 점수가 높을수록 그 차량이 만족스러운 것이므로 순위는 1위가 배당되어야 한다. 그러나 프리드만 검정에서 사용하는 기준은 각 개인의

서열점수이므로 1번 사례는 1, 2, 3이 배당되어야 한다. 그러나 현재의 입력된 데이터로는 3, 2, 1의 순서가 배당된다. 그렇지만 검정결과는 동일하므로 그대로 사용할 수 있다(만일 이 같은 결과에 의해 혼동이 야기될 가능성이 있다면 데이터 변환명령을 이용하는 것이 좋을 것이다). 이 명령의 결과는 [그림13-16]에 제시되어 있다.

비모수 검정

Friedman 검정

순위

	평균순위
차량1에 대한 만족도 점수	2.89
차량2에 대한 만족도 점수	1.67
차량3에 대한 만족도 점수	1.44

검정 통계량[a]

N	9
카이제곱	10.889
자유도	2
근사 유의확률	.004

a. Friedman 검정

[그림13-16] 프리드만 검정 결과물

위의 결과물에는 세 가지 종류의 차량의 만족도에 배당된 순위의 평균이 제시되어 있으며 χ^2값과 자유도 그리고 확률이 제시되어 있다. 자유도가 2일 때 χ^2가 10.889일 확률은 0.004로, 설정한 유의수준 0.05보다 작으므로 세 차량의 안전도에 차이가 없다는 영가설을 기각하게 된다.

3) 캔달의 일치도 계수

① 캔달의 일치도 계수의 논리

캔달의 일치도 계수(coefficient of concordance)는 여러 명의 평정자가 서로 독립적으로 N개의 자극에 대한 순위를 배당할 때 이들 평정자의 평가가 일치하는지의 여부(평가자간 신뢰도)를 결정하는데 사용한다. 캔달의 일치도 계수가 비록 평가자간 신뢰도를 결정하는데 사용한다고 하지만, 그 논리는 앞 절에서 설명한 프리드만 검정과 유사하다.

예를 통해 캔달의 일치도 계수의 논리를 살펴보기로 하자. 예를 들어, 한 회사에 지원한 6명의 지원자를 4명의 면접관이 순위를 배당하여 아래의 <표13-17>과 같은 결과를 얻었다고 해보자.

<표13-17> 4명의 면접관이 6명의 지원자를 평가한 순위

면 접 자	지 원 자					
	a	b	c	d	e	f
갑	6	4	1	2	3	5
을	5	3	1	2	4	6
병	6	4	2	1	3	5
정	3	1	4	5	2	6
Rj	20	12	8	10	12	12

만일 한 지원자에 대한 4명의 면접관의 평가가 일치한다면, 예를 들어, 모두 한 지원자에 대해 1위의 순위를 배당한다면 이 지원자의 순위의 합(Rj)은 4가 된다. 동일한 논리로 모든 면접관에게서 2위를 배당받은 지원자의 순위의 합은 8이 될 것이며, 3위는 12, 4위는 16, 5위는 20, 6위는 24가 될 것이다. 이 같은 관계를 일반화하면, k개의 자극에 대한 N명의 평정자의 순위가 완전히 일치한다면 그 순위의 합은 각각 N, 2N, 3N,...., kN이 될 것이고 k개 순위의 전체합은 Nk(k+1)/2, 평균순위의 합은 N(k+1)/2가 된다. 여기에서 결국 여러 평정자의 평가 사이의 일치도는 분산을 반영한다는 사실을 알 수 있을 것이다. 즉, 모든 평정자의 평가가 일치하였을 때의 각 자극의 순위의 합의 변량은 최대가 될 것이며 불일치하면 할수록 각 자극의 순위의 합의 변량이 0에 접근하게 될 것이다. 따라서 모든 평정자의 순위평가가 일치함으로써 생기는 순위의 합의 최대변량 대 구해진 순위평가의 변량의 비를 평가자 간의 일치도를 나타내는 지수로 사용될 수 있게 된다. 캔달의 일치도 계수를 W 계수라 하며, 아래의 공식으로 구하게 된다.

$$W = \frac{12S}{N^2(k^3 - k)}$$

위의 공식에서 S는 k개 자극에 대한 순위평균의 편차자승화로 다음의 공식으로 계산된다.

$$S = \sum[R_j - \frac{\sum R_j}{k}]^2$$

또한 k개의 자극에 대한 평가가 완전히 일치하였을 때의 순위평균의 편차 자승화는 N2(k3-k)/12가 된다. 따라서 캔달의 W 계수는 평정자의 평가가 일치하였을 때의 편차자승화 대 구해진 자료의 편차자승화가 된다. 따라서 평가자의 평정이 완전히 일치한다면 W=1이 되며, 완전히 불일치한다면 W=0이 된다. 여기서 W는 확률적인 의미를 지니므로 0≤W≤1의 범위를 갖는다. 이 캔달의 W 계수는 중복순위가 많지 않고 사례수가 일반적으로 7보다 크다면 자유도가 k-1인 χ^2분포와 χ^2=N(k-1)W인 관계를 유지하므로 이러한 관계를 이용하여 가설검정을 실시하게 된다.

② SPSS를 이용한 캔달의 일치도 계수

이 검정을 실시하는데 주의할 점은 각 사례는 판단자나 평가자이어야 한다는 것이다. 만일 각 평가자를 변수로 놓았다면 자료행렬의 위치를 바꾸어주어야 한다. 캔달의 일치도 계수 W는 k개의 상관된 표집이 동일한 모집단에서 추출되었는가를 검정함으로써 각 평가자의 판단의 일치정도를 알아보는데 사용하는 통계방법이다.

한 동호인 모임에서 연차모임을 갖기 위해 회원들이 모임에 참석하는데 영향을 줄 수 있는 요인을 알고자 하였다. 이를 알아보기 위해 임원진을 소집하여 회원들의 관심사가 될 만한 8가지 요인을 제시하고 회원들이 모임에 참석하는데 영향을 줄 것이라고 생각하는 정도에 따라 1위부터 8위까지의 순위를 배당하도록 요구하였다.

가장 중요한 요인의 순위가 1위이므로 서열합(또는 서열평균)이 가장 작은 요인은 8개의 요인 중 모임에 참석하는데 가장 큰 영향을 주는 요인으로 판단할 수 있을 것이다. 이 평가에 참석한 요인은 22명이었으며, 경비, 날씨, 모임시간, 인원수, 프로그램 내용, 통보날짜, 모임기간, 관심저하가 8가지 요인으로 제시되었다. 여기에서 어떤 요인이 가장 중요한지를 알아보기 전에 우선 평가자의 평정이 일치하는지의 여부를 확인해야 할 것이다. 연구자는 각 순위에 대한 캔달의 일치도 계수 W를 구하였다. 이때 사용한 유의수준은 0.05이었다.

<표13-18> 캔달의 일치도 계수를 위한 데이터(파일명: kendall.sav)

01	2	7	3	5	4	6	1	8
02	6	5	7	3	4	2	1	8
03	1	6	4	5	2	7	3	8
04	5	6	7	1	2	4	3	8
05	1	8	6	5	2	4	3	7
06	2	7	5	1	3	6	4	8
07	2	7	1	4	3	6	5	8
08	1	4	7	2	3	6	5	8
09	1	7	3	6	2	4	5	8
10	1	6	7	3	2	4	5	8
11	4	5	1	3	2	7	6	8
12	1	4	6	7	2	5	3	8
13	1	5	2	3	4	6	7	8
14	1	6	5	2	3	4	7	8
15	1	7	2	4	3	4	6	8
16	1	6	5	2	2	7	4	8
17	1	7	6	4	3	5	2	8
18	3	7	5	6	1	4	2	8
19	1	6	2	4	5	7	3	8
20	1	6	5	3	4	7	2	8
21	1	7	6	2	3	5	4	8
22	1	8	1	4	3	6	4	7

캔달의 일치도 검정을 위해 입력된 값은 각 요인의 순위이며 자료에는 동점이 포함되어 있다.

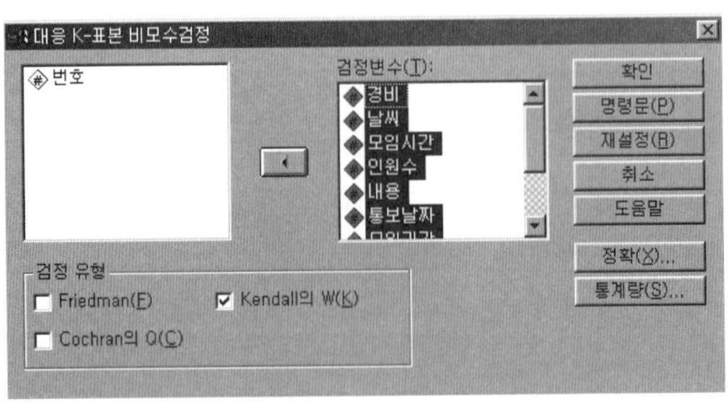

Kendall의 W 검정

순위

	평균순위
경비	1.80
날씨	6.23
모임시간	4.39
인원수	3.66
내용	2.84
통보날짜	5.30
모임기간	3.89
관심저하	7.91

검정 통계량

N	22
Kendall의 W[a]	.630
카이제곱	97.017
자유도	7
근사 유의확률	.000

a. Kendall의 일치계수

[그림13-17] 캔달의 일치도 계수 결과물

[그림13-17]의 결과물에는 8개의 변수에 대한 평균순위(Mean Rank)가 제시되어 있고 평가자의 수(22)가 포함되어 있다. 캔달의 일치도 계수 W=0.630으로써 이 W가 1에 가까우면 평정이 완전히 일치하는 것이 되므로 평정자들의 평가가 어느 정도 일치한다는 것을 알 수 있을 것이다. 이 W를 χ^2로 변환시킨 값은 108.2912이며 자유도가 7일 때 유의수준은 0.00005로써 이미 설정한 유의수준 0.05보다 작으므로 각 평정자의 평정이 일치한다는 결론을 내리게 된다.

6 독립 k집단의 비모수검정

SPSS에서 k개의 독립된 표본에 대한 비모수검정을 실시하는 방법은 모두 세 가지가 있다. 이들은 모두 여러 독립표본이 동일한 모집단에서 추출되었는지를 결정하는 검정방법들이다. 이에는 쿠르스칼 윌리스(Kruskal-Wallis)의 H 검정, 중위수 검정 등이 있다. 중위수 검정은 두 집단 중위수 검정의 확장으로 보다 일반적인 검정방법이지만 검정력은 그다지 높지 않으며 위치와 모양에서의 분포의 차이를 탐지한다

(4절 독립집단의 가설검정의 중위수검정을 참조하라). H 검정은 분포위치에서의 차이를 검정한다.

H 검정, 중위수 검정은 표본이 추출된 k개 모집단의 선험적인(a priori) 순서가 없다고 가정한다. k개 모집단에서 자연적인 서열(상승 또는 하강)이 있는 경우에는 Jonckheere-Terpstra 검정이 더욱 강력하다.

1) 순위에 의한 쿠르스칼-월리스 일원분산분석

① 쿠르스칼-월리스 H 검정의 논리

쿠르스칼-월리스 H 검정은 k개의 독립표본에 대한 순위검정이다. 이 검정은 모수검정의 일원분산분석에 대응되는 비모수적 방법으로 독립 2집단의 차이를 검정하는 맨-휘트니(또는 윌콕슨의 부호순위) 검정의 확장이다. 따라서 쿠르스칼-월리스 H 검정은 최소한 순위척도로 측정되고 변수의 연속적인 분포를 가정하나, 모집단의 정상분포나 동변량성은 가정하지 않는다. 맨-휘트니 U 검정의 연장이므로 쿠르스칼-월리스 H 검정의 통계적인 절차 역시 동일하다. 우선 각 집단의 점수들을 통합하여 전체적인 순위를 배당하고(가장 낮은 점수부터 1, 2, 3,....의 순위를 배당하며 동점일 경우 평균순위를 배당한다), 각 집단에 배당된 순위의 합(Rj)을 구하게 된다. 아래의 <표13-19>의 가상적인 자료를 통해 이 과정을 살펴보기로 하자. 아래의 <표13-19>에서 집단은 모두 셋이며, 각 점수의 괄호 안에는 통합된 전체에서 배당된 순위이다.

<표13-19> 쿠르스칼-월리스 검정을 위한 자료(괄호안은 서열)

집단1	집단2	집단3
6(1)	31(34.5)	13(10)
11(7)	7(2)	32(36)
12(9)	9(4)	31(34.5)
20(19)	11(7)	30(33)
24(23)	16(14)	28(31)
21(20)	19(17.5)	29(32)
18(16)	17(15)	25(24)
15(13)	11(7)	26(26.5)
14(11.5)	22(21)	26(26.5)
10(5)	23(22)	27(29.5)
8(3)	27(29.5)	24(26.5)
14(11.5)	26(26.5)	19(17.5)
Σ = 139.0	Σ = 200.0	Σ = 327.0

N=36, ΣRj = 666

k개 각 집단에서 각 점수가 동일한 모집단에서 추출되었다면, 각 점수의 순위는 k개의 집단에 무선적으로 배당될 것이며 따라서 순위합 Rj는 동일할 것이라고 기대할 수 있을 것이다(영가설; H_0). 따라서 이 같은 영가설 하에서 각 집단의 순위합 Rj의 평균은 모두 같을 것이며 전체 N개의 순위의 평균인 (N+1)/2가 될 것이다. 쿠르스칼-월리스 검정은 아래의 공식으로 H값을 계산하여 사용한다.

$$H = \frac{12S}{N(N+1)}$$

위의 공식에서 S는 아래의 식을 이용하여 계산한다.

$$S = \sum_{j=1}^{k} n_j [M_{R_j} - \frac{N(N+1)}{2}]^2$$

*. nj = k번째 집단의 사례수
j=1,...,k

$$R_j = \sum_{j=1}^{n_j} R_{ij}$$

$$M_{R_j} = \frac{R_j}{n_j}, \ M_{ij} = \frac{N+1}{2}$$

k≥3이고 nj 〉5일 때 H의 분포는 χ^2의 분포와 비슷하기 때문에 χ^2분포를 이용하여 가설검정을 실시하게 된다.

② 쿠르스칼-월리스 검정의 예

여기에서는 <표13-20>의 가상적인 자료를 그대로 이용해 보기로 하자. 우선 <표13-20>의 자료는 알코올을 섭취한 운전자가 세 번의 시행동안 쓰러뜨린 장애물의 개수라고 가정해 보자. 각 운전자가 섭취한 알코올의 양은 50ml, 100ml, 150ml중의 하나였다. 따라서 여기에서 사용된 집단은 모두 셋이다. 이때 유의수준은 0.05로 결정하였다.

<표13-20> 쿠르스칼-월리스 검정을 위한 데이터(파일명: 독립K-W.sav)

1	6	2	31	3	13
1	11	2	7	3	32
1	12	2	9	3	31
1	20	2	11	3	30
1	24	2	16	3	28
1	21	2	19	3	29
1	18	2	17	3	25
1	15	2	11	3	26
1	14	2	22	3	26
1	10	2	23	3	27
1	8	2	27	3	24
1	14	2	26	3	19

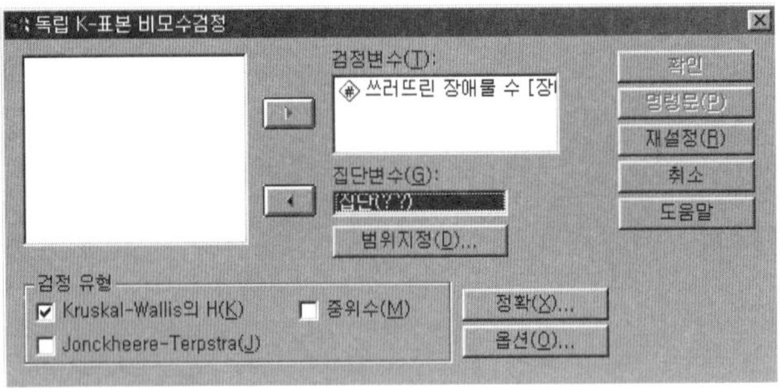

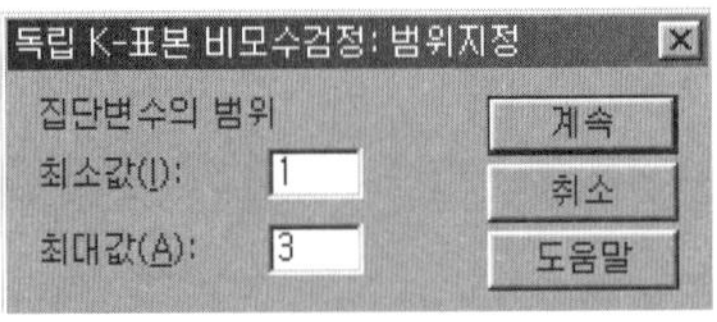

비모수 검정

Kruskal-Wallis 검정

순위

		N	평균순위
쓰러뜨린 장애물 수	50ml 집단	12	11.63
	100ml 집단	12	16.71
	150ml 집단	12	27.17
	합계	36	

검정 통계량

	쓰러뜨린 장애물 수
카이제곱	13.600
자유도	2
근사 유의확률	.001

a. Kruskal Wallis 검정
b. 집단변수: 집단

[그림13-18] 쿠르스칼-월리스 검정을 위한 SPSS 프로그램의 결과물

[그림13-18]의 결과물에서 세 집단의 평균순위가 제시되어 있으며 전체사례수가 36임을 알 수 있다. χ^2는 13.600이며 이때의 유의수준은 0.001로 설정한 유의수준 0.05보다 작으므로 세 집단에서 쓰러뜨린 장애물의 개수가 동일하다는 영가설은 기각된다. 이 결과물에서 χ^2=13.600과 유의수준은 동점인 순위가 많을 경우에 사용하는 값으로 이 경우에는 동점이 그다지 많지 않으므로 큰 차이가 없으며 어느 값을 이용하든 결론은 동일하다.

참·고·문·헌

고홍화, 김병선(1992). SPSS/PC+를 이용한 자료처리방법. 서울: 성원사.

김병선, 이윤옥, 김청송(1998). 아동연구방법. 서울: 양서원.

김청송(2006). 심리측정 및 평가. 수원: 경기대학교 교수학습개발센터.

성태제(1995). 타당도와 신뢰도. 서울: 양서원.

성태제(2007). SPSS/AMOS를 이용한 알기 쉬운 통계분석. 서울: 학지사.

이관용, 김기중 공역(1983). 기초심리 통계학. 서울: 법문사.

이순묵(2000). 요인분석의 기초. 서울: 교육과학사.

임인재(1976). 교육 심리 사회연구를 위한 통계방법. 서울: 박영사.

탁진국(1996). 심리검사. 서울: 학지사.

Aron, A., Aron, E., Aron, E. N., Coups, E., & Coups, E. (2007). *Statistics for the Behavioral and Social Sciences*. New Jersey: Prentice Hall Inc.

Back, L. (1978). *Applied Regression Series 22: Quantitative Applications in the Social Sciences*. Newbury Park: Sage Publications.

Bakirova, N. K., Rizzob, M. L., & Székely, G. J. (2006). A multivariate nonparametric test of independence. *Journal of Multivariate Analysis, 97(8)*, 1742-1756.

Berry, W. D., & Feldman, S. (1978). *Multiple Regression In Practice. Series 50: Quantitative Applications in the Social Sciences*. Newbury Park: Sage Publications.

Chatfield, C. (1991). Avoiding statistical pitfalls. *Statistical Science, 6(3)*, 240~268.

Darlington, R. B. (1968). Multiple regression in psychological research and practice. *Psychological Bulletin, 69(3)*, 161~182.

Fallik, F., & Brawn, B. (1983). *Statistics for Behavioral Sciences*. Chicago: The Dorsey Press.

Gravetter, F. J., & Wallnau, L. B. (2008). *Statistics for the Behavioral Sciences*. Stamford: Cengage Learning.

Hoyt, W. T., Imel, Z. E., & Chan, F. (2008). Multiple Regression and Correlation Techniques: Recent Controversies and Best Practices. *Rehabilitation*

Psychology, 53(3), 321-339.

Kim, J. O., & Mueller, C. W. (1978). *Factor Analysis: Statistical Methods and Practical Issues, Series 14: Quantitative Applications in the Social Sciences.* Newbury Park: Sage Publications.

Kim, J. O., & Mueller, C. W. (1978). *Introduction to Factor Analysis, Series 13: Quantitative Applications in the Social Sciences.* Newbury Park: Sage Publications.

Norusis, M. J. (1988). *Advanced Statistics SPSS/PC+.* SPSS Inc.

Siegel S., & N. J. Castellan, Jr. (1988). *Nonparametric Statistics for Behavioral Sciences* (2nd ed). New York: McGraw-Hill International Editions.

Spence, J. T., Cotton, J. W., Underwood, B. J., & Duncan, C. P. (1976). *Elementary Statistics* (3rd ed). New Jersey: Prentice-Hall Inc.

SPSS Inc (1999). *SPSS Advanced Mode 10.0.* SPSS Inc.

SPSS Inc (1999). *SPSS Base 10.0 User's Guide.* SPSS Inc.

SPSS Inc (1999). *SPSS Regression Model 10.0.* SPSS Inc.

Vaughan, G. M., & Corballis, M. C. (1968). Beyond tests of significance: estimating strength of effects in selected ANOVA designs. *Psychological Bulletin, 72(3)*, 204~213.

Williams, F. (1986). *Reasoning with Statistics: How To Read Quantitative Research* (3rd ed). New York: Holt Rinehart and Winston.

찾・아・보・기

| 라 |

| 마 |

| 바 |

| 사 |

| 아 |

| 자 |

부 • 록

[수표 1] 표준정규분포표

z	$P(z)$	z	$P(z)$ $\alpha = 1 - P(z)$	z	$P(z)$ $\alpha = 1 - P(z)$	z	$P(z)$ $\alpha = 1 - P(z)$
.00	.5000000	.31	.6217195	.62	.7323711	.93	.8238145
.01	.0539894	.32	.6255158	.63	.7356527	.94	.8263912
.02	.5079783	.33	.6293000	.64	.7389137	.95	.8289439
.03	.5119665	.34	.6330717	.65	.7421539	.96	.8314724
.04	.5159534	.35	.6368307	.66	.7453731	.97	.8339768
.05	.5199388	.36	.6405764	.67	.7485711	.98	.8364569
.06	.5239222	.37	.6443088	.68	.7517478	.99	.8389129
.07	.5279032	.38	.6480273	.69	.7549029	1.00	.8413447
.08	.5318814	.39	.6517317	.70	.7580363	1.01	.8437524
.09	.5358564	.40	.6554217	.71	.7611479	1.02	.8461358
.10	.5398278	.41	.6590970	.72	.7642375	1.03	.8484950
.11	.5437953	.42	.6627573	.73	.7673049	1.04	.8508300
.12	.5477584	.43	.6664022	.74	.7703500	1.05	.8531409
.13	.5517168	.44	.6700314	.75	.7733726	1.06	.8554277
.14	.5556700	.45	.6736448	.76	.7763727	1.07	.8576903
.15	.5596177	.46	.6772419	.77	.7793501	1.08	.8599289
.16	.5635595	.47	.6808225	.78	.7823046	1.09	.8621434
.17	.5674949	.48	.6843863	.79	.7852361	1.10	.8643339
.18	.5714237	.49	.6879331	.80	.7881446	1.11	.8665005
.19	.5753454	.50	.6914625	.81	.7910299	1.12	.8686431
.20	.5792597	.51	.6949743	.82	.7938919	1.13	.8707619
.21	.5831662	.52	.6984682	.83	.7967306	1.14	.8728568
.22	.5870604	.53	.7019440	.84	.7995458	1.15	.8749281
.23	.5909541	.54	.7054015	.85	.8023375	1.16	.8769756
.24	.5948349	.55	.7088403	.86	.8051055	1.17	.8789995
.25	.5987063	.56	.7122603	.87	.8078498	1.18	.8809999
.26	.6025681	.57	.7156612	.88	.8105703	1.19	.8829768
.27	.6064199	.58	.7190427	.89	.8132671	1.20	.8849303
.28	.6102612	.59	.7224047	.90	.8159399	1.21	.8868606
.29	.6140919	.60	.7257469	.91	.8185887	1.22	.8887676
.30	.6179114	.61	.7290691	.92	.8212136	1.23	.8906514

[수표 1] 표준정규분포표 계속

z	$P(z)$	z	$P(z)$ $\alpha=1-P(z)$	z	$P(z)$ $\alpha=1-P(z)$	z	$P(z)$ $\alpha=1-P(z)$
1.24	.8925123	1.61	.9463011	1.98	.9761482	2.35	.9906133
1.25	.8943502	1.62	.9473839	1.99	.9767045	2.36	9908625
1.26	.8961653	1.63	.9484493	2.00	.9772499	2.37	.9911060
1.27	.8979577	1.64	.9494974	2.01	.9777844	2.38	.9913437
1.28	.8997274	1.65	.9505285	2.02	.9783083	2.39	.9915758
1.29	.9014747	1.66	.9515428	2.03	.9788217	2.40	.9918025
1.30	.9031995	1.67	.9525403	2.04	.9793248	2.41	.9920237
1.31	.9049021	1.68	.9535213	2.05	.9798178	2.42	.9922397
1.32	.9065825	1.69	.9544860	2.06	.9803007	2.43	.9924506
1.33	.9082409	1.70	.9554345	2.07	.9807738	2.44	.9926564
1.34	.9098773	1.71	.9563671	2.08	.9812372	2.45	.9928572
1.35	.9114920	1.72	.9572838	2.09	.9816911	2.46	.9930531
1.36	.9130850	1.73	.9581849	2.10	.9821356	2.47	.9932443
1.37	.9146565	1.74	.9590705	2.11	.9825708	2.48	.9934309
1.38	.9162067	1.75	.9599408	2.12	.9829970	2.49	.9936128
1.39	.9177356	1.76	.9607961	2.13	.9834142	2.50	.9937903
1.40	.9192433	1.77	.9616364	2.14	.9838226	2.51	.9939634
1.41	.9207302	1.78	.9624620	2.15	9842224	2.52	.9941323
1.42	.9221962	1.79	.9632730	2.16	.9846137	2.53	.9942969
1.43	.9236415	1.80	.9640697	2.17	.9849966	2.54	.9944574
1.44	.9250663	1.81	.9648521	2.18	.9853731	2.55	.9946139
1.45	.9264707	1.82	.9656205	2.19	.9857379	2.56	.9947664
1.46	.9278550	1.83	.9663750	2.20	.9860966	2.57	.9949151
1.47	.9292191	1.84	.9671159	2.21	.9864474	2.58	.9950600
1.48	.9305634	1.85	9678432	2.22	.9867906	2.59	.9952012
1.49	.9318879	1.86	.9685572	2.23	.9871263	2.60	.9953388
1.50	.9331928	1.87	.9692581	2.24	.9874545	2.70	.9965330
1.51	.9344783	1.88	.9699460	2.25	.9877755	2.80	.9974449
1.52	.9357445	1.89	.9706210	2.26	.9880894	2.90	.9981342
1.53	.9369916	1.90	.9712834	2.27	.9883962	3.00	.9986501
1.54	.9382198	1.91	.9719334	2.28	.9886962	3.20	.9993129
1.55	.9394292	1.92	.9725711	2.29	.9889893	3.40	.9996631
1.56	.9406201	1.93	.9731966	2.30	.9892759	3.60	.9998409
1.57	.9417924	1.94	.9738102	2.31	.9895559	3.80	.9999277
1.58	.9429466	1.95	.9744119	2.32	.9898296	4.00	.9999683
1.59	.9440826	1.96	.9750021	2.33	.9900969	4.50	.9999966
1.60	.9452007	1.97	.9755808	2.34	.9903581	5.00	.9999997
						5.50	.9999999

[수표 2] t 분포표

df P	.005	.001	.025	.05	.10	.90	.95	.975	.99	.995
α						.10	.05	.025	.01	.005
1	−63.657	−31.821	−12.706	−6.314	−3.078	3.078	6.314	12.706	31.821	63.657
2	−9.925	−6.965	−4.303	−2.920	−1.886	1.886	2.920	4.303	6.965	9.925
3	−5.841	−4.541	−3.182	−2.353	−1.638	1.638	2.353	3.182	4.541	5.841
4	−4.604	−3.747	−2.776	−2.132	−1.533	1.533	2.132	2.776	3.747	4.604
5	−4.032	−3.365	−2.571	−2.015	−1.476	1.476	2.015	2.571	3.365	4.032
6	−3.707	−3.343	−2.447	−1.943	−1.440	1.440	1.943	2.447	3.143	3.707
7	−3.499	−2.998	−2.365	−1.895	−1.415	1.415	1.895	2.365	2.998	3.499
8	−3.355	−2.896	−2.306	−1.860	−1.397	1.397	1.860	2.306	2.896	3.355
9	−3.250	−2.821	−2.262	−1.833	−1.383	1.383	1.833	2.262	2.821	3.250
10	−3.169	−2.764	−2.228	−1.812	−1.372	1.372	1.812	2.228	2.764	3.169
11	−3.106	−2.718	−2.201	−1.796	−1.363	1.363	1.796	2.201	2.718	3.106
12	−3.055	−2.681	−2.179	−1.782	−1.356	1.356	1.782	2.179	2.681	3.055
13	−3.012	−2.650	−2.160	−1.771	−1.350	1.350	1.771	2.160	2.650	3.012
14	−2.977	−2.624	−2.145	−1.761	−1.345	1.345	1.761	2.145	2.624	2.977
15	−2.947	−2.602	−2.131	−1.753	−1.341	1.341	1.753	2.131	2.602	2.947
16	−2.921	−2.583	−2.120	−1.746	−1.337	1.337	1.746	2.120	2.583	2.921
17	−2.898	−2.567	−2.110	−1.740	−1.333	1.333	1.740	2.110	2.567	2.898
18	−2.878	−2.552	−2.101	−1.734	−1.330	1.330	1.734	2.101	2.552	2.878
19	−2.861	−2.539	−2.093	−1.729	−1.328	1.328	1.729	2.093	2.539	2.861
20	−2.845	−2.528	−2.086	−1.725	−1.325	1.325	1.725	2.086	2.528	2.845
21	−2.831	−2.518	−2.080	−1.721	−1.323	1.323	1.721	2.080	2.518	2.831
22	−2.819	−2.508	−2.074	−1.717	−1.321	1.321	1.717	2.074	2.508	2.819
23	−2.807	−2.500	−2.069	−1.714	−1.319	1.319	1.714	2.069	2.500	2.807
24	−2.797	−2.492	−2.064	−1.711	−1.318	1.318	1.711	2.064	2.492	2.797
25	−2.787	−2.485	−2.060	−1.708	−1.316	1.316	1.708	2.060	2.485	2.787
26	−2.779	−2.479	−2.056	−1.706	−1.315	1.315	1.706	2.056	2.479	2.779
27	−2.771	−2.473	−2.052	−1.703	−1.314	1.314	1.703	2.052	2.473	2.771
28	−2.763	−2.467	−2.048	−1.701	−1.313	1.313	1.701	2.048	2.467	2.763
29	−2.756	−2.462	−2.045	−1.699	−1.311	1.311	1.699	2.045	2.462	2.756
30	−2.750	−2.457	−2.042	−1.697	−1.310	1.310	1.697	2.042	2.457	2.750
40	−2.704	−2.423	−2.021	−1.684	−1.303	1.303	1.684	2.021	2.423	2.704
60	−2.660	−2.390	−2.000	−1.671	−1.296	1.296	1.671	2.000	2.390	2.660
120	−2.617	−2.358	−1.980	−1.658	−1.289	1.289	1.658	1.980	2.358	2.617
∞	−2.576	−2.326	−1.960	−1.645	−1.282	1.282	1.645	1.960	2.326	2.576

[수표 5] F 분포표

	P	α	1	2	3	4	5	6	7	8	9	10	11	12	15	20	24	30	40	60	120	∞	Cum. prop.
			v_1, Degrees of freedom for numerator																				
1	.005		$.0^4 62$	$.0^2 51$	.018	.032	.044	.054	.062	.068	.073	.078	.082	.085	.093	.101	.105	.109	.113	.118	.122	.127	.005
	.010		$.0^3 25$	.010	.029	.047	.062	.073	.082	.089	.095	.100	.104	.107	.115	.124	.128	.132	.137	.141	.146	.151	.01
	.025		$.0^2 15$	.026	.057	.082	.100	.113	.124	.132	.139	.144	.149	.153	.161	.170	.175	.180	.184	.189	.194	.199	.025
	.050		$.0^2 62$	.054	.099	.130	.151	.167	.179	.188	.195	.201	.207	.211	.220	.230	.235	.240	.215	.250	.255	.261	.05
	.950	.050	161	200	216	225	230	234	237	239	241	242	243	244	246	248	249	250	251	252	253	254	.95
	.975	.025	648	800	864	900	922	937	948	957	963	969	973	977	985	993	997	100^1	101^1	101^1	101^1	102^1	.975
	.990	.010	405^1	500^1	540^1	562^1	576^1	586^1	593^1	598^1	602^1	606^1	608^1	611^1	616^1	621^1	623^1	626^1	629^1	631^1	634^1	637^1	.99
	.995	.005	162^2	200^2	216^2	225^2	231^2	234^2	237^2	239^2	241^2	242^2	243^2	244^2	246^2	248^2	249^2	250^2	251^2	253^2	254^2	255^2	.995
2	.005		$.0^4 50$	$.0^2 50$	.020	.038	.055	.069	.081	.091	.099	.106	.112	.118	.130	.143	.150	.157	.165	.173	.181	.189	.005
	.010		$.0^3 20$	.010	.032	.056	.075	.092	.105	.116	.125	.132	.139	.144	.157	.171	.178	.186	.193	.201	.209	.217	.01
	.025		$.0^2 13$	.026	.062	.094	.119	.138	.153	.165	.175	.183	.190	.196	.210	.224	.232	.239	.247	.255	.263	.271	.025
	.050		$.0^2 50$	.053	.105	.144	.173	.194	.211	.224	.235	.244	.251	.257	.272	.286	.294	.302	.309	.317	.326	.334	.05
	.950	.050	18.5	19.0	19.2	19.2	19.3	19.3	19.4	19.4	19.4	19.4	19.4	19.4	19.4	19.4	19.5	19.5	19.5	19.5	19.5	19.5	.95
	.975	.025	38.5	39.0	39.2	39.2	39.3	39.3	39.4	39.4	39.4	39.4	39.4	39.4	39.4	39.4	39.5	39.5	39.5	39.5	39.5	39.5	.975
	.990	.010	98.5	99.0	99.2	99.2	99.3	99.3	99.4	99.4	99.4	99.4	99.4	99.4	99.4	99.4	99.5	99.5	99.5	99.5	99.5	99.5	.99
	.995	.005	198	199	199	199	199	199	199	199	199	199	199	199	199	199	199	199	199	199	199	200	.995
3	.005		$.0^4 46$	$.0^2 50$	.021	.041	.060	.077	.092	.104	.115	.124	.132	.138	.154	.172	.181	.191	.201	.211	.222	.234	.005
	.010		$.0^3 19$	.010	.034	.060	.083	.102	.118	.132	.143	.153	.161	.168	.185	.203	.212	.222	.232	.242	.253	.264	.01
	.025		$.0^2 12$	.026	.065	.100	.129	.152	.170	.185	.197	.207	.216	.224	.241	.259	.269	.279	.289	.299	.310	.321	.025
	.050		$.0^2 46$	.052	.108	.152	.185	.210	.230	.246	.259	.270	.279	.287	.304	.323	.332	.342	.352	.363	.373	.384	.05
	.950	.050	10.1	9.55	9.28	9.12	9.01	8.94	8.89	8.85	8.81	8.79	8.76	8.74	8.70	8.66	8.63	8.62	8.59	8.57	8.55	8.53	.95
	.975	.025	17.4	16.0	15.4	15.1	14.9	14.7	14.6	14.5	14.5	14.4	14.4	14.3	14.3	14.2	14.1	14.1	14.0	14.0	13.9	13.9	.975
	.990	.010	34.1	30.8	29.5	28.7	28.2	27.9	27.7	27.5	27.3	27.2	27.1	27.1	26.9	26.7	26.6	26.5	26.4	26.3	26.2	26.1	.99
	.995	.005	55.6	49.8	47.5	46.2	45.4	44.8	44.4	44.1	43.9	43.7	43.5	43.4	43.1	42.8	42.6	42.5	42.3	42.1	42.0	41.8	.995
4	.005		$.0^4 44$	$.0^2 50$	.022	.043	.064	.083	.100	.114	.126	.137	.145	.153	.172	.193	.204	.216	.229	.242	.255	.269	.005
	.010		$.0^3 18$	.010	.035	.063	.088	.109	.127	.143	.156	.167	.176	.185	.204	.226	.237	.249	.261	.274	.287	.301	.01
	.025		$.0^2 11$	.026	.066	.104	.135	.161	.181	.198	.212	.224	.234	.243	.263	.284	.296	.308	.320	.332	.346	.359	.025
	.050		$.0^2 44$	.052	.110	.157	.193	.221	.243	.261	.275	.288	.298	.307	.327	.349	.360	.372	.384	.396	.409	.422	.05
	.950	.050	7.71	6.94	6.59	6.39	6.26	6.16	6.09	6.04	6.00	5.96	5.94	5.91	5.86	5.80	5.77	5.75	5.72	5.69	5.66	5.63	.95
	.975	.025	12.2	10.6	9.98	9.60	9.36	9.20	9.07	8.98	8.90	8.84	8.79	8.75	8.66	8.56	8.51	8.46	8.41	8.36	8.31	8.26	.975
	.990	.010	21.2	18.0	16.7	16.0	15.5	15.2	15.0	14.8	14.7	14.5	14.4	14.4	14.2	14.0	13.9	13.8	13.7	13.7	13.6	13.5	.99
	.995	.005	31.3	26.3	24.3	23.2	22.5	22.0	21.6	21.4	21.1	21.0	20.8	20.7	20.4	20.2	20.0	19.9	19.8	19.6	19.5	19.3	.995
5	.005		$.0^4 43$	$.0^2 50$	.022	.045	.067	.087	.105	.120	.134	.146	.156	.165	.186	.210	.223	.237	.251	.266	.282	.299	.005
	.010		$.0^3 17$	.010	.035	.064	.091	.114	.134	.151	.165	.177	.188	.197	.219	.244	.257	.270	.285	.299	.315	.332	.01
	.025		$.0^2 11$	.025	.067	.107	.140	.167	.189	.208	.223	.236	.248	.257	.280	.304	.317	.330	.344	.359	.374	.390	.025
	.050		$.0^2 43$	.052	.111	.160	.198	.228	.252	.271	.287	.301	.313	.322	.345	.369	.382	.395	.408	.422	.437	.452	.05
	.950	.050	6.61	5.79	5.41	5.19	5.05	4.95	4.88	4.82	4.77	4.74	4.71	4.68	4.62	4.56	4.53	4.50	4.46	4.43	4.40	4.36	.95
	.975	.025	10.0	8.43	7.76	7.39	7.15	6.98	6.85	6.76	6.68	6.62	6.57	6.52	6.43	6.33	6.28	6.23	6.18	6.12	6.07	6.02	.975
	.990	.010	16.3	13.3	12.1	11.4	11.0	10.7	10.5	10.3	10.2	10.1	9.96	9.87	9.72	9.55	9.47	9.38	9.29	9.20	9.11	9.02	.99
	.995	.005	22.8	18.3	16.5	15.6	14.9	14.5	14.2	14.0	13.8	13.6	13.5	13.4	13.1	12.9	12.8	12.7	12.5	12.4	12.3	12.1	.995

$0^3 56 = .00056$, $200^1 = 2{,}000$, $162^4 = 1{,}620{,}000$

ν_2	P	α	1	2	3	4	5	6	7	8	9	10	11	12	15	20	24	30	40	60	120	∞	Cum. prop.
			ν_1, Degrees of freedom for numerator																				
6	.005		$.0^{4}43$	$.0^{2}50$	.022	.045	.069	.090	.109	.126	.140	.153	.164	.174	.197	.224	.238	.253	.269	.286	.304	.324	.005
	.010		$.0^{3}17$	.010	.036	.066	.094	.118	.139	.157	.172	.186	.197	.207	.232	.258	.273	.288	.304	.326	.338	.357	.01
	.025		$.0^{2}11$	.025	.068	.109	.143	.172	.195	.215	.231	.246	.258	.268	.293	.320	.334	.349	.364	.381	.398	.415	.025
	.050		$.0^{2}43$	.052	.112	.162	.202	.233	.259	.279	.296	.311	.324	.334	.358	.385	.399	.413	.428	.444	.460	.476	.05
	.950	.050	5.99	5.14	4.76	4.53	4.39	4.28	4.21	4.15	4.10	4.06	4.03	4.00	3.94	3.87	3.84	3.81	3.77	3.74	3.70	3.67	.95
	.975	.025	8.81	7.26	6.60	6.23	5.99	5.82	5.70	5.60	5.52	5.46	5.41	5.37	5.27	5.17	5.12	5.07	5.01	4.96	4.90	4.85	.975
	.990	.010	13.7	10.9	9.78	9.15	8.75	8.47	8.26	8.10	7.98	7.87	7.79	7.72	7.56	7.40	7.31	7.23	7.14	7.06	6.97	6.88	.99
	.995	.005	18.6	14.5	12.9	12.0	11.5	11.1	10.8	10.6	10.4	10.2	10.1	10.0	9.81	9.59	9.47	9.36	9.24	9.12	9.00	8.88	.995
7	.005		$.0^{4}42$	$.0^{2}50$	.023	.046	.070	.093	.113	.130	.145	.159	.171	.181	.206	.235	.251	.267	.285	.304	.324	.345	.005
	.010		$.0^{3}17$	.010	.036	.067	.096	.121	.143	.162	.178	.192	.205	.216	.241	.270	.286	.303	.320	.339	.458	.379	.01
	.025		$.0^{2}10$	.025	.068	.110	.146	.176	.200	.221	.238	.253	.266	.277	.304	.333	.348	.364	.381	.399	.418	.437	.025
	.050		$.0^{2}42$	.052	.113	.164	.205	.238	.264	.286	.304	.319	.332	.343	.369	.398	.413	.428	.445	.461	.479	.498	.05
	.950	.050	5.59	4.74	4.35	4.12	3.97	3.87	3.79	3.73	3.68	3.64	3.60	3.57	3.51	3.44	3.41	3.38	3.34	3.30	3.27	3.23	.95
	.975	.025	8.07	6.54	5.89	5.52	5.29	5.12	4.99	4.90	4.82	4.76	4.71	4.67	4.57	4.47	4.42	4.36	4.31	4.25	4.20	4.14	.975
	.990	.010	12.2	9.55	8.45	7.85	7.46	7.19	6.99	6.84	6.72	6.62	6.54	6.47	6.31	6.16	6.07	5.99	5.91	5.82	5.74	5.65	.99
	.995	.005	16.2	12.4	10.9	10.0	9.52	9.16	8.89	8.68	8.51	8.38	8.27	8.18	7.97	7.75	7.65	7.53	7.42	7.31	7.19	7.08	.995
8	.005		$.0^{4}42$	$.0^{2}50$	.023	.047	.072	.095	.115	.133	.149	.164	.176	.187	.214	.224	.261	.279	.299	.319	.341	.364	.005
	.010		$.0^{3}17$	.010	.036	.068	.097	.123	.146	.166	.183	.198	.211	.222	.250	.281	.297	.315	.334	.354	.376	.398	.01
	.025		$.0^{2}10$	.025	.069	.111	.148	.179	.204	.226	.244	.259	.273	.285	.313	.343	.360	.377	.395	.415	.435	.456	.025
	.050		$.0^{2}42$	.052	.113	.166	.208	.241	.268	.291	.310	.326	.339	.351	.379	.409	.425	.441	.459	.477	.496	.516	.05
	.950	.050	5.32	4.46	4.07	3.84	3.69	3.58	3.50	3.44	3.39	3.35	3.31	3.28	3.22	3.15	3.12	3.08	3.04	3.01	2.97	2.93	.95
	.975	.025	7.57	6.06	5.42	5.05	4.82	4.65	4.53	4.43	4.36	4.30	4.24	4.20	4.10	4.00	3.95	3.89	3.84	3.78	3.73	3.67	.975
	.990	.010	11.3	8.65	7.59	7.01	6.63	6.37	6.18	6.03	5.91	5.81	5.73	5.67	5.52	5.36	5.28	5.20	5.12	5.03	4.95	4.86	.99
	.995	.005	14.7	11.0	9.60	8.81	8.30	7.95	7.69	7.50	7.34	7.21	7.10	7.01	6.81	6.61	6.50	6.40	6.29	6.18	6.06	5.95	.995
9	.005		$.0^{4}42$	$.0^{2}50$	.023	.047	.073	.096	.117	.136	.153	.168	.181	.192	.220	.253	.271	.290	.310	.332	.356	.382	.005
	.010		$.0^{3}17$	.010	.037	.068	.098	.125	.149	.169	.187	.202	.216	.228	.257	.289	.307	.326	.346	.368	.391	.415	.01
	.025		$.0^{2}10$	.025	.069	.112	.150	.181	.207	.230	.248	.265	.279	.291	.320	.352	.370	.388	.408	.428	.450	.473	.025
	.050		$.0^{2}42$	.052	.113	.167	.210	.244	.272	.296	.315	.331	.345	.358	.386	.418	.435	.452	.471	.490	.510	.532	.05
	.950	.050	5.12	4.26	3.86	3.63	3.48	3.37	3.29	3.23	3.18	3.14	3.10	3.07	3.01	2.94	2.90	2.86	2.83	2.79	2.75	2.71	.95
	.975	.025	7.21	5.71	5.08	4.72	4.48	4.32	4.20	4.10	4.03	3.96	3.91	3.87	3.77	3.67	3.61	3.56	3.51	3.45	3.39	3.33	.975
	.990	.010	10.6	8.02	6.99	6.42	6.06	5.80	5.61	5.47	5.35	5.26	5.18	5.11	4.96	4.81	4.73	4.65	4.57	4.48	4.40	4.31	.99
	.995	.005	13.6	10.1	8.72	7.96	7.47	7.13	6.88	6.69	6.54	6.42	6.31	6.23	6.03	5.83	5.73	5.62	5.52	5.41	5.30	5.19	.995
10	.005		$.0^{4}41$	$.0^{2}50$	.023	.048	.073	.098	.119	.139	.156	.171	.185	.197	.226	.260	.279	.299	.421	.344	.370	.397	.005
	.010		$.0^{3}17$	.010	.037	.069	.100	.127	.151	.172	.190	.206	.220	.233	.263	.297	.316	.336	.357	.380	.405	.431	.01
	.025		$.0^{2}10$	.025	.069	.113	.151	.183	.210	.233	.252	.269	.283	.296	.327	.360	.379	.398	.419	.441	.464	.488	.025
	.050		$.0^{2}41$	.052	.114	.168	.211	.246	.275	.299	.319	.336	.351	.363	.393	.426	.444	.462	.481	.502	.523	.546	.05
	.950	.050	4.96	4.10	3.71	3.48	3.33	3.22	3.14	3.07	3.02	2.98	2.94	2.91	2.85	2.77	2.74	2.70	2.66	2.62	2.58	2.54	.95
	.975	.025	6.94	5.46	4.83	4.47	4.24	4.07	3.95	3.85	3.78	3.72	3.66	3.62	3.52	3.42	3.37	3.31	3.26	3.20	3.14	3.08	.975
	.990	.010	10.0	7.56	6.55	5.99	5.64	5.39	5.20	5.06	4.94	4.85	4.77	4.71	4.56	4.41	4.33	4.25	4.17	4.08	4.00	3.91	.99
	.995	.005	12.8	9.43	8.08	7.34	6.87	6.54	6.30	6.12	5.97	5.85	5.75	5.66	5.47	5.27	5.17	5.07	4.97	4.86	4.75	4.64	.995

$.0^{3}56 = .00056$, $200^{1} = 2{,}000$, $162^{4} = 1.620.000$

	P	α	1	2	3	4	5	6	7	8	9	10	11	12	15	20	24	30	40	60	120	∞	Cum. prop.
			v_1, Degrees of freedom for numerator																				
11	.005		$.0^{4}40$	$.0^{2}50$	.023	.048	.074	.099	.121	.141	.158	.174	.188	.200	.231	.266	.286	.308	.330	.355	.382	.412	.005
	.010		$.0^{3}16$	.010	.037	.069	.100	.128	.153	.175	.193	.210	.224	.237	.268	.304	.324	.344	.366	.391	.417	.444	.01
	.025		$.0^{2}10$	.025	.069	.114	.152	.185	.212	.236	.256	.273	.288	.301	.332	.368	.386	.407	.429	.450	.476	.503	.025
	.050		$.0^{2}41$	.052	.114	.168	.212	.248	.278	.302	.323	.340	.355	.368	.398	.433	.452	.469	.490	.513	.535	.559	.05
	.950	.050	4.84	3.98	3.59	3.36	3.20	3.09	3.01	2.95	2.90	2.85	2.82	2.79	2.72	2.65	2.61	2.57	2.53	2.49	2.45	2.40	.95
	.975	.025	6.72	5.26	4.63	4.28	4.04	3.88	3.76	3.66	3.59	3.53	3.47	3.43	3.33	3.23	3.17	3.12	3.06	3.00	2.94	2.88	.975
	.990	.010	9.65	7.21	6.22	5.67	5.32	5.07	4.89	4.74	4.63	4.54	4.46	4.40	4.25	4.10	4.02	3.94	3.86	3.78	3.69	3.60	.99
	.995	.005	12.2	8.91	7.60	6.88	6.42	6.10	5.86	5.68	5.54	5.42	5.32	5.24	5.05	4.86	4.76	4.65	4.55	4.45	4.34	4.23	.995
12	.005		$.0^{4}41$	$.0^{2}50$	.023	.048	.075	.100	.122	.143	.161	.177	.191	.204	.235	.272	.292	.315	.339	.365	.393	.424	.005
	.010		$.0^{3}16$	.010	.037	.070	.101	.130	.155	.176	.196	.212	.227	.241	.273	.310	.330	.352	.375	.401	.428	.458	.01
	.025		$.0^{2}10$	025	.070	.114	.153	.186	.214	.238	.259	.276	.292	.305	.337	.374	.394	.416	.437	.461	.487	.514	.025
	.050		$.0^{2}41$	.052	.114	.169	.214	.250	.280	.305	.325	.343	.358	.372	.404	.439	.458	.478	.499	.522	.545	.571	.05
	.950	.050	4.75	3.89	3.49	3.26	3.11	3.00	2.91	2.85	2.80	2.75	2.72	2.69	2.62	2.54	2.51	2.47	2.43	2.38	2.34	2.30	.95
	.975	.025	6.55	5.10	4.47	4.12	3.89	3.73	3.61	3.51	3.44	3.37	3.32	3.28	3.18	3.07	3.02	2.96	2.91	2.85	2.79	2.72	.975
	.990	.010	9.33	6.93	5.95	5.41	5.06	4.82	4.64	4.50	4.39	4.30	4.22	4.16	4.01	3.86	3.78	3.70	3.62	3.54	3.45	3.36	.99
	.995	.005	11.8	8.51	7.23	6.52	6.07	5.76	5.52	5.35	5.20	5.09	4.99	4.91	4.72	4.53	4.43	4.33	4.23	4.12	4.01	3.90	.995
15	.005		$.0^{4}41$	$.0^{2}50$	.023	.049	.076	.102	.125	.147	.166	.183	.198	.212	.246	.286	.308	.333	.360	.389	.422	.457	.005
	.010		$.0^{3}16$	.010	.037	.070	.103	.132	.158	.181	.202	.219	.235	.249	.284	.324	.346	.370	.397	.425	.456	.490	.01
	.025		$.0^{2}10$	.025	.070	.116	.156	.190	.219	.244	.265	.284	.300	.315	.349	.389	.410	.433	.458	.485	.514	.546	.025
	.050		$.0^{2}40$	.051	.115	.170	.216	.254	.285	.311	.333	.351	.368	.382	.416	.454	.474	.496	.519	.545	.571	.600	.05
	.950	.050	4.54	3.68	3.29	3.06	2.90	2.79	2.71	2.64	2.59	2.54	2.51	2.48	2.40	2.33	2.29	2.25	2.20	2.16	2.11	2.07	.95
	.975	.025	6.20	4.76	4.15	3.80	3.58	3.41	3.29	3.20	3.12	3.06	3.01	2.96	2.86	2.76	2.70	2.64	2.59	2.52	2.46	2.40	.975
	.990	.010	8.68	6.36	5.42	4.89	4.56	4.32	4.14	4.00	3.89	3.80	3.73	3.67	3.52	3.37	3.29	3.21	3.13	3.05	2.96	2.87	.99
	.995	.005	10.8	7.70	6.48	5.80	5.37	5.07	4.85	4.67	4.54	4.42	4.33	4.25	4.07	3.88	3.79	3.69	3.59	3.48	3.37	3.26	.995
20	.005		$.0^{4}39$	$.0^{2}50$	.023	.050	.077	.104	.129	.151	.171	.190	.206	.221	.258	.301	.327	.354	.385	.419	.457	.500	.005
	.010		$.0^{3}16$	.010	.037	.071	.105	.135	.162	.187	.208	.227	.244	.259	.297	.340	.365	.392	.422	.455	.491	.532	.01
	.025		$.0^{2}10$	.025	.071	.117	.158	.193	.224	.250	.273	.292	.310	.325	.363	.406	.430	.456	.484	.514	.548	.585	.025
	.050		$.0^{2}40$	.051	.115	.172	.219	.258	.290	.318	.340	.360	.377	.393	.430	.471	.493	.518	.544	.572	.603	.637	.05
	.950	.050	4.35	3.49	3.10	2.87	2.71	2.60	2.51	2.45	2.39	2.35	2.31	2.28	2.20	2.12	2.08	2.04	1.99	1.95	1.90	1.84	.95
	.975	.025	5.87	4.46	3.86	3.51	3.29	3.13	3.01	2.91	2.84	2.77	2.72	2.68	2.57	2.46	2.41	2.35	2.29	2.22	2.16	2.09	.975
	.990	.010	8.10	5.85	4.49	4.43	4.10	3.70	3.70	3.56	3.46	3.37	3.29	3.23	3.09	2.94	2.86	2.78	2.69	2.61	2.52	2.42	.99
	.995	.005	9.94	6.99	5.82	5.17	4.76	4.26	4.26	4.09	3.96	3.85	3.76	3.68	3.50	3.32	3.22	3.12	3.02	2.92	2.81	2.69	.995
24	.005		$.0^{4}40$	$.0^{2}50$	.023	.050	.078	.106	.131	.154	.175	.193	.210	.226	.264	.310	.337	.337	.400	.437	.479	.527	.005
	.010		$.0^{3}16$	.010	.038	.072	.106	.137	.165	.189	.211	.231	.249	.264	.304	.350	.350	.405	.437	.473	.513	.558	.01
	.025		$.0^{2}10$	.025	.071	.117	.159	.195	.227	.253	.277	.297	.315	.331	.370	.415	.415	.468	.498	.498	.568	.610	.025
	.050		$.0^{2}40$	.051	.116	.173	.221	.260	.293	.321	.345	.365	.383	.399	.437	.480	.480	.530	.558	.588	.622	.659	.05
	.950	.050	4.26	3.40	3.01	2.78	2.62	2.51	2.42	2.36	2.30	2.25	2.21	2.18	2.11	2.03	1.98	1.94	1.89	1.84	1.79	1.73	.95
	.975	.025	5.72	4.32	3.72	3.38	3.15	2.99	2.87	2.78	2.70	2.64	2.59	2.54	2.44	2.33	2.27	2.21	2.15	2.08	2.01	1.94	.975
	.990	.010	7.82	5.61	4.72	4.22	3.90	3.67	3.50	3.36	3.26	3.17	3.09	3.03	2.89	2.74	2.66	2.58	2.49	2.40	2.31	2.21	.99
	.995	.005	.955	6.66	5.52	4.89	4.49	4.20	3.99	3.83	3.69	3.59	3.50	3.42	3.25	3.06	2.97	2.87	2.77	2.66	2.55	2.43	.995

$.0^{3}56 = .00056$, $200^{1} = 2,000$, $162^{4} = 1.620.000$

ν_2	P	α	1	2	3	4	5	6	7	8	9	10	11	12	15	20	24	30	40	60	120	∞	Cum. prop.
			ν_1, Degrees of freedom for numerator																				
30	.005		$.0^{4}40$	$.0^{2}50$	.024	.050	.079	.107	.133	.156	.178	.197	.215	.231	.271	.320	.349	.381	.416	.457	.504	.559	.005
	.010		$.0^{3}16$	.010	.038	.072	.107	.138	.167	.192	.215	.235	.254	.270	.311	.360	.388	.419	.454	.493	.538	.590	.01
	.025		$.0^{2}10$	.025	.071	.118	.161	.197	.229	.257	.281	.302	.321	.337	.378	.426	.453	.482	.515	.551	.592	.639	.025
	.050		$.0^{2}40$	.051	.116	.174	.222	.263	.296	.325	.349	.370	.389	.406	.445	.490	.516	.543	.573	.606	.644	.685	.05
	.950	.050	4.17	3.32	2.92	2.69	2.53	2.42	2.33	2.27	2.21	2.16	2.13	2.09	2.01	1.93	1.89	1.84	1.79	1.74	1.68	1.62	.95
	.975	.025	5.57	4.18	3.59	3.25	3.03	2.87	2.75	2.65	2.57	2.51	2.46	2.41	2.31	2.20	2.14	2.07	2.01	1.94	1.87	1.79	.975
	.990	.010	7.56	5.39	4.51	4.02	3.70	3.47	3.30	3.17	3.07	2.98	2.91	2.84	2.70	2.55	2.47	2.39	2.30	2.21	2.11	2.01	.99
	.995	.005	9.18	3.65	5.24	4.62	4.23	3.95	3.74	3.58	3.45	3.34	3.25	3.18	3.01	2.82	2.73	2.63	2.52	2.42	2.30	2.18	.995
40	.005		$.0^{4}40$	$.0^{2}50$	.024	.051	.080	.108	.135	.159	.181	.201	.220	.237	.279	.331	.362	.396	.436	.481	.534	.599	.005
	.010		$.0^{3}16$	.010	.038	.073	.108	.140	.169	.195	.219	.240	.259	.276	.319	.371	.401	.435	.473	.516	.567	.628	.01
	.025		$.0^{3}99$	.025	.071	.119	.162	.199	.232	.260	.285	.307	.327	.344	.387	.437	.466	.498	.533	.573	.620	.674	.025
	.050		$.0^{2}40$	.051	.116	.175	.224	.265	.299	.329	.354	.376	.395	.412	.454	.502	.529	.558	.591	.627	.669	.717	.05
	.950	.050	4.08	3.23	2.84	2.61	2.45	2.34	2.25	2.18	2.12	2.08	2.04	2.00	1.92	1.84	1.79	1.74	1.69	1.64	1.58	1.51	.95
	.975	.025	5.42	4.05	3.46	3.13	2.90	2.74	2.62	2.53	2.45	2.39	2.33	2.29	2.18	2.07	2.01	1.94	1.88	1.80	1.72	1.64	.975
	.990	.010	7.31	5.18	4.31	3.83	3.51	3.29	3.12	2.99	2.89	2.80	2.73	2.66	2.52	2.37	2.29	2.20	2.11	2.02	1.92	1.80	.99
	.995	.005	8.83	6.07	4.98	4.37	3.99	3.71	3.51	3.35	3.22	3.12	3.03	2.95	2.78	2.60	2.50	2.40	2.30	2.18	2.06	1.93	.995
60	.005		$.0^{4}40$	$.0^{2}50$	.024	.051	.081	.110	.137	.162	.185	.206	.225	.243	.287	.343	.376	.414	.458	.510	.572	.652	.005
	.010		$.0^{3}16$	.010	.038	.073	.109	.142	.172	.199	.223	.245	.265	.283	.328	.383	.416	.453	.495	.545	.604	.679	.01
	.025		$.0^{3}99$	.025	.071	.120	.163	.202	.235	.264	.290	.313	.333	.351	.396	.450	.481	.515	.555	.600	.654	.720	.025
	.050		$.0^{2}40$	.051	.116	.176	.226	.267	.303	.333	.359	.382	.402	.419	.463	.514	.543	.575	.611	.652	.700	.759	.05
	.950	.050	4.00	3.15	2.76	2.53	2.37	2.25	2.17	2.10	2.04	1.99	1.95	1.92	1.84	1.75	1.70	1.65	1.59	1.53	1.47	1.39	.95
	.975	.025	5.29	3.93	3.34	3.01	2.79	2.63	2.51	2.41	2.33	2.27	2.22	2.17	2.06	1.94	1.88	1.82	1.74	1.67	1.58	1.48	.975
	.990	.010	7.08	4.98	4.13	3.65	3.34	3.12	2.95	2.82	2.72	2.63	2.56	2.50	2.35	2.20	2.12	2.03	1.94	1.84	1.73	1.60	.99
	.995	.005	8.49	5.80	4.73	4.14	3.76	3.49	3.29	3.13	3.01	2.90	2.82	2.74	2.57	2.39	2.29	2.19	2.08	1.96	1.83	1.69	.995
120	.005		$.0^{4}39$	$.0^{2}50$	.024	.051	.081	.111	.139	.165	.189	.211	.230	.249	.297	.356	.393	.434	.484	.545	.623	.733	.005
	.010		$.0^{3}16$	.010	.038	.074	.110	.143	.174	.202	.227	.250	.271	.290	.338	.397	.433	.474	.522	.579	.652	.755	.01
	.025		$.0^{3}99$	.025	.072	.120	.165	.204	.238	.268	.295	.318	.340	.359	.406	.464	.498	.536	.580	.633	.698	.789	.025
	.050		$.0^{2}39$	.051	.117	.177	.227	.270	.306	.337	.364	.388	.408	.427	.473	.527	.559	.594	.634	.682	.740	.819	.05
	.950	.050	3.92	3.07	2.68	2.45	2.29	2.18	2.09	2.02	1.96	1.91	1.87	1.83	1.75	1.66	1.61	1.55	1.50	1.43	1.35	1.25	.95
	.975	.025	5.15	3.80	3.23	2.89	2.67	2.52	2.39	2.30	2.22	2.16	2.10	2.05	1.95	1.82	1.76	1.69	1.61	1.53	1.43	1.31	.975
	.990	.010	6.85	4.79	3.95	3.48	3.17	2.96	2.79	2.66	2.56	2.47	2.40	2.34	2.19	2.03	1.95	1.86	1.76	1.66	1.53	1.38	.99
	.995	.005	8.18	5.54	4.50	3.92	3.55	3.28	3.09	2.93	2.81	2.71	2.62	2.54	2.37	2.19	2.09	1.98	1.87	1.75	1.61	1.43	.995
∞	.005		$.0^{4}39$	$.0^{2}50$	.024	.052	.082	.113	.141	.168	.193	.216	.236	.256	.307	.372	.412	460	.518	.592	.699	1.00	.005
	.010		$.0^{3}16$	.010	.038	.074	.111	.145	.177	.206	.232	.256	.278	.298	.349	.413	.452	499	.554	.625	.724	1.00	.01
	.025		$.0^{3}98$	.025	.072	.121	.166	.206	.241	.272	.300	.325	.347	.367	.418	.480	.517	560	.611	.675	.763	1.00	.025
	.050		$.0^{2}39$	.051	.117	.178	.229	.273	.310	.342	.369	.394	.417	.436	.484	.543	.577	617	.663	.720	.797	1.00	.05
	.950	.050	3.84	3.00	2.60	2.37	2.21	2.10	2.01	1.94	1.88	1.83	1.79	1.75	1.67	1.57	1.52	1.46	1.39	1.32	1.22	1.00	.95
	.975	.025	5.02	3.69	3.12	2.79	2.57	2.41	2.29	2.19	2.11	2.05	1.99	1.94	1.83	1.71	1.64	1.57	1.48	1.39	1.27	1.00	.975
	.990	.010	6.63	4.61	3.78	3.32	3.02	2.80	2.64	2.51	2.41	2.32	2.25	2.18	2.04	1.88	1.79	1.70	1.59	1.47	1.32	1.00	.99
	.995	.005	7.88	5.30	4.28	3.72	3.35	3.09	2.90	2.74	2.62	2.52	2.43	2.36	2.19	2.00	1.90	1.79	1.67	1.53	1.36	1.00	.995

$.0^{3}56 = .00056$, $200^{1} = 2{,}000$, $162^{4} = 1.620.000$

[수표 4] χ^2 분포표

df	P	.005	.001	.025	.05	.10	.90	.95	.975	.99	.995
	α						.10	.05	.025	.01	.005
1		0.000039	0.00016	0.00098	0.0039	0.0158	2.17	3.84	5.02	6.63	7.88
2		0.0100	0.0201	0.0506	0.1026	0.2107	4.61	5.99	7.38	9.21	10.60
3		0.0717	0.115	0.216	0.352	0.584	6.25	7.81	9.35	11.34	12.84
4		0.207	0.297	0.484	0.711	1.064	7.78	9.49	11.14	13.28	14.86
5		0.412	0.554	0.831	1.15	1.61	9.24	11.07	12.83	15.09	16.75
6		0.676	0.872	1.24	1.64	2.20	10.64	12.59	14.45	16.81	18.55
7		0.989	1.24	1.69	2.17	2.83	12.02	14.07	16.01	18.48	20.28
8		1.34	1.65	2.18	2.73	3.49	13.36	15.51	17.53	20.09	21.95
9		1.73	2.09	2.70	3.33	4.17	14.68	16.92	19.02	21.67	23.59
10		2.16	2.56	3.25	3.94	4.87	15.99	18.31	20.48	23.21	25.19
11		2.60	3.05	3.82	4.57	5.58	17.28	19.68	21.92	24.72	26.76
12		3.07	3.57	4.40	5.23	6.30	18.55	21.03	23.34	26.22	28.30
13		3.57	4.11	5.01	5.89	7.04	19.81	22.36	24.74	27.69	29.82
14		4.07	4.66	5.63	6.57	7.79	21.06	23.68	26.12	29.14	31.32
15		4.60	5.23	6.26	7.26	8.55	22.31	25.00	27.49	30.58	32.80
16		5.14	5.81	6.91	7.96	9.31	23.54	26.30	28.85	32.00	34.27
18		6.26	7.01	8.23	9.39	10.86	25.99	28.87	31.53	34.81	37.16
20		7.43	8.26	9.59	10.85	12.44	28.41	31.41	34.17	37.57	40.00
24		9.89	10.86	12.40	13.85	15.66	33.20	36.42	39.36	42.98	45.56
30		13.79	14.95	16.79	18.49	20.60	40.26	43.77	46.98	50.89	53.67
40		20.71	22.16	24.43	26.51	29.05	51.81	55.76	59.34	63.69	66.77
60		35.53	37.48	40.48	43.19	46.46	74.40	79.08	83.30	88.38	91.95
120		83.85	86.92	91.57	95.70	100.62	140.23	146.57	152.21	158.95	163.65

저자소개

김 병 선

약력

- 중앙대학교 대학원 심리학과 졸업(산업 및 조직심리학 전공, 심리학박사)
- (주)CyberMBA HRD연구소 수석연구원 근무
- (주)한국미래학연구원 수석연구원 역임
- 현) (주)RAEI HRD연구소장
- 현) 한성대학교 교육대학원 겸임교수
- e-mail : 7408kbs@hanmail.net

연구개발 및 경력

- 브레인컬러:4F 진단검사 개발(2007)
- 신입사원선발용 적성검사 개발(2003)
- 그림흥미검사 개발(2002)
- 디지털지식사회 마인드갖추기 프로그램개발(한국미래학연구원)
- 협상능력개발과정(한국산업훈련협회 산업연수원)
- 원불교의 하이퍼 마킹 전략개발(한국미래학연구원)

저서 및 역서

- 홀브레인 리더십(공역, 2009, 이너북스)
- 경력개발과 적응(공저, 2006, 청록출판사)
- 디지털 지식사회 마인드(2002, 미래지식산업)
- 디지털지식사회 마인드갖추기(2001, 법서출판사)
- 이야기를 타고 가는 심리여행(1999, 학지사)
- 아동연구방법(공저, 1998, 양서원)
- 인간행동의 이해(1995, 학지사)
- 자료처리방법(1992, 성원사) 외 다수

논문

- 집단협상에서 성원들의 태도와 의사결정방식이 협상결과에 미치는 영향 외 다수

김 청 송

약력

- 중앙대학교 대학원 심리학과 졸업(임상심리학 전공, 심리학박사)
- 경희대학교 의과대학 부속병원 신경정신과 인턴과정수련
- 한국 정신보건전문요원(보건복지부장관, 자격번호 제152호)
- 방송대, 중앙대, 경기대학교 강사 역임
- 한국청소년정책연구원 객원연구원 역임
- 행정고등고시 심리학 출제위원 및 문제선정위원
- 한국 건강심리전문가(자격번호 건44호)
- 현) 경기대학교 사회과학대학 청소년학과 교수
- e-mail : drcsk@kyonggi.ac.kr

저서 및 역서

- 정신생리학(공저, 학지사, 1997)
- 통증심리학(중앙적성출판사, 1997)
- 아동연구방법(공저, 양서원, 1998)
- 정신장애 사례연구(학지사, 2002)
- 건강심리학(공역, 시그마프레스, 2002; 2008)
- 이상심리학(영진닷컴, 2003)
- 인간행동과 심리학(공저, 학지사, 2005; 2008)
- 심리측정 및 평가(경기대학교 교수학습개발센터, 2006)
- 청소년심리학의 이론과 쟁점(학지사, 2009)

논 문

- 청소년의 행복결정요인에 관한 연구(2009) 외 다수

통계의 논리와 SPSS/Win

2009년 9월 5일 1판 1쇄 인쇄
2009년 9월 10일 1판 1쇄 발행

저　자 : 김병선 · 김청송
발행인 : 김　동　규
발행처 : 교육과학사

경기도 파주시 교하읍 문발리
파주출판문화정보산업단지 514-5
전화 (031) 955-6956～8/ FAX (031) 955-6037
Home-page : www.kyoyookbook.co.kr
E-mail : kyoyook@chol.com
등록 : 1970년 5월 18일 제2-73호

낙장 · 파본은 교환해 드립니다.
Printed in Korea.

정가 20,000 원
ISBN 978-89-254-0317-5